第一次全国自然灾害综合风险普查

# 上海市水旱灾害风险普查总报告

刘晓涛 主编

·上海·

图书在版编目（CIP）数据

上海市水旱灾害风险普查总报告/刘晓涛主编. 
上海：同济大学出版社，2025.3. --（第一次全国自然灾害综合风险普查）. -- ISBN 978-7-5765-1458-2

Ⅰ. P426.616

中国国家版本馆 CIP 数据核字第 20254J3B28 号

## 上海市水旱灾害风险普查总报告
刘晓涛　主编

**责任编辑**　尚来彬　　**责任校对**　徐逢乔　　**封面设计**　王　翔

| | | |
|---|---|---|
| 出版发行 | 同济大学出版社　www.tongjipress.com.cn | |
| | （地址：上海市四平路1239号　邮编：200092　电话：021-65985622） | |
| 经　　销 | 全国各地新华书店 | |
| 印　　刷 | 上海安枫印务有限公司 | |
| 开　　本 | 787 mm×1092 mm　1/16 | |
| 印　　张 | 18.25 | |
| 字　　数 | 371 000 | |
| 版　　次 | 2025 年 3 月第 1 版 | |
| 印　　次 | 2025 年 3 月第 1 次印刷 | |
| 书　　号 | ISBN 978-7-5765-1458-2 | |
| 定　　价 | 169.00 元 | |

本书若有印装质量问题，请向本社发行部调换　　　版权所有　侵权必究

# 本书编委会

**主　　　任**：史家明

**常务副主任**：刘晓涛

**副 　主 　任**：沙治银　徐贵泉

**委　　　员**：郑海龙　徐双全　李学峰　胡险峰　王如琦　张　强
　　　　　　　兰士刚　孔　聿　戴雷杰　万　晖　黄海雷

**主　　　编**：刘晓涛

**副 　主 　编**：沙治银　徐贵泉

**编写组成员**（以姓氏笔画为序）：

　　　　　　　丁国川　于大海　王　翔　王忠烨　韦　浩　文　啸
　　　　　　　孔令婷　朱晓峰　伊国杰　刘　博　闫　莉　羊　丹
　　　　　　　孙　丽　孙昕原　孙晨刚　花徐扬　严　明　李　帆
　　　　　　　李　莉　李晓云　邱绍伟　张宁腾　张晓燕　陈　忱
　　　　　　　陈　明　陈　瑜　陈长太　林发永　易文林　赵乾庆
　　　　　　　胡育晓　施晓文　贾卫红　钱　真　倪　庆　高芳琴
　　　　　　　高丽莎　郭佟欢　曹可一　曾婉仪　谭　菁　谭　琼

**统　　　稿**：施晓文

## 内容提要

水旱灾害风险普查是一项重大的国情国力调查，也是提升水旱灾害防治能力的基础性工作，上海市水务局贯彻落实习近平总书记关于防灾减灾救灾的重要论述精神，组织开展了上海市第一次水旱灾害风险普查。本书以普查成果为依据，科学、全面地分析了上海水旱灾害形成原因及主要因素，建立了上海水旱灾害风险评估技术体系及方法，划分了上海水旱灾害风险和防治的区划，提出了今后防治水旱灾害的对策和措施。本书分为6章，主要内容包括绪论，5项调查与评估（致灾因子、承灾体、历史灾害、行业减灾能力、重点隐患），4种灾害风险评估与区划（洪潮、城市内涝、郊区内涝、干旱），4种灾害防治区划，以及信息系统建设和灾害防治建议等。

本书可作为水旱灾害决策者、管理者及相关技术人员了解、学习和掌握水旱灾害风险管控的参考依据。

# 序

习近平总书记指出："我国是世界上自然灾害最为严重的国家之一，灾害种类多，分布地域广，发生频率高，造成损失重，这是一个基本国情。"其中水旱灾害是危害最大、造成损失最严重的自然灾害之一，自古就是中华民族的"心腹之患"。近年来，伴随全球变暖，极端强降雨、高温干旱以及超强台风等气象事件呈多发、频发、重发之势，水旱灾害的突发性、异常性、不确定性愈发突出。2024年9月16—20日上海2个台风接踵而至，正面侵袭，史无前例，台风"贝碧嘉"登陆时中心风力达到14级，成为上海1949年有完整台风记录以来正面登陆上海的最强台风，台风"普拉桑"中心离开上海后残余环流带来大暴雨，奉贤、浦东等区更是遭遇罕见特大暴雨，其中奉贤四团镇杨家宅气象观测站测得6小时降水量达327.7mm，浦东泥城镇彭镇水务站测得6小时降水量达308mm，均超500年一遇标准，创造了浦东、奉贤地区历史记录。2022年秋冬季节，长江口发生了严重的咸潮入侵，三大水库咸潮入侵持续时间均超历史记录。

上海作为滨江临海的超大城市，人口高度密集、工贸企业高度密集、各类建筑高度密集、经济要素高度密集、重要生活设施高度密集，对水旱灾害风险防控能力要求更高。上海市水务局坚持以习近平总书记关于提高自然灾害防治能力重要论述精神为指导，根据国务院普查领导小组、上海市普查领导小组的统一部署，建立组织体系，健全工作制度，完善创新普查技术体系，全面完成水旱灾害普查工作。普查获取了水旱灾害致灾要素调查数据，承灾体空间位置和属性数据，重点隐患数据、历史灾害数据和行业减灾能力数据，完成了水旱灾害风险评估与区划，编制了水旱灾害防治区划，客观认识了上海地区水旱灾害风险水平。普查还建成了涵盖致灾、承灾、减灾、灾情等灾害数据全要素的基础数据库，将普查成果与水旱灾害风险监测预警、隐患排查治理、精细化管理、基层应急能力提升紧密结合，为上海韧性安全城市建设、保障城市安全运行提供技术支撑和决策依据。本书的出版对提高上海水旱灾害理论对策研究水平、提升上海水旱灾害风险管理水平和推进水旱灾害治理体系建设均有重要意义。

# 前　言

2018年10月10日，习近平总书记主持召开中央财经委员会第三次会议，研究提高我国自然灾害防治能力等问题。会议强调，加强自然灾害防治关系国计民生，要建立高效科学的自然灾害防治体系，提高全社会自然灾害防治能力，为保护人民群众生命财产安全和国家安全提供有力保障；针对关键领域和薄弱环节，明确提出实施灾害风险调查和重点隐患排查工程，掌握风险隐患底数。2020年5月31日印发的《国务院办公厅关于开展第一次全国自然灾害综合风险普查的通知》要求于2020—2022年开展第一次全国自然灾害综合风险普查：2020年为第一阶段，完成前期准备和试点任务；2021—2022年为第二阶段，完成全国自然灾害综合风险调查和风险评估，汇总普查成果。

2020年8月上海市政府按照国务院要求，成立上海市第一次自然灾害综合风险普查领导小组及其办公室，负责组织和实施普查中重大问题的研究和决策。水旱灾害是上海市主要的自然灾害之一，水旱灾害风险普查是上海市综合风险普查的重要内容，上海市水务局负责上海市水旱灾害风险普查的组织实施。2020年12月成立上海市水务局（上海市海洋局）水旱和海洋灾害风险普查领导小组及其办公室，根据《第一次全国自然灾害综合风险普查总体方案》《第一次全国自然灾害综合风险普查实施方案（修订版）》《全国水旱灾害风险普查实施方案（试行）》《上海市第一次自然灾害综合风险普查总体方案》《上海市开展第一次自然灾害综合风险普查的实施方案》《洪水风险区划及防治区划编制技术要求》（FXPC/SL P-01），结合上海市水务实际和管理需求，制定《第一次全国自然灾害综合风险普查——上海市水旱灾害风险普查工作方案》《第一次全国自然灾害综合风险普查——上海市水旱灾害风险普查实施方案》。在上海市水旱灾害普查领导小组和各成员单位、各区政府的支持下，组建市、区两级水旱灾害普查机构，建立普查工作机制，落实普查经费、工作场所、办公设施和技术支撑单位，全面开展上海市的水旱灾害普查工作。

2022年6月，上海市水旱灾害普查办根据国务院水旱普查办的部署，上报水旱灾害普查数据成果；9月底全面完成水旱灾害普查任务。2022年12月，上海市、区两级水旱灾害普查机构完成全市水旱灾害普查数据的汇总及上报。在此基础上，完成各区普查技术报告、市各专业分报告和总报告编写，以及普查对象GIS图层和成果展示系统制作，形成本次普查成果体系。

2020年以来，经过上海市、区17个普查领导小组及20多家技术支撑单位人员的共同努力，对水旱灾害致灾因子、承灾体、历史灾害、行业减灾能力、隐患调查与评估、水旱灾害风险评估与区划等方面进行了全面普查，取得了海量的水旱灾害基础数据，形成完整的普查属性数据库和空间分析数据库。水旱灾害风险普查是国务院部署的一项重大国情国力调查，是提升水旱灾害防治能力的基础性工作。通过普查，摸清水旱灾害风险隐患底数和防灾减灾救灾能力现状，客观认识水旱灾害风险水平，形成水旱灾害风险和防治区划，是提升水旱灾害防治能力的基础性工作，为上海市有效开展水旱灾害防治和应急管理、大力推进城市精细化治理和"韧性城市"建设、提升全社会抵御水旱灾害的综合防范能力、切实保障社会经济可持续发展提供权威的水旱灾害风险信息和科学决策依据。调查报告必将对防御上海市水旱灾害风险、保障经济社会可持续发展产生积极而深远的影响。

# 目 录

序

前言

## 第 1 章 绪论 ............... 001

### 1.1 上海市概况 ............... 001
### 1.2 普查工作总体概述 ............... 002
#### 1.2.1 普查目标与任务 ............... 002
#### 1.2.2 普查对象和范围 ............... 005
#### 1.2.3 普查的技术线路与方法 ............... 006
#### 1.2.4 普查工作依据 ............... 008
#### 1.2.5 普查质量控制与成果 ............... 010
### 1.3 国外洪水灾害风险管理对策分析 ............... 015
#### 1.3.1 美国 ............... 015
#### 1.3.2 英国 ............... 016
#### 1.3.3 日本 ............... 018
### 1.4 水旱灾害风险原理和技术方法 ............... 020
#### 1.4.1 风险的基本概念 ............... 020
#### 1.4.2 风险评估与区划方法 ............... 020

## 第 2 章 调查与评估 ............... 035

### 2.1 致灾调查与评估 ............... 035
#### 2.1.1 暴雨调查及频率分析 ............... 035
#### 2.1.2 洪潮调查与分析 ............... 041
#### 2.1.3 防汛专用站网评估 ............... 047

|   |   | 2.1.4 干旱调查与分析 | 053 |
|---|---|---|---|
|   |   | 2.1.5 内涝调查与评估 | 059 |
| 2.2 | **承灾体调查与评估** | | 067 |
|   |   | 2.2.1 水利设施调查与评估 | 068 |
|   |   | 2.2.2 排水设施调查与评估 | 092 |
|   |   | 2.2.3 供水设施调查 | 104 |
|   |   | 2.2.4 人口、房屋、GDP 等承灾体调查 | 105 |
| 2.3 | **历史灾害调查与评估** | | 106 |
|   |   | 2.3.1 历史年度水旱灾害灾情调查 | 107 |
|   |   | 2.3.2 历史一般水旱灾害事件调查 | 111 |
|   |   | 2.3.3 重大历史水旱灾害调查 | 115 |
|   |   | 2.3.4 历史水旱灾害评估 | 123 |
| 2.4 | **行业减灾能力调查** | | 125 |
|   |   | 2.4.1 政府减灾能力调查 | 126 |
|   |   | 2.4.2 企业与社会组织减灾能力调查 | 133 |
|   |   | 2.4.3 乡镇与社区减灾能力调查 | 134 |
| 2.5 | **重点隐患调查与评估** | | 137 |
|   |   | 2.5.1 水利设施隐患调查与评估 | 137 |
|   |   | 2.5.2 雨水排水设施隐患调查与评估 | 161 |

# 第 3 章 风险评估与区划 …… 173

| 3.1 | **洪潮灾害** | | 173 |
|---|---|---|---|
|   |   | 3.1.1 洪潮源的分析 | 173 |
|   |   | 3.1.2 洪潮源的选择 | 174 |
|   |   | 3.1.3 三区分布概况 | 175 |
|   |   | 3.1.4 计算方案 | 176 |
|   |   | 3.1.5 区划成果 | 176 |
| 3.2 | **城市内涝灾害** | | 178 |
|   |   | 3.2.1 区划单元划分 | 178 |
|   |   | 3.2.2 计算方案 | 178 |

  3.2.3　区划成果 …… 179

3.3　**郊区内涝灾害** …… 186

  3.3.1　区划单元划分 …… 186

  3.3.2　计算方案 …… 186

  3.3.3　区划成果 …… 187

3.4　**干旱灾害** …… 190

  3.4.1　风险评估结果 …… 190

  3.4.2　区划成果 …… 191

## 第 4 章　防治区划 …… 192

4.1　**洪潮灾害** …… 192

  4.1.1　洪潮灾害防治区划成果 …… 192

  4.1.2　洪潮灾害防治措施 …… 192

4.2　**城市内涝灾害** …… 193

  4.2.1　城市内涝灾害防治区划成果 …… 193

  4.2.2　防治措施 …… 195

4.3　**郊区内涝灾害** …… 200

  4.3.1　郊区内涝灾害防治区划成果 …… 200

  4.3.2　防治措施 …… 202

4.4　**干旱灾害** …… 221

  4.4.1　干旱灾害防治区划成果 …… 221

  4.4.2　防治措施 …… 221

## 第 5 章　信息系统 …… 223

5.1　**风险普查数据库建设** …… 223

5.2　**普查成果发布系统** …… 224

  5.2.1　承灾体调查成果展示 …… 225

  5.2.2　行业减灾能力调查成果展示 …… 226

  5.2.3　隐患调查成果展示 …… 227

5.2.4　风险评估与区划成果展示 ································· 228

# 第 6 章　结论与建议 ······························································ 230

## 6.1　主要结论 ··································································· 230
## 6.2　建议 ······································································· 233

# 后记 ··················································································· 237

# 附录 ··················································································· 239

　　1. 附表 ············································································ 239
　　　附表 1　各代表雨量站不同时段的设计暴雨值 ························· 239
　　　附表 2　各站高潮位频率分析成果表 ···································· 243
　　　附表 3　不同干旱频率下的典型年、供水能力、农业干旱灾害/因旱
　　　　　　　人饮困难影响折算系数统计表 ································ 243
　　　附表 4　中心城分排水系统单元不同等级风险面积占比表 ··········· 246
　　　附表 5　中心城各街镇综合风险等级面积占比统计表 ················ 254
　　　附表 6　郊区各街镇/乡及重要园区综合风险等级面积占比统计表 ··· 257
　　　附表 7　中心城各街镇中等以上防治区划统计表 ····················· 260
　　　附表 8　郊区各街镇/乡及重要园区中等以上防治区划统计表 ······· 261
　　2. 附图 ············································································ 262
　　　附图 1　上海市雨量点分布示意图 ······································· 262
　　　附图 2　上海市水位潮位点分布示意图 ································· 263
　　　附图 3　上海市内涝隐患分类分级示意图 ······························ 264
　　　附图 4　上海市堤防隐患分级分类示意图 ······························ 265
　　　附图 5　上海市水闸隐患分级分类示意图 ······························ 266
　　　附图 6　上海市黄浦江中上游洪潮风险区划图 ························ 267
　　　附图 7　上海市干旱灾害综合风险区划图 ······························ 268
　　　附图 8　上海市黄浦江中上游洪潮灾害防治区划图 ··················· 269

附图 9 　上海市承灾体暴露度格网图 ·················································· 270

附图 10 　上海市防灾减灾安全性分布图 ············································· 271

附图 11 　上海市内涝灾害综合风险分布图 ·········································· 272

附图 12 　上海市内涝灾害综合风险防治区划图 ···································· 273

附图 13 　上海市干旱灾害防治一级区划图 ·········································· 274

附图 14 　上海市干旱灾害防治二级区划图 ·········································· 275

# 第 1 章 绪 论

## 1.1 上海市概况

上海市，简称沪，别称申，是中华人民共和国直辖市、国家中心城市、超大城市、上海大都市圈核心城市、中国历史文化名城，也是我国建成国际经济、金融、贸易、航运中心的重要城市，还是具有全球影响力的科技创新中心、世界一线城市。上海市位于太平洋西岸，亚洲大陆东沿，中国南北海岸中心点，长江和黄浦江入海汇合处。

上海市总面积 6 340 km²，辖 16 个市辖区，107 个街道、106 个镇、2 个乡。2020 年上海市常住人口为 2 488.36 万人，地区生产总值 3.87 万亿元。

上海市属亚热带季风气候，日照充分，雨量充沛。上海气候炎热湿润，春秋较短，冬夏较长。多年平均气温是 16.9℃，多年平均降水量为 1 244.0 mm，多年平均梅雨量为 240.08 mm。全年 53% 以上的雨量集中在 6—9 月的汛期。

上海市是长江三角洲冲积平原的一部分，地面高程基本在 4 m 左右（吴淞基准，下同）。西部有天马山、薛山、凤凰山等残丘，天马山为上海陆域最高点，高度为 98.2 m。海域上有大金山岛、小金山岛、浮山岛（乌龟山岛）、佘山岛等岩岛，海域最高点是位于金山区杭州湾的大金山岛，为 103.4 m。在北面的长江入海处，有崇明岛、长兴岛、横沙岛 3 个岛屿，其中崇明岛地面高程 3.5~4.5 m，长兴岛、横沙岛为 2.5~3.5 m。上海最低地区集中在青浦区、松江区的大部、金山区北部及嘉定区的西南部，一般地面高程 2.2~3.5 m，最低处不到 2 m，为太湖碟形洼地的底部。

上海河网密布，属于典型的平原感潮河网地区，2020 年共有河道（湖泊）47 446 条（个），河湖面积 640.931 0 km²，河湖水面率 10.11%，主要河道有黄浦江、吴淞江、苏州河、太浦河、蕰藻浜、淀浦河等，主要湖泊有淀山湖、元荡等。

经过多年建设，上海市构建了由流域行洪通道、城市防洪除涝和海塘防潮组成的防洪除涝体系，基本形成"千里海塘、千里江堤、区域除涝、城镇排水"四道防汛保安防线，为保障流域、区域和城市防汛安全发挥了重要作用。市区段黄浦江防汛墙已按 1 000 年一遇潮位标准（84 标准）设计施工，海塘按 200 年一遇潮位加同频风标准加高加固，水利片除涝能力基本达到 15 年一遇的日降雨量的治涝标准，中心城雨水排水能力全部达到 1 年一遇，部分达到 3~5 年一遇。

2016 年 7 月 28 日，习近平总书记在河北唐山调研时，就全面提高国家综合防灾减灾救灾能力提出了"两个坚持、三个转变"理念，这是对我国长期防御各种自然灾害实践经验的深刻总结，也是做好新时期防汛抗旱减灾工作的总遵循。

上海位于长江和太湖流域下游，东濒东海、南临杭州湾，面临洪、涝、潮、台风等多种风险，水系及气候情况较为复杂。经过多年建设，上海地区的水灾已经从中华人民共和国成立以前的以潮灾为主转变为以台风、暴雨积水形成的内涝为主的灾害，特别是台风、暴雨、天文高潮和上游洪水相伴而生、叠加影响，即所谓的"二碰头""三碰头""四碰头"，导致上海地区出现严重的风、暴、潮、洪灾害。同时，上海地处长江流域最下游，过境水量充沛，中华人民共和国成立以后上海机电灌溉工程快速发展，上海农田有效灌溉面积、菜地喷灌化面积已全覆盖，上海地区干旱性气候已不再是造成农业旱灾的决定因素，基本上是有旱无灾。近些年因流域性干旱、海平面上升、地面沉降等形成的咸潮入侵频发是上海城镇生产、生活、生态用水的主要威胁。

## 1.2　普查工作总体概述

### 1.2.1　普查目标与任务

#### 1）总体目标

开展水旱灾害风险普查是贯彻落实习近平总书记关于防灾减灾救灾重要论述精神，践行"两个维护"的具体行动，是必须完成好的一项重要政治任务。目标包括：

一是全面获取全市水旱灾害致灾信息、重要承灾体信息、历史灾害信息，掌握承灾体隐患情况，查明水利行业、区域抗灾能力和减灾能力。

二是以调查为基础，客观认识当前全市和各区水旱灾害致灾风险水平、承灾体暴露度及风险水平、防灾减灾救灾能力，科学预判今后一段时期水旱灾害风险变化趋势和特点，形成全市水旱灾害防治区划和防治建议。

三是通过普查，结合超大型城市精细化治理需求和城市运行"一网统管"实际，建立完善全市水旱灾害风险与减灾能力调查指标体系，建立健全分类型、分区域、分层级的全市水旱灾害风险与减灾能力数据库，形成多尺度隐患识别、风险识别、风险评估、风险制图、风险区划、灾害防治区划的技术方法，以及一整套风险普查与常态业务工作相互衔接、相互促进的工作制度。

# 第1章　绪论

四是推动普查成果转化应用和数据资源共建共享，用好现有技术框架和数据资源，打造符合上海水旱灾害防治、城市精细化治理需要的风险和减灾能力调查信息化系统，不断推进水旱灾害风险识别、研判、预警、管控全链条全周期治理。

**2) 主要任务**

根据《第一次全国自然灾害综合风险普查总体方案》《第一次全国自然灾害综合风险普查实施方案（修订版）》《全国水旱灾害风险普查实施方案（试行）》《上海市第一次自然灾害综合风险普查总体方案》《上海市开展第一次自然灾害综合风险普查的实施方案》及相关规范，结合上海水务实际和管理需求，本次水旱灾害普查任务包括致灾调查与评估、承灾体调查与评估、历史水旱灾害调查与评估、行业减灾能力调查、隐患调查与评估、水旱灾害风险评估与区划、信息系统建设七个方面内容。

一是致灾调查与评估。以市级行政区为基本单元，进行以下调查与分析：①暴雨洪潮水特征调查、暴雨易发区调查分析、暴雨洪潮水致灾孕灾要素分析，完成防汛专用站网评估，开展暴雨洪潮水频率分析，更新暴雨频率图，编制控制断面防洪特征值成果表和设计洪潮水特征值成果表；②根据历史灾情，由市级行业部门牵头，区相关部门配合，组织开展干旱灾害致灾调查，完成相关表格；③根据历史灾情，由市级行业部门牵头，区相关部门配合，开展城区下立交、道路、住宅小区等城市内涝点调查，摸清城市内涝点底数，开展郊区下立交、道路、住宅小区、农田、村宅等郊区易涝区调查，摸清郊区易涝区域，完成内涝灾害危险性评价。

二是承灾体调查与评估。①统筹利用已有基础数据，由市级行业部门牵头，区相关部门配合，组织开展承灾体单体信息和区域性特征调查，重点对全市海塘、堤防、泵闸、雨水泵站、雨水管网、雨水调蓄设施、城市供水水厂及供水管网设施等重要承灾体的空间位置信息和灾害属性信息进行调查；②利用综合部门数据，进行人口、房屋、GDP 等承灾体暴露度分析。

三是历史水旱灾害调查与评估。由市应急部门牵头，区级行政区为基本单元，全面调查、整理、汇总 1978 年以来年度水旱灾害、历史水旱灾害事件以及 1949 年以来重大水旱灾害事件，建立要素完整、内容翔实、数据规范的长时间序列历史水旱灾害数据集，统计分析水旱灾害的发生频率、影响范围和受灾程度。具体包括：①历史年度水旱灾害灾情调查。全面调查 1978—2020 年上海市各区逐年水旱灾害的年度主要灾害信息，调查内容主要包括灾害基本信息、灾害损失信息、救灾工作信息、社会经济信息、行业部门指标信息等。②历史一般灾害事件调查。调查 1978—2020 年水旱灾害事件的发生时间、影响范围、致灾因子、人员受灾、农业受灾、房屋倒损、基础设施损毁、因灾直接经济损失等情况，应对工作情况等。③重大历史水旱灾害调查。调查1949—2020年重大历史水旱灾害事件的发生时间、灾害影响范围、致灾因子、人员受灾、农业受灾、房屋倒损、工业损失、基础设施损毁、因灾直接经济损失情况,以及预防准备工作、监测预警工作、处置救援工作、恢复重建工作情况等。

四是行业减灾能力调查。由市应急部门牵头,区级行政区为基本单元,全面调查政府、社会力量和企业、乡镇与社区在防汛减灾备灾、应急救援、转移安置和恢复重建过程中各种救灾资源或减灾能力的现状水平。主要包括:①政府行业减灾能力调查。主要调查市、区级政府用于防灾减灾救灾的灾害管理队伍、各类专业救援救助队伍和水旱灾害信息员队伍等人力资源,救灾物资储备基地、灾害避难场所、灾害监测预警系统与装备、生命线应急保障系统等物资资源,日常防灾投入、灾害储备资金等财力资源,以及水旱灾害防治工程的防灾能力。②社会力量和企业参与能力调查。主要调查各类社会力量应急救援队伍,涉灾的其他各类社会团体、民办非企业组织、基金会、志愿者组织、社工组织等社会力量,以及大型物流公司、大型救灾装备生产制造企业、大型工程建设企业和保险与再保险等企业参与减灾备灾、应急救援、转移安置、救助和恢复重建的能力。③乡镇与社区行业减灾能力调查。主要调查街道(乡镇)和社区救援队伍资源、应急救灾装备和物资储备情况,应急预案、应急处置方案建设情况,风险隐患掌握情况,预警信息获知能力、信息报送能力、防灾减灾救灾和应急救援技能知识宣传普及情况等内容。

五是隐患调查与评估。对洪潮灾害和内涝灾害隐患进行调查与评估。①洪潮灾害隐患调查。以区级行政区为基本单元,市级行业部门牵头调查主海塘堤防、水闸、泵站等现状防洪潮能力、达标情况、安全运行状态、存在隐患及严重程度,开展风险评价工作。以区级行政区为基本单元,市级行业部门牵头调查各水利片、圩区的除涝能力。②内涝灾害隐患调查。同样以区级行政区为基本单元,市级行业部门牵头调查管道、泵站等雨水排水设施现状能力、达标情况、安全运行状态、存在隐患及严重程度,开展风险评价工作。③以中心城区级行政区为基本单元,市级行业部门牵头调查评估各城镇雨水排水系统能力。

六是水旱灾害风险评估与区划。组织开展洪潮水风险区划工作基础资料的收集与整理,根据暴雨、洪潮水、地形、河流水系等自然特征,以及洪潮水的威胁程度和洪潮灾频次,编制洪潮水风险区划;收集人口、经济、降雨、灾情等资料,以及水利片防洪潮除涝标准、现状防洪潮除涝能力,编制防治区划方案。进行干旱频率分析、旱灾损失评估,完成干旱灾害风险评估;根据水利部统一制定的干旱灾害调查评估与区划编制技术要求,开展干旱风险区划,在此基础上进行干旱灾害防治区划图编制。评估受内涝影响的人口、经济产值、居民建筑等主要承灾体暴露情况,根据内涝积水深度开展内涝风险区划和防治区划,划定内涝灾害重点防治区域,编制内涝灾害防治区划方案。①洪潮水风险图编制。崇明、横沙、长兴三岛(简称"崇

# 第 1 章 绪论

明三岛")未被纳入全国重点地区洪水风险图编制项目（2013—2015）三年任务，本次针对崇明三岛防洪潮保护区采用最新基础地形、防洪潮工程、社会经济等数据开展洪潮水风险图编制工作，包括基础资料收集与分析、洪潮水分析、洪潮水影响分析、避洪潮转移分析和洪潮水风险图绘制等内容。②洪潮水风险区划和防治区划。根据水利部统一制定的洪水风险区划技术方法和要求，考虑全市暴雨、洪潮水、地形、河流水系等自然特征以及不同区域的洪潮特征、洪潮水量级和灾害威胁程度等，对全市全境进行洪潮水风险区划，采用水力学和水文学相结合的方法，划分低、中、高、极高四级风险，并对分级结果进行合理性分析和修正，完成洪潮水风险区划图制作。根据水利部统一制定的洪水灾害防治区划技术方法和要求，开展气候、地形地貌、社会经济、洪潮涝灾害、防洪潮标准、防洪潮能力等方面数据整理调查、补充完善与分析计算；基于区内相似性与区间差异性，运用系统分析、空间计算等方法，完成洪潮水灾害防治区划和洪潮水灾害防治区划图制作。③干旱灾害风险评估。进行干旱频率分析、旱灾损失评估，完成干旱灾害风险评估。④干旱灾害风险区划和防治区划。根据水利部统一制定的干旱灾害调查评估与区划编制技术要求，开展干旱风险区划，在此基础上进行干旱灾害防治区划图编制。⑤内涝风险区划和防治区划。针对内涝问题，考虑地形、河流水系、排水系统和泵闸工程能力以及不同量级暴雨内涝积水范围、积水深度等因素，开展内涝风险区划，完成内涝风险区划图制作；结合内涝风险区划成果，在进行内涝防御标准分析、现状防御能力分析、超标准内涝防御手段和受灾影响程度分析的基础上，通过综合叠加，划分内涝灾害一般和重点防治区域，编制内涝灾害防治区划。

七是信息系统建设。水旱灾害风险普查信息系统建设内容包括水旱灾害风险普查数据库建设，水旱灾害风险普查数据成果汇集、上图和发布系统建设两项。①水旱灾害风险普查数据库建设。在充分利用市水务数据中心现有资源的基础上，结合水利部对各项任务成果数据的审核汇集技术要求，开展水旱灾害风险普查相关数据库的设计、构建、管理和测试工作。②水旱灾害风险普查数据成果发布系统建设。针对水旱灾害风险普查各项工作需求，充分利用计算机、网络通信、地理信息系统、卫星遥感、数据库等先进实用的技术和手段，定制研发建立支持本次水旱灾害风险普查数据成果汇集、上图和发布的软件系统，并满足水利部统一制定的成果数据上报要求。

## 1.2.2 普查对象和范围

### 1) 普查对象

包括与水旱灾害相关的自然和人文地理要素，市、区两级人民政府及有关部门，乡镇人民政府和街道办事处，村民委员会和居民委员会，重点企事业单位和社会组织等。

一是灾害种类。根据国家层面及上海水旱灾害种类分布、影响程度和特征，本次普查的水旱灾害主要有洪潮水灾害、干旱灾害和内涝灾害 3 种。其中，洪潮水灾害、干旱灾害为国家要求普查的灾害种类，内涝灾害为上海增加的普查种类。普查包括因自然灾害引发的重大安全事故隐患调查，不包括独立的安全生产事故调查。

二是承灾体种类。主要指全市海塘、堤防、泵闸、雨水泵站、雨水管网、雨水调蓄设施、城市供水水厂及供水管网设施等，利用综合部门人口、房屋、GDP 等承灾体数据。

### 2）普查范围

本次普查实施范围为上海市陆域范围，市水务局负责统筹开展水旱灾害普查工作。市、区水务局在各自职责范围内，实施水旱灾害风险普查任务，按照"在地统计"的原则对本行政区域开展水旱灾害风险普查工作。相关业务单位及技术组成人员负责配合开展相关普查工作，提供相关技术指导及数据和人员支持。

致灾因子调查收集 30 年以上长时间连续序列的数据资料，相关信息更新至 2020 年 12 月 31 日。承灾体和水旱减灾能力调查、隐患调查时点为 2020 年 12 月 31 日。历史灾害调查时段主要为 1978—2020 年，包括年度灾害调查和灾害事件调查；重大灾害事件调查时段为 1949—2020 年。

## 1.2.3 普查的技术线路与方法

### 1）总体技术路线

充分利用第一次全国水利普查、重点防洪地区洪水风险图编制等专项调查和评估等工作形成的相关数据、资料和图件成果，以区级行政区为基本调查单元，遵循"内外业相结合""在地统计"原则，采取全面调查、抽样调查、典型调查和重点调查相结合的方式，利用数据汇集整理、档案查阅、现场勘查（调查）、遥感解译等多种调查技术手段，开展致灾、承灾体、历史灾害和减灾能力等灾害风险要素的调查。对共享与采集的各类数据逐级进行审核、检查和订正。运用统计分析、空间分析、模拟仿真等多种方法，开展灾害风险主要要素的评估。普查的总体技术路线见图 1-1。

根据承灾体类型、分布及设防水平、重大工程减灾能力等方面普查资料，采取空间叠加分析、专家评定等方法进行承灾体选址及设防水平方面的隐患识别；利用多灾种、灾害链信息，运用各类综合分析方法，对灾害隐患进行分类分级综合评定。

利用灾害风险主要要素调查的成果、隐患调查的空间分布和分级成果、主要灾害暴露度评估结果，结合行业规范或业务工作惯例，开展定量或定性的风险评估。依据风险评估成果，结合孕灾环境、行政边界、地理分区等因素开展风险区划，制定防治区划。

构建"市—区—镇"三级灾害综合风险普查数据库体系，利用灾害风险要素调查、隐患

# 第1章 绪论

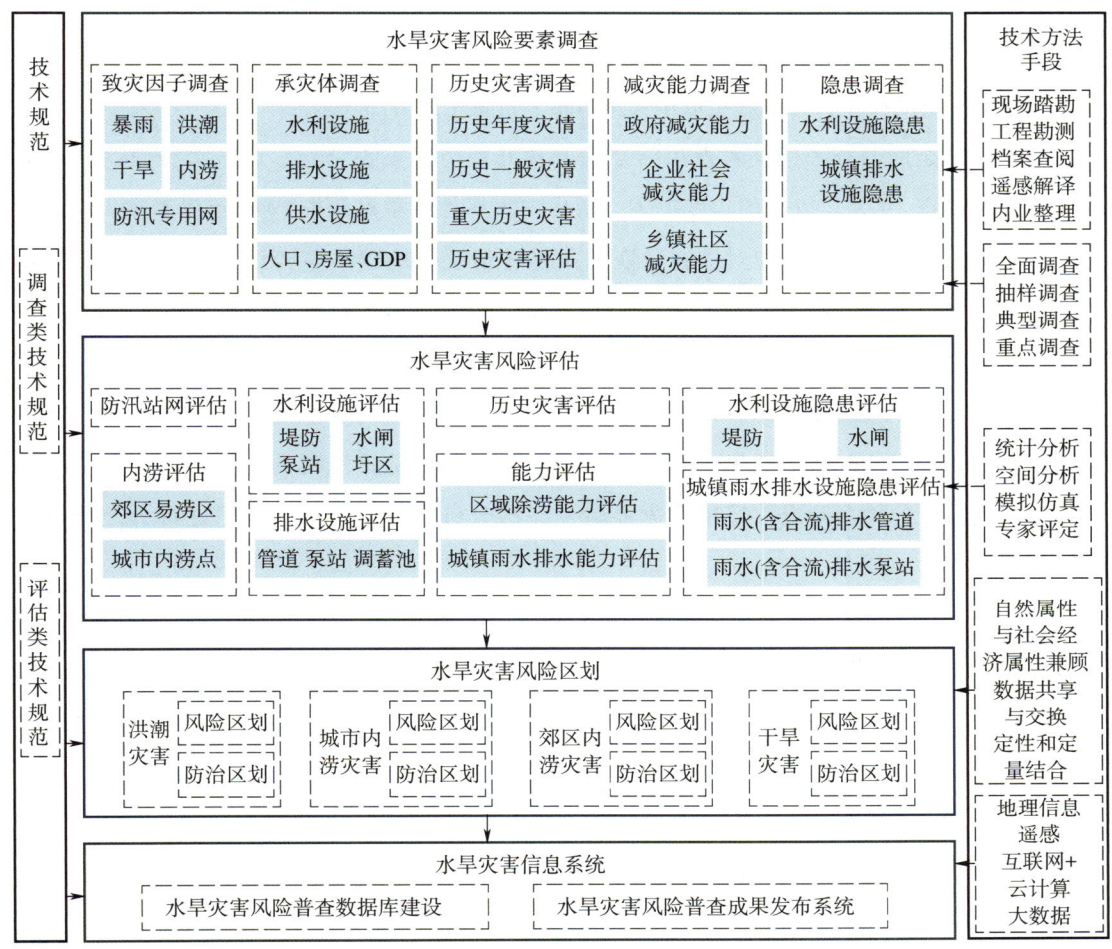

图 1-1　普查总体技术路线图

调查和风险评估与区划系统,根据统一制备的普查工作底图,支撑调查数据的录入、存储、转换、逐级上报与审核、逐级汇总分析,开展隐患调查、风险评估与区划,多行业的数据共享与交换,以及面向政府和社会多类型用户的成果发布与应用。

**2) 主要技术方法**

(1) 运用多种技术手段相结合的方式开展致灾要素调查。采用现场调查、工程勘测等多种技术手段开展城市内涝点底数和郊区易涝区域调查,收集暴雨、洪潮水等水文数据,结合多种方法校核验证,采集致灾要素数据资料。

(2) 采用内、外业一体化技术开展承灾体调查。共享利用承灾体管理部门已有的普查、调查数据库和业务数据资料,按风险普查对承灾体数据的要求进行统计、整理入库。采取遥感影像识别、无人机航拍数据提取等技术手段获取全市海塘、堤防、泵闸、雨水泵站、雨水管网、雨水调蓄设施、城市供水水厂及供水管网设施等承灾体的分布、轮廓特征信息,通过互联网数据抓取、现场调查与复核等多种技术手段，结合数据调查 App 移动终端采集承灾体数量、价值、设防水平等灾害属性信息，并采用分层级抽样、详查、人工复核等手段，保证数据质量。运用 GIS 空间技术，评估并生成承灾体数量、价值空间分布图。

（3）运用全面调查和重点调查相结合的方式开展历史灾害调查。以区级行政区为基本单元，全面调查 1978 年以来的年度灾害、历史灾害事件，重点调查 1949 年以来重大灾害事件的致灾因素、灾害损失、应对措施和恢复重建等情况。构建一整套历史灾害调查数据体系，形成历史灾害调查技术规范，汇集要素完整、内容翔实、数据规范的长时间序列历史灾害数据集。

（4）多要素、全链条相结合地开展隐患调查。在承灾体调查基础上，开展现有防洪等设防水平的判定；基于防灾减灾工程普查信息，开展各类防护工程的防护能力水平与规划及技术规范要求的关系判定；运用专家经验及层次分析等方法对灾害隐患进行分类分级综合评定。

（5）运用自然属性与社会经济属性兼顾、定性和定量相结合的方式开展水旱灾害风险区划与防治区划。根据风险评估成果，结合孕灾环境、行政边界、地理分区等要素信息，通过定性和定量相结合的区划方法进行水旱灾害风险区划制定，并结合水旱灾害和承灾体防治特点制定防治区划。

（6）综合运用地理信息、遥感、互联网+、云计算、大数据等先进技术开展普查基础空间信息制备与软件系统建设。通过地理信息、遥感等技术手段，实现对专题要素、普查成果等空间信息的采集、处理、分析、存储与管理。采用云服务技术架构建设灾害风险普查软件系统及其支撑数据库，实现多部门多层级应用的分布式部署、用户统一服务和多类型终端兼容接入，实现对多源异构数据的多部门、多层级、跨平台分布式的采集、存储、管理和维护，基于应用需求统一数据服务。

## 1.2.4 普查工作依据

### 1）政策文件

（1）国务院办公厅《关于开展第一次全国自然灾害综合风险普查的通知》；

（2）国务院第一次全国自然灾害综合风险普查领导小组办公室关于印发《国务院第一次全国自然灾害综合风险普查领导小组办公室、工作组、技术组职责及人员组成》和《国务院第一次全国自然灾害综合风险普查领导小组办公室工作规则》的通知；

（3）国务院第一次全国自然灾害综合风险普查领导小组办公室印发《关于进一步做好普查地方试点工作的通知》（附件包括 61 个标准）；

# 第1章　绪论

（4）国务院第一次全国自然灾害综合风险普查领导小组办公室关于印发《第一次全国自然灾害综合风险普查工作进度安排》的通知；

（5）《关于做好近期全国自然灾害综合风险普查工作的指导意见》；

（6）《上海市人民政府办公厅关于本市开展第一次自然灾害综合风险普查的通知》；

（7）《上海市自然灾害防治工作联席会议办公室关于做好全国灾害综合风险普查试点工作的函》；

（8）《上海市人民政府关于提高我市自然灾害防治能力的意见》；

（9）《上海市水务局关于开展第一次水旱和海洋灾害风险普查的通知》。

## 2）普查方案

（1）《国务院第一次全国自然灾害综合风险普查领导小组办公室关于印发〈第一次全国自然灾害综合风险普查总体方案〉的通知》；

（2）《第一次全国自然灾害综合风险普查实施方案（修订版）》；

（3）《全国水旱灾害风险普查实施方案（试行）》；

（4）《第一次全国自然灾害综合风险普查数据与成果汇交和质量审核办法（试行）》；

（5）《第一次全国自然灾害综合风险普查行业和综合评估与区划数据需求清单（细化稿）》；

（6）《第一次全国自然灾害综合风险普查数据与成果汇交和入库管理办法（修订稿）》；

（7）《上海市第一次自然灾害综合风险普查领导小组办公室关于印发本市开展第一次自然灾害综合风险普查工作方案的通知》；

（8）《上海市第一次自然灾害综合风险普查实施方案》；

（9）《上海市第一次水旱灾害风险普查实施方案》。

## 3）技术规范

（1）《上海市第一次全国水利普查暨第二次水资源普查相关技术要求》；

（2）《暴雨频率图编制技术要求（试行）》（FXPC/SL D-01）；

（3）《中小流域洪水频率图编制技术要求（试行）》（FXPC/SL D-02）；

（4）《洪水灾害隐患调查技术要求（试行）》（FXPC/SL D-03）；

（5）《干旱灾害风险调查评估与区划编制技术要求（试行）》（FXPC/SL D-05）；

（6）《洪水风险区划及防治区划编制技术要求》（FXPC/SL P-01）；

（7）《洪水风险区划技术导则（试行）》；

（8）《洪水风险图编制导则》（SL 483-2017）；

（9）《洪涝灾情评估标准》（SL 579-2012）；

（10）《暴雨洪水易发区调查技术要求》；

（11）《暴雨洪水计算方法修订技术要求》；

（12）《重点水闸防洪安全重点隐患排查技术要求》；

（13）《洪水风险图编制技术细则》（试行）；

（14）《历史年度自然灾害灾情调查技术规范》（FXPC/YJ H-01）；

（15）《历史一般灾害事件调查技术规范》；

（16）《重大历史自然灾害调查技术规范》（FXPC/YJ H-02）；

（17）《政府减灾能力调查技术规范》（FXPC/YJ I-01）；

（18）《企业与社会组织减灾能力调查技术规范》（FXPC/YJ I-02）；

（19）《乡镇与社区减灾能力调查技术规范》（FXPC/YJ I-03）；

（20）《全国灾害综合风险普查风险调查对象分类与编码规范 V2.0》；

（21）《全国灾害综合风险普查工作底图技术规范（初稿）》；

（22）《市政设施承灾体普查技术导则》（FXPC/ZJ G-01）；

（23）《第一次全国自然灾害综合风险普查底图服务接口说明》；

（24）《水旱灾害风险普查成果数据汇交细则（试行）》；

（25）《水旱灾害风险普查成果数据质检审核技术要求（试行）》；

（26）《城市内涝风险普查技术规范》（GB/T 39195—2020）。

**4） 相关成果**

（1）《上海市第一次全国水利普查暨第二次水资源普查总报告》（上海市水务局，2013 年）；

（2）《上海市防汛工作手册》（上海市防汛指挥部办公室，2018 年）；

（3）《上海市防洪除涝规划（2020—2035 年）》；

（4）《上海市城镇雨水排水规划（2020—2035 年）》；

（5）《黄浦江防洪能力提升总体布局方案》及水利部审查意见（上海市水务局，2022 年）；

（6）《黄浦江高水位变化及成因分析》（上海市水务局，2021 年）。

## 1.2.5 普查质量控制与成果

### 1） 普查质量控制

数据质量是水旱灾害普查的生命，质量控制是水旱灾害普查成败的关键，是科学、准确和真实地获取普查数据的重要保障。根据《全国水旱灾害风险普查实施方案（试行）》和相关技术要求，区、市、流域各级水利部门完成普查任务后，必须采用软件和人工检查相结合的方式，从完整性、规范性、一致性和合理性等方面，组织开展本级成果数据自审，对成果质量存在问题的形成审核意见，符合要求后形成自审报告一并报上级水利部门；上级水利部门汇集审

## 第1章　绪论

核下级部门上报成果，结合本级成果，汇总并进行必要的分析处理工作后，形成本级负责的成果；本级水利部门要对本级和本级汇总的成果组织审核，形成审核意见，修改完善后形成审查报告一并报上级水利部门；成果逐级审核汇交至水利部水旱灾害风险普查项目组，经审查通过后，形成全国成果。

本次普查坚持全过程质量控制、全员质量控制、分级分类质量控制三原则，通过建立质量控制岗位责任制和质量控制制度，将质量控制细则落实到普查的各阶段与各环节，确保普查数据的质量。

（1）数据梳理阶段的质量控制

为了支撑水旱灾害风险普查隐患调查任务开展，水利部水旱灾害风险普查项目组按工程管理权限对第一次全国水利普查中水库（水电站）、水闸、堤防和国家蓄滞洪区名录清单进行梳理并向各级水利部门分发。上海市水务部门在数据梳理核对中的质量控制措施主要分为内业审核和外业校核。

① 内业审核。主要审核普查名录与下发名录的对比变动情况，核实普查对象名录，审核普查数据的规范性；通过资料对比，审核普查对象相关参数。

② 外业校核。主要是校核普查数据的真实性与准确性，针对普查对象参数，通过现场查勘，审核数据的真实性与可靠性，并对普查对象位置、现状进行现场校核。

按照内、外业校核要求开展市、区两级复核工作。市级复核工作在区级复核的基础上开展。通过复核基本确保了普查数据的全面性、完整性、规范性、真实性、准确性。

（2）现场调查阶段质量控制措施

① 全面数据获取与预审。各区通过查阅工程设计文件或其他资料获取普查对象相关数据。对于缺乏相关资料的，通过测量或调查等外业方式获取相关指标项。通过加强对区普查人员的数据审核培训，进一步提升区普查人员的预审能力，确保普查数据质量。

② 普查表填报与审核。加强对填报人员、数据录入人员和审核人员的培训，通过预审工作，及时修正相关审核参数，调整计算机审核公式及人工审核要点，对所有普查表进行全面审核。

③ 现场数据质量抽查。对主要普查指标开展外业复核，对相关工程参数及空间数据（底图标绘、GPS定位）进行现场复核。

（3）数据处理过程的质量控制措施

① 计算机审核。参考国家普查系统审核公式，自动审核普查数据，满足规范性、逻辑性、完整性、准确性的要求。

② 数据汇总审核。按照国家普查办下发的数据审核细则中的相关要求，市水旱灾害普查

办统一组织、充分利用国家普查系统的审核功能和单机版审核软件，逐一对各区普查数据进行联审。

③ 数据比对分析。通过对全市汇总数据开展总量指标分析及与历年数据对比分析工作，进一步检查普查数据质量。

2) 普查数据审核情况

结合国家要求和上海市特点，对未明确标准的填报信息进行统一，明确堤防、水闸、泵站、圩区、自来水厂、取水设施、加压泵站、供水管线、雨水管线等普查成果审核校验的责任主体、对象、内容、方法、标准。2021年12月底，各行政区完成水利部普查任务。2022年1月中旬，对各区完成的水利部调查内容开展质量审核，并将审核结果反馈至各区；2022年1月中旬，各区对水利部调查数据进行修改、补充和完善后，最终填报至系统；2022年3月上旬，各区提交上海市要求的调查内容；2022年6月中旬，对上海市要求的调查内容进行质量审核，各区对上海市要求的调查数据进行查漏补缺和修改完善；2022年6月底，完成上海市要求的调查内容。各行业部门在区上报的对象成果的基础上，从完整性、规范性、有效性、关联性、一致性和真实性等方面进一步审核。上海市水普办组织专家进行综合性会审，实地抽查核对，全面审定清查成果。经三级审核，普查成果基本完整、准确、可靠。

3) 普查的主要成果

16个行政区各形成1份技术报告和7个调查报告。包括水旱灾害风险普查调查工作技术报告、洪潮水灾害隐患调查报告（堤防+海塘）、洪潮水灾害重点隐患调查报告（水利片内堤防工程安全隐患调查）、洪潮水灾害隐患调查报告（水闸防御能力调查）、除涝设施调查报告、城镇雨水排水设施调查报告、郊区易涝区域调查报告、中心城区内涝点调查报告。

上海市行业部门形成28份行业调查与评估报告和1份总报告。

28份行业调查与评估报告为上海市暴雨洪潮水调查分析成果报告、上海市干旱调查及风险评估报告、上海市郊区易涝区域调查与评估报告、上海市中心城区内涝调查与评估报告、上海市内涝灾害风险图、上海市防洪设施调查与评估报告（一江一河堤防+海塘）、上海市防洪设施水利片内主要堤防调查与评估报告、上海市水闸设施调查与评估报告、上海市除涝设施调查与评估报告、上海市城镇雨水排水设施调查项目报告、上海市供水设施调查数据成果报告、上海市水旱历史灾害调查与评估报告、上海市水旱灾害行业减灾能力调查与评估、上海市防洪设施隐患调查与评估报告（一江一河堤防+海塘）、上海市防洪设施隐患调查与评估报告（水利片内主要堤防）、上海市防洪设施隐患调查与评估报告（水闸）、上海市城镇雨水排水重点隐患调查与评估报告、上海市除涝能力调查与评估报告、上海市城镇雨水排水能力调查与评估报告、上海市洪潮水风险区划成果报告、上海市洪潮水风险灾害防治区

# 第1章　绪论

划成果报告、上海市郊区内涝风险区划成果报告、上海郊区内涝灾害防治区划成果报告、上海市城市内涝风险区划成果报告、上海市城市内涝灾害防治区划成果报告、上海市干旱灾害风险评估与区划成果编制报告、上海市干旱灾害防治区划成果报告、上海市水旱灾害风险普查数据处理与成果展示系统项目开发报告，最终形成上海市普查总报告。各普查主要数据详见表1-1。

表1-1　主要普查成果汇总表

| 任务 | 对象 | 主要成果 |
| --- | --- | --- |
| 致灾调查与评估 | 暴雨、洪潮水位、防汛站网 | 32个暴雨代表站点，总暴雨633场的调查与分析；16个雨量代表站，10个特征时段5个频率设计暴雨值成果；10个潮水位站，10个频率高潮位成果；34个潮水位代表站和162个雨量代表站专用站网分析评估，分优秀、良好、合格、不合格4档，总体良好 |
| | 干旱 | 2020年本地总用水量、本地水资源总量、黄浦江松浦大桥断面年净泄水量、长江徐六泾水文站年入海水量调查；黄浦江、淀山湖、元荡、水利片内等12个生态水位（流量）管控要求及保障能力分析评估 |
| | 中心城内涝点、郊区易涝区及内涝危险性 | 中心城内涝点3种类型，531次积水记录、332个积水点调查；郊区易涝区5种类型，236次积水记录、83个积水点调查；合计767次积水记录、415个积水点评估；低风险积水点105个、中风险积水点176个、高风险积水点109个、极高风险积水点25个 |
| 承灾体调查与评估 | 黄浦江及其上游支流、吴淞江、主海塘堤防设施 | 调查评估黄浦江479.12 km；调查吴淞江125.73 km；出险33次，安全鉴定136段33.972 km；调查评估海塘496.84 km，出险10次，安全鉴定11段23.88 km |
| | 其他堤防设施 | 调查评估1 160.6 km，达标率96.16% |
| | 水闸设施 | 调查评估水闸2 669座，其中外围934座，安全鉴定162座 |
| | 除涝设施（含圩区） | 调查评估泵站1 774座，安全鉴定28座；圩区304个 |
| | 城镇雨水排水设施 | 调查评估雨水排水管道15 000.0 km，雨水泵站372座，雨水调蓄设施16处 |
| | 供水设施 | 调查供水厂站79座（自来水厂38座，取水设施11座，加压泵站30座）；调查供水管线长度13 439.01 km（原水管线624.71 km；DN300及以上配水管线12 814.3km） |
| 历史灾害调查与评估 | 历史灾害 | 调查总灾害335次，洪涝灾害发生共计244次，台风灾害发生共87次，干旱灾害发生共4次；重大灾害19次，评估灾害年际及年内变化 |
| 行业减灾能力调查与评估 | 行业减灾能力 | 调查直属涉灾事业单位503个，灾害管理人员总数2 229人，各类防汛专家共207人，灾害预案总数503个；政府专职和企业防汛抢险队伍1 147支，救灾物资储备库总计377个；2022年全市人员撤离预案中全市撤离点共984个、安置点共1 166个、预撤离人数共242 754人 |

# 上海市水旱灾害风险普查总报告

(续表)

| 任务 | 对象 | 主要成果 |
|---|---|---|
| 隐患调查与评估 | 黄浦江及其上游支流、吴淞江、主海塘堤防设施 | 评估黄浦江及其上游堤防低风险长度279.62 km，中风险长度143.9 km，高风险长度17.25 km，极高风险长度38.35 km；评估苏州河堤防低风险长度112.13 km，中风险长度1.45 km，高风险长度12.15 km，极高风险长度0 km；评估主海塘低风险424.86 km，中风险2段、2.56 km，高风险12段、40.22 km，极高风险12段、29.2 km |
| | 其他堤防 | 评估低风险959条（段），长度1 116 km；中风险12条（段），长度15.95 km；高风险23条（段），28.64 km；极高风险0条（段），0 km |
| | 水闸设施 | 评估934座水闸：低风险727座，中风险165座，高风险35座，极高风险7座 |
| 隐患调查与评估 | 雨水排水设施 | 评估3 063.42 km雨水排水管道隐患，无隐患3 130.61 km，一级隐患183.57 km，二级及以上隐患289.24 km；评估市管176座雨水排水泵站隐患，特别紧急6座，紧急11座，较紧急6座，一般4座，良好149座；评估10座合流制调蓄设施，9座未达规划标准，1座在建；评估6座分流制调蓄设施，5座未达规划标准 |
| | 区域除涝能力 | 评估283个圩区：20年一遇及以上96个，15~20年一遇61个，10~15年一遇15个，5~10年一遇63个，5年一遇以下48个。评估14个水利片：20年一遇及以上1个，15~20年一遇5个，10~15年一遇4个，5~10年一遇2个，敞开片2个 |
| | 雨水系统排水能力 | 评估278个单元：5年一遇22个，3年一遇28个，1年一遇228个 |
| 风险评估与区划 | 洪水风险防治区划 | 黄浦江中上游洪水主要涉及4区13镇，总面积661.66 km²，低、中、高、极高风险区域面积占比分别为92.55%、7.45%、0%、0%；均为一般防治区 |
| | 城市内涝风险和防治区划 | 中心城内涝风险区总面积664 km²，289个排水系统中19个高和极高风险面积占比超过10%；11个区115个街镇低、中、高、极高风险区域面积占比分别为87.82%、7.78%、3.51%、0.89%；一级重点防治区4个，二级重点防治区5个，中等防治区28个，一般防治区78个 |
| | 郊区内涝风险和防治区划 | 郊区内涝风险区总面积6 087 km²，9个区122个街镇低、中、高、极高风险区域面积占比分别为94.44%、1.80%、3.69%、0.07%；二级重点防治区1个，中等防治区9个，一般防治区112个 |
| | 干旱灾害风险评估与区划 | 16个区均为低风险区；16个区一级防治区划均为非受旱县，16个区二级防治区划均为一般防治区 |
| 信息系统 | 信息系统建设 | 3个数据库（主要承灾设施、防治能力、风险评估）、4种展示（承灾体、行业减灾、隐患调查、风险评估与区划） |

# 第 1 章 绪论

## 1.3 国外洪水灾害风险管理对策分析

我国特殊的地理气候条件决定了降水年内时空分布不均,年际变幅很大,加之人口众多,水旱灾害频发,损失严重。据不完全统计,自公元前 206 年至 1999 年的 2 205 年间,较大的洪水灾害有 1 092 次,干旱灾害有 1 056 次,其中造成 10 万人以上死亡的水旱灾害时有发生。水旱灾害历来是对我国经济社会发展影响最大的自然灾害。中华人民共和国成立后,政府高度重视防洪抗旱减灾体系建设,通过 70 多年的不懈努力,防洪抗旱减灾工作取得了巨大成效。水旱灾害的影响已大幅度减轻,有效地保障了经济社会持续稳定发展。但是近年来,随着气候变化加剧,极端天气事件增多,洪水灾害依然是我国面临的主要公共安全问题之一,洪水灾害的威胁长期存在。美欧、日本等发达国家在洪水灾害管理方面具有比较丰富的经验和较为完善的制度,可以为我国洪水灾害管理提供借鉴。

### 1.3.1 美国

1) 管理结构

美国洪水灾害风险管理系统由联邦、州政府及专门的应急机构组成。联邦层面主要是由联邦经济事务署负责,是各类灾害预警、疏通和救助方面的总协调机构,负责发布救灾法令,协调各级政府开展救灾工作;州级政府地方政府负责各自区域内的水灾防治、预警监测、水利计划等各项工作的组织实施;专门的应急机构包括水资源委员会、垦务局、陆军工兵团等,负责水情调查与发展、水利工程建设、水灾救助与安置等具体事务。

2) 法律体系

美国联邦政府制定了多部全国性的水灾防治法律法规,如《洪水控制法》《联邦洪水保险法》《洪水灾害防御法》《联邦洪水保险改革法》《应急水灾保险法》等,各州在联邦法律的基础上再行制定各州的相关法律法规,进而形成了联邦和州两级完整的洪水灾害防治法律体系。特别是 2005 年卡特里娜飓风之后,美国进一步完善其洪水灾害风险分散机制。迄今为止,联邦和各州政府总共颁布了 1 000 多部洪水灾害防治法律法规,内容涵盖了洪水预警、防洪工程规划、灾害救助、灾害风险分担等方面,从灾害预防到灾害发生、救助的全过程均有法律保障。

3) 防范措施

一是注重防洪工程建设。从 20 世纪 30 年代开始,美国开展以防洪抗灾为主的大规模水坝建设,兴建了多座世界著名的水利枢纽工程。以美国最大的内河密西西比河为例,在整个流域兴建了 3 500 km 以上的干流堤坝和 4 000 km 以上的支流堤坝，还兴建了区域性的防洪分流工程、支流水库工程等，整个干流、支流堤坝与大型防洪工程连为一体，形成了一个完整的防洪工程体系，兼具防洪、发电、灌溉、水土保持等多种功能。体系化防洪工程的建设，减少了水灾发生的概率以及风险，发挥了很大效益。

二是注重预警预报机制建设。早在 1936 年，美国就成立了联邦、州两级预警预报中心，专门负责水灾水情的预警预报工作。到 20 世纪七八十年代，贝叶斯定理（Bayesian）被广泛应用于洪水灾害预警预报，美国的水灾预警预报更加科学和准确。当前，联邦气象局负责全国的洪水预警预报工作，该机构在全国范围内设立了 2 500 多个监测点，覆盖了全国 2 万多个洪水易发区域，能够保证 90% 的国土能够及时得到水灾预警预报。其预警预报的精确度也在提升，当前重大水灾预警可以提前十几天发现，空间上的精确度能够达到 80 km，频率更新速度达到每 10 min 一次。

三是注重应急响应机制建设。美国的应急机制极为完备，特别是"9·11"事件之后，在全国形成上至联邦国土安全部，下到各州、县、社区建立完整的四级预警应急体系。应急响应机制针对突发事件，包括洪水灾害，明确了联邦、州、县、社区、个人的责任及应该采取的措施。地方县级政府是应急响应机制第一依托，全面承担起辖区范围内的应急响应及救援救助工作，州级政府和联邦政府按照各县级政府要求，提供相应的人力、物力、财力和技术等方面的支持。如果遇到重大灾害，经过总统授权，联邦军队和海岸警卫队可以参与救援。

四是注重建立水灾风险转移机制。在美国主要是洪水保险制度。水灾保险的基本功能就是将一些不确定的、巨大的风险及损失转化为确定的、小量的支出，就是将水灾的风险损失转移到市场，减少居民、企业自身的责任承担，从而能够起到在较短的时间内稳定生产、生活，减少公共财政支出并能够为灾后重建提供资金的作用。在这方面美国有着完备的洪水保险法律制度，1956 年通过的《联邦洪水保险法》建立了该制度框架，随后 1968 年的《国家洪水保险法》确立了具体洪水灾害保险计划项目，1969 年通过的《应急水灾保险法》将原先的自愿性洪水灾害保险参加计划上升到强制性保险计划。洪灾保险制度经过多年的发展和完善，加之联邦财政的大力支持，现在已经实现了基本的收支平衡，大大提升了其应对水灾的保障能力。

## 1.3.2 英国

### 1）管理结构

英国政府确立的水灾风险管理目标是在抗击水灾基础上，追求灾害损失的最小化以及最大限度地完成灾后重建。为了达到这个目标，1930 年，根据流域法的规定，成立了流域委员会（Catchment Boards），授予其防洪、排水、发电的权力。1948 年，流域委员会改为河流委员会

# 第1章　绪论

（River Boards），又增加了渔业、污染防治和水文观测职能。1963 年，水资源法将河流委员会改为 29 个河流管理局（River Authorities）和 157 个地方管理局。河流管理局下设河流处、供水处和污水处理处。同时成立国家水理事会（National Water Council），它是有关部门的部长们的咨询机构，并协助指导各水务局的工作，其成员由住房和地方政府部及农业粮食部大臣指定。1973 年，议会通过了水法，决定按流域（或联合邻近几个小流域）将这些大小部门和单位合并和改组。1974 年，英格兰和威尔士成立了 10 个水务局（Water Authorities），它们由环境国务大臣和农渔粮食大臣联合管辖，其职责包括：编制长期的水战略计划，开发建设新水源，调水、供水、水质管理，许可证的发放和计收水费等。水务局并非政府机构，而是由法律授权、具有很大自主权且自负盈亏（防洪排水由中央和地方政府投资）的公共事业组织。董事会是水务局的领导机构，其成员由环境部、农渔粮食部和地方政府任命，任命的人数由法律规定。苏格兰和北爱尔兰的水管理机构由地方法律规定成立的相应的管理机构负责。

### 2）法律体系

英国的立法可追溯到 15 世纪。1447 年英国皇家宪章（Royal Charter）授权霍尔（Hull）解决供水问题；1585 年在博尔毛茨诞生了第一部水法。1848 年第一部控制内陆水污染的法律诞生。此后，英国还颁布了一系列与水资源管理有关的法令。目前尚在生效的有：《河流（港湾和潮水）洁净法》（1960 年）、《流域法》（1961 年）、《河流污染防治法》（1961 年）、《水资源法》（1963 年）、《农业法》（1970 年）、《运输法》（1968 年）、《公共健康法》（1961 年）、《鲑鱼与淡水鱼法》（1972 年）、《水法》（1973 年）、《污染控制法》（1974 年）等。英国自从 1930 年颁布《流域法》之后，才开始通过立法来防范洪水。根据该法，设立了流域董事会，1976 年又通过了修订后的《流域法》。根据 1976 年的《流域法》，流域管理局或理事会有权通过工程措施来防范洪灾。

### 3）防范措施

第一，建设防洪工程体系。英国的防洪工程体系建设包括 3 个方面的内容：其一，注重建设常规化的工程防洪措施。在全国大小河流上建设堤防、防洪墙、防洪闸阀、防洪堰等工程，并且根据洪水的大小及发生时的实际状况采取临时性的加固措施。其二，注重建设软性防洪工程措施。环境署利用英国特殊的地貌环境，特别是沼泽地、湿地较多的优势，通过软性工程建设来增加这些区域的蓄水能力，从而降低了洪水对常规工程的冲击。其三，注重对水库的安全管理。英国境内有近 2 000 座各类水库，有些水库年久失修，存在安全隐患。为此，从 2004 年 10 月起，英国环境署强化了对这些水库的安全排查，建立安全监督机制。特别是对英格兰和威尔士地区的水库，要求落实水库责任制，强化水库对蓄积洪水的保障能力并要求提交安全评估报告。这些水库的安全评估报告，成为环境署每年编制洪水风险图的重要依据。

第二，构建水灾预警预报及风险应对机制。包括 4 个方面的内容：其一，强化水灾风险的预警预报机制建设。在水灾风险管理过程中，对洪水信息的预警预报是基础工作，通过信息预警预报能够帮助民众了解相关信息，为抗击灾害做好准备。为此，英国环境署按照气象部门发布的天气、汛情等信息，对洪水发生的概率及其后果作出及时预测，并按照洪水发生等级发布相应的预警信息。环境署在掌握全国水情汛情的基础上，开发了全国洪水预报系统，该系统能够对英国全境降雨、河流水位变化及海洋水位变化进行 24h 监测。其二，编制洪水风险图。环境署通过对全国河流水情汛情的考察调研，每年就全国重要的河流发生洪水的概率、频率及灾害的可能后果，编制相应的风险图，对民众应对灾害进行指导。其三，强化对洪水风险的评估。英国环境署在编制洪水风险图的基础上，对全国潜在的易发洪水的区域进行风险评估，为各地的防洪抗灾中心提供信息支持，从而降低水灾损失。其四，强化公众的防灾意识。通过编制洪水风险图及洪水风险评估报告，对于易发水灾的区域和容易受到洪水灾害影响的民众，不断强化防灾抗灾意识宣传。环境署开通了洪水报警系统，民众可以通过电子邮件、电话等参与政府决策及应急机制建设，提升民众应对水灾风险的能力。

第三，发挥洪水保险的保障功能。洪水保险作为洪水风险管理体系的重要金融工具，能够有效地降低洪水带给民众的灾害，减少民众的人身、财产损失。英国保险业极为发达，洪水保险制度构建较早，可谓是世界上最早的水灾保险制度，在 1850 年就已经形成，经过 100 多年的发展形成了完备的保险责任机制，到今天已经成为半政策性半商业性的保险体系。在英国，购买洪水保险是强制性的，当民众进行房屋或土地买卖的时候，必须购买洪水保险，洪水保险由私人保险公司承保，但政府提供 50% 的保费补贴。这种捆绑式的保险机制，不但扩大了洪水保险的覆盖率，而且也提升了保险对水灾救助的保障能力。

### 1.3.3　日本

#### 1）管理结构

日本对河流防洪管理实施分级制度，全国 109 条一级河流由建设省河川局负责管理，对这些河流的水情、汛情预警预报；二级河流由都府道县的气象、消防、交通、建设等职能部门负责，日本的二级河流长达 3.5 万 km，上述职能部门按照各自的职权范围负责这些河流的防洪预警等方面的工作。此外，日本还建立数百万人的水防团，负责对这些河流的日常监测。

# 第 1 章 绪论

### 2）法律体系

日本属于多灾国家，一直重视对河流的管理，其最早一部河流管理法是 1896 年颁布的《河川法》，该法一直沿用到 1964 年新的《河川法》出台。在最近的几十年时间内，《河川法》经过了多次修订，是日本防洪体系的基本法。除了《河川法》之外，日本还辅之以《治水特别会计法》《治山治水紧急措置法》等单行法，共同构筑了完善的防洪防灾法律体系。

### 3）防范措施

第一，建立防洪工程体系。日本经过多年的建设，至今已形成了一整套高效的整体性防洪工程体系。日本全国范围内现有各类堤防 1 万 km，各类防洪水库 500 余座，各类干流大坝 100 余座，这些工程的建设标准较高，可以抵御百年一遇的洪水。除了这些堤防、水库、大坝之外，日本还积极修建了数量众多的蓄水池、河堰、闸阀等小型基础水利设施，这些设施对于小型水灾具有较好的疏导作用。2011 年 "3·11" 日本大地震之后，鉴于海啸破坏带来的严重核污染，日本更加注重重大突发性水灾的防范及灾后环境的治理。

第二，编制洪水风险图。洪水风险图作为一种非工程性的技术措施，其对流域内可能发生的洪水演变路线、发生概率、发生时间、后果程度、影响范围、流速大小等灾害特征进行预测，以确定灾害发生区洪水最终给生活、生产带来多大影响的一种技术标识。日本建设省从 1980 年就开始编制全国主要一级河流的风险图，截至 2015 年年底，日本已经完成了所有的一级河流和 90% 的二级河流风险图编制工作。此外，为了配合洪水风险图的编制，日本近 500 个市町村发布了当地小型河流的风险图预警资料。当然，洪水风险图不仅仅是一种技术预测与指导，更是一种面对灾害的应急指南，其内容还包括洪水发生后的避难措施，避难地点分布与联系方式，避难过程中的物品准备、医疗救助以及避难时期的心理疏导等，被称为"日本居民安全顺利到达避难地的信息地图"。从其实际应用效果看，比起未看过风险图的居民，事先看过风险图的居民避难率提升 50%。

第三，增强民众的防洪减灾意识。其一，公众参与制度化。1964 年《河川法》规定，在河流治理过程中的任何决策，包括治理规划、治理工程建设等方面，需要充分听取社会公众的意见，提升社会公众的参与度。在促进公众参与决策的过程中，既保证了决策的科学性与民主性，同时也强化了社会公众的参与意识。其二，防洪抗灾情报公开化。编制洪水风险图就属于情报公开化。不仅如此，日本建设省和气象厅还会根据分布于全国的水汛监测点，及时向社会公开发布水情信息。此外，从中央的建设省，到都府道县、市町村各级政府均设有河流信息中心，视洪水情况定时发布信息。任何居民均可以从建设省、气象厅的相关网站查询到洪水信息。其三，强化对民众的避难指导。日本各级政府每年均会在学校、社区、公共场所进行避难演习,教育民众掌握面临灾难时的避难技巧。市町村基层政府及社区均建有完善的避难场所及备有充足的避难物资。当洪水灾害发生时,各级消防组织、水防团及其志愿者也会对公众进行避难应急指导,保证了应对灾害的有序性。

## 1.4 水旱灾害风险原理和技术方法

### 1.4.1 风险的基本概念

#### 1)风险的定义

目前,学术界比较主流的风险定义一般都同时强调风险发生的可能性和风险造成的损失或后果,将风险定义为不利事件发生的概率和严重程度的一种度量。数学关系可表达为式(1-1)的形式。

$$R=f(P,C) \tag{1-1}$$

式中 $P$——风险事件发生的概率;

$C$——风险事件发生的后果。

为了比较风险的大小,常常用期望值替代概率分布,或选用某种或某些算子对有关的量进行数学组合。这种风险的定量表达,也称为"风险度"。自然灾害风险有不同的定义,相应风险度的表达也有一些差异,其中最简单也是最常用的是相乘关系,即 $R=P \times C$。这种风险函数定义默认每一风险因素对应一个发生概率和后果,是一个定性的定义。

#### 2)水安全风险影响因素

联合国国际减灾战略(United Nations Internationai Strategy for Disaster Reduction,UNISDR)2004年提出的风险表达式为:

$$风险=致灾因子\times脆弱性$$

在该风险表达式中,风险由致灾因子和脆弱性两个因素决定。当以具体资产或基础设施面临的风险为研究对象时,影响风险的因素除了致灾因子和脆弱性外,还有处于危险环境中的暴露度:

$$风险=致灾因子\times脆弱性\times暴露度$$

### 1.4.2 风险评估与区划方法

评估是普查工作由摸清灾害风险底数向查明抗灾减灾能力、客观认识隐患风险转化的关键。区划是在调查和评估基础上,从灾害防治角度进行的区域划分,区划成果是普查各类调查

# 第1章 绪论

数据和评估成果综合使用、转化和凝练的重要体现。从有效降低上海洪涝灾害风险水平的需求出发，完成洪水、内涝风险区划及防治区划，可以为制定上海洪涝水灾害防御战略，编制防灾减灾规划、土地利用规划，实施防洪减灾科学决策、防汛调度管理，以及制定相关法律法规等奠定技术基础。开展上海干旱灾害风险评估与区划工作，可以系统掌握上海主要风险要素及其来源、风险类型，并为确定防旱标准、明确防旱减灾工程布局、制定抗旱减灾战略及规划等提供基础依据。

## 1) 洪潮灾害

根据暴雨、洪水、地形、河流水系等自然特征，人口分布、GDP 等经济社会因素，以及历史洪水发生情况及其灾害影响范围与程度，考虑不同区域的洪源特征、洪水量级和灾害威胁程度，将上海划分为主要江河防洪区；根据《洪水风险区划及防治区划编制技术要求》《洪水风险区划及防治区划编制补充技术要求（试行）》等相关文件，采用水力学方法（包括一维水力学模型、二维水力学模型或一二维水动力学耦合模型），计算不同暴雨频率方案下的当量水深，采用当量水深计算各单元的综合风险度（$R$）值，依据 $R$ 值划分洪水风险等级，分为低、中、高、极高四类风险级别，并形成标准网格洪水灾害综合风险度（$R$）值分布图；开展洪水灾害防治区划，将主要江河防洪区划分为一级重点防治区、二级重点防治区、中等防治区和一般防治区，再提出相应的防治对策和建议。

根据《洪水风险区划技术导则》，计算单元的"综合风险度（$R$）"，按以下公式计算：

$$R = \sum_{i=0}^{n} (p_i - p_{i+1}) \left( \frac{H_i + H_{i+1}}{2} \right) \tag{1-2}$$

式中 $p_i$——某一洪水淹没频率（如 10 年一遇时，$p_i$ 取 0.1）；

$H_i$——该计算单元对应 $p_i$ 的"当量水深（$H$）"值。

计算时，$H$ 的单位选取分米（dm）。风险等级划定详见表 1-2，防治区划标准详见表 1-3。

表 1-2 风险等级划定范围表

| 综合风险度（$R$） | $R<0.15$ | $0.15 \leq R<0.5$ | $0.5 \leq R<1$ | $R \geq 1$ |
|---|---|---|---|---|
| 风险等级 | 低风险 | 中风险 | 高风险 | 极高风险 |

表 1-3 防治区划标准

| 风险情况 | $P_1 \geq 30\%$ 或 $P_2 \geq 50\%$ | $P_1 \geq 20\%$ 或 $P_2 \geq 40\%$ | $P_1 \geq 10\%$ 或 $P_2 \geq 30\%$ | 其他 |
|---|---|---|---|---|
| 高及较高标准 | 一级重点防治 | 二级重点防治 | 中等防治 | 一般防治 |
| 一般及低标准 | 二级重点防治 | 中等防治 | 一般防治 | 一般防治 |

其中：

$$P_1 = \frac{A_{极高}+A_{高}}{A_{防洪保护区}} \times 100\%$$

$$P_2 = \frac{A_{极高}+A_{高}+A_{中}}{A_{防洪保护区}} \times 100\% \quad (1-3)$$

式中 $A_{防洪保护区}$——作为防治区划单元的防洪保护区总面积；

$A_{极高}$——该防洪保护区在洪水风险区划中划定为极高风险的区域面积；

$A_{高}$——该防洪保护区在洪水风险区划中划定为高风险的区域面积；

$A_{中}$——该防洪保护区在洪水风险区划中划定为中风险的区域面积。

防治标准的分档见表1-4。对于同一防洪保护区，如果防洪标准、防潮标准、治涝标准的分档不同，则按高级别认定。

表1-4 防洪标准、防潮标准、治涝标准分档

| 分档 | 防洪标准 | 防潮标准 | 治涝标准 |
| --- | --- | --- | --- |
| 高 | ≥100年一遇 | ≥200年一遇 | ≥20年一遇 |
| 较高 | ≥50年一遇 | ≥100年一遇 | ≥10年一遇 |
| 一般 | ≥20年一遇 | ≥50年一遇 | ≥5年一遇 |
| 低 | 20年一遇以下 | 50年一遇以下 | 5年一遇以下 |

2) 内涝灾害

内涝灾害是本次普查增加的种类，考虑上海中心城与郊区内涝灾害的不同特点，又分为城市内涝灾害风险和防治区划、郊区内涝灾害风险和防治区划，目前国家层面并未制定相关的技术方法。

国内外城市内涝风险区划相关文献调查结果显示，内涝风险评估从致灾因子危险性、孕灾环境敏感性、承灾体暴露度以及防灾减灾能力4个方面出发，结合内涝计算、GIS空间分析技术和综合评价方法，对内涝灾害进行定量化风险评估。

本次城市内涝灾害风险和防治区划在参考《洪水风险区划及防治区划编制技术要求》（FXPC/SL P-01）的基础上，结合国内外和上海市内涝防灾工作实践经验，采用情景分析法，通过一维管渠与二维地表漫流耦合模型进行以内涝危险性为主的风险评估，计算不同频率方案下的当量水深，采用当量水深计算各单元的综合风险度（$R$）值，依据$R$值划分城市内涝风险等级，分为低、中、高、极高四类风险级别，并形成标准网格城市内涝灾害综合风险度（$R$）值分布图；构建内涝灾害综合风险评价指标体系，通过层次分析法、专家打分法等加权综合

## 第1章 绪论

评价法进行承灾体暴露度和防灾减灾安全性分析评价,叠加暴雨内涝危险性分析计算和评估的相关成果,绘制城市内涝灾害综合风险区划图;以街镇行政区和排水系统为区划单元,划分为一级重点防治区、二级重点防治区、中等防治区和一般防治区,再提出相应的防治对策和建议。

本次郊区内涝灾害风险和防治区划方法与城市内涝灾害风险和防治区划基本一致,在参考《洪水风险区划及防治区划编制技术要求》(FXPC/SL P-01),以及梳理分析结合国内外洪水灾害研究实践成果和借鉴其他行业区划技术方法的基础上,从上海郊区内涝治理的实际需求出发,充分考虑郊区内涝灾害类型、主导因素特点,采用情景分析的方法,通过圩区零维模型、一维河网水文水动力数学模型、一二维耦合的水文水动力数学模型进行以内涝危险性为主的风险评估,计算不同频率方案下的当量水深,采用当量水深计算各单元的综合风险度($R$)值,依据 $R$ 值划分郊区内涝风险等级,分为低、中、高、极高四类风险级别,并形成标准网格郊区内涝灾害综合风险度($R$)值分布图;防治区划充分考虑郊区内涝灾害类型、主导因素与防治策略特点,构建内涝灾害风险综合评价指标体系,通过层次分析法或专家打分法等加权综合评价法进行承灾体暴露度和防灾减灾安全性分析评价,叠加暴雨内涝危险性分析计算和评估的相关成果,绘制郊区内涝灾害综合风险区划图;以街镇为单元,划分为一级重点防治区、二级重点防治区、中等防治区和一般防治区,再提出相应的防治对策和建议。

本次承灾体暴露度以人口密度、建筑物密度、国内生产总值(Gross Domestic Product,GDP)密度作为评价指标,这些指标能反映城市系统脆弱性,且数据资料的易获取性和可靠度也较高。防灾减灾能力包括工程能力和非工程能力两方面。指标选取详见表1-5。

表1-5 内涝灾害风险评价指标体系

| 目标层 | 准则层 | 指标层 |
| --- | --- | --- |
| 内涝灾害风险评价指数 | 内涝灾害危险性 | 综合风险度($R$) |
| | 承灾体暴露度 | 人口密度 |
| | | 建筑物密度 |
| | | GDP 密度 |
| | 防灾减灾安全性 | 防涝工程能力 |
| | | 防汛管理能力 |

(1) 承灾体暴露度分析

承灾体暴露度指的是承受暴雨洪涝灾害的大环境（人财物）在灾害降临时所受到的损失程度，受损性的大小一般取决于该地区人口密度、建筑物密度、经济情况等。同等强度的暴雨，发生在人口密集、经济发达的地区造成的损失要远高于人口稀少、经济相对落后的地区。所以经济发达，人口密集的居民用地和城镇用地的承灾体区域受灾的危险性最高。

针对城市内涝灾害可选取人口密度、建筑物密度、GDP密度作为承灾体暴露度的主要评价指标，承灾体暴露度的评价模型为：

$$Q_v = W_{v1}Q_{v1} + W_{v2}Q_{v2} + W_{v3}Q_{v3} \tag{1-4}$$

式中　$Q_{v1}$——人口密度指标标准化值；

$Q_{v2}$——建筑物密度指标标准化值；

$Q_{v3}$——GDP密度指标标准化值；

$W_{v1}$——人口密度指标权重；

$W_{v2}$——建筑物密度指标权重；

$W_{v3}$——GDP密度指标权重。

在对上海市内涝灾害承灾体暴露度评估中，充分考虑了上海市的社会经济发展现状，分别从人口、建筑物、GDP三个方面进行承灾体暴露度评估。

① 人口密度

人口是重要的承灾体之一，准确的人口空间分布信息是衡量城市内涝灾情，以及开展防灾救灾工作的重要依据。保障受灾地区人民的生命安全是城市内涝防灾减灾工作的重中之重，人口指标对于承灾体暴露度风险评估来说是一个不容忽视的影响要素，因此必须充分考虑研究区域真实的人口分布现状。

本次人口密度的计算底图来自本次全国自然灾害综合风险普查成果中人口（常住人口数）格网数据，利用每个格网中的人口数量与格网面积做比值，并经归一化处理后，得到全市的人口密度分布，见图1-2。

② 建筑物密度

街镇中建筑物面积占街镇总面积的比例，即单位面积建筑物规模，反映街镇的城镇开发强度及房屋财产的暴露度。根据上海市建筑物分布图，将各街镇建筑物面积与街镇的面积做比值。

建筑物密度的底图来自本次全国自然灾害综合风险普查成果中房屋（建筑面积合计）格网数据，将每个格网中的建筑面积与格网面积做比值，并经归一化处理后，得到全市的建筑物密度分布，反映社会经济规模及现有人民财产的易损性，见图1-3。

# 第1章 绪论

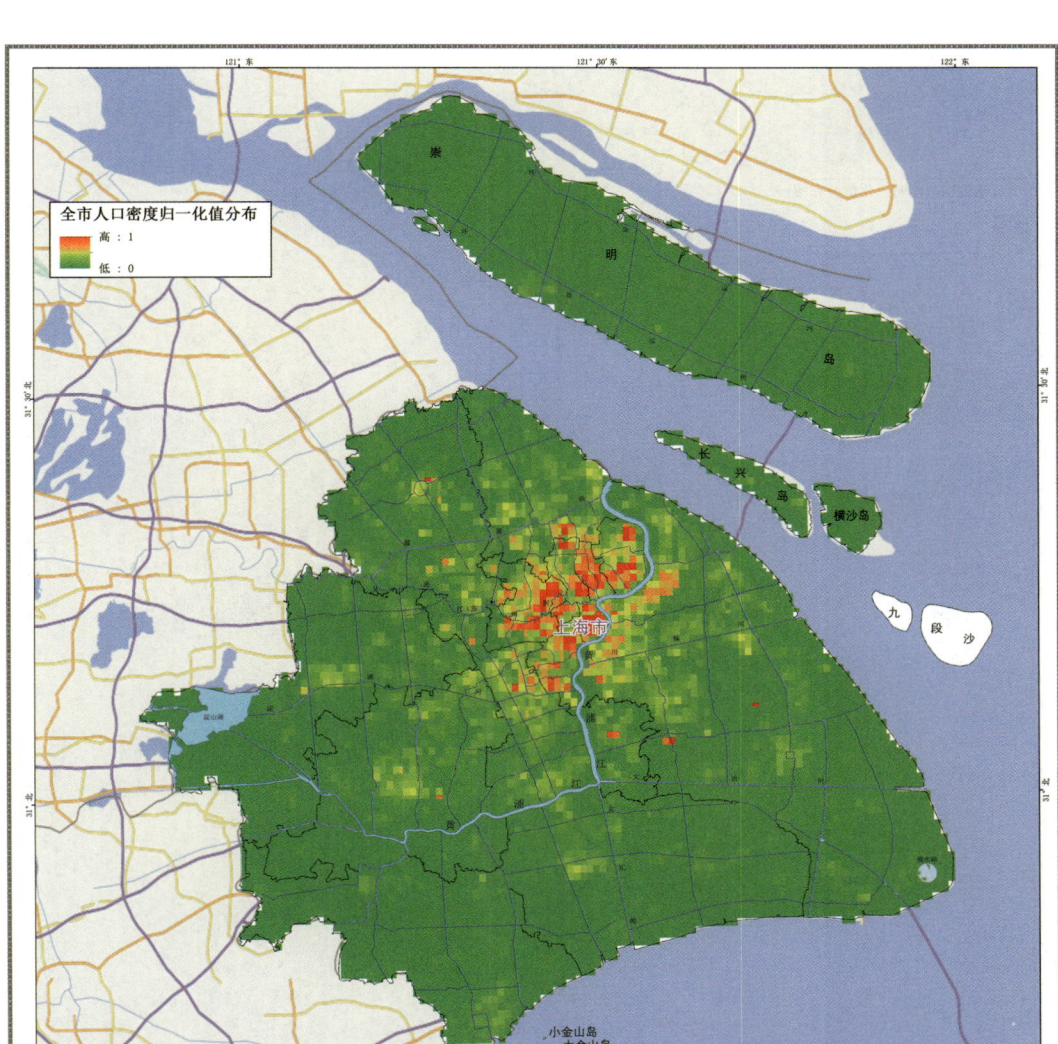

图 1-2　全市人口密度归一化值分布图①

③ GDP 密度

除了人口密度和建筑物密度指标以外，研究区域的经济发展现状是评估承灾体暴露度的又一重要指标。GDP 是指在一定时期内，一个国家或地区的经济中所生产出的全部最终产品和劳务的价值，常被公认为衡量地区经济状况的最佳指标。因此，本书在进行承灾体暴露度评估时选择 GDP 产值因子作为评估经济现状的重要指标。

---

① 本书所有地图的底图均来自天地图·在线地图（http：//map. tianditu. gov. cn）。

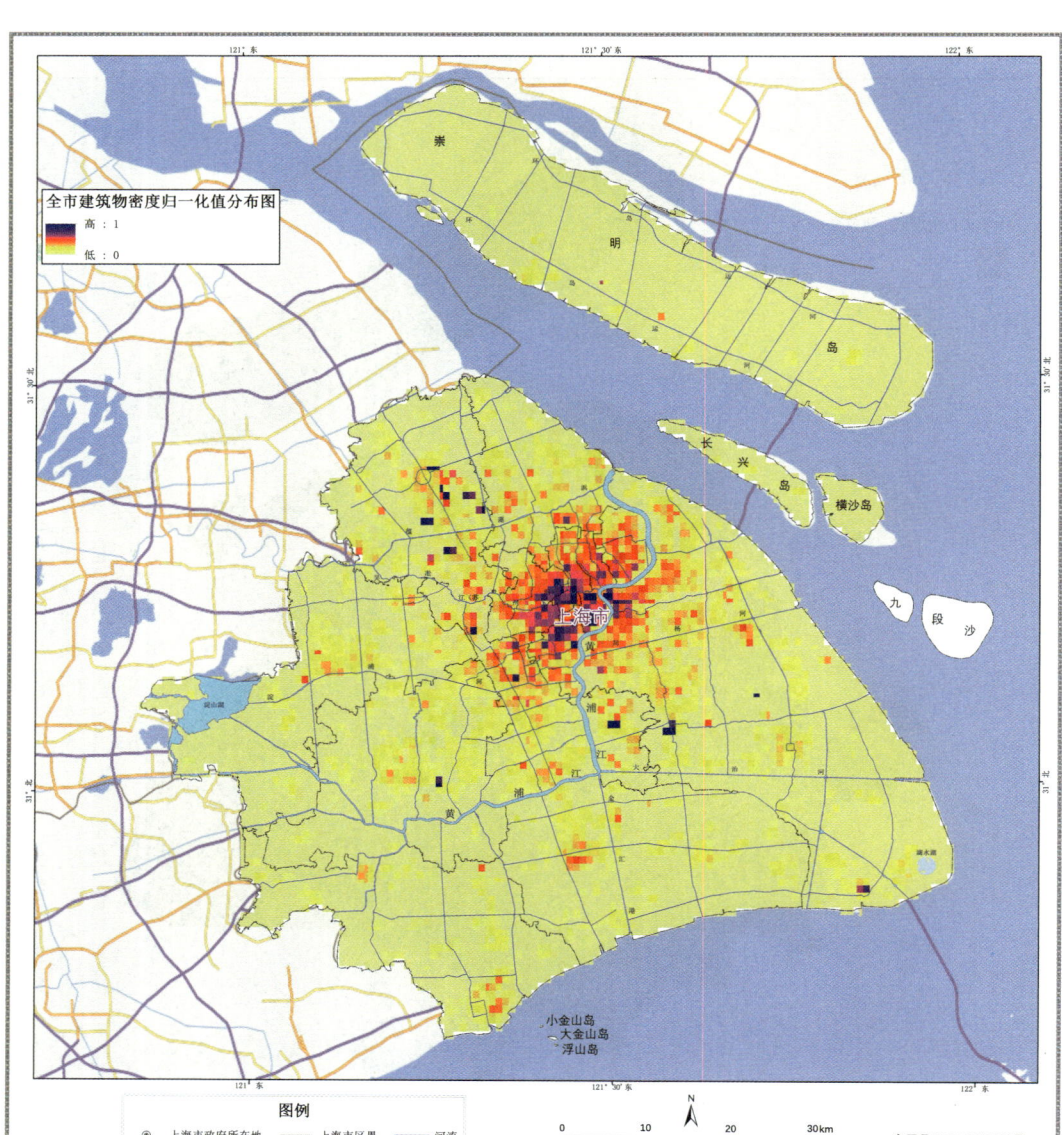

图 1-3　全市建筑物密度归一化值分布图

GDP 密度的底图来自本次全国自然灾害综合风险普查成果中 GDP 格网数据，将每个格网中的 GDP 与格网面积做比值，并经归一化处理后，得到全市的 GDP 密度分布，见图 1-4。

④ 承灾体暴露度分析

采用层次分析方法，计算人口密度、建筑物密度、GDP 密度等承灾体暴露度指标的权重。层次分析法（Analytic Hierarchy Process，AHP）是由 Satty 开发的一种支持决策的重要工具，通过指标成对比较构建判断矩阵，计算得到权重。层次分析法主要计算过程如下。

首先，构建层次分析模型，根据各因素不同属性将决策目标分解成两个层次，上层为承灾

# 第1章 绪论

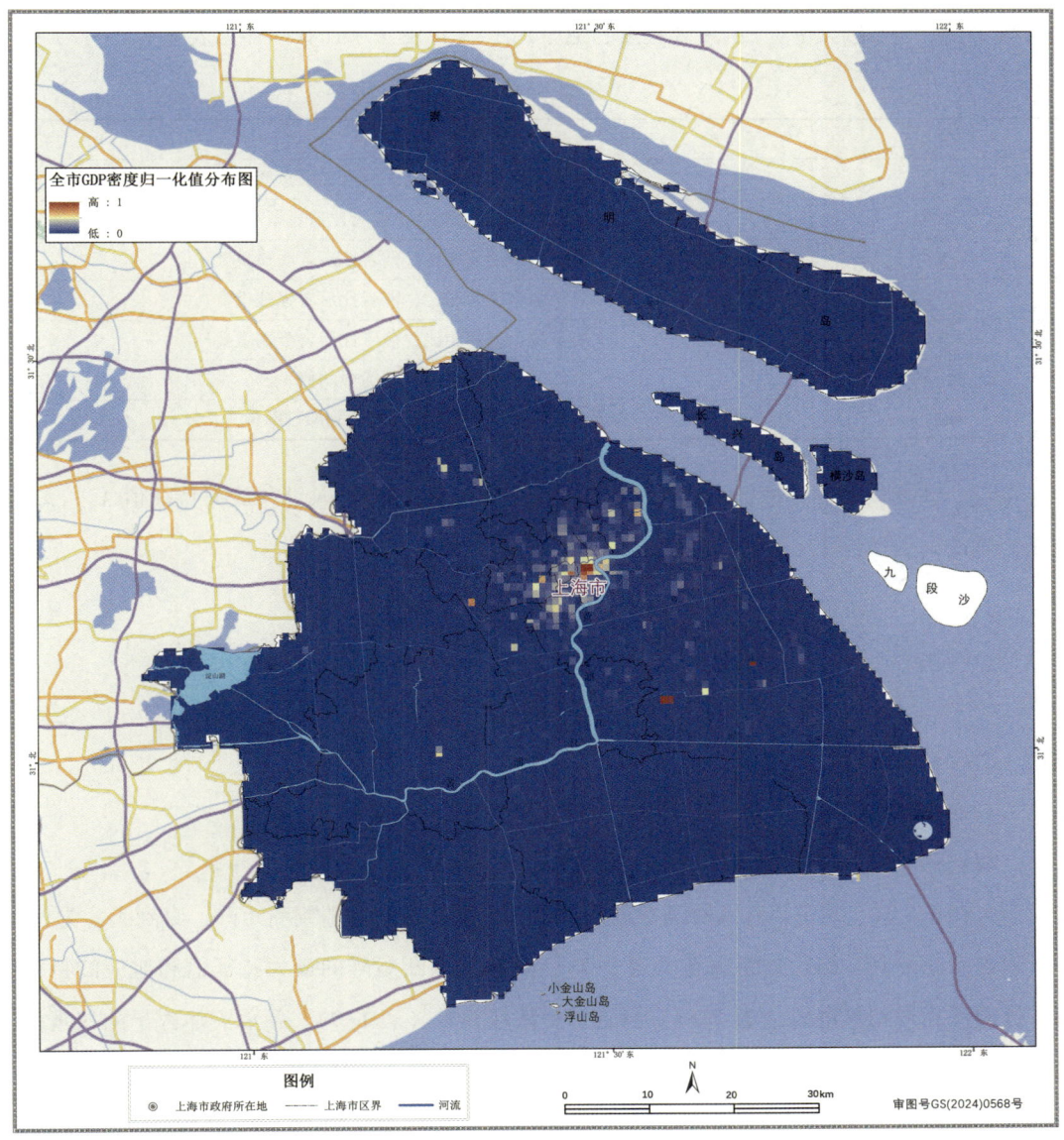

图1-4　全市GDP密度归一化值分布图

体暴露度准则层,下层为指标层。

其次,构造判断矩阵,根据专家们的判断结果对同一层因素成对比较。各指标因子的重要性不一样,其重要程度根据实际情况依照专家打分分别为$u_1$,$u_2$,$\cdots$,$u_n$。通过两两比较它们的重要程度得到判断矩阵$A$:

$$A = \begin{bmatrix} a_{11} & a_{12} & \cdots & a_{n1} \\ a_{21} & a_{22} & \cdots & a_{n2} \\ \vdots & \vdots & & \vdots \\ a_{n1} & a_{n2} & \cdots & a_{nn} \end{bmatrix} = (a_{ij})_{n \times n}$$

其中，$a_{ij}$表示因素$i$对$j$的重要程度，通常用1~9标度法来计算。详见表1-6。

表1-6 标度表

| 标度$a_{ij}$ | 含义 |
| --- | --- |
| 1 | 表示两个因素相比，具有相同重要性 |
| 3 | 表示两个因素相比，前者比后者稍重要 |
| 5 | 表示两个因素相比，前者比后者明显重要 |
| 7 | 表示两个因素相比，前者比后者强烈重要 |
| 9 | 表示两个因素相比，前者比后者极端重要 |
| 2，4，6，8 | 上述相邻判断的中间值 |
| 倒数 | 如果$j$因素与$i$因素比较，则得到的判断值为$1/a_{ij}$ |

最后，计算权向量并进行一致性检验。计算判断矩阵的特征向量和最大特征值$\lambda_{max}$，通过判断矩阵的一致性比率$CR$进行检验。

$$CR = \frac{CI}{RI}$$

$$CI = \frac{\lambda_{max} - n}{n - 1}$$

式中　$CI$——一致性检验指数；

　　　$n$——矩阵维数；

　　　$RI$——平均一致性指标。

当$CR<0.1$时，判定矩阵具有满意的一致性，否则要重新构造判断矩阵，直到满意为止。

通过专家评判，构造判断矩阵（表1-7），求解该判断矩阵的最大特征值和对应的特征向量，进而计算得到权重值（表1-8），再进行一致性检验（表1-9）。各承灾体因子的权重值结果：$W_{v1} = 0.4905$，$W_{v2} = 0.3119$，$W_{v2} = 0.1976$。

表1-7 暴露度评价判断矩阵

| 项目 | 人口密度 | GDP密度 | 建筑密度 |
| --- | --- | --- | --- |
| 人口密度 | 1 | 0.5 | 0.5 |
| GDP密度 | 2 | 1 | 0.5 |
| 建筑密度 | 2 | 2 | 1 |

表1-8 判断矩阵的特征向量及权重值计算结果

| 指标 | 特征向量 | 权重值 | 最大特征值 | $CI$值 |
| --- | --- | --- | --- | --- |
| 人口密度 | 1.471 | 0.4905 | 3.054 | 0.027 |
| GDP密度 | 0.936 | 0.3119 | | |
| 建筑密度 | 0.593 | 0.1976 | | |

# 第1章 绪论

表1-9 一致性检验结果

| 最大特征根 | *CI* 值 | *RI* 值 | *CR* 值 | 一致性检验结果 |
|---|---|---|---|---|
| 3.054 | 0.027 | 0.52 | 0.052 | 通过 |

在对人口密度、GDP密度、建筑物密度归一化处理的基础上，根据加权综合法计算承灾体暴露度指数，归一化处理后形成上海市暴雨内涝承灾体暴露度空间分布图，见图1-5。

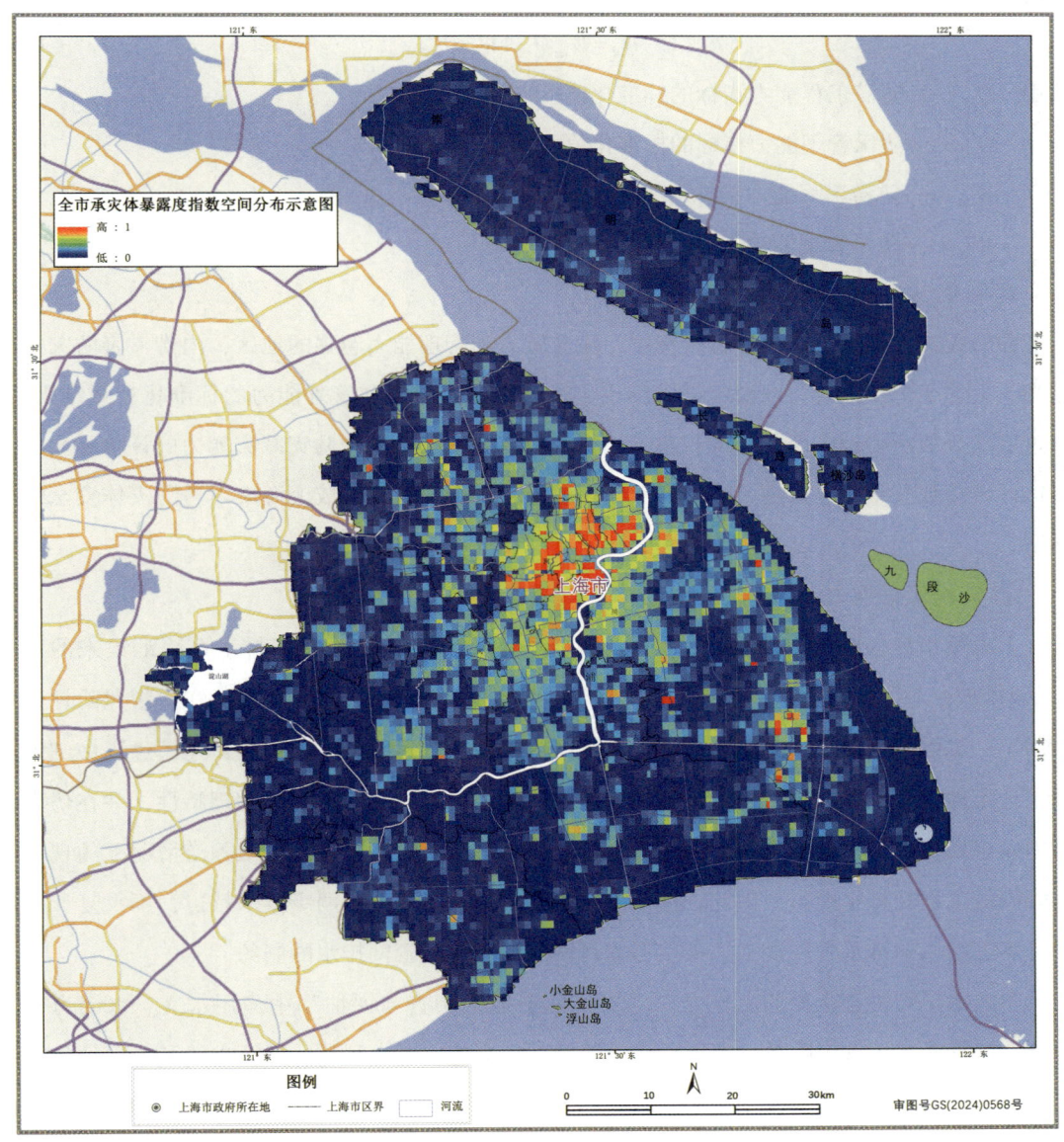

图1-5 全市承灾体暴露度指数空间分布示意图

（2）防灾减灾安全性

防灾减灾能力是人类社会用来应对气象水旱等灾害所采取的方针、政策、技术和行动的总称，表示人们对灾害的积极防御程度。内涝灾害的防灾减灾能力是指受灾地区对内涝的抵御程度，包括应对暴雨内涝灾害所造成损失的灾后恢复能力。防灾减灾的影响指标是多方面的，主要包括工程措施和非工程措施。

结合相关专题研究成果，选择能反映防灾减灾能力特征的因子作为评价指标，包括：防涝能力作为工程性评价指标，管理能力作为非工程性评价指标。由此构建上海市城市暴雨内涝灾害防灾减灾能力评估模型：

$$Q_R = W_{R1}Q_{R1} + W_{R2}Q_{R2} \tag{1-5}$$

式中 $Q_{R1}$——防涝工程能力指标的标准化值；

$Q_{R2}$——防汛管理能力指标的标准化值；

$W_{R1}$——防涝工程能力指标的权重；

$W_{R2}$——防汛管理能力指标的权重。

其中 $W_{R1} + W_{R2} = 1$。

在防灾减灾能力的2个评价指标中，除涝能力和管理能力越强的地区，内涝灾害防灾能力越强，上述2个指标均与内涝灾害成反比。在得出除涝能力和管理能力的标准化处理结果后，通过层次分析法得到各个指标的权重，根据加权综合法计算综合防灾减灾能力的评价指数，并将该评价指数矢量化，采用GIS的自然断点法进行处理，最终形成上海市内涝防灾体安全性分布图。

① 防涝工程能力

上海城市地区雨水排放通常为两级排水，即区域河网接纳由城市排水系统汇集来的雨水（一级排放），再由区域河网通过河道调蓄排出至外围大水体（二级排放）。在内涝风险评估中采用了一二维耦合的水文水动力数学模型进行内涝雨洪全过程的情景仿真，建模过程中细致刻画了地形地势、土壤、植被、水系等孕灾环境和现状雨水排水管网实际物理特性，并在仿真情景中以规划区域除涝最高水位作为河道水位边界条件，反映了在规划区域除涝情况下的现状雨水管网的工程性排水能力。因此，在防涝能力指标中，基于上海两级排水特点，不重复计入情景计算已纳入的排水管网能力，重点考虑河网除涝能力对管网排水的制约。

本次水旱灾害普查相关工作之一"区域除涝能力调查与评估"中运用水文、水动力数学模型，充分考虑了城市除涝、郊区蓄排相关的工程措施，对水利片、圩区进行了全面评估，定量评估分析全市除涝能力，本次区划将直接利用区域除涝能力评估的相关成果，14个水利片及圩区除涝能力综合评估成果见第2章。

② 防汛管理能力

非工程措施主要体现在防汛管理能力上，即通过科学的精细化的防汛管理措施将内涝灾害

# 第1章 绪论

损失降低到最低限度的相关能力,包括四预指挥(预报、预警、预演、预案、指挥)能力、防御调度(设施运维、调度)能力、抢险救援(防汛物资储备到位率、防汛抢险队伍完备度、抢险救援成效)能力等方面,详见表1-10。

③ 防灾减灾安全性分析

为实现风险定量计算,对防涝工程能力和防汛管理能力进行分级量化并赋予标准值,见表1-11。综合相关专家意见,防涝工程能力和防汛管理能力的权重系数分别取0.6和0.4。将防灾减灾能力因子标准值加权计算,得到内涝防灾减灾能力指数分布。

表1-10 防汛管理能力评价指标体系

| 目标层 | 准则层 | 指标层 |
|---|---|---|
| 防汛管理能力指数 | 四预指挥指数 | 预报预警指数 |
| | | 预案预演指数 |
| | | 决策指挥指数 |
| | 防御调度指数 | 运维保障指数 |
| | | 科学调度指数 |
| | 救援能力指数 | 防汛物资储备到位率 |
| | | 防汛抢险队伍完备度 |
| | | 抢险救援成效 |

表1-11 防涝能力和管理能力分级标准

| 等级 | 防涝工程能力 | 防汛管理能力 | 标准值 |
|---|---|---|---|
| 1 | 5~10年一遇 | 不安全 | 0.1 |
| 2 | 10~15年一遇 | 基本安全 | 0.4 |
| 3 | 15~20年一遇 | 较安全 | 0.7 |
| 4 | 20年一遇以上 | 安全 | 1.0 |

3)干旱灾害

干旱灾害风险评估与区划是在系统收集与整理干旱灾害风险评估与区划所需的气候、地形、地貌、水文水资源等相关数据资料以及相关区划图件资料的基础上,依据《干旱灾害风险调查评估与区划编制技术要求》,开展干旱灾害风险评估及风险图编制工作,进而开展干旱灾害风险区划及防治区划编制工作。

(1)干旱灾害风险评估

从水资源量的角度,以区级行政区为评估单元,开展不同干旱频率下的水资源量计算、供水能力分析以及影响分析等，评估不同频率农业干旱灾害风险、因旱人饮困难风险以及城镇干旱灾害风险，获得上海市干旱灾害风险严重程度及其空间分布情况，划分高风险、中高风险、中风险、中低风险、低风险 5 个等级并绘制干旱灾害风险图。详见表 1-12。

表 1-12　农业干旱灾害风险等级划分标准

| 风险等级 | 低 | 中低 | 中 | 中高 | 高 |
|---|---|---|---|---|---|
| 百分位数 | $P \leqslant 50\%$ | $50\% < P \leqslant 65\%$ | $65\% < P \leqslant 80\%$ | $80\% < P \leqslant 95\%$ | $P > 95\%$ |

结合城镇供水现状，按照两源一备、两源、一源一备、一源稳定、一源不稳定等不同水源情况划分低、中低、中、中高、高 5 个风险等级，详见表 1-13。

表 1-13　城镇干旱灾害风险等级划分标准

| 风险等级 | 低 | 中低 | 中 | 中高 | 高 |
|---|---|---|---|---|---|
| 水源状况 | 两源一备 | 两源 | 一源一备 | 一源稳定 | 一源不稳定 |

（2）干旱灾害风险区划

基于干旱频率和干旱影响（农业受灾率或因旱人饮困难率），计算干旱灾害风险度（$R$），进行干旱灾害风险等级划分，划分为农业干旱灾害（因旱人饮困难）高风险区、中高风险区、中风险区、中低风险区、低风险区。综合考虑农业、人饮、城镇的风险等级，按照最不利原则确定综合风险等级，即有一项风险等级为高则判断综合风险等级为高，否则有一项风险等级为中高则判断综合风险等级为中高，有一项风险等级为中则判断综合风险等级为中，有一项风险等级为中低则判断综合风险等级为中低，所有项风险等级为低则判断综合风险等级为低。在此基础上，按照聚类分析等技术绘制干旱灾害综合风险区划。

计算各区级行政区单元的"风险度（$R$）"值，按以下公式计算：

$$R = \sum_{i=0}^{n} (p_i - p_{i+1}) \frac{l_i + l_{i+1}}{2} \quad (1-6)$$

式中　$R$——农业干旱灾害风险度或因旱人饮困难风险度；

　　　$p_i$——干旱频率（如：100 年一遇时，$p_i$ 取 0.01）；

　　　$L_i$——该计算单元对应 $p_i$ 的影响（农业受灾率或因旱人饮困难率）。

以农业干旱灾害风险度（因旱人饮困难风险度）为农业干旱灾害（因旱人饮困难）风险区划指标，详见表 1-14、表 1-15。

表 1-14　干旱灾害风险（农业、因旱人饮困难）区划标准

| 风险度 | $R_{min} \leqslant R < R_1$ | $R_1 \leqslant R < R_2$ | $R_2 \leqslant R < R_3$ | $R_3 \leqslant R < R_4$ | $R_4 \leqslant R < R_{max}$ |
|---|---|---|---|---|---|
| 风险区划 | 低风险区 | 中低风险区 | 中风险区 | 中高风险区 | 高风险区 |

# 第1章 绪论

表1-15 综合风险区划标准

| 判断指标 | 风险等级 | 判断条件 |
|---|---|---|
| 农业干旱灾害<br>因旱人饮困难<br>城镇干旱灾害 | 高 | 有一项风险等级为高 |
|  | 中高 | 有一项风险等级为中高 |
|  | 中 | 有一项风险等级为中 |
|  | 中低 | 有一项风险等级为中低 |
|  | 低 | 任一项风险等级均为低 |

（3）干旱灾害防治区划

在干旱灾害致灾调查与评估基础上，重点针对综合风险等级为中风险及以上等级的区级行政区，从自然、工程、管理3个方面进行干旱灾害风险源分析，采用二级区划的方法，即干旱灾害防治一级区划和干旱灾害防治二级区划，依据不同判断指标逐层递进，深入分析上海市各区级行政区的干旱灾害风险程度和抗旱减灾能力，结合地形地貌单元、水资源分区、经济社会布局、产业布局等，制定上海市干旱灾害防治区划，提出不同区域的干旱灾害防治措施建议。一级区划主要考虑历史干旱灾害影响的类型和特点，依据农业受旱情况、因旱人饮困难、历史特大干旱情况等对各区级行政单元进行分析，得到干旱灾害易发地区分布图，通过组合分析各类特征区，按旱情旱灾的严重程度，将上海市区级行政区划分为严重受旱县、主要受旱县、一般受旱县和非受旱县。二级区划在一级区划的基础上，主要考虑干旱灾害风险区划成果和抗旱减灾能力等级评估结果，将上海市区级行政区划分为一般防治区、中等防治区、重点防治区，如干旱灾害风险等级高，抗旱减灾能力低，则该区为重点防治区，命名为干旱灾害风险高、抗旱减灾能力低、重点防治区；如干旱灾害风险等级中低，抗旱减灾能力高，则该区为一般防治区，命名为干旱灾害风险中低、抗旱减灾能力高、一般防治区。干旱灾害防治区划二级区划标准见表1-16。

表1-16 干旱灾害防治区划二级区划标准表

| 干旱灾害<br>风险等级 | 抗旱减灾能力等级 | | | | |
|---|---|---|---|---|---|
|  | 低 | 中低 | 中 | 中高 | 高 |
| 低 | 一般防治 | 一般防治 | 一般防治 | 一般防治 | 一般防治 |
| 中低 | 一般防治 | 一般防治 | 一般防治 | 一般防治 | 一般防治 |
| 中 | 中等防治 | 中等防治 | 中等防治 | 一般防治 | 一般防治 |
| 中高 | 重点防治 | 重点防治 | 中等防治 | 中等防治 | 中等防治 |
| 高 | 重点防治 | 重点防治 | 重点防治 | 中等防治 | 中等防治 |

抗旱减灾能力等级评估主要考虑不同干旱频率下的供水能力。将现状年不同干旱频率下的供水能力能否满足现状需水情况作为评价标准。详见表1-17。

表1-17 抗旱减灾能力等级划分标准

| 干旱频率 | 抗旱减灾能力等级 |
| --- | --- |
| 满足50年一遇 | 高 |
| 满足20年一遇 | 中高 |
| 满足10年一遇 | 中 |
| 满足5年一遇 | 中低 |
| 不满足5年一遇 | 低 |

如可以满足50年一遇以上干旱频率下的供水，则其抗旱减灾能力等级判断为高；如可以满足20年一遇以上干旱频率下的供水，则其抗旱减灾能力等级判断为中高；如可以满足10年一遇以上干旱频率下的供水，则其抗旱减灾能力等级判断为中；如可以满足5年一遇以上干旱频率下的供水，则其抗旱减灾能力等级判断为中低；如不能满足5年一遇以上干旱频率下的供水，则其抗旱减灾能力等级判断为低。

# 第 2 章 调查与评估

## 2.1 致灾调查与评估

开展上海市暴雨洪潮水特征调查、暴雨洪潮水致灾孕灾要素分析，完成上海暴雨洪水易发区调查分析、上海水文（位）站特征值计算复核；完成水文站网功能评价；开展暴雨、洪水频率分析，更新上海市暴雨频率图、大江大河主要控制断面洪水特征值图表。收集整理旱情资料，历次旱灾资料，进行水资源需求、保障能力分析。进行上海城区内涝点、郊区易涝区调查，构建隐患评估体系，评估内涝危险性。

### 2.1.1 暴雨调查及频率分析

#### 1）暴雨调查

（1）代表站点选择

根据站点选取原则，结合普查时段要求，在国家基本水文测站基础上，选取可靠资料系列时间长、水利片、行政区暴雨水位上涨较敏感，能够直接反映重点地区暴雨状况的市区两级水位防汛预警代表站点，同时兼顾上海市已有暴雨分析成果的站点，形成覆盖全市的暴雨分析代表站点，共 32 个。见图 2-1。

全市 32 个代表站中，16 个测站资料满足 1978—2020 年时段要求，另外 16 个测站部分数据采用相邻站插补、借用等方式，将资料分析系列统一延长至 1978—2020 年。经统计，1978—2020 年全市共发生总暴雨 633 场[①]，其中暴雨共 487 场，大暴雨共 127 场，特大暴雨共 19 场。

根据各代表站点年暴雨量的年际变化情况，将暴雨划分为 1978—2000 年、2001—2020 年两个阶段进行时空对比分析；年际变化分析时段为 1978—2020 年，1978—2000 年简称为 2000 年前，2001—2020 年简称为 2000 年后。

（2）大暴雨类型与成因

上海城镇化率较高，下垫面条件的特殊性导致降水的时空分布体现出明显的城市化特点，

---

① 24 h 降雨大于等于 50 mm 小于 100 mm 为暴雨，大于等于 100 mm 小于 200 mm 为大暴雨，大于等于 200 mm 为特大暴雨，包含所有级别的暴雨简称为总暴雨。

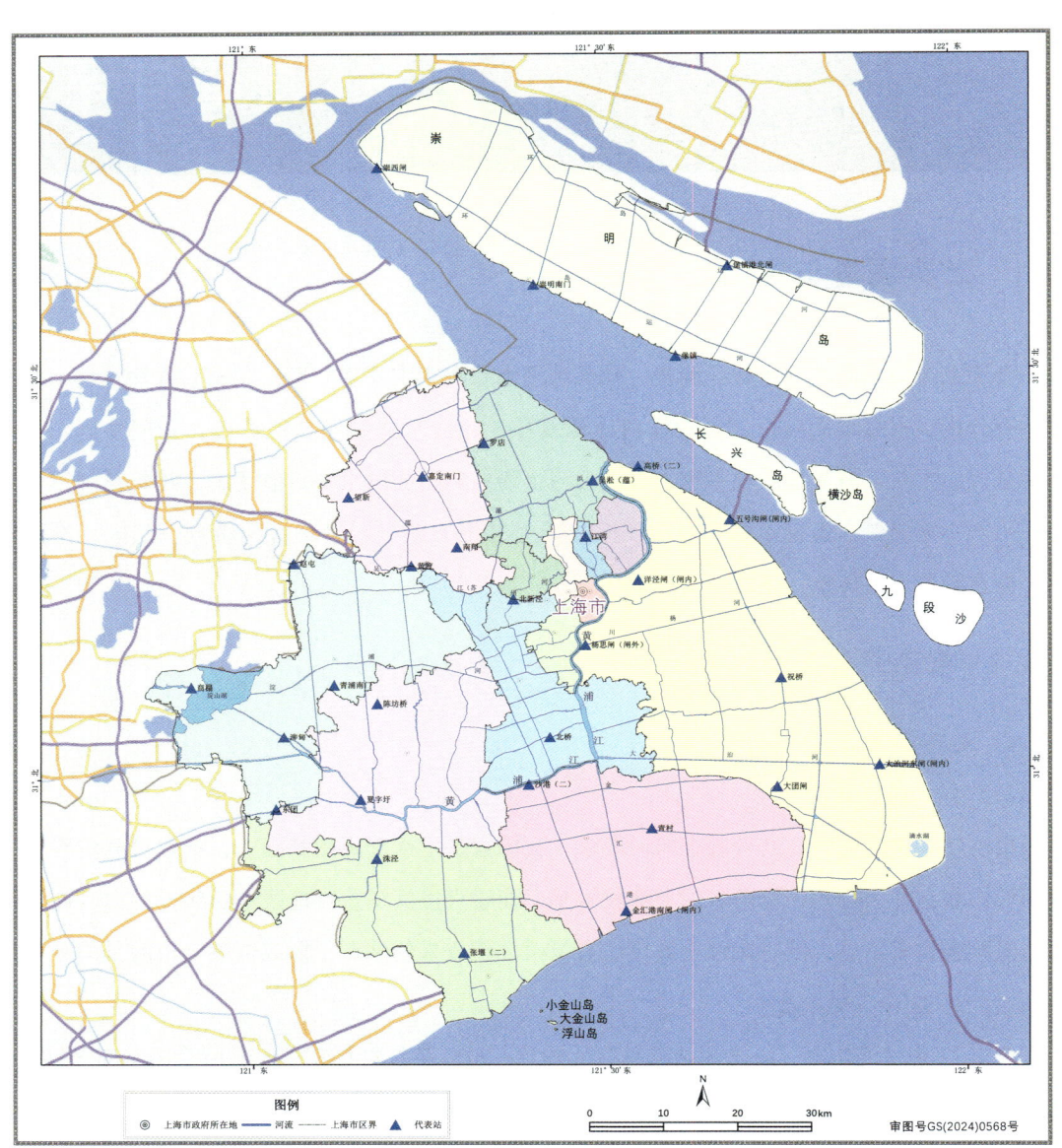

图 2-1 暴雨调查统计分析代表站分布示意图

特大城市特有的热岛和雨岛效应明显。从暴雨成因看，主要有热带气旋（台风）、静止锋、冷暖锋以及城市热岛效应引起的"城市暴雨"等。

由于上海市洪涝灾害防御重点是容易造成大面积内涝的区域性暴雨，因此暴雨过程按季节进行统计分析。在第一天8时至第二天8时雨量资料中，只要有一个站日雨量超过100 mm即为一个大暴雨日。普查1978—2020年逐日雨量资料，确定了173个大暴雨日。按照季节和暴雨天气形势分型，分别对173个大暴雨日进行分类。

按照春季（3—5月）、夏季（6—8月）、秋季（9—11月）及冬季（12—次年2月）进行

## 第 2 章　调查与评估

统计，形成大暴雨日分布频数，造成大暴雨天气静止锋雨带、副高边缘强对流及台风本体或外围螺旋雨带占据大多数（约78.0%），其中静止锋雨带型占比最高，为40.5%，其次是副高边缘强对流和台风本体或外围螺旋雨带型。详见表2-1。

表2-1　1978—2020年上海地区大暴雨日逐季节各类型暴雨分布频数　　　　（单位：个）

| 季节 | 静止锋雨带型 | 副高边缘强对流型 | 台风本体或外围螺旋雨带型 | 台风倒槽型 | 暖式切变线（暖区辐合线）型 | 低槽冷锋型 | 江淮气旋型 | 特殊类型 | 合计 |
|---|---|---|---|---|---|---|---|---|---|
| 春季 | 1 | — | — | — | 1 | 1 | 2 | — | 5 |
| 夏季 | 66 | 31 | 15 | 11 | 3 | — | 4 | 2 | 132 |
| 秋季 | 3 | 4 | 15 | 12 | — | 1 | — | 1 | 36 |
| 冬季 | — | — | — | — | — | — | — | — | — |
| 合计 | 70 | 35 | 30 | 23 | 4 | 2 | 6 | 3 | 173 |
| 百分比 | 40.5% | 20.2% | 17.3% | 13.3% | 2.3% | 1.2% | 3.5% | 1.7% | — |

按照暴雨分型的8种类型分类，173个个例中，静止锋雨带型大暴雨有70个，副高边缘强对流型大暴雨有35个，台风本体或外围螺旋雨带型大暴雨有30个，台风倒槽型大暴雨有23个，暖式切变线（暖区辐合线）型大暴雨有4个，低槽冷锋型大暴雨有2个，江淮气旋型大暴雨有6个，另外由副高南侧东风波系统、季风云团或冷涡后侧带来的大暴雨有3个特殊类型。

（3）总暴雨总体特征

通过对各代表站暴雨特征值统计和不同历时、不同重现期设计暴雨的计算分析，可以看出暴雨的分布与上海自然地理条件存在着一定联系。

暴雨分布：静止锋形成的暴雨范围较大，而由强对流天气形成的暴雨强度大，从而导致宝山、嘉定、浦东新区北部和市区出现暴雨机会较多，地处西南的青浦、松江、金山出现的机会相对较少。从选用站不同历时暴雨分析可以看出，最大值通常出现在北部，而最小值往往出现在西部和南部地区。

暴雨场次：全市历年共发生总暴雨633场，其中场次最多年份为2020年，其次为2009年。浦东新区场次最多，其次是青浦区。暴雨场次占77%，大暴雨占20%，特大暴雨占3%。暴雨2020年最多，大暴雨2019年最多，特大暴雨2001年最多。

暴雨总量：年暴雨量分布不均，多年平均暴雨量在年度降水总量中的占比为20%～27%。年暴雨量最大发生在中心城浦西江湾站，约占年度降水总量的60%，部分站点个别年份无暴雨发生。暴雨总量较大年份主要集中在1999年，其次为2020年。

暴雨强度：全市年最大 1 h、24 h 极值降水均发生在浦东新区。最大 1 h 降水量发生在浦东新区祝桥站，其次发生在浦东新区高桥站，宝山、闵行、金山、奉贤、松江、青浦最大 1 h 极值相对较小。最大 24 h 降水量发生在浦东新区高桥站，金山、嘉定、松江、宝山、闵行、中心城浦西和青浦相对略小。

暴雨历时：暴雨、大暴雨、特大暴雨平均历时依次增大。暴雨 12 h 以内占比近 50%，大暴雨 12 h 以上场次占 70%，特大暴雨 24 h 以上场次占比近 70%。

暴雨范围[①]：暴雨平均笼罩面积较小，大暴雨、特大暴雨笼罩面积依次增大。暴雨中，局部暴雨多发，小范围、大范围暴雨较少。大暴雨中，大范围暴雨相对多发。特大暴雨中，以大范围暴雨为主。

暴雨雨型：暴雨Ⅱ型（单峰）为主，约占 70%；大暴雨Ⅱ型（单峰）居多，约占 50%；特大暴雨Ⅲ型（单峰）略多，约占 40%。

（4）总暴雨时空分布

场次分布：1978—2020 年全市发生总暴雨约 633 场，暴雨汛期、非汛期占比分布与总暴雨分布接近。大暴雨、特大暴雨主要集中在汛期；在非汛期，大暴雨汛前汛后基本相当，特大暴雨均在汛后。

总量分布：历年汛期平均暴雨量约占年平均暴雨量的 84%，浦东北部、中心城浦西和宝山多年平均相对略大，青浦、松江相对略小，年最大暴雨量空间差异较大，中心城浦西最大，崇明最小。

强度分布：各区年最大 1 h 降雨中，汛期普遍大于非汛期。各区年最大 24 h 降雨，部分区域非汛期大于汛期，各区非汛期最大均发生在 2013 年菲特台风期间。暴雨中心发生在浦东、崇明概率相对较高，闵行最低。

易发时段：汛期总暴雨场次、暴雨场次 8 月最多，9 月最少；汛期大暴雨场次各月占比与暴雨接近；汛期特大暴雨 8 月最多，6 月、7 月较少。非汛期总暴雨、暴雨发生概率 5 月最大，其次为 4 月、10 月；非汛期大暴雨多数发生在 5 月，特大暴雨发生在 10 月台风影响期间。

易发区域：暴雨浦东多发，青浦其次，闵行、松江相对略少。大暴雨、特大暴雨浦东多发，崇明其次，闵行发生概率再次，其他区域发生概率相对较小。

历时分布：汛期不同级别暴雨平均历时普遍短于非汛期，特大暴雨最为明显，非汛期的 2

---

① 根据不同级别暴雨期间，全市发生 50 mm 以上降水的笼罩面积，将降雨范围划分为三类：局部、小范围和大范围。其中笼罩面积小于等于 1 000 km² 为局部暴雨，大于 1 000 km² 小于 3 500 km² 为小范围暴雨，大于等于 3 500 km² 为大范围暴雨。

# 第 2 章　调查与评估

场特大暴雨均与台风影响有关。

范围分布：汛期不同级别暴雨平均笼罩面积普遍小于非汛期，大暴雨最为明显。暴雨中，汛期局部暴雨占比为70%，非汛期局部暴雨占比为60%，小范围暴雨和大范围暴雨汛期占比略小于非汛期。大暴雨中，汛期区域暴雨和大范围暴雨占比均约为30%，非汛期大范围暴雨占比约为70%。特大暴雨中，汛期大范围暴雨占八成，非汛期均为大范围暴雨。

雨型分布：暴雨中，汛期Ⅱ型（单峰）占比为70%，非汛期占比为60%；大暴雨中，汛期、非汛期Ⅱ型（单峰）占比均约为50%；特大暴雨中，汛期Ⅲ型（单峰）占比近40%，非汛期Ⅰ型（单峰）和Ⅲ型（单峰）均占50%。

（5）总暴雨变化特征

暴雨场次：全市平均每年发生总暴雨约15场，其中暴雨约11场，大暴雨约3场，特大暴雨平均2~3年1场；总暴雨汛期占80%，非汛期占20%；暴雨、大暴雨场次明显增多，特大暴雨概率增大。

暴雨总量：代表站多年平均暴雨总量约占年降水总量的25%，暴雨量总体增多，崇明增幅最大，青浦、松江相对稳定。

暴雨强度：全市暴雨强度总体增强，浦东暴雨强度相对较大，暴雨中心次数最多。

易发时段：汛期，暴雨易发时段在8月；非汛期，暴雨、大暴雨易发时段在5月，特大暴雨在10月。

易发区域：暴雨浦东多发，青浦其次；大暴雨浦东多发，崇明其次；特大暴雨浦东多发，崇明其次。2000年后，暴雨多发区域往中心城浦西和北部偏移，大暴雨多发区域往中心城浦西和西南部延伸，特大暴雨发生区域范围增大。

暴雨历时：暴雨、大暴雨、特大暴雨历时依次增长，暴雨6 h以内占40%，12 h以内占50%；大暴雨6 h以内占10%，12 h以上占70%；特大暴雨24 h以上占70%。汛期平均历时普遍短于非汛期。2000年后，暴雨、大暴雨历时缩短，特大暴雨历时增大。

暴雨范围：暴雨、大暴雨、特大暴雨范围依次增大。暴雨局部场次占70%；大暴雨小范围、大范围各占40%；特大暴雨大范围占80%。各级暴雨范围汛期普遍小于非汛期。2000年后，暴雨范围减小，大暴雨基本稳定，特大暴雨略有增大。

暴雨雨型：暴雨Ⅱ型占70%，大暴雨Ⅱ型占50%，特大暴雨Ⅲ型（单峰）占40%。2000年后，暴雨、大暴雨Ⅱ型占比增大，特大暴雨Ⅲ型占比增大。

**2）暴雨频率分析**

（1）雨量代表站选择

按照在分区内分布基本均匀、资料系列较长且连续性较好和各站点资料系列长度和起讫年份比较接近的原则，选择 16 个雨量代表站（图 2-2）。采用年最大值法统计各代表站 1985—2020 年逐年各特征时段（最大 1 h、3 h、6 h、12 h、24 h、1 d、3 d、7 d、15 d、30 d）最大降雨量。

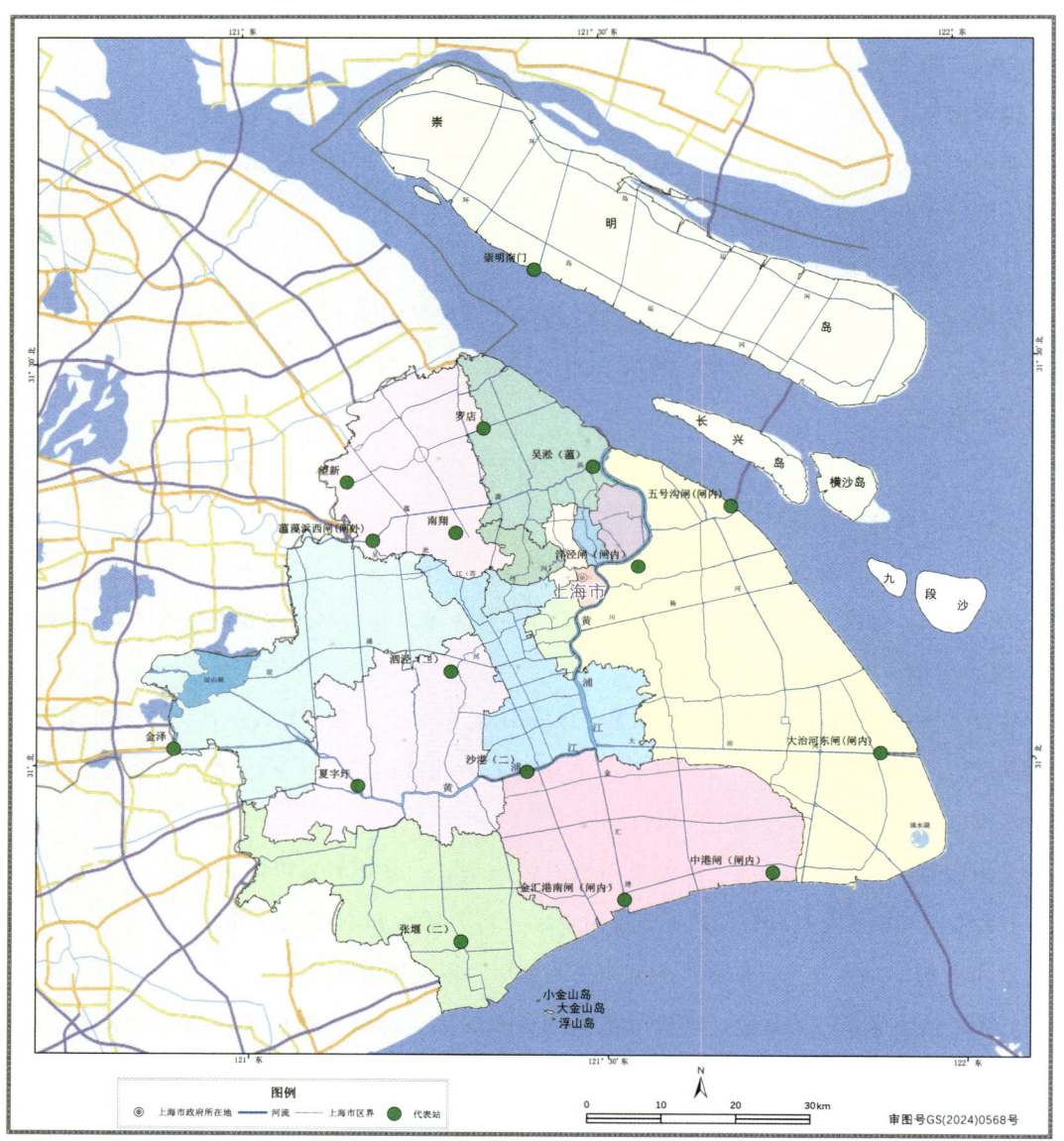

图 2-2　降雨量代表站分布图

（2）雨量线性变化规律

选取吴淞（蕰）站、夏字圩站、张堰站为代表站进行不同时段极值降雨长期演变规律的分析，总体来说，不同特征时段极值降雨量年际变化的线性变化趋势整体呈略有上升趋势，但不明显。

## 第 2 章 调查与评估

吴淞（蕰）站不同时段极值降雨量系列均呈上升趋势，且随着时段加长，降雨量系列上升趋势稍有减弱。夏字圩站最大 12 h 降雨量系列略呈下降趋势，其余小时时段降雨量系列呈上升趋势，且最大 3 d、7 d、15 d 降雨量系列下降趋势稍为明显。张堰站最大 6 h、12 h 降雨量系列略呈下降趋势，其余降雨量系列呈上升趋势，且最大 30 d 降雨量系列上升趋势稍为明显。详见表 2-2。

表 2-2　代表站不同时段极值降雨量线性变化规律统计表

| 代表站 | 吴淞（蕰）站 | 夏字圩站 | 张堰站 |
| --- | --- | --- | --- |
| 最大 1 h | $y=0.109\ 6x+37.537$ | $y=-0.178\ 1x+394.67$ | $y=0.108\ 4x+35.208$ |
| 最大 3 h | $y=0.176\ 5x+53.078$ | $y=-0.327\ 4x+711.61$ | $y=0.300\ 8x+47.595$ |
| 最大 6 h | $y=0.336x+61.698$ | $y=-0.328x+723.46$ | $y=0.298\ 8x+58.55$ |
| 最大 12 h | $y=0.568\ 4x+76.749$ | $y=0.232\ 6x-385.42$ | $y=0.204\ 2x+75.481$ |
| 最大 24 h | $y=1.098\ 8x+89.736$ | $y=0.567\ 8x-1\ 040.2$ | $y=0.454\ 1x+87.543$ |
| 最大 1 d | $y=0.560\ 2x+87.153$ | $y=0.394\ 8x-705.11$ | $y=0.316\ 2x+83.884$ |
| 最大 3 d | $y=1.357\ 8x+108.42$ | $y=0.667\ 1x-1\ 217.3$ | $y=1.034\ 9x+99.965$ |
| 最大 7 d | $y=1.217\ 6x+148.29$ | $y=0.454x-751.57$ | $y=0.830\ 8x+144.18$ |
| 最大 15 d | $y=1.009\ 1x+212.96$ | $y=-0.235\ 5x+684.51$ | $y=1.514\ 9x+193.88$ |
| 最大 30 d | $y=1.263\ 1x+293.54$ | $y=0.487\ 9x-686.39$ | $y=1.938\ 8x+261.58$ |

（3）特征雨量分析结果

10 个统计时段年最大点雨量的均值分布呈现的规律基本一致，基本呈现出由西向东逐步增大，沿江沿海大于中心城浦西大于郊区。符合城市化发展、气候变化对上海地区暴雨的影响的主要体现。计算结果详见附表 1。

### 2.1.2　洪潮调查与分析

通过收集整理 10 个代表站的潮位资料，根据相关规范进行沉降订正和"三性"分析，在此基础上进行频率计算，提出各代表站不同重现期下的设计高潮位值。

**1）潮位资料特征统计**

（1）测站及资料情况

本次调查选择吴淞、黄浦公园、吴泾、米市渡为黄浦江干流代表站，夏字圩、河祝（淀峰）为黄浦江上游支流代表站，芦潮港、金山嘴、高桥、堡镇为杭州湾、长江口区域代表站。潮位代表站详见表 2-3，分布见图 2-3。

表2-3 测站情况一览表

| 站名 | 基面 | 观测起讫时间（年） | 采用连续系列（年） | 系列长（年） |
| --- | --- | --- | --- | --- |
| 吴淞 | 上海吴淞 | 1912—1936，1944—2022 | 1912—2020 | 109 |
| 黄浦公园 | | 1912—2022 | 1913—2020 | 108 |
| 吴泾 | | 1962—1999，2001—2022 | 1962—2020 | 59 |
| 米市渡 | | 1916—1937，1947—2022 | 1948—2020 | 73 |
| 夏字圩 | | 1934—1936，1950—2022 | 1952—2020 | 69 |
| 河祝（淀峰） | | 1916—2005，2007—2022 | 1916—2020 | 105 |
| 芦潮港 | | 1977—2022 | 1977—2020 | 44 |
| 金山嘴 | | 1977—2022 | 1977—2020 | 44 |
| 高桥 | | 1965—2022 | 1965—2020 | 56 |
| 堡镇 | | 1965—2022 | 1965—2020 | 56 |

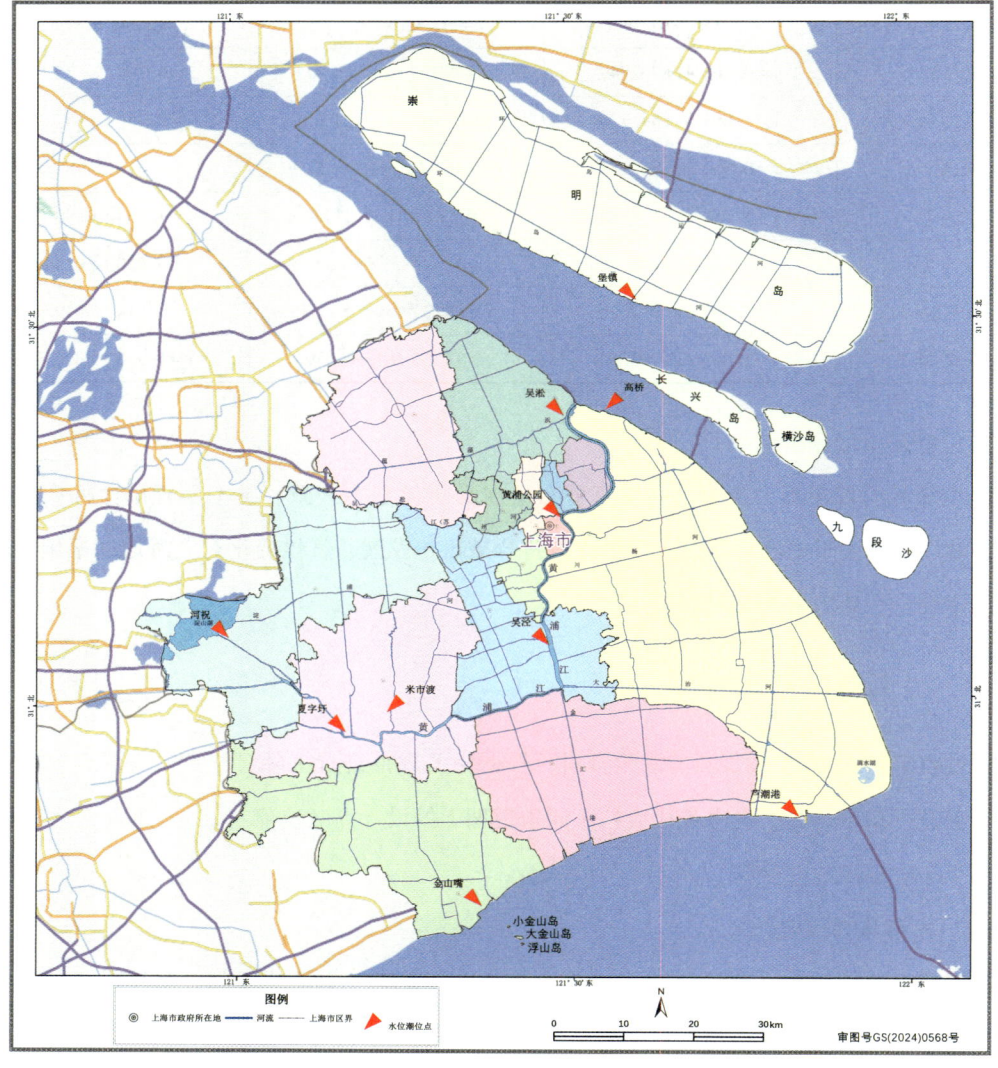

图2-3 潮（水）位代表站分布示意图

# 第 2 章 调查与评估

(2) 潮位资料的特征统计

利用各潮位站多年观测资料,统计各测站实测历史最高潮位、历史最低潮位、多年平均高潮位、多年平均低潮位等潮位特征值。具体情况详见表2-4。

表2-4 潮位特征值统计表 (单位:m)

| 站点 | 历史最高潮位 | 历史最低潮位 | 多年平均高潮位 | 多年平均低潮位 |
| --- | --- | --- | --- | --- |
| 吴淞 | 5.99 | — | — | — |
| 黄浦公园 | 5.72 | — | — | — |
| 吴泾 | 5.01 | — | — | — |
| 米市渡 | 4.59 | 0.90 | 2.87 | 1.83 |
| 夏字圩 | 4.36 | 0.56 | 2.79 | 1.89 |
| 河祝 | 3.89 | 1.74 | 2.57 | 2.49 |
| 芦潮港 | 5.68 | -1.25 | 3.55 | 0.22 |
| 金山嘴 | 6.57 | -1.72 | 3.91 | -0.29 |
| 高桥 | 5.99 | -0.43 | 3.34 | 0.94 |
| 堡镇 | 6.03 | -0.19 | 3.35 | 0.92 |

2) 潮位频率计算成果

以现行《水利水电工程设计洪水计算规范》中规定的适线法进行潮位频率分析计算。频率线型采用规范中推荐的皮尔逊Ⅲ型分布,参数采用线性矩法估计,并结合适线法进行优化,获得P-Ⅲ分布函数参数的最终估计值,并计算不同标准对应设计潮位值。频率计算成果详见附表2。

3) 潮位变化趋势及原因分析

(1) 潮位变化趋势

2000年以后,黄浦江干流的年最高潮位和平均高潮位平均值比2000年以前均有不同程度的抬升,且黄浦江上游高潮位抬升幅度要远大于下游,其中米市渡站抬升幅度最大,年最高潮位最大值从4.27 m抬升至4.59 m,增加0.32 m;年最高潮位平均值从3.59 m抬升至4.06 m,增加0.47 m;年平均高潮位平均值从2.78 m抬升至3.02 m,增加0.24 m。杭州湾、长江口高潮位基本处于稳定状态。各主要潮位控制站特征值详见表2-5。

表2-5 各主要潮位控制站潮位特征值分析表 (单位:m)

| 特征值 | 年最高潮位最大值 | | | 年最高潮位平均值 | | | 年平均高潮位平均值 | | |
| --- | --- | --- | --- | --- | --- | --- | --- | --- | --- |
| 计算时段 | 2000年以前 | 2000年以后 | 差值 | 2000年以前 | 2000年以后 | 差值 | 2000年以前 | 2000年以后 | 差值 |
| 吴淞 | 5.99 | 5.87 | -0.12 | 4.86 | 4.94 | 0.08 | 3.37 | 3.38 | 0.01 |
| 黄浦公园 | 5.72 | 5.07 | -0.02 | 4.55 | 4.73 | 0.18 | 3.27 | 3.36 | 0.09 |

(续表)

| 特征值 | 年最高潮位最大值 | | 差值 | 年最高潮位平均值 | | 差值 | 年平均高潮位平均值 | | 差值 |
| --- | --- | --- | --- | --- | --- | --- | --- | --- | --- |
| 计算时段 | 2000年以前 | 2000年以后 | | 2000年以前 | 2000年以后 | | 2000年以前 | 2000年以后 | |
| 吴泾 | 4.82 | 5.01 | 0.19 | 4.02 | 4.36 | 0.34 | 2.96 | 3.14 | 0.18 |
| 米市渡 | 4.27 | 4.59 | 0.32 | 3.59 | 4.06 | 0.47 | 2.78 | 3.02 | 0.24 |
| 夏字圩 | 4.06 | 4.36 | 0.3 | 3.53 | 3.83 | 0.3 | 2.74 | 2.91 | 0.17 |
| 河祝 | 3.89 | 3.83 | -0.06 | 3.06 | 3.4 | 0.34 | 2.5 | 2.73 | 0.23 |
| 芦潮港 | 5.68 | 5.29 | -0.39 | 4.84 | 4.95 | 0.11 | 3.49 | 3.62 | 0.13 |
| 金山嘴 | 6.57 | 5.91 | -0.66 | 5.39 | 5.59 | 0.2 | 3.8 | 4.07 | 0.27 |
| 高桥 | 5.99 | 5.97 | -0.02 | 4.97 | 4.93 | -0.04 | 3.33 | 3.36 | 0.03 |
| 堡镇 | 6.03 | 5.74 | -0.29 | 5 | 4.93 | -0.07 | 3.35 | 3.35 | 0 |

从分时段统计结果来看，黄浦江上游主要潮位站米市渡站、夏字圩站和河祝站年最高潮位、年平均高潮位皆有显著抬升趋势；黄浦江下游、杭州湾主要潮位站高潮位基本处于稳定状态。各站时段年最高潮位特征值详见表2-6，各测站历史年最高潮位前5名及发生时间详见表2-7。

表2-6　各站时段年最高潮位特征值统计表　　　　　　　　　　　　　　（单位：m）

| 站名 | 项目 | 设站—1919年 | 1920—1929年 | 1930—1939年 | 1940—1949年 | 1950—1959年 | 1960—1969年 | 1970—1979年 | 1980—1989年 | 1990—1999年 | 2000—2009年 | 2010—2020年 |
| --- | --- | --- | --- | --- | --- | --- | --- | --- | --- | --- | --- | --- |
| 吴淞 | 十年平均 | 4.83 | 4.81 | 4.99 | 4.74 | 4.7 | 4.68 | 4.76 | 4.94 | 5.12 | 4.94 | 4.93 |
| | 最高 | 5.12 | 5.21 | 5.5 | 5.18 | 4.98 | 5.31 | 5.29 | 5.74 | 5.99 | 5.77 | 5.15 |
| 黄浦公园 | 十年平均 | 4.51 | 4.48 | 4.59 | 4.38 | 4.38 | 4.4 | 4.52 | 4.69 | 4.91 | 4.75 | 4.79 |
| | 最高 | 4.73 | 4.88 | 4.94 | 4.77 | 4.65 | 4.76 | 4.98 | 5.22 | 5.72 | 5.57 | 5.17 |
| 吴泾 | 十年平均 | — | — | — | — | — | 3.71 | 3.82 | 4.06 | 4.23 | 4.31 | 4.45 |
| | 最高 | — | — | — | — | — | 3.81 | 4.11 | 4.36 | 4.76 | 4.72 | 5.01 |
| 米市渡 | 十年平均 | — | 3.45 | 3.33 | — | 3.49 | 3.39 | 3.41 | 3.7 | 3.91 | 3.99 | 4.15 |
| | 最高 | — | 3.8 | 3.57 | — | 3.8 | 3.6 | 3.59 | 3.86 | 4.27 | 4.37 | 4.59 |
| 夏字圩 | 十年平均 | — | — | — | — | 3.47 | 3.3 | 3.35 | 3.65 | 3.74 | 3.72 | 3.93 |
| | 最高 | — | — | — | — | 3.76 | 3.45 | 3.51 | 3.84 | 4 | 4.01 | 4.36 |
| 河祝 | 十年平均 | 3.1 | 3.06 | 2.95 | 2.99 | 3.12 | 2.91 | 2.99 | 3.16 | 3.35 | 3.19 | 3.52 |
| | 最高 | 3.44 | 3.66 | 3.44 | 3.48 | 3.7 | 3.37 | 3.4 | 3.37 | 3.89 | 3.47 | 3.83 |
| 芦潮港 | 十年平均 | — | — | — | — | — | — | 4.61 | 4.74 | 4.95 | 4.91 | 5.02 |
| | 最高 | — | — | — | — | — | — | 4.73 | 4.98 | 5.68 | 5.29 | 5.25 |
| 金山嘴 | 十年平均 | — | — | — | — | — | — | — | 5.3 | 5.48 | 5.53 | 5.69 |
| | 最高 | — | — | — | — | — | — | — | 5.59 | 6.57 | 5.98 | 5.91 |

# 第 2 章 调查与评估

(续表)

| 站名 | 项目 | 设站—1919年 | 1920—1929年 | 1930—1939年 | 1940—1949年 | 1950—1959年 | 1960—1969年 | 1970—1979年 | 1980—1989年 | 1990—1999年 | 2000—2009年 | 2010—2020年 |
|---|---|---|---|---|---|---|---|---|---|---|---|---|
| 高桥 | 十年平均 | — | — | — | — | — | 4.69 | 4.84 | 4.97 | 5.14 | 5.04 | 4.93 |
|  | 最高 | — | — | — | — | — | 4.86 | 5.43 | 5.64 | 5.99 | 5.97 | 5.12 |
| 堡镇 | 十年平均 | — | — | — | — | — | 4.82 | 4.92 | 5.01 | 5.08 | 4.99 | 4.95 |
|  | 最高 | — | — | — | — | — | 4.93 | 5.48 | 5.67 | 6.03 | 5.74 | 5.17 |

表 2-7 各测站实测最高潮位 (单位：m)

| 次序 | 吴淞 发生时间 | 吴淞 年最高潮位 | 黄浦公园 发生时间 | 黄浦公园 年最高潮位 | 吴泾 发生时间 | 吴泾 年最高潮位 | 米市渡 发生时间 | 米市渡 年最高潮位 | 夏字圩 发生时间 | 夏字圩 年最高潮位 |
|---|---|---|---|---|---|---|---|---|---|---|
| 1 | 1997 | 5.99 | 1997 | 5.72 | 2013 | 5.01 | 2013 | 4.59 | 2013 | 4.36 |
| 2 | 2000 | 5.87 | 2000 | 5.70 | 1997 | 4.82 | 2005 | 4.38 | 2020 | 4.07 |
| 3 | 1981 | 5.74 | 2002 | 5.33 | 2000 | 4.77 | 2016 | 4.27 | 1999 | 4.06 |
| 4 | 2002 | 5.53 | 1981 | 5.24 | 2016 | 4.62 | 1997 | 4.27 | 2019 | 4.01 |
| 5 | 1933 | 5.50 | 1996 | 5.19 | 2005 | 4.60 | 2000 | 4.21 | 2007 | 4.01 |

| 次序 | 河祝 发生时间 | 河祝 年最高潮位 | 芦潮港 发生时间 | 芦潮港 年最高潮位 | 金山嘴 发生时间 | 金山嘴 年最高潮位 | 高桥 发生时间 | 高桥 年最高潮位 | 堡镇 发生时间 | 堡镇 年最高潮位 |
|---|---|---|---|---|---|---|---|---|---|---|
| 1 | 1999 | 3.89 | 1997 | 5.68 | 1997 | 6.57 | 1997 | 5.99 | 1997 | 6.03 |
| 2 | 2013 | 3.83 | 2000 | 5.29 | 2000 | 5.98 | 2000 | 5.97 | 2000 | 5.74 |
| 3 | 2020 | 3.77 | 2018 | 5.25 | 2002 | 5.96 | 1981 | 5.64 | 1981 | 5.67 |
| 4 | 1954 | 3.70 | 2002 | 5.22 | 2018 | 5.91 | 2002 | 5.57 | 2002 | 5.59 |
| 5 | 2019 | 3.67 | 2014 | 5.16 | 2014 | 5.88 | 1996 | 5.44 | 1974 | 5.48 |

（2）黄浦江高水位变化原因分析

近年来，黄浦江上游阳澄淀泖区和杭嘉湖区的强降雨和台风等极端天气频率的增加，导致上游代表站水位不断升高，加上上游圩区工程排涝能力增加显著，航道整治加快加大洪水汇集、上下游错峰时间缩短，进一步加剧了上下游洪涝矛盾，增加黄浦江的防洪风险。

① 黄浦江上游雨水情变化

随着全球气候变化，极端天气增多，上海遭遇"三碰头""四碰头"天气事件频繁，如上海接连遭遇 2013 年"菲特"台风、2018 年"云雀"台风、2019 年"利奇马"台风、2020 年梅雨等台风、梅雨天气，受其影响黄浦江防洪风险更加凸显。

在 2007 年以后尤其是 2013 年以后，上游阳澄淀泖区和杭嘉湖区不仅年降水量呈上升趋势，而且降水量更加趋于集中。年内分配中虽然降雨仍主要集中在汛期，但 5 月、6 月和 7 月降水量占当年降水量的比重呈下降趋势，8月和9月降水量占当年降水量的比重呈上升趋势，尤其9月上升趋势更明显，而且降雨在汛后的比重也呈上升趋势，说明台风影响比重在逐渐增大。此外，两区大雨以上量级的雨日基本呈增长趋势，并分别于2016年和2020年达到历史最大天数20 d。说明强降雨和台风等极端天气发生的频率也在逐渐加重，大大增加了下游黄浦江的防洪风险。

阳澄淀泖区和杭嘉湖区代表站各特征水位均有所抬升，其中两区各站年最高水位与降水趋势相似，峰值主要出现在梅雨期和台风期强降水影响期间，且各站年最高水位在2007年以后明显上升，尤其是江南运河代表站苏州（枫桥）上升幅度较大，其次是嘉兴和平望站也有明显抬升，同时，近年来这3站超警超保天数在逐渐增加。上游两区代表站水位的抬升，意味着上游来水的增加，势必会进一步增加下游黄浦江的防洪风险。

② 黄浦江上游圩区排涝情况变化

近年来，为提升城市防洪能力，太湖流域内圩区范围逐年扩大，圩区排涝能力逐年增加，苏州、无锡、常州、湖州、嘉兴5座城市中心城区大包围总面积已达914 km$^2$，总排涝流量达1 896 m$^3$/s。横穿阳澄淀泖区的江南运河沿线圩区大包围总面积已达1 306 km$^2$，总排涝泵站流量达1 074 m$^3$/s；杭嘉湖区在"十二五""十三五"期间圩区大量联圩并圩，圩外调蓄水面减少，排涝模数从2010年前的0.8 m$^3$/(s·km$^2$) 增加到目前的1.4 m$^3$/(s·km$^2$)，由此可见，黄浦江上游圩区排涝动力显著增加，导致相同雨量下水位越来越高。

在遭遇100年一遇"99南部"设计暴雨条件下，基于《太湖流域防洪规划》中的原规划工况下和现状工况分别进行水位计算，遇相同量级洪水，阳澄淀泖区枫桥站和陈墓站分别上涨0.17 m和0.20 m，杭嘉湖区平望站和嘉兴站分别上涨0.27 m和0.44 m，由此可见，黄浦江上游区域外河洪水位较原规划明显抬升，增加的上游来水，加剧了上下游洪涝矛盾，增加了黄浦江防洪及内涝风险。

③ 航道整治

太湖流域是典型的平原河网地区，河网水系连通，如江南运河沿程与通长江、进出太湖和南排杭州湾的诸多河道交汇，均有水量交换，除航运以外，兼有排洪、引水功能。近年来，京杭大运河、长湖申线、湖嘉申线、杭申线等航道升级为Ⅲ级航道，杭平线等航道整治为Ⅳ级航道，这些航道均是流域洪水的必经之路，由于缺少其他骨干排水河道，航道整治造成黄浦江上游来水加快加大汇集，上下游错峰时间缩短，防洪风险增加。

4）"烟花"台风潮位分析

近年来，黄浦江下游主要潮位站高潮位基本处于稳定状态，但中上游受全球气候变暖、极端气候多发及流域工情水情变化等影响，年最高潮位、平均高潮位呈现明显趋势性抬升，且越

## 第 2 章　调查与评估

往上游抬升幅度越大。2021 年"烟花"台风期间，黄浦江中上游段水文站实测潮位均创历史新高，局部岸段发生险情，给防汛工作带来了较大压力，也暴露出了防洪工程的局部薄弱环节。吴泾、米市渡、夏字圩 3 站特征潮位详见表 2-8。

表 2-8　3 站特征潮位汇总表　　　　　　　　　　　　　　　　　　　（单位：m）

| 特征潮位 | 吴泾 | 米市渡 | 夏字圩 |
| --- | --- | --- | --- |
| 历史最高潮位 | 5.13 | 4.79 | 4.52 |
| 历史最低潮位 | 0.72 | 0.91 | 0.59 |
| 平均高潮位 | 3.15 | 3.02 | 2.92 |
| 平均低潮位 | 1.58 | 1.67 | 1.69 |

为进一步提升黄浦江堤防防洪能力，切实保障城市生命财产安全，根据市领导要求，2021 年 10 月上海市水务局制定了黄浦江防洪能力提升总体布局方案，开展了黄浦江防汛墙结构探查及水下地形测量、黄浦江高水位变化及成因分析、黄浦江中上游段堤防加高加固标准研究、黄浦江中上游段堤防加高加固总体方案、黄浦江河口闸项目技术储备研究和黄浦江河口建闸后中上游段堤防防御能力评估六项专题研究。根据延续至 2021 年水文资料分析，经过三性审查及一致性修正后的高潮位系列，以现行《水利水电工程设计洪水计算规范》（SL44）规定的适线法进行潮位频率分析计算，结果详见表 2-9。

表 2-9　3 站最高潮位频率分析成果表　　　　　　　　　　　　　　（单位：m）

| 序号 | 重现期（年一遇） | 10 000 | 1 000 | 500 | 200 | 100 | 50 | 20 | 10 |
| --- | --- | --- | --- | --- | --- | --- | --- | --- | --- |
| | 设计频率 | 0.01% | 0.1% | 0.2% | 0.5% | 1% | 2% | 5% | 10% |
| 1 | 吴泾 | 5.86 | 5.51 | 5.40 | 5.25 | 5.13 | 5.01 | 4.85 | 4.71 |
| 2 | 米市渡 | 5.48 | 5.13 | 5.02 | 4.88 | 4.76 | 4.62 | 4.50 | 4.37 |
| 3 | 夏字圩 | 5.08 | 4.80 | 4.71 | 4.59 | 4.50 | 4.40 | 4.26 | 4.15 |

与 2020 年前相比，米市渡站年最高潮位最大值从 4.59 m 抬升至 4.79 m，增加 0.2 m；夏字圩年最高潮位最大值从 4.36 m 抬升至 4.52 m，增加 0.16 m；吴泾站年最高潮位最大值从 5.01 m 抬升至 5.13 m，增加 0.12 m。根据全球气候变化、海平面上升和流域水情工情变化趋势分析，未来黄浦江上游最高水位仍将维持抬升趋势。

### 2.1.3　防汛专用站网评估

上海滨江临海，地势低平，作为特大型城市，对风、暴、潮、洪等灾害的敏感性高，防汛防台压力大。及时准确的水雨情信息，是水旱灾害防御决策的重要依据，是防范水旱灾害风险、降低灾害损失的重要技术支撑。为准确客观评价防汛专用站网功能，评估水情信息服务质量，以2020年水平年防汛专用站数量、测站布局、站网密度、设站代表性、测验质量等开展本次评价。参与评价的测站为水文部门布设的防汛专用站，即市报汛站（其他部门建设的专用站、区水文机构自建站，均不在本次评价范围）。按照国内水文站网评价方法，结合上海城市化水旱灾害防御特征，以水情信息质量和服务效果为导向，从基础设施、测站运维、数据维护、信息服务、站网管理五个方面，建立站网评价二级指标体系，按照评价模型进行站网功能综合评价。

### 1）站网概况

防汛专用站网全年实时收集上海市雨水情信息，2020年全市共389个自动测报站，每5 min采集一组雨水情信息，同步发送1个中心（水文总站）和12个分中心（9个郊区和3个监测中队），汇聚至"水之云"，纳入上海市"一网统管"——防汛防台指挥系统，服务于各级防汛部门，为上海市防汛防台提供技术支撑。

（1）发展历程

上海市防汛专用站网发展概括为三个阶段，第一个阶段为防汛专用站网形成期（1998—2004年）；第二阶段为构建全市水情一张网时期（2005—2013年）；第三阶段为专用站网功能拓展期（2014—2020年）。

（2）测站数量及密度

全市389个测站分布在16个区，其中，徐汇、静安、黄浦、虹口、长宁、普陀、杨浦7个区统称为中心城浦西。全市测站平均密度16.3 km²/站，测站密度远高于国家相关水文测站布设规范要求。中心城浦西密度为5.6 km²/站，高于郊区，其次是宝山区，密度为10.0 km²/站，较为稀疏的为金山区29.3 km²/站。全市共215个乡（镇、街道），其中，街道107个、镇106个和乡2个，测站数量高于"一镇一站"标准，达到每个乡镇、水利控制片、重要地区、城市化程度高的地区都有测站布设。详见表2-10。

表2-10 上海市行政区测站密度统计表

| 行政区域 | 面积（km²） | 测站数量（个） | 站网密度（km²/站） |
| --- | --- | --- | --- |
| 中心城浦西 | 289.44 | 52 | 5.6 |
| 浦东新区 | 1 210.41 | 71 | 17.0 |
| 闵行区 | 370.75 | 23 | 16.1 |
| 宝山区 | 270.99 | 27 | 10.0 |
| 嘉定区 | 464.2 | 24 | 19.3 |

## 第 2 章  调查与评估

(续表)

| 行政区域 | 面积（km²） | 测站数量（个） | 站网密度（km²/站） |
|---|---|---|---|
| 金山区 | 586.05 | 20 | 29.3 |
| 松江区 | 605.64 | 32 | 18.9 |
| 青浦区 | 670.14 | 44 | 15.2 |
| 奉贤区 | 687.39 | 31 | 22.2 |
| 崇明区 | 1 185.49 | 65 | 18.2 |

（3）测站观测项目及代表性

按监测项目来分，全市雨量站367个，其中代表站162个；潮位站210个，其中代表站34个；风速风向站点25个。

全市雨量观测站点367个（附图1），雨量平均监测密度17.3 km²/站，雨量密度最高为中心城浦西5.8 km²/站，远高于平均值，雨量监测相对较稀疏的为金山区30.8 km²/站。按照雨量站代表性，郊区138个乡（镇、街道）均有雨量站代表站，中心城浦西有52个测站。

全市潮（水）位观测站点210个（附图2），覆盖杭州湾、长江口、黄浦江干流、黄浦江上游、水利控制片等区域，全市实现重要区域潮（水）位的实时监测。2016年全市设置34个水位代表站，作为上海市水位控制站，34个站分别核定有警戒水位和保证水位，代表上海地区潮（水）位情况。

全市风速风向观测站点25个，主要布设在长江口、杭州湾等沿江沿海一带，监测长江口、杭州湾区域的风情。台风期间，实时的风力风情是减少大风灾害的主要依据；水情预报中，长江口、杭州湾的风速风向是增减水的重要参考依据。

（4）测站主要设施设备

专用测站按照设施设备分类有两种类型，分别为一体化集成站和室内站。一体化集成站主要位于室外，无测站站房，测站设备包括水位雨量传感器、数据采集器、GPRS通信模块、CDMA通信模块、一体化机箱、太阳能供电系统、人工置数仪等设备。一体化集成站适合野外无站房的测站，优点是集成度高，缺点是雨量传感器只能安装在设备上方，维护不方便。

室内站测站主要包括传感器、数据采集器、GPRS通信模块、CDMA通信模块、设备机箱、蓄电池、太阳能板、人工置数仪等，适用于有站房的测站，机箱挂在墙上，内置数据采集器和通信模块，自2019年来部分测站进行标准化改造，测站监测设备整合至网络机柜。

(5)信息流程

水情系统每 5 min 采集一组实时水情信息，测站通过双信道，即中国移动 GPRS 和中国电信 CDMA，同时向中心和分中心发送数据，中心和分中心分别落地、计算、存储，分中心对数据进行日常校准，校准后，数据自动同步至中心。中心计算处理过的 5 min 数据和小时数据，通过防汛专网，转发至上海市水务局"水之云"，为各级防汛部门服务。

(6)测站管理

水情系统测站实施分级分类管理，区水文机构和水文总站监测中队负责对辖区内测站的日常运维管理，每月定期检查测站，每日检查校准分中心数据，并将修正后的数据同步至中心。2013 年起，水文总站相继制定《上海市水情自动测报系统管理办法》（下称《管理办法》）、《上海市水情自动测报系统运行管理考核实施细则》（下称《考核细则》）规范性文件。2018 年水文总站修订了《管理办法》和《考核细则》。

**2) 站网评估**

本次评价设四档，100~90 分为优秀，80~89 分为良好，60~79 分为合格，60 分以下为不合格。鉴于雨量观测项目和水位观测项目的基础设施不同，将雨量水位分开评价，再结合上海防汛雨量水位权重，最终形成全市和各区评价结果。

(1)雨量监测项目评价结果

雨量监测项目共设置观测场地、水准接测、站网密度等 16 个二级指标，管理单位对每个测站进行打分，打分后，按照指标的权重，以行政区为单位统计得分。水文总站松浦监测中队和吴淞监测中队管理的 12 个测站，测站评分分别计入松江区、青浦区、金山区和宝山区，中心城浦西的测站单独赋分。雨量监测项目评价成果详见表 2-11 及图 2-4。

表 2-11　全市雨量监测一级指标评价成果表　　　　　　　　　　（单位：分）

| 所属行政 | 基础设施 | 测站运维 | 数据管理 | 信息服务 | 站网管理 | 综合评价 |
|---|---|---|---|---|---|---|
| 郊区平均 | 73.7 | 90.5 | 100.0 | 91.9 | 89.8 | 87.6 |
| 中心城浦西 | 65.0 | 96.0 | 100.0 | 90.1 | 94.0 | 86.1 |
| 全市 | 72.9 | 91.1 | 100.0 | 91.7 | 90.2 | 87.4 |

根据上述雨量评价计算结果，全市防汛专用站雨量观测项目综合分数为 87.4 分，处于良好水平。其中，测站运维、数据管理、信息服务、站网管理均高于 90 分，达到优秀级别，反映了水文部门在测站运维管理、数据检查维护、信息报送服务等方面，均处于较高水平，得分较低的是雨量基础设施，处于合格水平。

## 第 2 章  调查与评估

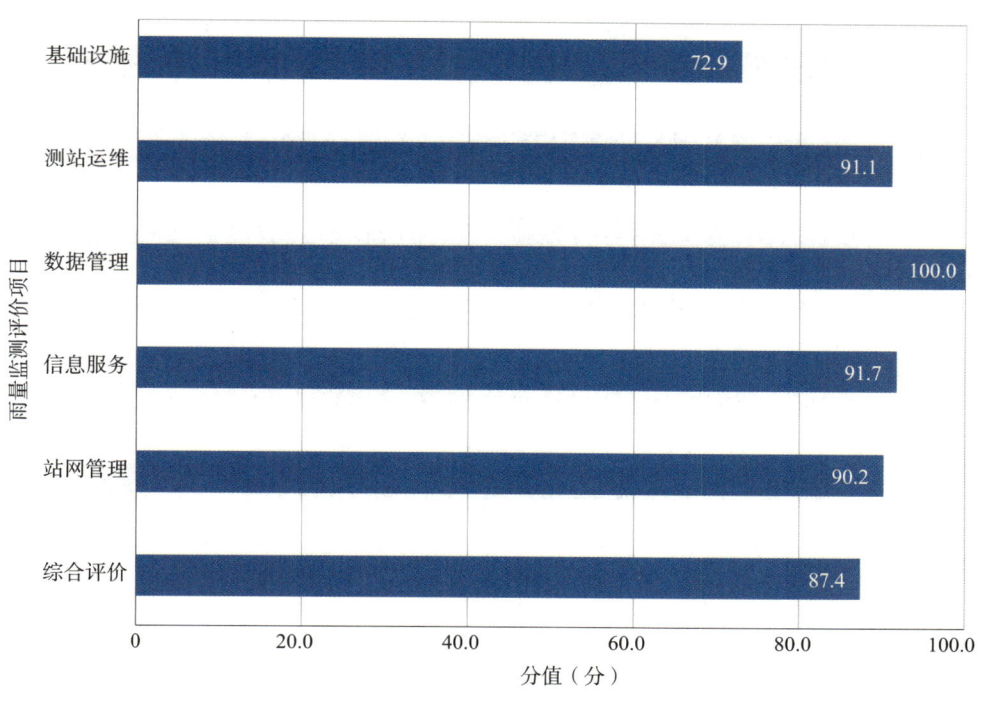

图 2-4  全市雨量监测一级指标评价成果图

（2）水位监测项目评价结果

水位监测项目共设置了固定设施、水准接测、站网密度等 16 个二级指标，管理单位对每个测站进行打分，打分后，按照指标的权重，以行政区为单位统计得分。松浦监测中队和吴淞监测中队管理的 12 个测站，测站评分分别计入松江区、青浦区、金山区和宝山区，中心城浦西的测站单独赋分。水位监测项目评价成果详见表 2-12 及图 2-5。

表 2-12  水位监测项目评价成果表　　　　　　　　　　　　　　　　　　（单位：分）

| 行政区 | 基础设施 | 测站运维 | 数据管理 | 信息服务 | 站网管理 | 综合评价 |
|---|---|---|---|---|---|---|
| 郊区平均 | 90.6 | 90.3 | 100.0 | 93.0 | 89.8 | 92.8 |
| 中心城浦西 | 92.5 | 96.0 | 100.0 | 93.4 | 94.0 | 95.0 |
| 全市 | 90.8 | 90.8 | 100.0 | 93.1 | 90.2 | 93.0 |

根据上述水位观测项目评价结果，全市水位监测项目综合评价为 93.0 分，处于优秀水平，显著高于雨量监测项目。水位评分指标中，基础设施、测站运维、数据管理、信息服务均处于优秀水平，郊区站网管理未达到优秀级别，主要原因是部分区运维管理人员短缺、个别区运维经费较低。此外，部分区水位观测基础设施中，三分之二为无固定站房（测亭）的简易水位井，个别测站所在河道易淤积等。

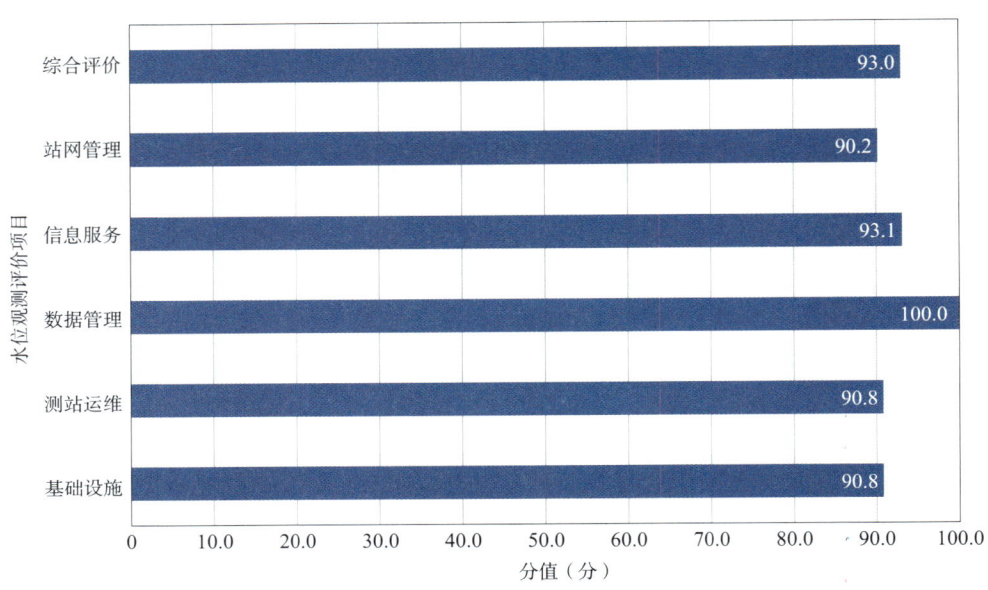

图 2-5　全市水位监测一级指标评价成果图

（3）区域综合评价结果

在上述雨量、水位单指标评级的基础上，按照雨量水位权重进行区域和指标综合评价，雨量水位权重按雨量 0.6、水位 0.4 的权重进行配比。综合评价成果详见表 2-13。

表 2-13　上海防汛专用站网综合评价成果表　（单位：分）

| 行政区 | 基础设施 | 测站运维 | 数据管理 | 信息服务 | 站网管理 | 综合评价 |
|---|---|---|---|---|---|---|
| 郊区平均 | 80.5 | 90.4 | 100.0 | 92.3 | 89.8 | 89.7 |
| 中心城浦西 | 76.0 | 96.0 | 100.0 | 91.5 | 94.0 | 89.7 |
| 全市 | 80.0 | 91.0 | 100.0 | 92.3 | 90.2 | 89.7 |

（4）评估结论

根据评价结果，上海防汛专用站网整体处于较高水平。站网密度高，测站分布均匀，布局合理，满足上海水旱灾害防御需求；全市 34 个水位代表站和 162 个雨量代表站，反映上海潮（水）位、雨量时空分布特征；测站运维管理、数据维护、信息服务，均处于较高水平。近年来，防汛专用站网捕捉了大量的暴雨极值信息和突破历史纪录的潮位信息，为上海市科学应对台风、暴雨、高潮、洪水灾害侵袭提供了技术支撑。

根据评价结果，防汛专用站网主要短板为雨量基础设施，雨量传感器受周围环境遮挡，尤其是中心城浦西雨量设施，部分测站周边多高楼，影响雨量观测精度。鉴于雨量站网高密度和强管理，一定程度上弥补了基础设施的短板，能够满足上海市水旱灾害防御需求。未来，水文部门将加强智能设备引进和应用，克服测站基础设施硬件环境带来的局限，进一步提升站网服务成效。

# 第 2 章 调查与评估

## 2.1.4 干旱调查与分析

### 1) 水资源概况

（1）水资源分区

根据全国水资源三级区，上海市水资源一级区属于长江区，二级区分属于太湖水系区和湖口以下干流区。其中太湖水系区包括上海市中心城浦西、浦东新区、闵行区、宝山区、嘉定区、金山区、松江区、青浦区、奉贤区等全部区域，湖口以下干流区主要包括崇明区。上海市水资源分区统计详见表 2-14。

表 2-14 上海市水资源分区统计表

| 水资源分区 | | 行政分区 | 面积（km²） |
| --- | --- | --- | --- |
| 一级区 | 二级区 | | |
| 长江流域 | 太湖水系 | 中心城浦西 | 289.44 |
| | | 浦东新区 | 1 210.41 |
| | | 闵行区 | 370.75 |
| | | 宝山区 | 270.99 |
| | | 嘉定区 | 464.20 |
| | | 金山区 | 586.05 |
| | | 松江区 | 605.64 |
| | | 青浦区 | 670.14 |
| | | 奉贤区 | 687.39 |
| | 湖口以下干流 | 崇明区 | 1 185.49 |

（2）水资源构成

上海的水资源量由本地水资源量和过境水资源量两部分组成，本地水资源量包括地表径流量和地下水控制可开采量；过境水资源量包括太湖流域来水量和长江干流过境水量。上海市本地地表径流量较少，主要靠丰沛的过境水资源弥补。

2020 年全市年地表径流量 49.88 亿 $m^3$，折合年径流深 786.70 mm；全市地下水资源量 11.64 亿 $m^3$；地下水与地表水资源不重复量 8.69 亿 $m^3$；2020 年本地水资源总量 58.57 亿 $m^3$。太湖流域来水量主要经黄浦江干流下泄排入长江口，2020 年通过黄浦江松浦大桥断面年平均净泄流量 639 $m^3/s$，相应的年净泄水量 201.80 亿 $m^3$，比多年平均值增长 68.0%，比上年增加 7.5%。2020 年长江徐六泾水文站年平均净泄流量 36 700 $m^3/s$，折合年入海水量 11 620 亿 $m^3$，较多年平均值增加 26.4%，比上年增加 27.5%。

(3) 水资源构成分析

① 降水

依据全国第三次水资源调查评价成果及本次调查,上海市 1956—2020 年多年平均降水深 1 125.8mm,20%、50%、75%、90% 保证率下降雨量分别为 1 300.5 mm、1 112.1 mm、974.9 mm、861.7 mm。

② 地表水资源量

上海市 1956—2020 年多年平均水资源量为 26.9 亿 $m^3$,径流深 424.3 mm,径流系数 0.39。1956—2020 年同期 20%、50%、75%、90% 保证率下,上海市地表年径流量分别为 37.4 亿 $m^3$、24.5 亿 $m^3$、16.7 亿 $m^3$、11.2 亿 $m^3$。

③ 地下水资源量

上海市 2001—2020 年多年平均地下水资源量为 10.8 亿 $m^3$。

④ 水资源总量

水资源总量是由地表水资源量加上地表水与地下水资源不重复计算量求得。上海市多年平均水资源总量为 29.4 亿 $m^3$。上海市多年平均及不同来水频率水资源总量详见表 2-15。

表 2-15  上海市多年平均及不同频率水资源总量 (单位:亿 $m^3$)

| 分区 | 多年平均量 | $P=20\%$ | $P=50\%$ | $P=75\%$ | $P=90\%$ |
|---|---|---|---|---|---|
| 上海市 | 29.4 | 39.4 | 27.6 | 20 | 14.5 |

注:$P$ 表示不同频率水资源总量。

### 2) 水资源需求分析

(1) 需求趋势分析

① 经济指标变化趋势

上海市常住人口总体呈稳中有升趋势,2013—2020 年净增 12.99 万人,年均增长率 1.0‰。从城镇化率来看,由 2013 年的 88.3% 上升至 2020 年的 90.3%,7 年间增加 2%。按照当年价统计,2013—2020 年上海市经济发展较快,GDP 年均保持 9.9% 增长速度,工业增加值年均增长率为 5.0%,2013—2020 年上海市农田有效灌溉面积总体呈上升趋势,年均上升率为 0.6%。

② 用水量变化趋势

2013 年以来上海市用水总量整体呈稳中有降趋势,尤其是工业用水呈下降趋势,生活用水量略有下降。从用水结构变化趋势看,农业用水量占用水总量的比重基本不变,生活用水量占用水总量的比重不断提高,工业用水量占用水总量的比重呈下降趋势。

③ 用水指标变化趋势

多年来,随着节水技术的改进以及人们节水意识的增强,上海市用水水平和用水效率均有

## 第 2 章　调查与评估

较大程度的提高。其中，上海市人均综合用水量总体呈现稳中有降的趋势。按照 2020 年当年价计算，万元 GDP 用水量和万元工业增加值用水量随着经济的发展、用水效率及水资源管理水平的提高，下降较快。

(2) 远期供水需求

① 生产生活等市政需水

根据《上海市供水规划（2019—2035 年）》，全市供水按照供水水源"百年大计"的要求，立足上海市域、对接长江和太湖两个流域，秉承"两江并举"的发展战略，坚持"集中取水、水库供水、互连互通、一网调度"的总体思路，不断完善黄浦江上游水源地金泽水库、长江青草沙、陈行和东风西沙 4 座水库型水源地功能，加强原水系统互联互通。全市水源地远期供水规模不小于 1 600 万 $m^3/d$。其中，长江水源地青草沙、陈行和东风西沙三座水库，主要向主城区、浦东新区南片、嘉定、宝山和崇明三岛等区域供水，供水规模不低于 1 100 万 $m^3/d$；黄浦江上游水源地金泽水库主要向青浦、松江、金山、奉贤和闵行（部分）等区域供水，在现有 351 万 $m^3/d$ 供水规模的基础上，远期供水规模按照 500 万 $m^3/d$ 控制。

② 农业、生态需水

根据前面的分析，全市农业种植面积总体呈下降趋稳态势，全市农田灌溉亩均用水量呈平稳趋势，故需水量不会出现明显增长；生态绿化面积呈小步增加的趋势，故生态需水量会略有提升。

### 3) 水资源调度分析

上海位于长江流域、太湖流域下游，区域水资源与流域来水密切相关。

(1) 长江流域水资源调度分析

① 水资源开发利用与保护格局

结合长江流域水土资源的分布特点以及经济社会发展格局，结合长江流域水资源在全国水资源配置中的重要地位，长江流域的水资源配置要在全面节约、有效保护水资源的基础上合理开源，实现水资源的可持续利用。长江流域水资源开发利用保护的总体布局是"自给自足、上下兼顾、南北调配"。

② 水资源调度工程体系

为优化配置、合理调度和科学管理水资源，长江流域建设形成了主要水库、引调水工程和沿江引取水工程或水闸等相结合的水资源调度工程体系。

首先，长江流域主要水库（水电站）工程。目前，有效库容超过 5.0 亿 $m^3$ 的控制性水库共计 23 座，合计总库容 1 991.24 亿 $m^3$，有效库容 767.78 亿 $m^3$。其中长江上游干支流控制性水库有11座，合计总库容1 309.58亿 $m^3$，有效库容433.05亿 $m^3$；中下游重要支流控制性水库有12座，合计总库容681.66亿 $m^3$，有效库容334.73亿 $m^3$。

其次，长江下游主要跨流域调水工程。包括南水北调东线、引江济巢、泰州引江河、引江济太等工程，合计最大取水能力为1 930 $m^3/s$。大通站以下主要沿江引取水工程共10个，最大取水能力为3 682 $m^3/s$，其中安徽省的裕溪闸、乌江抽水站，最大取水能力580 $m^3/s$；江苏省的南通节制闸、九圩港闸、白屈港枢纽、红山窑枢纽、秦淮新河水利枢纽、九曲河枢纽、魏村水利枢纽、谏壁抽水站等，最大取水能力3 102 $m^3/s$。

长江口地区，上海市陈行、青草沙、东风西沙、宝钢等水库及黄浦江上游水源地金泽水库，总供水能力为1 312.5万 $m^3/d$。

（2）太湖流域水资源调度分析

① 水资源开发利用与保护格局

太湖流域水资源配置需统筹流域经济社会和水生态环境用水，统筹流域和区域、区域和区域、上游和下游、本地水和引江水、水量和水质，规划在强化节约、有效保护的基础上合理开源，进一步扩大流域引江能力，利用太湖调蓄能力，提高太湖向下游及周边地区供水能力，形成以太湖、望虞河、太浦河及新孟河为重点，流域、区域和城市三个层次相协调的配置格局，促进流域水资源可持续利用和水生态环境改善。

② 水资源保障能力

太湖流域水资源配置以保障流域整体供水安全，特别是以饮用水水源地供水安全为目标，坚持量质并重，统筹"三生"用水，协调上下游用水。根据流域水资源和水环境承载能力，合理调整流域供水水源地布局，优先保证生活饮用水水源地供水安全。通过实施望虞河后续工程、新孟河延伸拓浚工程、太浦河后续工程等流域综合治理重点工程，逐步完善流域水资源调控工程体系，进一步扩大流域引江入湖能力，利用太湖调蓄能力，协调流域性供水河湖与区域水资源配置的关系，提高向下游及周边地区供水能力。

（3）上海各水利控制片调度分析

《上海市水利控制片水资源调度方案》基于河网水动力水质模型，采用优化闸门开启高度、完善引排水位、增加动力引排等指标设置了各水利片数量不等的优化方案，量化比选了各方案的水量水质改善效果，明确了各水利片水资源调度实施方案，包括引排水方向、闸泵调度控制要求以及调度代表站和水位控制范围等。

4）生态流量（水位）

为保障重要河湖生态要求，太湖流域管理局、上海市水务局陆续印发相关文件，明确了黄浦江、淀山湖、元荡、水利片内的生态水位管控要求。

## 第 2 章 调查与评估

(1) 生态流量（水位）控制

① 黄浦江生态流量控制

太湖流域管理局印发的《黄浦江生态流量保障实施方案（试行）》，综合流域水资源及其开发利用现状、生态保护对象敏感期正常生态功能的用水需求和水量调度管理等情况，确定黄浦江松浦大桥断面敏感生态流量为 90 m³/s，敏感生态流量保证率 $P=90\%$，评价时长为日。为保障松浦大桥的流量要求，太湖局组织水量统一调度，加大沿长江和钱塘江重要口门的引水。

② 淀山湖—元荡生态水位控制

太湖流域管理局印发的《淀山湖、元荡生态水位保障实施方案（试行）》，综合流域水资源及其开发利用现状、生态保护对象敏感期正常生态功能的用水需求和水量调度管理等情况，确定淀山湖、元荡最低生态水位为 2.52 m，保证率 $P=90\%$，评价时长为旬。为保障淀山湖、元荡的生态水位要求，太湖流域管理局组织力量统一调度，加大沿长江和钱塘江重要口门的引水。

③ 内河生态水位控制

《上海市水务局关于发布本市重点河道生态水位（试行）的通知》明确了 9 个郊区的生态水位目标值。详见表 2-16。

表 2-16 郊区生态水位确定值

| 序号 | 行政区 | 河湖名称 | 控制断面 | 生态水位（m） |
| --- | --- | --- | --- | --- |
| 1 | 浦东新区 | 大治河 | 邹家路桥 | 2.3 |
| 2 | 闵行区 | 俞塘 | 北桥 | 2.3 |
| 3 | 宝山区 | 练祁河 | 罗店 | 2.25 |
| 4 | 嘉定区 | 嘉定城河 | 嘉定南门 | 2.3 |
| 5 | 金山区 | 张泾河 | 张堰 | 2.25 |
| 6 | 松江区 | 辰山塘 | 陈坊桥 | 2.3 |
| 7 | 青浦区 | 柘泽塘 | 青浦南门 | 2.3 |
| 8 | 奉贤区 | 贝港河 | 南桥 | 2.3 |
| 9 | 崇明区 | 老滧港 | 崇明新城 | 2.4 |

(2) 流量（水位）保障能力分析

重点分析片外重点河湖（黄浦江、淀山湖、元荡）以及水利控制片的历史流量（水位）情况。

① 长江来水量分析

长江来水减少，最直接的表现就是长江口咸潮上溯。长江防汛抗旱总指挥部、上海市水务局联合印发的《长江口咸潮应对工作预案》，将长江大通站的流量作为长江口咸潮入侵的指示指标之一。长期经验表明,长江咸潮上溯基本发生在流域枯水期,通常每年 10 月至翌年 4 月是长江口咸潮入侵的频发期。根据对长江口陈行水库、青草沙水库和东风西沙水库三大水源地统计:2000—2020 年陈行水库共有 101 次咸潮入侵,其中 2009 年咸潮入侵次数最多,达 12 次;2011—2020 年青草沙水库共有 23 次咸潮入侵,其中 2013 年咸潮入侵次数最多,达 8 次;2015—2020 年东风西沙水库共有 14 次咸潮入侵,其中 2019 年咸潮入侵次数最多,达 5 次。

从统计数据来看,在 2000—2020 年度的长江枯水期中,以 2009 年、2013 年和 2019 年的咸潮入侵较为频繁。

② 黄浦江流量分析

引江济太调度工程自 2002 年实施,2002—2020 年松浦大桥断面多年平均月下泄水量为 11.5 亿 $m^3$,最小月下泄水量 2.59 亿 $m^3$(2003 年 9 月)。2010—2020 年松浦大桥的日均净泄流量低于 90 $m^3/s$ 的天数分别最大为 14 d,最小为 1 d。黄浦江为感潮河流,不满足生态流量指标的主要原因是潮流顶托影响。

③ 淀山湖—元荡低水位分析

2000—2020 年淀山湖多年平均旬水位为 2.69 m,最高旬均水位为 3.37 m(2016 年 7 月上旬),最低旬均水位为 2.29 m(2004 年 2 月上旬),最低旬均水位一般出现在 1—3 月。经分析,2000—2020 年淀山湖旬均水位均大于 2.25 m,淀山湖、元荡生态水位目标保障程度可达 100%。

④ 水利片历史最低水位分析

统计分析上海市相关水利片代表水文站(水位站)建站以来的历史水位监测资料,重点分析 1991—2020 年监测数据。结果详见表 2-17。

表 2-17 相关水利片代表水文站(水位站)建站以来最低水位情况表

| 水利片 | 站点 | 多年平均水位(m) | 最枯旬水位(m) | 汛期最低(m) |
| --- | --- | --- | --- | --- |
| 嘉宝北片 | 嘉定南门站 | 2.69 | 2.30 | 2.39 |
| 青松片 | 陈坊桥站 | 2.57 | 2.08 | 2.20 |
| 青松片 | 青浦南门站 | 2.56 | 2.06 | 2.21 |
| 浦东片 | 邹家路桥站 | 2.68 | 2.37 | 2.37 |
| 浦东片 | 奉贤南桥站 | 2.66 | 2.40 | 2.44 |
| 浦南东片 | 张堰站 | 2.48 | 1.92 | 2.07 |
| 崇明岛片 | 崇明新城站 | 2.78 | 2.53 | 1.80 |

嘉定南门站(嘉定城河):嘉定南门站位于嘉定区嘉定城河,属于嘉宝北片。多年平均水位为 2.69 m,最枯旬水位为 2.30 m,汛期最枯旬水位为 1994 年的 2.39 m。

## 第 2 章　调查与评估

松江区陈坊桥站（辰山塘）：陈坊桥站位于松江区辰山塘，属于青松片。多年平均水位为 2.57 m，最枯旬水位为 2.08 m，汛期最枯旬水位为 1994 年的 2.20 m。

青浦南门站（柘泽塘）：青浦南门站位于青浦区柘泽塘，属于青松片，多年平均水位为 2.56 m，最枯旬水位为 2.06 m，汛期最枯旬水位为 2.21 m。

浦东新区邬家路桥站（大治河）：邬家路桥站位于浦东新区大治河，属于浦东片。多年平均水位为 2.68 m，最枯旬水位为 2.37 m，汛期最枯旬水位为 1992 年的 2.37 m。

奉贤区南桥站（贝港河）：南桥站位于奉贤区贝港河，属于浦东水利片。多年平均水位为 2.66 m，最枯旬水位为 2.40 m，汛期最枯旬水位为 2.44 m。

金山区张堰站（张泾河）：张堰站位于金山区张泾河，属于浦南东片。多年平均水位为 2.48 m，最枯旬水位为 1.92 m，汛期最枯旬水位为 2.07 m。

崇明区崇明新城站：崇明新城站位于崇明区老滧港，属于崇明岛片。多年平均水位为 2.78 m，最枯旬水位为 2.53 m，汛期最枯旬水位为 1.80 m。

#### 5）2022 年咸潮影响及应对

本次普查期间，受长江流域干旱影响，上游来水持续减少，2022 年 9 月份大通站平均流量约 1.2 万 $m^3/s$（往年同期约 4 万 $m^3/s$），叠加"梅花"等台风影响，长江口发生了严重的咸潮入侵。据统计，陈行水库共遭遇 8 次咸潮入侵，最长持续 27 天；东风西沙水库共遭遇 8 次咸潮入侵，最长持续 28 天；青草沙水库共遭遇 5 次咸潮入侵，最长持续 98 天，均为建库以来最长持续时间。

水利部李国英部长高度重视，专题组织会商，部署八方面措施，水利部防御司统一指挥应对；水利部长江水利委员会主任关心指导长江压咸补淡，10 月 2 日起，三峡水库连续 10 天加大出库流量，为长江口水源地补水入库创造了关键性条件；长江口水文局全程协助研判长江口水情和咸潮发展态势；太湖局全力打通黄浦江和陈行水源供水通道。在上海市委、市政府的领导和水利部的关心指导下，通过落实水库窗口期补水、水源切换、内河应急取水、一网调度等措施，保障了全市供水安全平稳。

上海水资源供给的大通径流持续减少或者突发的动力改变均有可能对长江口和水源地咸潮入侵造成影响，应谨防"黑天鹅"事件发生。

### 2.1.5　内涝调查与评估

#### 1）积水点调查

根据普查获取的积水点数据，2016—2020 年全市共发生 767 次积水记录、415 个积水点，其中郊区 236 次积水记录、83 个积水点，中心城 531 次积水记录、332 个积水点。

(1) 郊区

本次普查调查收集的郊区积水点信息共涉及 8 个区，分别是闵行区、宝山区、嘉定区、金山区、松江区、青浦区、奉贤区、崇明区。根据普查获取的郊区积水数据，整理得到共发生 236 次积水记录①，其中村宅积水记录 78 次、农田积水记录 5 次、市政道路积水记录 53 次、下立交积水记录 79 次、住宅小区积水记录 21 次；积水点共 83 个，其中村宅积水点 19 个、农田积水点 10 个②、市政道路积水点 22 个、下立交积水点 17 个、住宅小区积水点 15 个。详见表 2-18—表 2-20。

表 2-18　郊区积水总体情况统计表

| 行政区 | 近 5 年受淹次数（次） | 近 5 年最大积水面积（$m^2$） | 近 5 年最大积水深度（cm） |
| --- | --- | --- | --- |
| 闵行区 | 20 | 12~1 000 | 15~200 |
| 宝山区 | 3 | 240~5000 | 20~43 |
| 嘉定区 | 177 | 80~544 716 | 10~100 |
| 金山区 | 15 | 145~83 900 | 20~40 |
| 松江区 | 6 | 132~300 | 14~100 |
| 青浦区 | 5 | 465 197~3 956 000 | 30~80 |
| 奉贤区 | 10 | 500~99 000 | 20~60 |

表 2-19　郊区积水点数量分类统计表　　　　　　　　　　　（单位：个）

| 行政区 | 村宅 | 农田 | 市政道路 | 下立交 | 住宅小区 | 合计 |
| --- | --- | --- | --- | --- | --- | --- |
| 闵行区 | 5 | — | 4 | 1 | — | 10 |
| 宝山区 | — | — | 3 | — | — | 3 |
| 嘉定区 | 13 | — | 9 | 11 | 8 | 41 |
| 金山区 | 1 | 4 | 1 | 2 | 1 | 9 |
| 松江区 | — | — | — | 3 | — | 3 |
| 青浦区 | — | 1 | 1 | — | — | 2 |
| 奉贤区 | — | — | 4 | — | 6 | 10 |
| 崇明区 | — | 5 | — | — | — | 5 |
| 总计 | 19 | 10 | 22 | 17 | 15 | 83 |

---

① 某一地点某时间发生过积水，则视为一条积水记录，同一地点可能存在多条积水记录，部分易涝点存在积水信息缺失的情况。郊区易涝点仅有积水深度及积水面积的最大值，无每条积水记录的详细信息。

② 崇明区 5 处农田易涝点积水记录未上报详细数据。

# 第 2 章 调查与评估

表 2-20 郊区积水点时空分布统计表 （单位：个）

| 行政区 | 2016 年 | 2017 年 | 2018 年 | 2019 年 | 2020 年 | 合计 |
|---|---|---|---|---|---|---|
| 闵行区 | — | — | 5 | 5 | 10 | 20 |
| 宝山区 | — | — | 3 | — | — | 3 |
| 嘉定区 | 36 | — | 24 | 49 | 68 | 177 |
| 金山区 | — | — | 2 | 2 | 11 | 15 |
| 松江区 | 1 | — | — | 1 | 4 | 6 |
| 青浦区 | — | 2 | — | 2 | 1 | 5 |
| 奉贤区 | 3 | — | 2 | 1 | 4 | 10 |
| 崇明区 | — | — | — | — | — | 0 |
| 总计 | 40 | 2 | 36 | 60 | 98 | 236 |

（2）中心城

本次普查调查收集的中心城积水记录共涉及 10 个区，分别是浦东新区、黄浦区、徐汇区、长宁区、静安区、普陀区、虹口区、杨浦区、闵行区、宝山区。根据普查获取的中心城积水点数据，整理得到共计 531 条积水记录，其中：道路积水记录 434 次，住宅小区积水记录 94 次，下立交积水记录 3 次；积水点共 332 个，其中：道路积水点 308 个，住宅小区积水点 21 个，下立交积水点 3 个。详见表 2-21—表 2-23。

表 2-21 中心城积水点总体情况统计表

| 行政区 | 近五年受淹次数（次） | 积水时长（h） | 积水深度（cm） |
|---|---|---|---|
| 浦东新区 | 37 | 0~8.03 | 15~30 |
| 黄浦区 | 6 | 0.88~1.83 | 6~25 |
| 徐汇区 | 65 | 0~7.18 | 15~50 |
| 长宁区 | 186 | 0~12 | 0~65 |
| 静安区 | 44 | 0~6 | 10~25 |
| 普陀区 | 148 | 0~17 | 0~83 |
| 虹口区 | 16 | 0.5~16 | 10~25 |
| 杨浦区 | 8 | 0.5~1.9 | 10~35 |
| 闵行区 | 12 | 0~6 | 8~50 |
| 宝山区 | 9 | 0~5.42 | 15~50 |

表 2-22 中心城积水点数量分类统计表　　　　　　　　　　　　（单位：个）

| 行政区 | 道路 | 住宅小区 | 下立交 | 总计 |
|---|---|---|---|---|
| 浦东新区 | 32 | — | — | 32 |
| 黄浦区 | 5 | — | — | 5 |
| 徐汇区 | 62 | — | — | 62 |
| 长宁区 | 77 | 17 | — | 94 |
| 静安区 | 17 | — | — | 17 |
| 普陀区 | 83 | — | 3 | 86 |
| 虹口区 | 12 | — | — | 12 |
| 杨浦区 | 4 | 3 | — | 7 |
| 闵行区 | 9 | 1 | — | 10 |
| 宝山区 | 7 | — | — | 7 |
| 总计 | 308 | 21 | 3 | 332 |

表 2-23 中心城积水记录时空分布统计表　　　　　　　　　　　（单位：个）

| 行政区 | 2016 年 | 2017 年 | 2018 年 | 2019 年 | 2020 年 | 合计 |
|---|---|---|---|---|---|---|
| 浦东新区 | — | — | — | 10 | 27 | 37 |
| 黄浦区 | — | — | — | 1 | 5 | 6 |
| 徐汇区 | — | 4 | — | 44 | 17 | 65 |
| 长宁区 | 26 | 15 | 23 | 83 | 39 | 186 |
| 静安区 | — | 1 | 18 | 11 | 14 | 44 |
| 普陀区 | 3 | 34 | 39 | 47 | 25 | 148 |
| 虹口区 | — | — | 2 | — | 14 | 16 |
| 杨浦区 | — | 1 | — | — | 7 | 8 |
| 闵行区 | — | — | — | 10 | 2 | 12 |
| 宝山区 | 1 | — | 2 | 3 | 3 | 9 |
| 总计 | 30 | 55 | 84 | 209 | 153 | 531 |

（3）全市

全市村宅积水点有 19 个，主要位于嘉定区；农田积水点有 10 个，位于金山区、青浦区、崇明区；全市市政道路积水点共 330 个，郊区有 22 个，中心城有 308 个，主要位于普陀区、长宁区、徐汇区；全市下立交积水点共 20 个，主要位于嘉定区；住宅小区积水点共 36 个，主要位于长宁区和嘉定区。详见表 2-24。

## 第 2 章  调查与评估

表 2-24  内涝积水点分类别按行政区统计情况表 （单位：个）

| 行政区 | 村宅 | 农田 | 市政道路 | 下立交 | 住宅小区 |
|---|---|---|---|---|---|
| 浦东新区 | — | — | 32 | — | — |
| 黄浦区 | — | — | 5 | — | — |
| 徐汇区 | — | — | 62 | — | — |
| 长宁区 | — | — | 77 | — | 17 |
| 静安区 | — | — | 17 | — | — |
| 普陀区 | — | — | 83 | — | — |
| 虹口区 | — | — | 12 | — | — |
| 杨浦区 | — | — | 4 | — | 3 |
| 闵行区 | 5 | — | 13 | 1 | 1 |
| 宝山区 | — | — | 10 | — | — |
| 嘉定区 | 13 | — | 9 | 11 | 8 |
| 金山区 | 1 | 4 | 1 | 2 | 1 |
| 松江区 | — | — | — | 3 | — |
| 青浦区 | — | 1 | 1 | — | — |
| 奉贤区 | — | — | 4 | — | 6 |
| 崇明区 | — | 5 | — | — | — |
| 合计 | 19 | 10 | 330 | 20 | 36 |
| 占比 | 4.6% | 2.4% | 79.5% | 4.8% | 8.7% |

**2）评估指标体系**

根据郊区和中心城上报的积水记录结果，同时充分衔接后续内涝风险区划与防治区划等编制，全面考虑各灾害要素，选取具有代表性的灾害成因与指标，构建全市内涝灾害积水点隐患评估指标体系。

（1）分级方法

根据郊区和中心城上报的积水记录特点，郊区选取近 5 年积水记录次数、最大积水深度、最大积水面积 3 个指标作为判断隐患程度的因素；中心城选取近 5 年积水记录次数、平均积水时长、平均积水深度、最大积水时长、最大积水深度 5 个指标作为判断隐患程度的因素。

制定指标分级标准，合理划分各指标的数据区间，将郊区 3 个指标和中心城 5 个指标按数值大小划分为 4 个区间。选用区间打分法，把各指标量化成可计算的 1~4 之间的无量纲分数来表示，实现对各指标计算结果的归一化处理。根据经验和专家打分法，确定各指标的权重。详见表 2-25—表 2-26。

表 2-25　郊区内涝隐患分级标准体系

| 指标 | 权重 | 区间/打分 | | | |
|---|---|---|---|---|---|
| | | 1 | 2 | 3 | 4 |
| 近 5 年受淹次数 | 0.4 | (0, 1] | (1, 3] | (3, 5] | (5, ∞] |
| 最大积水深度（cm） | 0.4 | (0, 15] | (15, 30] | (30, 50] | (50, ∞] |
| 最大积水面积（m²） | 0.2 | (0, 500] | (500, 1 000] | (1 000, 1 500] | (1 500, ∞] |

表 2-26　中心城内涝隐患分级标准体系

| 指标 | 权重 | 区间/打分 | | | |
|---|---|---|---|---|---|
| | | 1 | 2 | 3 | 4 |
| 积水次数（次） | 0.4 | (0, 1] | (1, 3] | (3, 5] | (5, ∞] |
| 平均积水时长（h） | 0.1 | (0, 1] | (1, 3] | (3, 5] | (5, ∞] |
| 平均积水深度（cm） | 0.1 | (0, 15] | (15, 30] | (30, 50] | (50, ∞] |
| 最大积水时长（h） | 0.2 | (0, 1] | (1, 3] | (3, 5] | (5, ∞] |
| 最大积水深度（cm） | 0.2 | (0, 15] | (15, 30] | (30, 50] | (50, ∞] |

由此构建上海市内涝灾害积水点隐患评估模型：

$$Q_i = \sum_{i=1}^{\substack{\text{郊区}:3 \\ \text{中心城}:5}} W_i q_i$$

式中　$W_i$——各指标分数；

　　　$q_i$——各指标权重。

（2）分级标准

利用加权评分法对各个内涝积水点对应隐患程度进行计算，并根据制定的隐患评价标准，统计得出隐患分级结果，划分标准见表 2-27。对于已改造的郊区积水点，其隐患程度均划分为低隐患；对于积水时长无记录的均划分为低隐患。

表 2-27　内涝隐患程度划分标准

| 分级 | 加权得分 | 隐患程度 |
|---|---|---|
| 1 | [0, 1) | 低 |
| 2 | [1, 2) | 中 |
| 3 | [2, 3) | 高 |
| 4 | [3, ∞) | 极高 |

（3）展示形式

针对同一隐患点，根据加权评分法计算出得分值，将隐患等级叠加空间信息，分类分级展示隐患分布情况。内涝隐患分类分级图示详见表 2-28。结果见附图 3。

# 第 2 章　调查与评估

表 2-28　内涝隐患分类分级图示

| 类型 | 低 | 中 | 高 | 极高 |
|---|---|---|---|---|
| 市政道路 | ● | ● | ● | ● |
| 下立交 | ▲ | ▲ | ▲ | ▲ |
| 住宅小区 | ★ | ★ | ★ | ★ |
| 村宅 | ■ | ■ | ■ | ■ |
| 农田 | ◆ | ◆ | ◆ | ◆ |

3) 评估结果

针对不同的积水类型，分别按低、中、高、极高隐患进行分级。全市 415 个积水点对应的隐患程度分布情况如图 2-6 所示。低隐患积水点 105 个、中隐患积水点 176 个、高隐患积水点 109 个、极高隐患积水点 25 个，占比分别为 25.30%、42.40%、26.30%、6.00%。极高隐患较多的类型为郊区的村宅、下立交和中心城的市政道路和住宅小区。

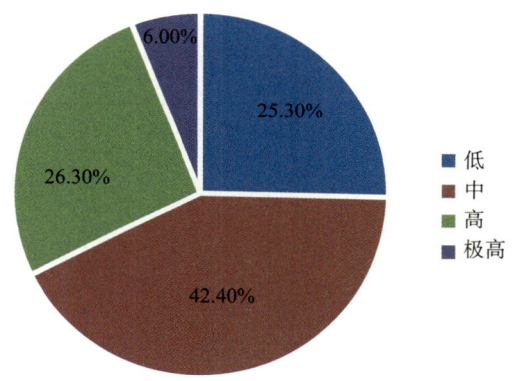

图 2-6　全市内涝隐患积水点分布统计图

按行政区统计的全市积水点个数和隐患等级情况详见表 2-29 及图 2-7。从积水点个数来说，长宁区积水点个数最多，为 94 个，占比为 22.65%；普陀区其次，为 86 个，占比为 20.72%。从隐患等级来说，极高隐患积水点个数嘉定区最多，为 13 个；长宁区其次，为 5 个。高隐患积水点个数长宁区最多，为 25 个，普陀区其次，为 24 个。

表 2-29　全市积水点个数和隐患等级按行政区统计情况表　　　　　　　　　　（单位：个）

| 行政区 | 低 | 中 | 高 | 极高 | 积水点总数 | 占比 |
|---|---|---|---|---|---|---|
| 浦东新区 | 3 | 24 | 5 | 0 | 32 | 7.71% |
| 黄浦区 | 0 | 4 | 1 | 0 | 5 | 1.20% |
| 徐汇区 | 28 | 21 | 13 | 0 | 62 | 14.94% |
| 长宁区 | 41 | 23 | 25 | 5 | 94 | 22.65% |

(续表)

| 行政区 | 低 | 中 | 高 | 极高 | 积水点总数 | 占比 |
|---|---|---|---|---|---|---|
| 静安区 | 0 | 11 | 3 | 3 | 17 | 4.10% |
| 普陀区 | 13 | 45 | 24 | 4 | 86 | 20.72% |
| 虹口区 | 0 | 9 | 3 | 0 | 12 | 2.89% |
| 杨浦区 | 0 | 6 | 1 | 0 | 7 | 1.69% |
| 闵行区 | 8 | 9 | 3 | 0 | 20 | 4.82% |
| 宝山区 | 2 | 4 | 4 | 0 | 10 | 2.41% |
| 嘉定区 | 10 | 3 | 15 | 13 | 41 | 9.88% |
| 金山区 | 0 | 2 | 7 | 0 | 9 | 2.17% |
| 松江区 | 0 | 2 | 1 | 0 | 3 | 0.72% |
| 青浦区 | 0 | 0 | 2 | 0 | 2 | 0.48% |
| 奉贤区 | 0 | 8 | 2 | 0 | 10 | 2.41% |
| 崇明区 | 0 | 5 | 0 | 0 | 5 | 1.20% |
| 合计 | 105 | 176 | 109 | 25 | 415 | 100% |

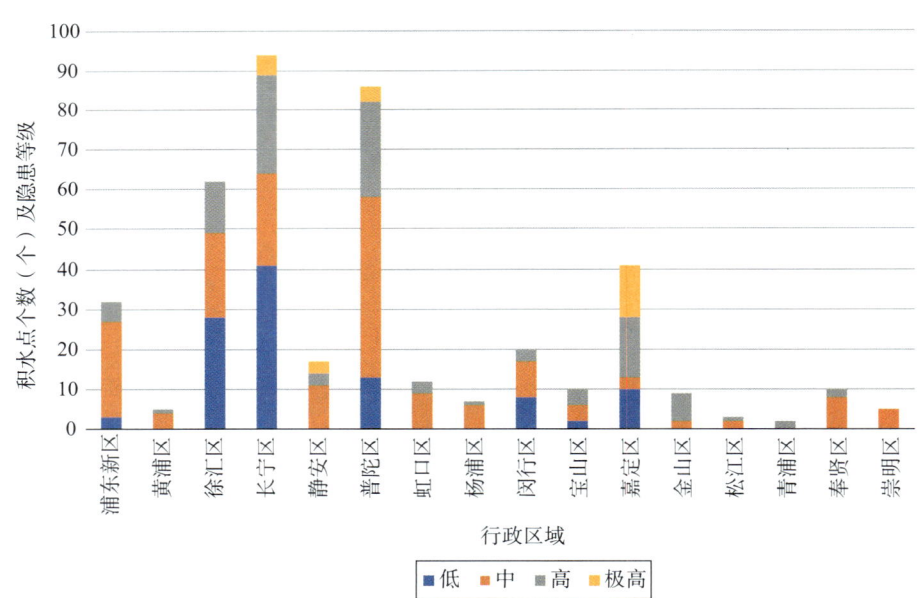

图 2-7　全市积水点个数和隐患等级图（按行政区统计）

全市村宅积水点均位于郊区，其中低、中、高、极高隐患积水点的占比分别为 0、31.6%、26.3%、42.1%。

全市农田积水点均位于郊区，其中低、中、高、极高隐患积水点的占比分别为 0、50.0%、

## 第 2 章　调查与评估

50.0%、0。全市市政道路低、中、高、极高隐患积水点的占比分别为 29.1%、45.2%、23.6%、2.1%。

全市下立交积水点共 20 个，中心城的 3 个均位于普陀区，郊区的下立交积水点主要位于嘉定区。低、中、高、极高隐患积水点的占比分别为 5.0%、30.0%、40.0%、25.0%，极高隐患积水点均位于嘉定区。

全市住宅小区积水点共 36 个，其中郊区 15 个，中心城 21 个，低、中、高、极高隐患积水点的占比分别为 22.2%、27.8%、36.1%、13.9%，极高隐患积水点均位于中心城的长宁区。详见表 2-30。

表 2-30　全市内涝积水点按隐患等级统计情况表

| 分类 | | 低 | 中 | 高 | 极高 | 合计 |
|---|---|---|---|---|---|---|
| 村宅 | 郊区 | 0 | 6 | 5 | 8 | 19 |
| | 占比 | 0 | 31.6% | 26.3% | 42.1% | 100% |
| 农田 | 郊区 | 0 | 5 | 5 | 0 | 10 |
| | 占比 | 0 | 50.0% | 50.0% | 0% | 100% |
| 市政道路 | 郊区 | 1 | 11 | 10 | 0 | 22 |
| | 中心城 | 95 | 138 | 68 | 7 | 308 |
| | 全市 | 96 | 149 | 78 | 7 | 330 |
| | 占比 | 29.1% | 45.2% | 23.6% | 2.1% | 100% |
| 下立交 | 郊区 | 1 | 4 | 7 | 5 | 17 |
| | 中心城 | 0 | 2 | 1 | 0 | 3 |
| | 全市 | 1 | 6 | 8 | 5 | 20 |
| | 占比 | 5.0% | 30.0% | 40.0% | 25.0% | 100% |
| 住宅小区 | 郊区 | 8 | 5 | 2 | 0 | 15 |
| | 中心城 | 0 | 5 | 11 | 5 | 21 |
| | 全市 | 8 | 10 | 13 | 5 | 36 |
| | 占比 | 22.2% | 27.8% | 36.1% | 13.9% | 100% |

## 2.2　承灾体调查与评估

按普查要求，承灾体单体信息和区域性特征调查重点是对区域经济社会重要统计数据、人口数据，以及房屋、基础设施（交通运输设施、通信设施、能源设施、市政设施、水利设施）、公共服务系统、三次产业、资源和环境等重要承灾体的空间位置信息和灾害属性信息进行调查。

水旱灾害调查的承灾体主要包括水利设施（堤防总长 2 262 km、水闸 2 669 座、泵站

1 774 座、圩区 304 个）、雨水排水设施（排水管道 15 000.0 km、雨水泵站 372 座、调蓄设施 16 处）、供水设施（供水厂站 79 座，供水管线 13 439 km）。水旱灾害区划评估涉及区域的人口、房屋、经济（GDP）等承灾体数据由上海市第一次全国自然灾害综合风险普查领导小组办公室提供。

### 2.2.1 水利设施调查与评估

#### 1）堤防设施调查与评估

全市防洪设施调查主要包括黄浦江及其上游堤防、苏州河[①]堤防、主海塘堤防（一线海塘与备塘不在调查范围之内）和其他堤防（浦南西片、商榻片堤防及部分片内堤防）。

黄浦江及其上游堤防、苏州河堤防调查包含河道基本概况、河道堤防岸线建设和改造历史、堤防防洪潮标准、堤防断面结构形式及分布情况、堤防岸线属性、防汛通道及跨、沿穿建（构）筑物等情况。

主海塘堤防调查包含位置分布、类型、长度、设防标准、建设年代、现状高程、主要结构形式、堤外保滩措施、安全鉴定情况、除险加固历史及海塘交叉建（构）筑物资料情况等。

其他堤防调查包含位置分布、类型、长度、设防标准、建设年代、主要结构形式、达标情况、管养情况等。

（1）总体情况

本次普查上海市调查内容要求的条段数共计 6 874 条段，总长度为 2 262.29 km。其中，黄浦江及其上游堤防计 4 053 条段，总长度为 479.12 km；苏州河计 1 200 条段，总长度为 125.73 km；主海塘计 627 条段，总长度为 496.84 km；其他堤防计 994 条段，总长度为 1 160.60 km。全市堤防调查成果详见表 2-31。全市堤防调查成果分布见图 2-8。

表 2-31　全市堤防调查成果统计表

| 对象 | 条段数（条段） | 长度（km） | 交叉建筑物（处） |
|---|---|---|---|
| 黄浦江及其上游堤防 | 4 053 | 479.12 | 3 069 |
| 苏州河 | 1 200 | 125.73 | 194 |
| 主海塘 | 627 | 496.84 | — |
| 其他堤防 | 994 | 1 160.60 | — |
| 合计 | 6 874 | 2 262.29 | 3 263 |

注：水利部和上海市对于堤防条段的划分不一致，上海市对于堤防条段的划分更为细致，综合考虑堤防型式、岸段属性等条件进行划分，故本次统计数量按上海市要求统计条段数。

---

① 本书所指苏州河包括吴淞江部分。

## 第 2 章 调查与评估

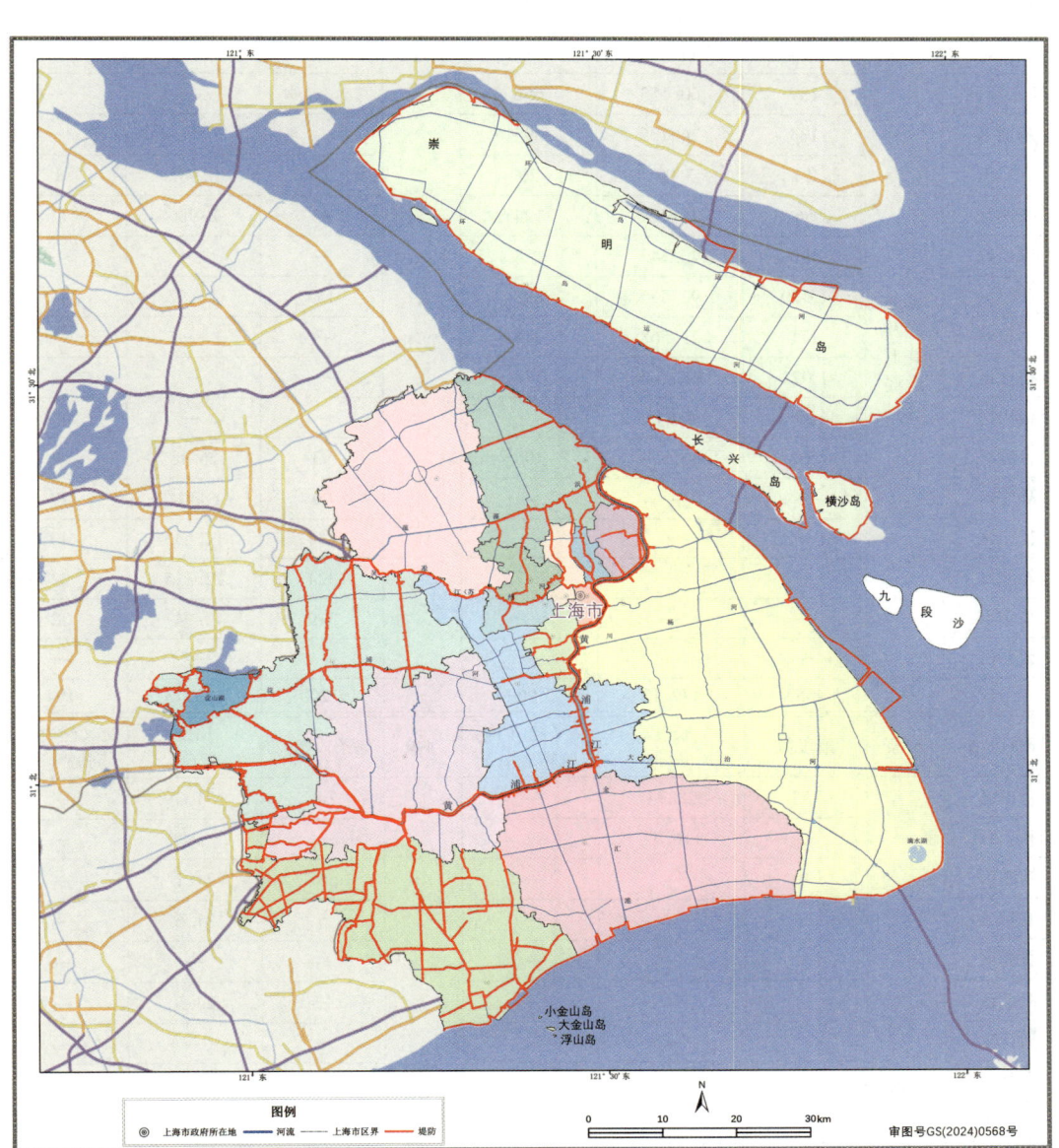

图 2-8 全市堤防调查成果分布图

（2）分区情况

黄浦江及其上游堤防涉及宝山、浦东、杨浦、虹口、黄浦、徐汇、闵行、奉贤、松江、金山、青浦 11 个区；苏州河堤防涉及黄浦、虹口、静安、长宁、普陀、闵行、嘉定、青浦 8 个区；主海塘涉及宝山、浦东、奉贤、金山及崇明 5 个区；其他堤防涉及宝山、金山、青浦、松江、杨浦、虹口、普陀、静安、徐汇、长宁等区。各区调查成果详见表 2-32。

表 2-32　各区调查成果统计表

| 行政区域 | 对象 | 条段数 | 长度（km） | 交叉建（构）筑物（处） | 对象 | 条段数 | 长度（km） | 交叉建（构）筑物（处） |
|---|---|---|---|---|---|---|---|---|
| 宝山区 | 黄浦江及其上游堤防 | 204 | 45.443 | 314 | 苏州河 | — | — | — |
| 浦东新区 | | 187 | 60.153 | 656 | | — | — | — |
| 杨浦区 | | 134 | 26.735 | 395 | | — | — | — |
| 虹口区 | | 14 | 3.091 | 20 | | 21 | 0.932 | 8 |
| 黄浦区 | | 56 | 9.485 | 124 | | 43 | 2.986 | 14 |
| 徐汇区 | | 190 | 26.342 | 138 | | — | — | — |
| 闵行区 | | 1 479 | 92.553 | 898 | | 157 | 13.62 | 43 |
| 奉贤区 | | 171 | 21.568 | 244 | | — | — | — |
| 松江区 | | 1 022 | 102.529 | 174 | | — | — | — |
| 金山区 | | 29 | 4.845 | — | | — | — | — |
| 青浦区 | | 567 | 86.374 | 106 | | 93 | 26.15 | 8 |
| 静安区 | | — | — | — | | 99 | 6.344 | 27 |
| 长宁区 | | — | — | — | | 144 | 12.635 | 40 |
| 普陀区 | | — | — | — | | 324 | 22.115 | 22 |
| 嘉定区 | | — | — | — | | 319 | 40.947 | 32 |
| 崇明区 | | — | — | — | | — | — | — |
| 汇总 | — | 4053 | 479.12 | 3 069 | — | 1 200 | 125.73 | 194 |
| 行政区域 | 对象 | 条段数 | 长度（km） | 交叉建（构）筑物（处） | 对象 | 条段数 | 长度（km） | 交叉建（构）筑物（处） |
| 宝山区 | 主海塘 | 153 | 28.74 | — | 其他堤防 | 68 | 71.3 | — |
| 浦东新区 | | 95 | 116.31 | — | | — | — | — |
| 杨浦区 | | — | — | — | | 5 | 21.1 | — |
| 虹口区 | | — | — | — | | 5 | 31.6 | — |
| 黄浦区 | | — | — | — | | — | — | — |
| 徐汇区 | | — | — | — | | 12 | 23.5 | — |
| 闵行区 | | — | — | — | | — | — | — |
| 奉贤区 | | 18 | 40.71 | — | | — | — | — |
| 松江区 | | — | — | — | | 27 | 76.9 | — |
| 金山区 | | 13 | 23.98 | — | | 632 | 588.2 | — |
| 青浦区 | | — | — | — | | 215 | 297.4 | — |
| 静安区 | | — | — | — | | 7 | 21.5 | — |
| 长宁区 | | — | — | — | | 9 | 7.3 | — |
| 普陀区 | | — | — | — | | 14 | 21.9 | — |
| 嘉定区 | | — | — | — | | — | — | — |
| 崇明区 | | 348 | 287.1 | — | | — | — | — |
| 汇总 | — | 627 | 496.84 | — | — | 994 | 1 160.6 | — |

## 第 2 章　调查与评估

（3）堤防主要结构型式

黄浦江市区段堤防主要包括桩基承台式、重力式、斜坡式以及拉锚板桩四种典型形式，黄浦江上游段堤防主要包括大堤结构和防汛墙结构两种典型形式。

苏州河的堤防型式主要为高桩承台式。

主海塘堤防主要为土石结构，以复合斜坡式为主，临海侧外坡设置消浪平台，堤顶多设有防浪墙，内坡设置防冲护面，堤内大部分有 10~20 m 宽的青坎作为护堤地，部分海塘外坡脚或外侧设保滩结构。

其他堤防主要为土堤、砌石堤、土石混合堤和混凝土防洪墙四种典型型式。

（4）堤防级别

全市 1 级堤防有 3 062 条段，总长 782.21 km；2 级堤防有 862 条段，总长 211.23 km；3 级堤防有 2 511 条段，总长 977.75 km；4 级堤防有 422 条段，总长 278.30 km；5 级堤防有 17 条段，总长 12.80 km。堤防工程等级统计详见表 2-33 及图 2-11。

黄浦江及其上游堤防现有 1 级堤防 285.37 km，占比为 59.56%；3 级堤防 193.75 km，占比为 40.44%。

苏州河现有 2 级堤防 58.63 km，占比为 46.63%；3 级堤防 67.10 km，占比为 53.37%。

大陆及三岛海塘全部为 1 级堤防。

其他堤防现有 2 级堤防 152.6 km，占比为 13.15%；3 级堤防 716.9 km，占比为 61.78%；4 级堤防 278.3 km，占比为 23.97%；5 级堤防 12.8 km，占比为 1.10%。

（5）防护标准

堤防工程是为保护对象的防洪安全而修建的，其自身并无特殊的防洪要求，其洪水标准需根据批准的流域、区域防洪规划对其保护对象提出的防洪能力要求确定。黄浦江市区段堤防采用 1 000 年一遇防潮标准设防，黄浦江上游段堤防和苏州河堤防采用流域不同降雨典型 100 年一遇洪水标准和区域 50 年一遇洪水标准同时设防；主海塘按 100~200 年一遇标准设防；封闭水利片内的河道闸内段堤防，一般基于各水利片除涝控制高水位设计，采用 20~30 年一遇除

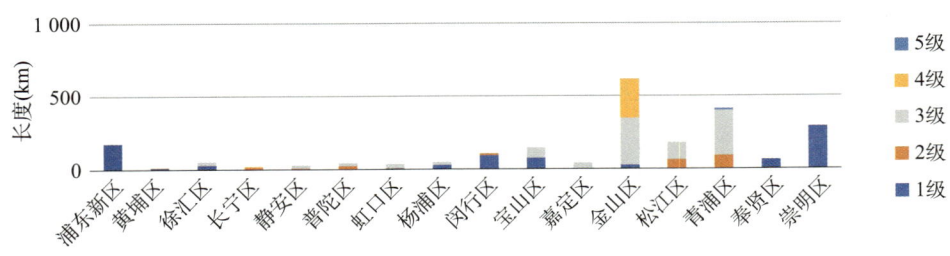

图 2-9　全市堤防级别调查分区示意图

表 2-33 堤防工程等级统计表

| 编号 | 地区 | 1 级 | | 2 级 | | 3 级 | | 4 级 | | 5 级 | | 合计 | |
|---|---|---|---|---|---|---|---|---|---|---|---|---|---|
| | | 条段数 | 长度(km) | 条段数 | 长度(km) | 条段数 | 长度(km) | 条段数 | 长度(km) | 条段数 | 长度(km) | 条段数 | 长度(km) |
| 1 | 浦东新区 | 282 | 176.46 | 0 | 0.00 | 0 | 0.00 | 0 | 0.00 | 0 | 0.00 | 282 | 176.46 |
| 2 | 黄浦区 | 56 | 9.49 | 43 | 2.99 | 0 | 0.00 | 0 | 0.00 | 0 | 0.00 | 99 | 12.47 |
| 3 | 徐汇区 | 190 | 26.34 | 0 | 0.00 | 12 | 23.50 | 0 | 0.00 | 0 | 0.00 | 202 | 49.84 |
| 4 | 长宁区 | 0 | 0.00 | 144 | 12.64 | 0 | 0.00 | 9 | 7.30 | 0 | 0.00 | 153 | 19.94 |
| 5 | 静安区 | 0 | 0.00 | 99 | 6.34 | 7 | 21.50 | 0 | 0.00 | 0 | 0.00 | 106 | 27.84 |
| 6 | 普陀区 | 0 | 0.00 | 324 | 22.12 | 14 | 21.90 | 0 | 0.00 | 0 | 0.00 | 338 | 44.02 |
| 7 | 虹口区 | 14 | 3.09 | 21 | 0.93 | 5 | 31.60 | 0 | 0.00 | 0 | 0.00 | 40 | 35.62 |
| 8 | 杨浦区 | 134 | 26.74 | 0 | 0.00 | 5 | 21.10 | 0 | 0.00 | 0 | 0.00 | 139 | 47.84 |
| 9 | 闵行区 | 1 479 | 92.55 | 157 | 13.62 | 0 | 0.00 | 0 | 0.00 | 0 | 0.00 | 1 636 | 106.17 |
| 10 | 宝山区 | 357 | 74.18 | 0 | 0.00 | 68 | 71.30 | 0 | 0.00 | 0 | 0.00 | 425 | 145.48 |
| 11 | 嘉定区 | 0 | 0.00 | 0 | 0.00 | 319 | 40.95 | 0 | 0.00 | 0 | 0.00 | 319 | 40.95 |
| 12 | 金山区 | 13 | 23.98 | 0 | 0.00 | 248 | 322.15 | 413 | 271.00 | 0 | 0.00 | 674 | 617.13 |
| 13 | 松江区 | 0 | 0.00 | 22 | 62.20 | 1 027 | 117.23 | 0 | 0.00 | 0 | 0.00 | 1 049 | 179.43 |
| 14 | 青浦区 | 0 | 0.00 | 52 | 90.40 | 806 | 306.52 | 0 | 0.00 | 17 | 12.80 | 875 | 409.72 |
| 15 | 奉贤区 | 189 | 62.28 | 0 | 0.00 | 0 | 0.00 | 0 | 0.00 | 0 | 0.00 | 189 | 62.28 |
| 16 | 崇明区 | 348 | 287.10 | 0 | 0.00 | 0 | 0.00 | 0 | 0.00 | 0 | 0.00 | 348 | 287.10 |
| | 合计 | 3 062 | 782.21 | 862 | 211.23 | 2 511 | 977.75 | 422 | 278.30 | 17 | 12.80 | 6874 | 2 262.29 |

## 第 2 章  调查与评估

涝标准；对于浦南西片和商榻片等开敞片的河道堤防，一般采用流域不同降雨典型 100 年一遇洪水标准和区域 50 年一遇洪水标准同时设防。根据统计，本次普查 1 000 年一遇堤防总长 285.37 km，占比为 12.61%；200 年一遇堤防总长 299.48 km，占比为 13.24%；100 年一遇堤防总长 133.50 km，占比为 5.90%；50 年一遇堤防总长 812.00 km，占比为 35.89%；30 年一遇堤防总长 146.50 km，占比为 6.48%；20 年一遇堤防总长 585.44 km，占比为 25.88%。堤防工程防御等级详见表 2-34 及图 2-10。

表 2-34  堤防工程防御等级统计表

| 行政区域 | 1 000 年一遇 | 200 年一遇 | 100 年一遇 | 50 年一遇 | 30 年一遇 | 20 年一遇 | 合计 |
|---|---|---|---|---|---|---|---|
| 浦东新区 | 60.15 | 92.45 | 0.78 | 20.00 | — | 3.08 | 176.46 |
| 黄浦区 | 9.49 | — | — | 2.99 | — | — | 12.47 |
| 徐汇区 | 26.34 | — | — | — | 23.50 | — | 49.84 |
| 长宁区 | — | — | — | 12.64 | — | 7.30 | 19.94 |
| 静安区 | — | — | — | 6.34 | 21.50 | — | 27.84 |
| 普陀区 | — | — | — | 43.12 | 0.90 | — | 44.02 |
| 虹口区 | 3.09 | — | — | 0.93 | 31.60 | — | 35.62 |
| 杨浦区 | 26.74 | — | — | — | 21.10 | — | 47.84 |
| 闵行区 | 92.55 | — | — | 13.62 | — | — | 106.17 |
| 宝山区 | 45.44 | 28.74 | — | — | 47.90 | 23.40 | 145.48 |
| 嘉定区 | — | — | — | 31.82 | — | 9.13 | 40.95 |
| 金山区 | — | 23.98 | — | 322.05 | — | 271.10 | 617.13 |
| 松江区 | — | — | — | 179.43 | — | — | 179.43 |
| 青浦区 | — | — | — | 148.17 | — | 261.55 | 409.72 |
| 奉贤区 | 21.57 | 38.14 | 2.57 | — | — | — | 62.28 |
| 崇明区 | — | 116.17 | 130.15 | 30.90 | — | 9.88 | 287.10 |
| 合计 | 285.37 | 299.48 | 133.50 | 812.00 | 146.50 | 585.44 | 2 262.29 |

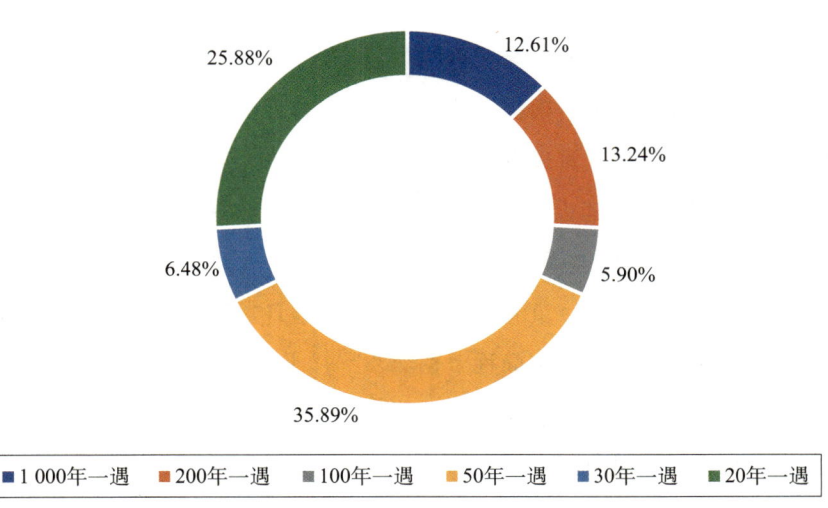

图 2-10  全市堤防防御标准示意图

（6）堤防设施达标情况

据统计，黄浦江及其上游堤防已全线达标（1984年批准）；苏州河堤防未达标岸段长度67.10 km，占比为53.37%，分布于青浦区和嘉定区，目前正在推进实施苏申内港线暨吴淞江整治工程；主海塘未达标岸段长度为106.46 km，占比是21.43%，分布于浦东新区、奉贤区和崇明区；其他堤防未达标岸段长度为44.6 km，占比是3.84%，分布于青浦区。堤防未达标统计详见表2-35。

表2-35 堤防未达标统计表 （单位：km）

| 编号 | 地区 | 黄浦江及其上游 | 苏州河 | 主海塘 | 其他堤防 |
|---|---|---|---|---|---|
| 1 | 浦东新区 | — | — | 51.37 | — |
| 2 | 黄浦区 | — | — | — | — |
| 3 | 徐汇区 | — | — | — | — |
| 4 | 长宁区 | — | — | — | — |
| 5 | 静安区 | — | — | — | — |
| 6 | 普陀区 | — | — | — | — |
| 7 | 虹口区 | — | — | — | — |
| 8 | 杨浦区 | — | — | — | — |
| 9 | 闵行区 | — | — | — | — |
| 10 | 宝山区 | — | — | — | — |
| 11 | 嘉定区 | — | 40.95 | — | — |
| 12 | 金山区 | — | — | — | — |
| 13 | 松江区 | — | — | — | — |
| 14 | 青浦区 | — | 26.15 | — | 44.60 |
| 15 | 奉贤区 | — | — | 2.57 | — |
| 16 | 崇明区 | — | — | 52.52 | — |
| | 合计 | — | 67.10 | 106.46 | 44.60 |

（7）堤防设施运行管理

河道堤防一般按照"分级管理、分级负责"的原则，由市、区、镇三级管理，总体而言，管理单位各项规章制度基本健全、岗位人员配置，档案管理基本满足要求，每年按照要求进行正常维修养护，堤防工程完整，管理设施完备，运行状态正常。

黄浦江及其上游堤防设施建设和运行管理由市水务局所属的市堤防泵闸建设运行中心负责。其中，黄浦江上游干流段、红旗塘、太浦河、拦路港、大泖港堤防设施日常管理工作由市堤防泵闸建设运行中心具体承担；黄浦江中下游堤防设施日常管理工作受上海市水务局委托由区水务局（建设和交通委员会，下文简称"建交委"）承担，具体工作由区水务局（建交委）确定的堤防设施管理单位承担。黄浦江公用岸段合计266.64 km，占比为55.65%；黄浦江专用岸段合计212.478 km，占比为44.35%。

苏州河堤防设施日常管理工作受上海市水务局委托由区水务局（建交委）承担，具体工

## 第 2 章 调查与评估

作由区水务局（建交委）确定的堤防设施管理单位承担。苏州河公用岸段合计 97.34 km，占比为 77.42%；苏州河专用岸段合计 28.39 km，占比为 22.58%。岸段权属分布详见表 2-36。

表 2-36 公用岸段和专用岸段分布一览表 （单位：km）

| 黄浦江及其上游 | | | 苏州河 | | |
|---|---|---|---|---|---|
| 分区 | 公用岸段 | 专用岸段 | 分区 | 公用岸段 | 专用岸段 |
| 浦东新区 | 8.55 | 51.61 | 黄浦区 | 2.99 | — |
| 黄浦区 | — | 9.49 | 长宁区 | 11.29 | 1.35 |
| 徐汇区 | 5.27 | 21.07 | 静安区 | 5.80 | 0.54 |
| 虹口区 | 0.25 | 2.84 | 普陀区 | 12.10 | 10.02 |
| 杨浦区 | 1.82 | 24.92 | 虹口区 | 0.73 | 0.21 |
| 闵行区 | 50.05 | 42.50 | 闵行区 | 12.59 | 1.03 |
| 宝山区 | 14.23 | 31.22 | 嘉定 | 26.62 | 14.33 |
| 奉贤区 | 9.19 | 12.37 | 青浦 | 25.22 | 0.93 |
| 黄浦江上游（青浦） | 84.20 | 2.17 | — | — | — |
| 黄浦江上游（松江） | 88.24 | 14.29 | — | — | — |
| 黄浦江上游（金山） | 4.85 | — | — | — | — |
| 合计 | 266.65 | 212.48 | — | 97.34 | 28.41 |

主海塘日常管理工作由区水务局承担，其中公用岸段海塘每年由区水务局实施岁修和养护管理，专用岸段海塘由权属单位自行落实专人维养及经费。公用岸段主海塘总长度为 242.66 km，占比为 48.84%；专用岸段共计 254.18 km，占比为 51.16%。岸段权属分布详见表 2-37。

表 2-37 海塘公用岸段和专用岸段分布一览表 （单位：km）

| 行政区 | | 公用岸段长度 | 专用岸段长度 | 合计 |
|---|---|---|---|---|
| 崇明区 | 崇明岛 | 139.92 | 53.74 | 193.66 |
| | 横沙岛 | 26.99 | 4.05 | 31.04 |
| | 长兴岛 | 19.77 | 42.63 | 62.4 |
| | 小计 | 186.68 | 100.42 | 287.1 |
| 浦东新区 | | 20.4 | 95.91 | 116.31 |
| 宝山区 | | 5.34 | 23.4 | 28.74 |
| 金山区 | | 4.44 | 19.54 | 23.98 |
| 奉贤区 | | 25.8 | 14.91 | 40.71 |
| 合计 | | 242.66 | 254.18 | 496.84 |

（8）堤防安全鉴定及出险状况

截至 2020 年 12 月，上海市开展黄浦江及其上游堤防、苏州河堤防安全鉴定共计 8 个年度，鉴定岸段为 136 段，共计 33.97 km；开展海塘安全鉴定共计 5 个年度，鉴定岸段为 11 段，共计 23.88 km；其他河道堤防未开展安全鉴定工作。

截至 2020 年 12 月，黄浦江及其上游堤防、苏州河堤防共计出险次数为 33 次，主海塘共计出险次数为 10 次。各出险岸段均已及时开展抢险维修或加固，目前曾出险岸段运行情况良好。

## 2) 水闸设施调查与评估

上海市水闸工程调查范围为：位于河道上过闸流量 5 m³/s 及以上，且失事会造成严重洪涝灾害的水闸以及在 2011 年第一次全国水利普查基础上增加的新建水闸工程。

水闸调查内容包括基本情况、空间属性、工程结构特性、水闸安全评价/鉴定开展情况及评价/鉴定结果等内容，其中水闸工程安全评价/鉴定开展情况是指自 2011 年 1 月 1 日以来填报最近一次安全评价/鉴定的时间和结论、除险加固完成情况。全市 14 个水利分片外围的 934 座水闸工程在上述调查基础上，对水闸建设时间，主要功能、工程规模，主体结构和闸门、启闭机型式，机电设备情况，运行管理状况，安全鉴定详细结论，维修、养护、加固情况及存在的问题等进行调查。全市水闸工程分布见图 2-11。

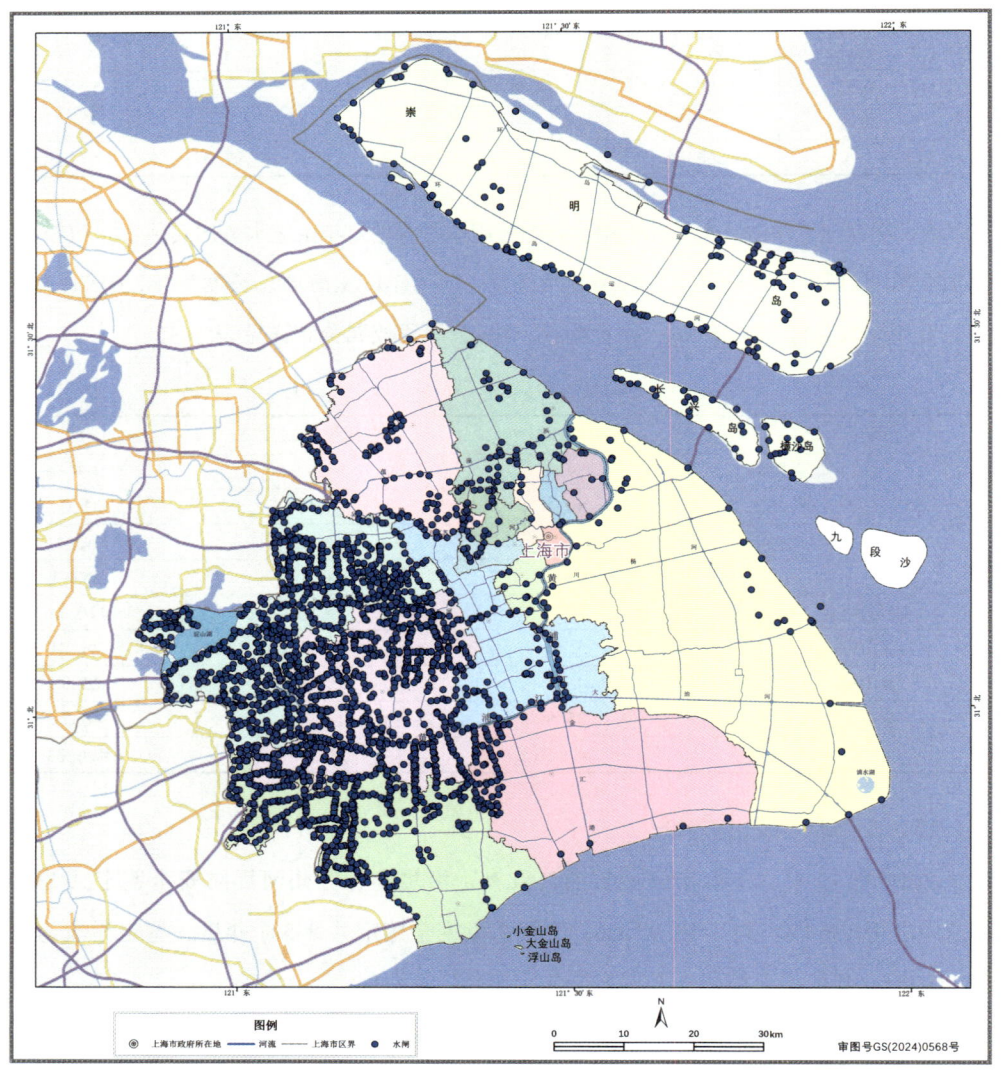

图 2-11 全市水闸工程分布示意图

## 第 2 章　调查与评估

（1）总体情况

经调查，全市水闸共 2 669 座，分布在全市 16 个区，位于沿江沿海堤防岸线、各水利片片边及圩区边界。各区分布情况详见表 2-38 及图 2-12。

表 2-38　上海市水闸分区分布表　（单位：座）

| 行政区 | 浦东新区 | 黄浦区 | 徐汇区 | 长宁区 | 静安区 | 普陀区 | 虹口区 | 杨浦区 | 闵行区 | 宝山区 | 嘉定区 | 金山区 | 松江区 | 青浦区 | 奉贤区 | 崇明区 | 总计 |
|---|---|---|---|---|---|---|---|---|---|---|---|---|---|---|---|---|---|
| 数量 | 35 | 1 | 13 | 15 | 4 | 21 | 1 | 8 | 77 | 50 | 118 | 476 | 735 | 865 | 75 | 175 | 2 669 |

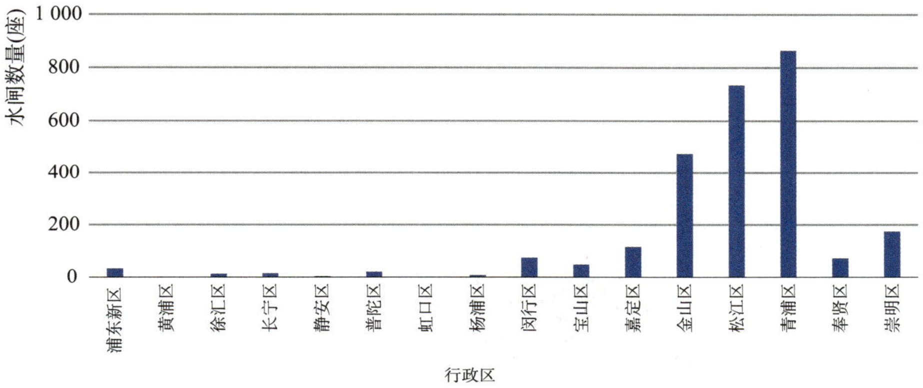

图 2-12　上海市水闸工程分区分布示意图

（2）水闸运行年限情况

全市已反馈的 2 669 座水闸中填写有效建设时间的有 2 666 座（3 座未统计）。全市水闸中运行 50 年以上的有 20 座，占比约为 0.8%；运行 40~50 年的有 116 座，占比约为 4.4%；运行 30~40 年的有 198 座，占比约为 7.4%；运行 20~30 年的有 397 座，占比约为 14.9%；运行 10~20 年的有 904 座，占比约为 33.9%；运行 10 年以下的有 1 031 座，占比为 38.6%。总体来看，全市水闸运行年限以 20 年以内为主，占比为 72.5%。全市水闸运行年限情况见表 2-39 及图 2-13。

表 2-39　全市水闸运行年限情况表　（单位：座）

| 运行年限 | 50 年以上 | 40~50 年 | 30~40 年 | 20~30 年 | 10~20 年 | 10 年以下 | 合计 |
|---|---|---|---|---|---|---|---|
| 浦东新区 | 1 | 4 | 2 | 11 | 9 | 8 | 35 |
| 黄浦区 | — | — | — | — | 1 | — | 1 |
| 徐汇区 | — | 5 | — | 5 | 3 | — | 13 |
| 长宁区 | 1 | 4 | — | 3 | 6 | 1 | 15 |
| 静安区 | — | — | — | 2 | — | 2 | 4 |
| 普陀区 | 2 | 4 | — | 2 | 9 | 4 | 21 |

(续表)

| 运行年限 | 50年以上 | 40~50年 | 30~40年 | 20~30年 | 10~20年 | 10年以下 | 合计 |
|---|---|---|---|---|---|---|---|
| 虹口区 | — | — | — | — | — | 1 | 1 |
| 杨浦区 | — | 1 | — | 2 | 5 | — | 8 |
| 闵行区 | — | 13 | 11 | 5 | 26 | 22 | 77 |
| 宝山区 | 3 | 9 | 15 | 5 | 9 | 9 | 50 |
| 嘉定区 | 1 | 6 | — | 14 | 21 | 76 | 118 |
| 金山区 | — | 4 | 19 | 63 | 94 | 296 | 476 |
| 松江区 | — | 15 | 4 | 84 | 326 | 304 | 733 |
| 青浦区 | 2 | 33 | 120 | 165 | 288 | 256 | 864 |
| 奉贤区 | — | 2 | 4 | 13 | 38 | 18 | 75 |
| 崇明区 | 10 | 16 | 23 | 23 | 69 | 34 | 175 |
| 未统计 | — | — | — | — | — | — | 3 |
| 总计 | 20 | 116 | 198 | 397 | 904 | 1 031 | 2 669 |

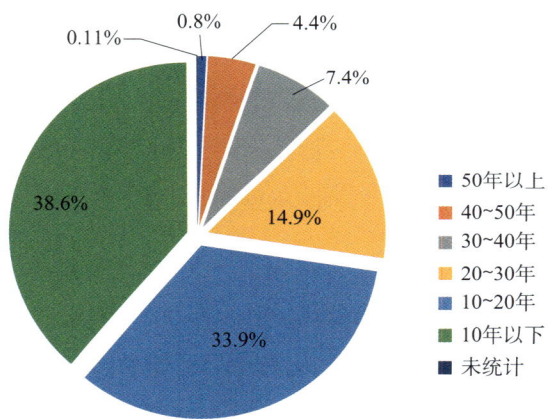

图 2-13　全市水闸运行年限分布情况

（3）水闸工程等别情况

上海市水闸为平原河网水闸，按最大过闸流量看，中型水闸仅有 62 座，基本位于沿江、沿海一线堤防岸线上，其余 2 607 座水闸均为小（1）型、小（2）型。根据最大过闸流量及保护对象的重要性，129 座水闸为 Ⅰ 等工程，16 座水闸为 Ⅱ 等工程，232 座水闸为 Ⅲ 等工程，1 849 座水闸为 Ⅳ 等工程，443 座水闸为 Ⅴ 等工程。水闸工程等别情况详见表 2-40。

全市水闸工程等别以 Ⅳ、Ⅴ 等为主，主要为圩区水闸。Ⅰ 等工程占比为 4.8%，Ⅱ 等工程占比为 0.6%，Ⅲ 等工程占比为 8.7%，Ⅳ 等工程占比为 69.3%，Ⅴ 等工程占比为 16.6%。全市水闸工程等级分布见图 2-14。

## 第 2 章 调查与评估

表 2-40 水闸工程等别情况表  (单位：座)

| 分区名称 | 本次填报数量 | 工程等级 | | | | |
|---|---|---|---|---|---|---|
| | | Ⅰ等 | Ⅱ等 | Ⅲ等 | Ⅳ等 | Ⅴ等 |
| 浦东新区 | 35 | 29 | — | 6 | — | — |
| 黄浦区 | 1 | 1 | — | — | — | — |
| 徐汇区 | 13 | 9 | — | 4 | — | — |
| 长宁区 | 15 | — | — | 6 | 1 | 8 |
| 静安区 | 4 | — | — | 4 | — | — |
| 普陀区 | 21 | 2 | — | 8 | 10 | 1 |
| 虹口区 | 1 | 1 | — | — | — | — |
| 杨浦区 | 8 | 3 | — | 5 | — | — |
| 闵行区 | 77 | 56 | 2 | 9 | 6 | 4 |
| 宝山区 | 50 | 5 | — | 7 | 29 | 9 |
| 嘉定区 | 118 | — | — | 9 | 49 | 60 |
| 金山区 | 476 | 1 | 1 | 103 | 361 | 10 |
| 松江区 | 735 | — | 6 | 5 | 610 | 114 |
| 青浦区 | 865 | 19 | 7 | 9 | 730 | 100 |
| 奉贤区 | 75 | — | — | 33 | 42 | — |
| 崇明区 | 175 | 3 | — | 24 | 11 | 137 |
| 总计 | 2 669 | 129 | 16 | 232 | 1 849 | 443 |

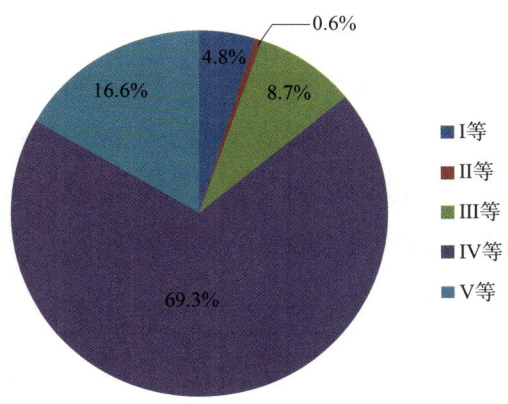

图 2-14 全市水闸工程等级分布情况

（4）水闸类型情况

全市水闸 2 669 座中，以节制闸为主，共计 2 537 座，数量占比为 95.1%；挡潮闸 128 座，数量占比为 5.8%，分（泄）洪闸仅有青浦区 1 座，橡胶坝 3 座。水闸类型情况见表 2-41。

表 2-41　水闸类型情况表　　　　　　　　　　　　　　　　　　　　　（单位：座）

| 分区名称 | 填报数量 | 水闸类型 | | | |
|---|---|---|---|---|---|
| | | 节制闸 | 挡潮闸 | 分（泄）洪闸 | 橡胶坝 |
| 浦东新区 | 35 | 23 | 12 | — | — |
| 黄浦区 | 1 | 1 | — | — | — |
| 徐汇区 | 13 | 13 | — | — | — |
| 长宁区 | 15 | 15 | — | — | — |
| 静安区 | 4 | 4 | — | — | — |
| 普陀区 | 21 | 20 | — | — | 1 |
| 虹口区 | 1 | 1 | — | — | — |
| 杨浦区 | 8 | 7 | — | — | 1 |
| 闵行区 | 77 | 77 | — | — | — |
| 宝山区 | 50 | 44 | 6 | — | — |
| 嘉定区 | 118 | 117 | 1 | — | — |
| 金山区 | 476 | 474 | 2 | — | — |
| 松江区 | 735 | 734 | — | — | 1 |
| 青浦区 | 865 | 864 | — | 1 | — |
| 奉贤区 | 75 | 64 | 11 | — | — |
| 崇明区 | 175 | 79 | 96 | — | — |
| 总计 | 2 669 | 2 537 | 128 | 1 | 3 |

（5）水利片外围水闸

水利分片外围水闸共有 934 座，按工程类型可分为水利枢纽、节制闸、泵闸、船（套）闸，主要以节制闸、泵闸为主：其中节制闸 358 座，占比为 38.3%；泵闸 389 座，占比为 41.7%；船（套）闸 95 座，占比为 10.2%；涵闸 76 座，占比为 8.1%；水利枢纽 16 座，占比为 1.7%。水利分片外围水闸工程类型详见表 2-42 及图 2-15。

表 2-42　水利分片外围水闸工程类型情况表　　　　　　　　　　　　　（单位：座）

| 行政区 | 水利枢纽 | 节制闸 | 涵闸 | 泵闸 | 船（套）闸 | 合计 |
|---|---|---|---|---|---|---|
| 浦东新区 | 2 | 13 | 1 | 6 | 3 | 25 |
| 黄浦区 | — | 1 | — | — | — | 1 |
| 徐汇区 | — | 1 | 2 | 5 | — | 8 |
| 长宁区 | — | 1 | — | 4 | — | 5 |

## 第 2 章 调查与评估

(续表)

| 行政区 | 水利枢纽 | 节制闸 | 涵闸 | 泵闸 | 船（套）闸 | 合计 |
|---|---|---|---|---|---|---|
| 静安区 | — | — | — | — | — | 0 |
| 普陀区 | — | — | — | 7 | — | 7 |
| 虹口区 | — | — | — | 1 | — | 1 |
| 杨浦区 | — | 1 | — | 3 | — | 4 |
| 闵行区 | 1 | 30 | — | 18 | 1 | 50 |
| 宝山区 | 1 | 7 | 2 | 5 | 2 | 17 |
| 嘉定区 | — | 36 | — | — | 9 | 45 |
| 金山区 | 1 | 102 | 7 | 200 | 6 | 316 |
| 松江区 | 6 | 13 | — | 67 | 3 | 89 |
| 青浦区 | 4 | 110 | 12 | 67 | 70 | 263 |
| 奉贤区 | 1 | 11 | — | 1 | — | 13 |
| 崇明区 | — | 32 | 52 | 5 | 1 | 90 |
| 总计 | 16 | 358 | 76 | 389 | 95 | 934 |

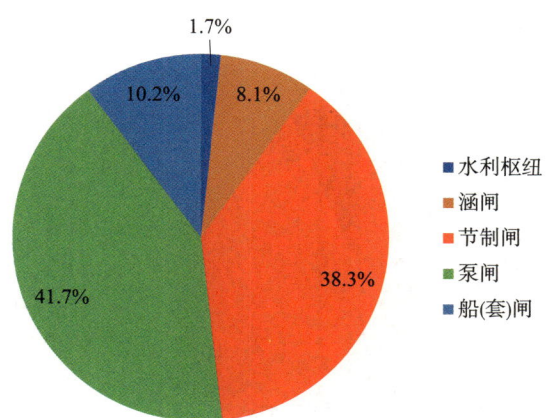

图 2-15 水利分片外围水闸工程类型分布情况

全市所有的水利枢纽及现状尚有通航需求的 25 座水闸［水利枢纽 13 座，船（套）闸 12 座］均位于水利片外围。

水利分片外围水闸工程规模以小（1）型、小（2）型为主，无大型水闸；中型水闸有 61 座，占比为 6.5%；小（1）型有 676 座，占比为 72.4%；小（2）型有 197 座，占比为 21.1%。水利分片外围水闸工程规模详见表 2-43 及图 2-16。

表 2-43  水利分片外围水闸工程规模情况表　　　　　　　　　　　　（单位：座）

| 行政区 | 中型 | 小（1）型 | 小（2）型 | 合计 |
| --- | --- | --- | --- | --- |
| 浦东新区 | 8 | 15 | 2 | 25 |
| 黄浦区 | 1 | — | — | 1 |
| 徐汇区 | 1 | 6 | 1 | 8 |
| 长宁区 | — | 3 | 2 | 5 |
| 静安区 | — | — | — | 0 |
| 普陀区 | — | 4 | 3 | 7 |
| 虹口区 | — | 1 | — | 1 |
| 杨浦区 | — | 4 | — | 4 |
| 闵行区 | 3 | 36 | 11 | 50 |
| 宝山区 | 8 | 6 | 3 | 17 |
| 嘉定区 | 2 | 19 | 24 | 45 |
| 金山区 | 2 | 289 | 25 | 316 |
| 松江区 | 4 | 24 | 61 | 89 |
| 青浦区 | 2 | 249 | 12 | 263 |
| 奉贤区 | 4 | 8 | 1 | 13 |
| 崇明区 | 26 | 12 | 52 | 90 |
| 总计 | 61 | 676 | 197 | 934 |

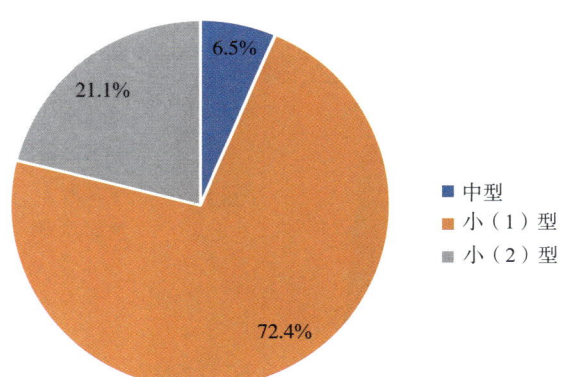

图 2-16  水利分片外围水闸工程规模分布情况

水利分片外围水闸管理级别以镇管及区管为主，其中镇管643座，占比为68.8%；区管258座，占比为27.6%；市管24座，占比为2.6%，其他（非水务部门管理）9座，占比为1.0%。水利分片外围水闸包含全市所有的市管水闸及78.4%的区管水闸。水利分片外围水闸管理级别详见表2-44及图2-17。

# 第 2 章 调查与评估

表 2-44 水利分片外围水闸管理级别情况表 （单位：座）

| 行政区 | 市管 | 区管 | 镇管 | 其他 | 合计 |
| --- | --- | --- | --- | --- | --- |
| 浦东新区 | — | 20 | 1 | 4 | 25 |
| 黄浦区 | 1 | — | — | — | 1 |
| 徐汇区 | 2 | 3 | 3 | — | 8 |
| 长宁区 | — | 5 | — | — | 5 |
| 静安区 | — | — | — | — | 0 |
| 普陀区 | 2 | 5 | — | — | 7 |
| 虹口区 | — | 1 | — | — | 1 |
| 杨浦区 | — | 4 | — | — | 4 |
| 闵行区 | 4 | 37 | 9 | — | 50 |
| 宝山区 | 5 | 11 | 1 | — | 17 |
| 嘉定区 | 5 | 17 | 23 | — | 45 |
| 金山区 | 1 | 6 | 306 | 3 | 316 |
| 松江区 | 1 | 15 | 73 | — | 89 |
| 青浦区 | 3 | 37 | 223 | — | 263 |
| 奉贤区 | — | 12 | 1 | — | 13 |
| 崇明区 | — | 85 | 3 | 2 | 90 |
| 总计 | 24 | 258 | 643 | 9 | 934 |

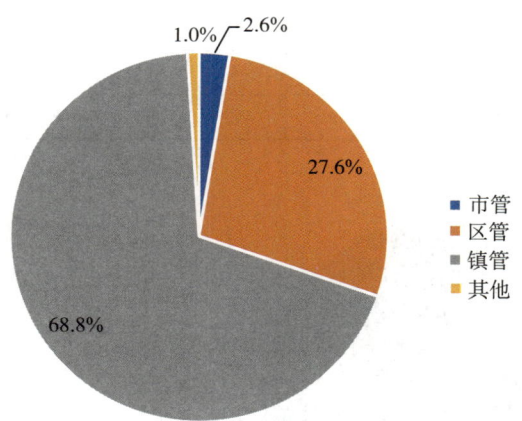

图 2-17 片边水闸管理级别分布情况

水利分片外围水闸工程主要分布在沿黄浦江上游段、长江及杭州湾一线，其中，沿黄浦江上游段 493 座，占比为 52.8%，主要为近年来西部地区流域泄洪通道防洪工程中建设的水闸工程；沿长江、杭州湾水闸 117 座，占比为 12.5%；水利片分界 66 座，占比为 7.1%，为蕰南片、嘉宝北片、青松片、淀北片、淀南片及浦东片、浦南东片分界的水闸；沿黄浦江市区段82座，占比为8.8%；沿苏州河水闸53座，占比为5.6%；上海市与江苏、浙江分界水闸分别为37、42座，占比分别为4.0%、4.5%；沿淀山湖水闸35座，占比为3.7%；沿浏河水闸9座，占比为1.0%。水利分片外围水闸工程位置情况详见表2-45及图2-18。

表2-45 水利分片外围水闸工程位置情况表　　　　　　　　　　　　（单位：座）

| 行政区 | 长江、杭州湾 | 苏州河 | 淀山湖 | 浏河 | 黄浦江上游段 | 黄浦江市区段 | 江苏分界 | 浙江分界 | 水利片分界 | 合计 |
|---|---|---|---|---|---|---|---|---|---|---|
| 浦东新区 | 12 | — | — | — | — | 13 | — | — | — | 25 |
| 黄浦区 | — | — | — | — | — | 1 | — | — | — | 1 |
| 徐汇区 | — | — | — | — | — | 8 | — | — | — | 8 |
| 长宁区 | — | 5 | — | — | — | — | — | — | — | 5 |
| 静安区 | — | — | — | — | — | — | — | — | — | 0 |
| 普陀区 | — | 3 | — | — | — | — | — | — | 4 | 7 |
| 虹口区 | — | — | — | — | — | 1 | — | — | — | 1 |
| 杨浦区 | — | — | — | — | — | 4 | — | — | — | 4 |
| 闵行区 | — | 7 | — | — | — | 36 | — | — | 7 | 50 |
| 宝山区 | 6 | — | — | — | — | 11 | — | — | — | 17 |
| 嘉定区 | 1 | 17 | — | 9 | — | — | — | 15 | 3 | 45 |
| 金山区 | 4 | — | — | — | 267 | — | — | 40 | 5 | 316 |
| 松江区 | — | — | — | — | 69 | — | — | — | 20 | 89 |
| 青浦区 | — | 21 | 35 | — | 157 | — | 22 | 2 | 26 | 263 |
| 奉贤区 | 4 | — | — | — | — | 8 | — | — | 1 | 13 |
| 崇明区 | 90 | — | — | — | — | — | — | — | — | 90 |
| 总计 | 117 | 53 | 35 | 9 | 493 | 82 | 37 | 42 | 66 | 934 |

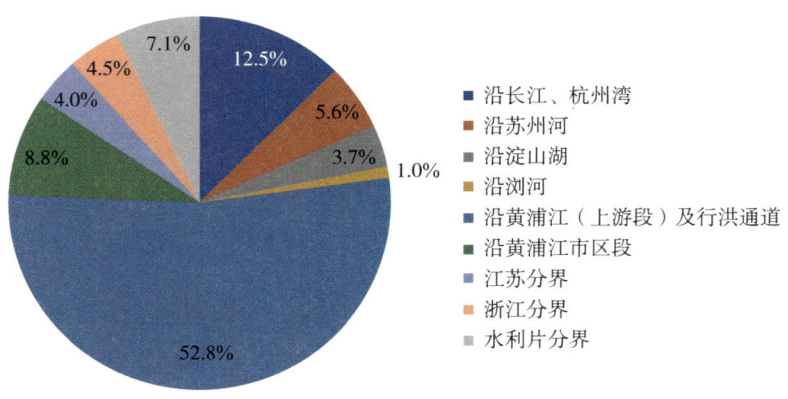

图2-18 水利分片外围水闸工程位置分布情况

## 第 2 章 调查与评估

（6）水闸安全鉴定情况

截至 2020 年 12 月，全市共有 162 座水闸开展了安全鉴定，其中一类闸 12 座、占比为 7.4%，二类闸 81 座、占比为 50.0%，三类闸 48 座、占比为 29.6%，四类闸 21 座、占比为 13.0%。全市水闸安全鉴定情况详见表 2-46 及图 2-19。

表 2-46　全市水闸安全鉴定情况表　　　　　　　　（单位：座）

| 行政区 | 开展安全鉴定数量 | 一类闸 | 二类闸 | 三类闸 | 四类闸 | 已完成除险加固数量 |
|---|---|---|---|---|---|---|
| 浦东新区 | 16 | 4 | 5 | 6 | 1 | 11 |
| 黄浦区 | — | — | — | — | — | — |
| 徐汇区 | 2 | — | 2 | — | — | 2 |
| 长宁区 | 6 | 1 | 5 | — | — | 5 |
| 静安区 | 4 | 2 | 2 | — | — | 2 |
| 普陀区 | 11 | — | 4 | 5 | 2 | 10 |
| 虹口区 | — | — | — | — | — | — |
| 杨浦区 | 4 | — | 2 | 1 | 1 | 4 |
| 闵行区 | 29 | 3 | 16 | 10 | — | 18 |
| 宝山区 | 10 | 1 | 5 | 3 | 1 | 8 |
| 嘉定区 | 13 | — | 6 | 6 | 1 | 11 |
| 金山区 | 6 | 1 | 4 | 1 | — | 5 |
| 松江区 | 15 | — | 6 | 6 | 3 | 10 |
| 青浦区 | 5 | — | 1 | 3 | 1 | 4 |
| 奉贤区 | 11 | — | 2 | 4 | 5 | 6 |
| 崇明区 | 30 | — | 21 | 3 | 6 | 30 |
| 总计 | 162 | 12 | 81 | 48 | 21 | 126 |

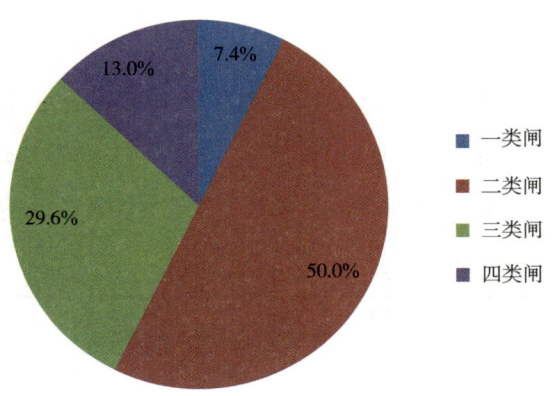

图 2-19　全市水闸安全鉴定结论情况

12座一类闸，无须除险加固；81座二类闸，大修列入水闸日常维修养护工作已全部完成；48座三类闸，其中32座已完成除险加固；21座四类闸，其中13座已完成除险加固。24座未完成除险加固的水闸经调查主要由于时间、征地等原因，但均已列入建设计划，具体如下：

调查时间范围内，普陀区北张泾水闸尚未完成除险加固，计划2022年拆除重建。闵行区共有8座水闸未完成除险加固，其中盐仓浦泵闸、黎明河套闸、北横泾中北套闸、姚家浜套闸计划2023—2025年进行除险加固，大治河西水闸已列入大治河西闸改扩建工程，计划"十四五"期间实施；西三河南水闸、西三河泵闸、陈家河泵闸计划近几年安排除险加固。宝山区练祁河水闸计划在2022年进行除险加固。嘉定区共有2座水闸未完成除险加固，双塘泵闸已列入2021年水利专项，拟拆除重建为泵闸；老封浜套闸除险加固已列入"十四五"规划。松江区共有5座水闸未完成除险加固，计划"十四五"期间实施。青浦区盈中套闸计划结合"十四五"规划实施。奉贤区共有5座水闸未完成除险加固，计划结合"十四五"规划实施。

（7）水闸运行管理情况

上海市水闸实行市、区和镇三级管理，水闸的分级管理在水闸建设立项时予以确定。上海市水务局是上海市水闸的行政主管部门，市、区、镇水行政主管部门按照其职责权限，负责本行政区域内水闸的管理。管理部门分别制定了《上海市水闸管理办法》《上海市水闸技术管理规定》《上海市水闸维修养护技术规程》《上海市水闸运行养护基本条件规定》《上海市水闸安全鉴定管理办法》等多项规定，为上海市水闸管理工作制度化、规范化提供了科学依据，同时制定了水闸精细化管理实施意见，将进一步提高上海市水闸工程管理制度化、规范化、信息化水平。

总体而言，各水闸管理单位依据上海市水务局各项规定制订了水闸管理实施细则，从控制运用、检查巡视、养护修理和安全工作等多角度规范水闸运行、管理、养护工作，管理设施完备，运行状态正常。

### 3）泵站设施调查与评估

（1）总体情况

全市泵站工程共有1 774座（含泵闸及水利枢纽中的泵站），其中，大（1）型1座、大（2）型3座、中型36座、小（1）型810座、小（2）型890座、未统计到的数据有34座。可见上海平原河网地区主要以小型泵站为主。泵站工程规模详见表2-47。

表2-47 泵站工程规模表 (单位：座)

| 工程规模 | 大（1）型 | 大（2）型 | 中型 | 小（1）型 | 小（2）型 | 总计 |
|---|---|---|---|---|---|---|
| 浦东新区 | — | 1 | 5 | 3 | 29 | 38 |
| 黄浦区 | — | — | — | — | — | 0 |

## 第 2 章 调查与评估

(续表)

| 工程规模 | 大（1）型 | 大（2）型 | 中型 | 小（1）型 | 小（2）型 | 总计 |
|---|---|---|---|---|---|---|
| 徐汇区 | — | — | 2 | 7 | 9 | 18 |
| 长宁区 | — | — | 2 | 7 | 5 | 14 |
| 静安区 | — | — | — | 3 | 1 | 4 |
| 普陀区 | — | — | 2 | 17 | 5 | 24 |
| 虹口区 | — | — | 1 | — | — | 1 |
| 杨浦区 | — | — | 2 | 1 | 2 | 5 |
| 闵行区 | — | 1 | 8 | 11 | 42 | 62 |
| 宝山区 | — | — | 1 | 23 | 7 | 31 |
| 嘉定区 | — | — | — | 37 | 26 | 63 |
| 金山区 | — | — | 1 | 111 | 203 | 315 |
| 松江区 | — | — | 4 | 361 | 263 | 628 |
| 青浦区 | — | 1 | 7 | 212 | 252 | 472 |
| 奉贤区 | — | — | — | 1 | — | 1 |
| 崇明区 | — | — | 1 | 16 | 46 | 63 |
| 其他 | 1 | — | — | — | — | 1 |
| 未统计到 | — | — | — | — | — | 34 |
| 总计 | 1 | 3 | 36 | 810 | 890 | 1 774 |

（2）运行年限情况

全市 1 774 座泵站工程中，确定有效建设时间的有 1 772 座。据此分析，运行达到和超过 40 年的有 66 座，占比为 3.7%；运行 30~39 年的有 83 座，占比为 4.7%；运行 20~29 年的有 237 座，占比为 13.4%；运行 10~19 年的有 651 座，占比为 36.7%；运行 10 年以下的有 735 座，占比为 41.5%。总的来说，需要重点关注建设 30 年以上老旧泵站的运行状态。泵站设施运行年限分布详见表 2-48。

表 2-48　泵站设施运行年限分布情况表　　　　　　　　　　　（单位：座）

| 工程运行年限 | 小计 | 占比 |
|---|---|---|
| ≥40 年 | 66 | 3.7% |
| 30~39 年 | 83 | 4.7% |
| 20~29 年 | 237 | 13.4% |
| 10~19 年 | 651 | 36.7% |
| 10 年以下 | 735 | 41.5% |
| 合计 | 1 772 | 100.0% |

（3）水泵泵型

全市1 774座泵站工程中，调查到1 727座水泵的泵型，其中轴流泵有1 575座、贯流泵有43座、潜水泵有60座、圬工泵有23座、混流泵有14座、其他有12座。可见水泵泵型主要为轴流泵。水泵泵型详见表2-49。

表2-49 水泵泵型基本情况 （单位：座）

| 行政区 | 泵型 | | | | | | | | | 总计 |
|---|---|---|---|---|---|---|---|---|---|---|
| | 贯流泵 | 轴流泵 | 贯流泵和轴流泵 | 混流泵 | 潜水泵 | 潜污泵 | 圬工泵 | 圬工泵和轴流泵 | 缺乏统计 | |
| 浦东新区 | — | 37 | — | — | 1 | — | — | — | — | 38 |
| 黄浦区 | — | — | — | — | — | — | — | — | — | 0 |
| 徐汇区 | 1 | 11 | — | 4 | — | 1 | — | 1 | — | 18 |
| 长宁区 | 6 | 2 | — | 2 | — | — | 4 | — | — | 14 |
| 静安区 | — | 4 | — | — | — | — | — | — | — | 4 |
| 普陀区 | 6 | 11 | — | — | — | — | 5 | 2 | — | 24 |
| 虹口区 | 1 | — | — | — | — | — | — | — | — | 1 |
| 杨浦区 | 2 | 2 | — | — | 1 | — | — | — | — | 5 |
| 闵行区 | 7 | 46 | — | 2 | — | 3 | — | — | 11 | 69 |
| 宝山区 | 2 | 12 | — | — | — | — | — | — | 21 | 35 |
| 嘉定区 | 9 | 52 | 1 | — | 1 | — | — | — | — | 63 |
| 金山区 | 2 | 285 | — | — | 2 | 3 | 2 | — | 13 | 307 |
| 松江区 | — | 599 | — | 27 | — | — | 2 | — | — | 628 |
| 青浦区 | 7 | 427 | — | 4 | 28 | — | 5 | 1 | — | 472 |
| 奉贤区 | — | 26 | — | — | — | — | 4 | — | — | 30 |
| 崇明区 | — | 60 | — | 2 | — | — | 1 | — | 2 | 65 |
| 其他 | — | 1 | — | — | — | — | — | — | — | 1 |
| 总计 | 43 | 1 575 | 1 | 14 | 60 | 7 | 23 | 4 | 47 | 1 774 |

（4）水泵安装方式

全市1 774座泵站工程中，调查到1 684座水泵的安装方式，其中立式有1 584座，卧式有49座，斜式有10座，其他有131座，水泵安装方式主要为立式。水泵安装方式详见表2-50。

表2-50 水泵安装方式基本情况 （单位：座）

| 行政区 | 安装方式 | | | | | | | | 总计 |
|---|---|---|---|---|---|---|---|---|---|
| | 立式 | 立式+卧式 | 潜水式 | 竖井式 | 卧式 | 斜式 | 座式 | 缺乏 | |
| 浦东新区 | 32 | — | 1 | — | 3 | 2 | — | — | 38 |
| 黄浦区 | — | — | — | — | — | — | — | — | 0 |
| 徐汇区 | 9 | — | 2 | — | 1 | 2 | 3 | 1 | 18 |

## 第 2 章　调查与评估

(续表)

| 行政区 | 安装方式 | | | | | | | | 总计 |
|---|---|---|---|---|---|---|---|---|---|
| | 立式 | 立式+卧式 | 潜水式 | 竖井式 | 卧式 | 斜式 | 座式 | 缺乏 | |
| 长宁区 | 6 | — | — | — | 8 | — | — | — | 14 |
| 静安区 | — | — | — | — | 4 | — | — | — | 4 |
| 普陀区 | 10 | — | 6 | — | — | — | — | 8 | 24 |
| 虹口区 | — | — | — | — | 1 | — | — | — | 1 |
| 杨浦区 | 3 | — | — | — | 2 | — | — | — | 5 |
| 闵行区 | 40 | — | — | — | 16 | 2 | — | 11 | 69 |
| 宝山区 | 10 | — | 1 | — | 2 | 1 | — | 21 | 35 |
| 嘉定区 | 53 | 1 | — | — | 9 | — | — | — | 63 |
| 金山区 | 288 | — | — | — | 1 | 1 | — | 17 | 307 |
| 松江区 | 628 | — | — | — | — | — | — | — | 628 |
| 青浦区 | 442 | 1 | 24 | 2 | 2 | 1 | — | — | 472 |
| 奉贤区 | — | — | — | — | — | — | — | 30 | 30 |
| 崇明区 | 63 | — | — | — | — | — | — | 2 | 65 |
| 其他 | — | — | — | — | — | 1 | — | — | 1 |
| 总计 | 1 584 | 2 | 34 | 2 | 49 | 10 | 3 | 90 | 1 774 |

（5）泵站安全鉴定情况

现阶段泵站安全鉴定多结合水闸安全鉴定开展，完成安全鉴定的设施有 35 座，其中一类泵共有 4 座，二类泵共有 18 座，三类泵共有 12 座，四类泵共有 1 座。根据《泵站安全鉴定规程》（SL 316—2015），一般中型泵站投入运行 20 年、大型泵站投入运行 25 年，全面更新改造的中型泵站投入运行 15 年、大型泵站投入运行 20 年后，进行一次全面安全鉴定；之后，中型泵站每间隔 5 年及以上、大型泵站每间隔 10 年进行一次全面安全鉴定。现有的水利泵站已陆续达到安全鉴定时限，亟须开展相关安全鉴定工作。泵站工程安全鉴定详见表 2-51。

表 2-51　泵站工程安全鉴定情况表

| 序号 | 行政区 | 设施名称 | 鉴定时间 | 鉴定结论 | 后续措施 |
|---|---|---|---|---|---|
| 1 | 浦东新区 | 白莲泾泵闸 | 2017 年 10 月 | 二类 | 现状运行正常 |
| 2 | 浦东新区 | 江镇河出海泵闸 | 2020 年 11 月 | 二类 | 现状运行正常 |
| 3 | 浦东新区 | 外高桥泵闸 | 2015 年 9 月 | 三类 | 已除险加固 |
| 4 | 浦东新区 | 薛家泓出海泵闸 | 2020 年 11 月 | 三类 | — |
| 5 | 徐汇区 | 北潮港泵闸 | 2021 年 5 月 | 二类 | 现状运行正常 |

(续表)

| 序号 | 行政区 | 设施名称 | 鉴定时间 | 鉴定结论 | 后续措施 |
|---|---|---|---|---|---|
| 6 | 徐汇区 | 东新港泵闸 | 2021年5月 | 二类 | 现状运行正常 |
| 7 | 徐汇区 | 华泾港泵闸 | 2021年5月 | 二类 | 现状运行正常 |
| 8 | 徐汇区 | 三友河泵闸 | 2021年5月 | 三类 | 大修工程已批复 |
| 9 | 徐汇区 | 上澳塘北泵闸 | 2021年5月 | 二类 | 现状运行正常 |
| 10 | 徐汇区 | 上澳塘南泵闸 | 2021年5月 | 二类 | 现状运行正常 |
| 11 | 徐汇区 | 新虹三河泵闸 | 2021年5月 | 二类 | 现状运行正常 |
| 12 | 长宁区 | 北新泾泵闸 | 2017年1月 | 一类 | 现状运行正常 |
| 13 | 长宁区 | 南渔浦港泵闸 | 2017年1月 | 二类 | 已除险加固 |
| 14 | 长宁区 | 许渔河泵闸 | 2020年6月 | 二类 | 已除险加固 |
| 15 | 长宁区 | 朱家浜泵闸 | 2017年1月 | 二类 | 已除险加固 |
| 16 | 长宁区 | 纵泾港泵闸 | 2020年6月 | 二类 | 已除险加固 |
| 17 | 静安区 | 彭越浦水闸 | 2020年5月 | 二类 | 现状运行正常 |
| 18 | 静安区 | 夏长浦泵闸 | 2020年5月 | 二类 | 现状运行正常 |
| 19 | 静安区 | 先锋河泵闸 | 2020年5月 | 一类 | 现状运行正常 |
| 20 | 静安区 | 徐家宅河泵闸 | 2020年5月 | 一类 | 现状运行正常 |
| 21 | 普陀区 | 朝阳河泵闸 | 2020年11月 | 三类 | — |
| 22 | 普陀区 | 工业河泵闸 | 2020年11月 | 三类 | — |
| 23 | 普陀区 | 连浦河泵闸 | 2020年11月 | 二类 | 现状运行正常 |
| 24 | 普陀区 | 凌家浜泵闸 | 2019年10月 | 三类 | |
| 25 | 普陀区 | 小宅浜泵闸 | 2019年10月 | 三类 | |
| 26 | 普陀区 | 新泾泵闸 | 2020年11月 | 三类 | |
| 27 | 普陀区 | 真如泵闸 | 2019年10月 | 四类 | |
| 28 | 闵行区 | 北横泾北泵闸 | 2016年 | 二类 | 现状运行正常 |
| 29 | 闵行区 | 蒋家港泵闸 | 2018年 | 二类 | 现状运行正常 |
| 30 | 闵行区 | 盐仓浦泵闸 | 2020年6月 | 三类 | — |
| 31 | 闵行区 | 樱桃河泵闸 | 2014年 | 一类 | 现状运行正常 |
| 32 | 嘉定区 | 新槎浦泵闸 | 2013年12月 | 三类 | 已除险加固 |
| 33 | 松江区 | 大涨泾水利枢纽 | 2013年4月 | 三类 | — |
| 34 | 松江区 | 洞泾水利枢纽 | 2020年1月 | 三类 | — |
| 35 | 松江区 | 古浦塘西泵闸 | 2020年11月 | 二类 | 现状运行正常 |

注：泵站安全鉴定主要结合水闸安全鉴定时开展。

## 第 2 章  调查与评估

### 4) 圩区调查与评估

(1) 总体情况

全市共有圩区 304 个,控制面积计 1 376.4 km$^2$,其中,耕地面积有 520.4 km$^2$,水面积有 135.2 km$^2$,其他面积有 720.8 km$^2$。圩区总体情况详见表 2-52。

表 2-52  圩区总体情况表

| 行政区 | 数量（个） | 控制面积（km$^2$） | 耕地面积（km$^2$） | 水面积（km$^2$） | 其他（km$^2$） |
|---|---|---|---|---|---|
| 闵行区 | 4 | 16.07 | 2.4 | 1.47 | 12.2 |
| 宝山区 | 1 | 3.73 | 0.67 | 0.27 | 2.8 |
| 嘉定区 | 20 | 50.93 | 12.67 | 4.4 | 33.87 |
| 金山区 | 33 | 275.13 | 135.53 | 7.67 | 131.93 |
| 松江区 | 83 | 547.67 | 143.6 | 29.93 | 374.13 |
| 青浦区 | 122 | 386.13 | 170.73 | 80.4 | 135 |
| 奉贤区 | 9 | 38.67 | 11.07 | 3.4 | 24.2 |
| 崇明区 | 32 | 58.07 | 43.73 | 7.67 | 6.67 |
| 小计 | 304 | 1 376.4 | 520.4 | 135.2 | 720.8 |

(2) 圩区泵闸设施分区情况

全市共有圩区水闸设施 2 212 座,其中,节制闸 583 座、泵闸 1 404 座、泵站 104 座、套闸 70 座、涵闸 51 座。圩区水闸设施按行政区划分情况详见表 2-53。

表 2-53  全区圩区泵闸设施情况表　　　　　　　　　　　　　　　　（单位：座）

| 行政区 | 节制闸 | 泵闸 | 泵站 | 套闸 | 涵闸 | 合计 |
|---|---|---|---|---|---|---|
| 闵行区 | 7 | 16 | — | — | — | 23 |
| 宝山区 | 3 | 1 | — | — | — | 4 |
| 嘉定区 | 33 | 46 | 6 | — | 3 | 88 |
| 金山区 | 133 | 289 | 4 | 1 | 17 | 444 |
| 松江区 | 80 | 601 | 3 | — | — | 684 |
| 青浦区 | 293 | 374 | 73 | 69 | 16 | 825 |
| 奉贤区 | 34 | 30 | 1 | — | 4 | 69 |
| 崇明区 | — | 47 | 17 | — | 11 | 75 |
| 合计 | 583 | 1 404 | 104 | 70 | 51 | 2 212 |

（3）圩堤设施分区情况

全市圩区中土堤和护坡圩堤共计 2 573.82 km，其中土堤 991.85 km，占比约 38.5%；护坡圩堤 1 581.97 km，占比约 61.5%。圩堤设施基本情况年表 2-54。

表 2-54　圩堤设施基本情况表　　　　　　　　　　（单位：km）

| 行政区 | 护坡圩堤 | 土堤 | 总计 |
| --- | --- | --- | --- |
| 闵行区 | 4.70 | 44.08 | 48.78 |
| 宝山区 | 5 | 10.49 | 15.49 |
| 嘉定区 | 109.05 | 11.41 | 120.46 |
| 金山区 | 303.19 | 69.12 | 372.31 |
| 松江区 | 552.92 | 309.45 | 862.38 |
| 青浦区 | 603.92 | 265.73 | 869.65 |
| 奉贤区 | — | 66.43 | 66.43 |
| 崇明区 | 3.19 | 215.14 | 218.33 |
| 总计 | 1 581.97 | 991.85 | 2 573.82 |

## 2.2.2　排水设施调查与评估

雨水排水管道[①]调查包含基本情况（排水管道名称及编码、管道基本信息），结构信息（管道详细信息、管道标高信息、其他信息），工程信息（建设信息、建造、改建年代信息）等。

雨水排水泵站调查包含基本情况（排水泵站名称及编码、排水泵站基本信息）和技术参数（排水能力、设计水位标高、运行水位标高、装机容量、进水管、出水管信息、设施尺寸、水泵信息、格栅信息、闸门信息、除臭装置）等。

调蓄设施调查包含基本情况（名称及编码、调蓄池基本信息），结构信息（调蓄池结构信息）、设备信息（排空泵信息、冲洗设备信息），工程信息（建设信息、建造、改建年代信息）等。

### 1）雨水排水管道调查与评估

（1）总体情况

截至 2020 年 12 月底，全市共有雨水排水管道 15 000 km。其中，浦东新区雨水排水管道总长最长，为 4 107.9 km。具体情况详见表 2-55。

---

① 本书所指的雨水排水管道、泵站及调蓄设施等含合流。

# 第 2 章 调查与评估

表 2-55 雨水排水管道基本情况统计表

| 行政区 | 雨水管道（km） |
| --- | --- |
| 浦东新区 | 4 107.9 |
| 黄浦区 | 409.0 |
| 徐汇区 | 592.3 |
| 长宁区 | 373.8 |
| 静安区 | 426.3 |
| 普陀区 | 539.7 |
| 虹口区 | 347.0 |
| 杨浦区 | 483.5 |
| 闵行区 | 1 629.5 |
| 宝山区 | 806.0 |
| 嘉定区 | 1 022.7 |
| 金山区 | 512.1 |
| 松江区 | 1 168.1 |
| 青浦区 | 1 167.5 |
| 奉贤区 | 835.1 |
| 崇明区 | 579.7 |
| 合计 | 15 000.0 |

（2）建造年代

截至 2020 年 12 月底，全市现状雨水排水管道建设时间在 2000 年以后的占比为 57.0%，建设时间在 1978—2000 年之间的占比为 29.2%，建设时间在 1949—1978 年之间的占比为 2.3%，建设时间在 1949 年以前的占比为 0.5%，缺管道材质数据的占比为 11.0%。具体情况详见表 2-56 及图 2-20。

表 2-56 雨水排水管道建设时间统计表

| 行政区 | 管道建设年代占比 | | | | |
| --- | --- | --- | --- | --- | --- |
| | 1949 年以前 | 1949—1978 年 | 1979—1999 年 | 2000 年以后 | 缺数据 |
| 浦东新区 | — | 2.0% | 28.6% | 56.9% | 12.5% |
| 黄浦区 | 13.7% | 5.6% | 36.9% | 39.9% | 3.9% |
| 徐汇区 | — | 6.1% | 43.7% | 32.7% | 17.5% |
| 长宁区 | — | 6.1% | 53.1% | 40.7% | 0.1% |
| 静安区 | 0.2% | 9.0% | 22.9% | 67.3% | 0.6% |

(续表)

| 行政区 | 管道建设年代占比 | | | | |
|---|---|---|---|---|---|
| | 1949 年以前 | 1949—1978 年 | 1979—1999 年 | 2000 年以后 | 缺数据 |
| 普陀区 | — | 0.6% | 17.6% | 80.3% | 1.5% |
| 虹口区 | 0.7% | 24.3% | 54.3% | 20.7% | — |
| 杨浦区 | — | 1.4% | 43.1% | 50.9% | 4.6% |
| 闵行区 | — | — | 53.0% | 46.0% | 1.0% |
| 宝山区 | 0.4% | 1.4% | 33.2% | 65.0% | 0% |
| 嘉定区 | — | 0.7% | 6.2% | 38.8% | 54.3% |
| 金山区 | — | 0.1% | 81.0% | 18.9% | — |
| 松江区 | — | — | 14.8% | 85.2% | — |
| 青浦区 | 0.3% | — | 1.9% | 75.2% | 22.6% |
| 奉贤区 | — | 0.4% | 17.9% | 80.8% | 0.9% |
| 崇明区 | — | 3.3% | 10.1% | 62.2% | 24.4% |
| 全市 | 0.5% | 2.3% | 29.2 | 57.0% | 11.0% |

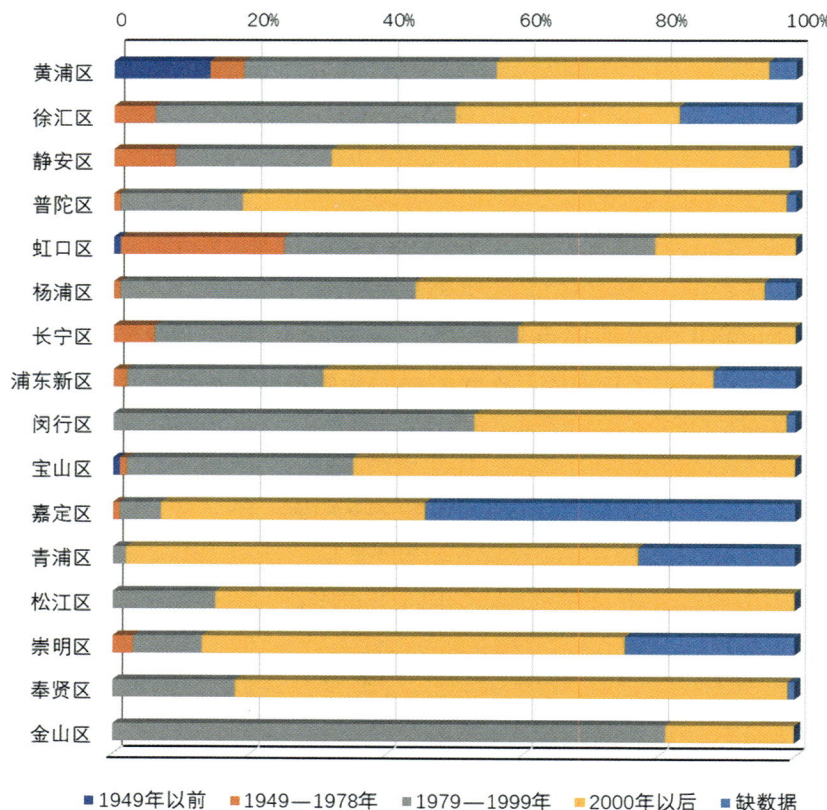

图 2-20　上海市各区雨水排水管道建设年代占比统计图

# 第 2 章　调查与评估

（3）管道材质

全市现状雨水排水管道材质为混凝土的占比为 55.7%，管道材质为钢筋混凝土的占比为 10.2%，管道材质为塑料的占比为 33.0%，管道材质为其他的占比为 1.1%。具体情况详见表 2-57 及图 2-21。

（4）管径分布

全市现状雨水排水管道管径在 DN300 及以下的占比为 29.4%，管径在 DN300~DN800 之间的占比为 46.5%，管径在 DN800~DN1000 之间的占比为 9.7%，管径在 DN1000~DN1500 之间的占比为 9.6%，管径在 DN1500~DN2000 之间的占比为 3.1%，管径在 DN2000 以上的占比为 1.7%。具体情况详见表 2-58 及图 2-22。

（5）管道覆盖率

全市现状雨水排水管道覆盖率为 48.4%。其中，中心城 7 个区管道覆盖率较高；闵行区、宝山区、浦东新区其次；6 个郊区较低。具体情况详见表 2-59 及图 2-23。

表 2-57　雨水排水管道材质占比统计表

| 行政区 | 管道材质占比 | | | |
| --- | --- | --- | --- | --- |
| | 混凝土 | 钢筋混凝土 | 塑料 | 其他 |
| 浦东新区 | 52.7% | 9.6% | 37.6% | 0.1% |
| 黄浦区 | 48.9% | 15.1% | 33.4% | 2.6% |
| 徐汇区 | 73.7% | 0.1% | 25.9% | 0.3% |
| 长宁区 | 74.0% | 0.1% | 25.3% | 0.6% |
| 静安区 | 31.7% | 29.9% | 38.2% | 0.2% |
| 普陀区 | 65.2% | 0.4% | 33.6% | 0.8% |
| 虹口区 | 83.9% | 0.1% | 16.0% | — |
| 杨浦区 | 72.1% | 2.0% | 25.7% | 0.2% |
| 闵行区 | 65.5% | 5.3% | 29.1% | 0.1% |
| 宝山区 | 50.3% | 20.7% | 28.9% | 0.1% |
| 嘉定区 | 59.1% | — | 37.7% | 3.2% |
| 金山区 | 63.0% | 0.1% | 36.9% | — |
| 松江区 | 55.7% | 1.5% | 34.5% | 8.3% |
| 青浦区 | 58.1% | 0.3% | 41.6% | — |
| 奉贤区 | 22.8% | 63.4% | 13.2% | 0.6% |
| 崇明区 | 38.2% | 22.7% | 39.0% | 0.1% |
| 全市 | 55.7% | 10.2% | 33.0% | 1.1% |

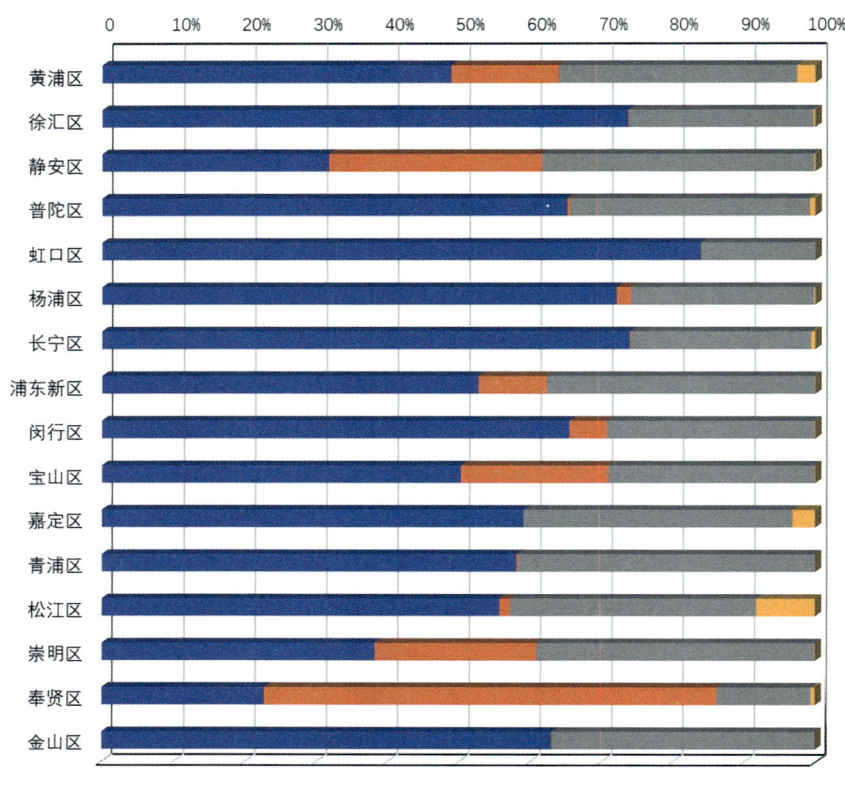

图 2-21　上海市各区雨水排水管道材质占比统计图

表 2-58　雨水排水管道管径分布占比统计表

| 区名称 | 管径分布 | | | | | |
|---|---|---|---|---|---|---|
| | $\varphi \leq DN300$ | $DN300 < \varphi \leq DN800$ | $DN800 < \varphi \leq DN1000$ | $DN1000 < \varphi \leq DN1500$ | $DN1500 < \varphi \leq DN2000$ | $\varphi > DN2000$ |
| 浦东新区 | 30.5% | 41.9% | 11.2% | 10.9% | 3.6% | 1.9% |
| 黄浦区 | 35.9% | 34.5% | 10.3% | 11.4% | 5.7% | 2.2% |
| 徐汇区 | 32.0% | 35.3% | 9.2% | 12.5% | 7.0% | 4.0% |
| 长宁区 | 34.2% | 33.6% | 10.3% | 12.8% | 5.3% | 3.8% |
| 静安区 | 32.1% | 31.4% | 13.8% | 13.0% | 5.8% | 3.9% |
| 普陀区 | 32.0% | 30.7% | 10.1% | 14.7% | 6.4% | 6.1% |
| 虹口区 | 38.2% | 35.2% | 8.1% | 11.2% | 5.4% | 1.9% |
| 杨浦区 | 30.0% | 37.4% | 10.3% | 14.0% | 4.9% | 3.4% |
| 闵行区 | 27.3% | 42.7% | 12.1% | 12.3% | 3.6% | 2.0% |
| 宝山区 | 29.1% | 41.7% | 9.2% | 13.4% | 4.0% | 2.6% |
| 嘉定区 | 20.2% | 71.7% | 5.9% | 1.9% | 0.2% | 0.1% |
| 金山区 | 33.4% | 50.1% | 7.8% | 7.3% | 1.4% | — |
| 松江区 | 30.8% | 54.3% | 7.7% | 6.2% | 1.0% | — |
| 青浦区 | 26.2% | 64.2% | 6.6% | 2.7% | 0.2% | 0.1% |
| 奉贤区 | 23.5% | 61.5% | 7.7% | 6.4% | 0.9% | — |
| 崇明区 | 31.9% | 45.3% | 10.7% | 11.2% | 0.9% | — |
| 全市 | 29.4% | 46.5% | 9.7% | 9.6% | 3.1% | 1.7% |

## 第 2 章 调查与评估

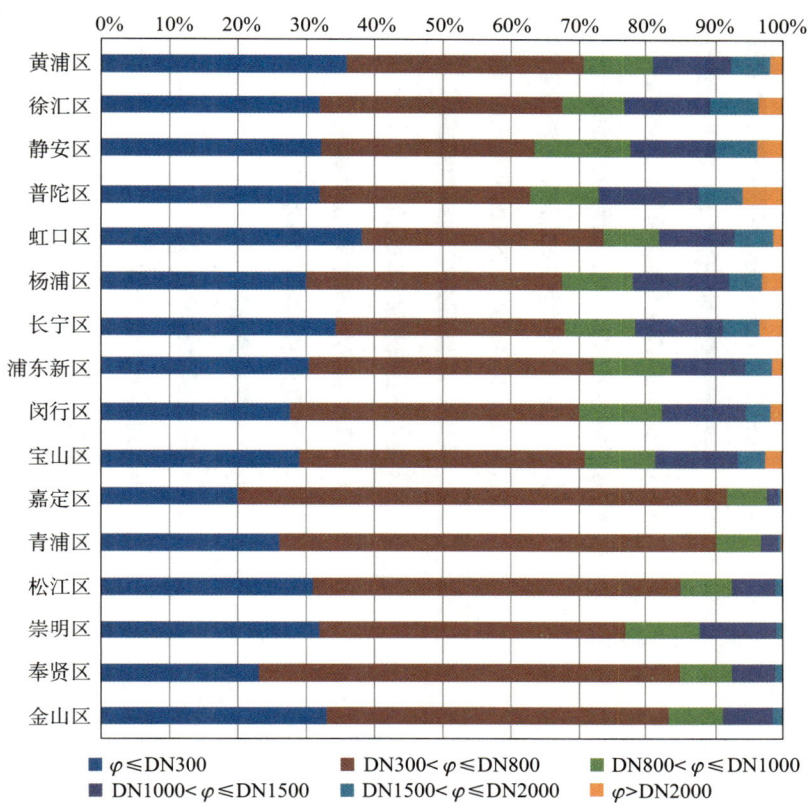

图 2-22 上海市各区雨水排水管道管径占比统计图

表 2-59 雨水排水管道覆盖率分区统计表

| 行政区 | 管道覆盖率 |
| --- | --- |
| 浦东新区 | 56.4% |
| 黄浦区 | 97.7% |
| 徐汇区 | 93.2% |
| 长宁区 | 78.5% |
| 静安区 | 86.4% |
| 普陀区 | 82.2% |
| 虹口区 | 96.9% |
| 杨浦区 | 92.7% |
| 闵行区 | 74.0% |
| 宝山区 | 62.6% |
| 嘉定区 | 40.9% |
| 金山区 | 12.7% |
| 松江区 | 43.4% |
| 青浦区 | 42.5% |
| 奉贤区 | 21.9% |
| 崇明区 | 11.0% |

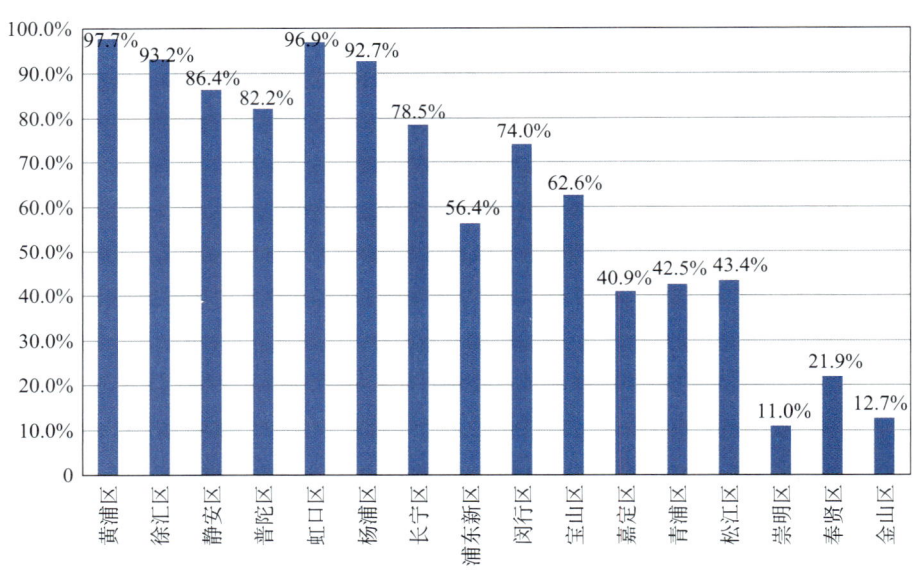

图 2-23 上海市各区雨水排水管道覆盖率统计图

**2）雨水排水泵站调查与评估**

**（1）总体情况**

全市现状雨水排水泵站共有 372 座。其中，按泵站类型划分，雨水泵站共 291 座，合流泵站共 81 座；按管理单位划分，市管泵站共 176 座、区管泵站共 138 座、自管泵站共 58 座。雨水排水泵站信息详见表 2-60 及图 2-24。

表 2-60 雨水排水泵站信息统计表　　　　　　　　　　　　　　　　　　　　（单位：座）

| 行政区 | 市管泵站 | 区管泵站 | 自管泵站 |
|---|---|---|---|
| 浦东新区 | — | 65 | 37 |
| 黄浦区 | 9 | — | — |
| 徐汇区 | 21 | — | — |
| 长宁区 | 14 | 1 | 3 |
| 静安区 | 20 | — | 2 |
| 普陀区 | 22 | — | — |
| 虹口区 | 22 | 3 | — |
| 杨浦区 | 25 | 1 | — |
| 闵行区 | 19 | 25 | 3 |
| 宝山区 | 23 | 18 | 1 |
| 嘉定区 | 1 | 1 | — |
| 金山区 | — | — | 11 |
| 松江区 | — | 18 | 1 |
| 青浦区 | — | — | — |
| 奉贤区 | — | — | — |
| 崇明区 | — | 6 | — |
| 合计 | 176 | 138 | 58 |

注：根据调查，青浦区、奉贤区暂无雨水排水泵站。

## 第 2 章 调查与评估

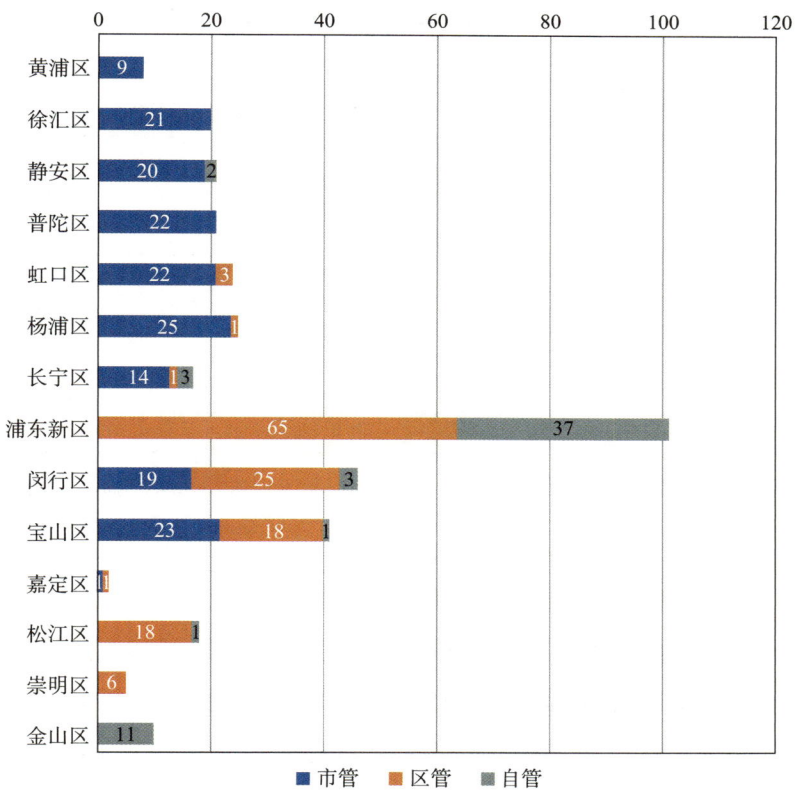

图 2-24 上海市各区雨水泵站情况统计图

**(2) 泵站建设(改造)时间**

全市现状 372 座雨水排水泵站中缺少建设(改造)信息的共 57 座,剩余 315 座泵站中建设(改造)在 1990 年以前的共 45 座,建设(改造)时间在 1990—2000 年间的共 94 座,建设(改造)时间在 2000—2010 年之间的共 122 座,建设(改造)时间在 2010 年以后的共 54 座。具体情况详见表 2-61 及图 2-25。

表 2-61 雨水排水泵站建设(改造)时间统计表

| 行政区 | 泵站建设(改造)时间 | | | | 总数(座) |
|---|---|---|---|---|---|
| | 1990 年以前 | 1990—2000 年 | 2000—2010 年 | 2010 年以后 | |
| 浦东新区 | 5 | 27 | 46 | 2 | 80(22 座无数据) |
| 黄浦区 | — | 5 | 2 | 2 | 9 |
| 徐汇区 | 5 | 5 | 7 | 4 | 21 |
| 长宁区 | 2 | 3 | 8 | 2 | 15(3 座无数据) |
| 静安区 | 7 | 5 | 5 | 4 | 21(1 座无数据) |
| 普陀区 | 1 | 10 | 6 | 3 | 20(2 座无数据) |

（续表）

| 行政区 | 泵站建设（改造）时间 | | | | 总数（座） |
|---|---|---|---|---|---|
| | 1990年以前 | 1990—2000年 | 2000—2010年 | 2010年以后 | |
| 虹口区 | 8 | 8 | 5 | 1 | 22（3座无数据） |
| 杨浦区 | 7 | 10 | 5 | — | 22（4座无数据） |
| 闵行区 | 5 | 5 | 12 | 21 | 43（4座无数据） |
| 宝山区 | 3 | 9 | 14 | 12 | 38（4座无数据） |
| 嘉定区 | — | — | 1 | — | 1（1座无数据） |
| 金山区 | — | — | — | — | （11座无数据） |
| 松江区 | — | 4 | 11 | 3 | 18（1座无数据） |
| 崇明区 | 2 | 3 | — | — | 5（1座无数据） |
| 合计 | 45 | 94 | 122 | 54 | 315（57） |

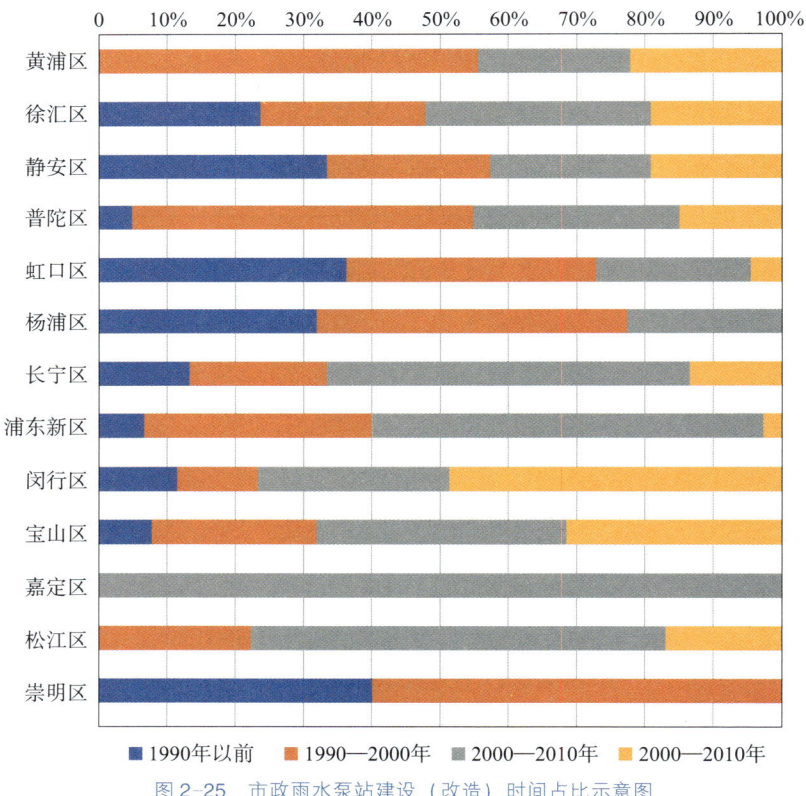

图 2-25　市政雨水泵站建设（改造）时间占比示意图

（3）雨水泵站排水规模

全市现状 372 座雨水排水泵站中缺少雨水泵规模信息的共 22 座，剩余 350 座泵站中雨水泵规模小于等于 10 m³/s 的共 151 座；泵站雨水泵规模大于 10 m³/s、小于等于 20 m³/s 的共 162 座；泵站雨水泵规模大于 20 m³/s 的共 37 座。具体情况详见表 2-62 及图 2-26。

## 第 2 章 调查与评估

表 2-62 雨水泵站雨水泵规模统计表

| 区名称 | 雨水泵规模（m³/s） | | | 总数（座） |
|---|---|---|---|---|
| | $Q \leqslant 10$ | $10 < Q \leqslant 20$ | $Q > 20$ | |
| 浦东新区 | 20 | 60 | 14 | 94（8 座无数据） |
| 黄浦区 | 4 | 4 | 1 | 9 |
| 徐汇区 | 7 | 11 | 3 | 21 |
| 长宁区 | 8 | 7 | 3 | 18 |
| 静安区 | 14 | 7 | 1 | 22 |
| 普陀区 | 8 | 12 | 2 | 22 |
| 虹口区 | 18 | 7 | — | 25 |
| 杨浦区 | 12 | 12 | 2 | 26 |
| 闵行区 | 20 | 17 | 6 | 43（4 座无数据） |
| 宝山区 | 14 | 20 | 4 | 38（4 座无数据） |
| 嘉定区 | 1 | 1 | — | 2 |
| 金山区 | 1 | 4 | 1 | 6（5 座无数据） |
| 松江区 | 18 | — | — | 18（1 座无数据） |
| 崇明区 | 6 | — | — | 6 |
| 合计 | 151 | 162 | 37 | 350（22） |

注：$Q$ 为泵站雨水泵规模。

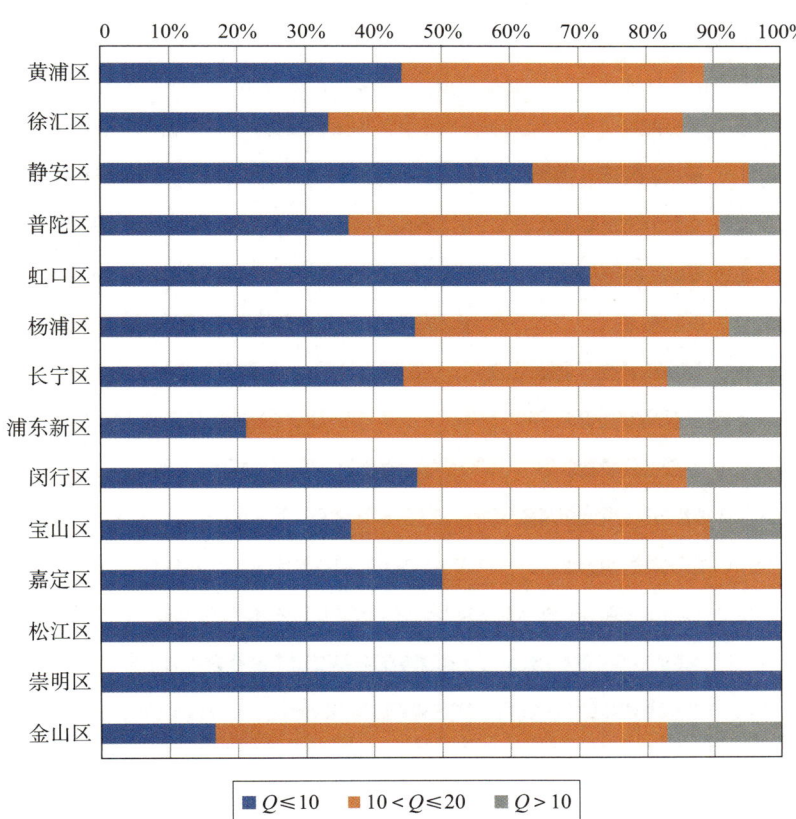

图 2-26 市政雨水泵站雨水泵规模占比示意图

(4) 强排系统配泵模数

全市现状 372 座雨水排水泵站共涉及 305 个雨水强排系统。305 个雨水强排系统中配泵模数小于等于 5 的共 83 个，配泵模数大于 5 小于等于 8 的共 154 个，配泵模数大于 8 小于等于 10 的共 31 个，配泵模数大于 10 的共 37 个。具体情况详见表 2-63 及图 2-27。

表 2-63  强排系统配泵模数统计表

| 区名称 | 强排系统配泵模数 [m³/（s/km²）] | | | | 强排系统（个） |
|---|---|---|---|---|---|
| | $M\leq 5$ | $5<M\leq 8$ | $8<M\leq 10$ | $Q>10$ | |
| 浦东新区 | 19 | 48 | 14 | 11 | 92 |
| 黄浦区 | — | 6 | 1 | — | 7 |
| 徐汇区 | 7 | 12 | 1 | — | 20 |
| 长宁区 | 3 | 9 | 1 | 1 | 14 |
| 静安区 | 5 | 10 | 2 | — | 17 |
| 普陀区 | 3 | 14 | 2 | 1 | 20 |
| 虹口区 | 2 | 11 | — | 3 | 16 |
| 杨浦区 | 7 | 9 | 3 | 2 | 21 |
| 闵行区 | 11 | 12 | 3 | 12 | 38 |
| 宝山区 | 10 | 20 | 2 | 5 | 37 |
| 嘉定区 | — | 1 | — | — | 1 |
| 松江区 | 12 | 2 | — | 2 | 16 |
| 崇明区 | 4 | — | 2 | — | 6 |
| 合计 | 83 | 154 | 31 | 37 | 305 |

注：$M$ 为雨水强排系统中配泵模数。

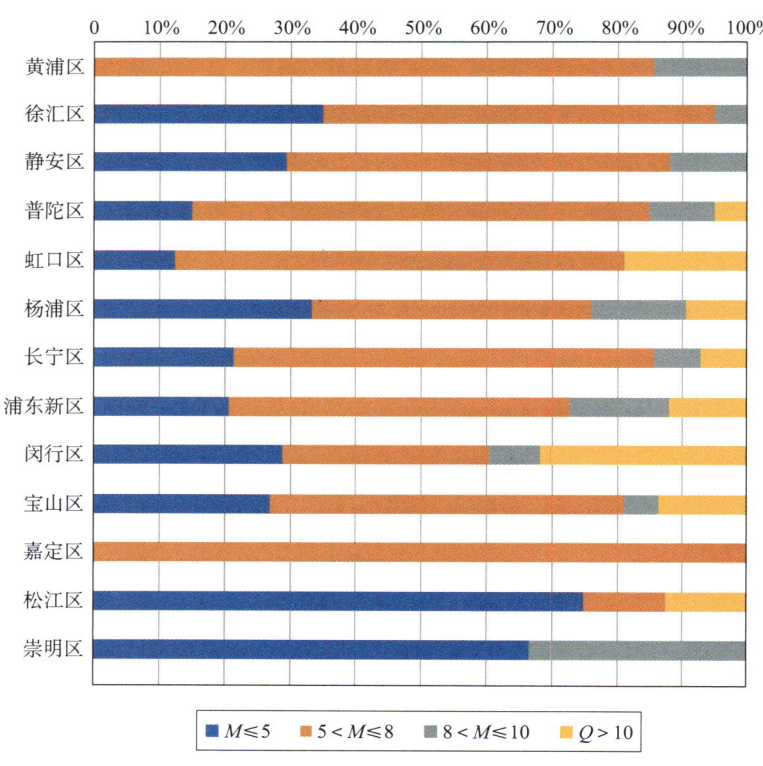

图 2-27  系统配泵模数占比示意图

## 第 2 章 调查与评估

### 3) 调蓄设施调查与评估

（1）总体情况

全市现状共有调蓄设施16处，总有效容积为15.46万 m³。其中，合流制调蓄设施9座，有效容积8.93万 m³；分流制调蓄设施6座，有效容积4.53 m³；污水干线调蓄池1座，有效容积2.00万 m³。现状调蓄设施情况详见表2-64。

表2-64 现状调蓄设施情况表

| 序号 | 名称 | 所属系统 | 排水体制 | 设施类型 | 有效容积（m³） | 服务面积（km²） | 排放出路 | 竣工日期 |
|---|---|---|---|---|---|---|---|---|
| 1 | 成都路调蓄池 | 成都 | 合流 | 初雨截留 | 7 400 | 3.06 | 成都泵站 | 2005年6月 |
| 2 | 新昌平调蓄池 | 新昌平 | 合流 | 初雨截留 | 15 000 | 3.45 | 合流一期 | 2008年5月 |
| 3 | 新师大调蓄池 | 新师大 | 合流 | 初雨截留 | 3500 | 2.08 | 合流一期 | 2010年12月 |
| 4 | 江苏路调蓄池 | 江苏、万航 | 合流 | 初雨截留 | 10 800 | 4.24 | 万航泵站 | 2010年1月 |
| 5 | 梦清园调蓄池 | 宜昌、叶家宅 | 合流 | 初雨截留 | 25 000 | 2.96 | 宜昌路泵站 | 2004年4月 |
| 6 | 大定海调蓄池 | 大定海 | 合流 | 初雨截留 | 7 700 | 4.25 | 合流三期 | 2014年12月 |
| 7 | 新宛平调蓄池 | 新宛平 | 合流 | 初雨截留 | 9 000 | 3.13 | 合流二期 | — |
| 8 | 新大连调蓄池 | 大连 | 合流 | 初雨截留 | 900 | 0.58 | 合流三期 | 2015年 |
| 9 | 芙蓉江调蓄池 | 芙蓉江 | 分流 | 初雨截留 | 12 500 | 6.78 | 合流一期 | — |
| 10 | 蒙自路调蓄池 | 蒙自 | 分流 | 初雨截留 | 5 500 | 1.88 | 鲁班路总管 | — |
| 11 | 南码头调蓄池 | 世博南码头 | 分流 | 初雨截留 | 3 500 | 1.03 | — | 2008年 |
| 12 | 浦明调蓄池 | 世博浦明 | 分流 | 初雨截留 | 8 000 | 2.34 | — | 2008年 |
| 13 | 后滩调蓄池 | 世博后滩 | 分流 | 污水调蓄 | 2 800 | 0.85 | — | 2008年 |
| 14 | 大武川调蓄池 | 大武川 | 分流 | 初雨截留 | 13 000 | 3.00 | — | — |
| 15 | 肇嘉浜调蓄池 | 肇嘉浜 | 合流 | 初雨截留 | 10 000 | 7.38 | — | — |
| 16 | 蕰藻浜调蓄池 | — | — | — | 20 000 | — | 西干线 | 2009年 |
| | 合计 | | | | 154 600 | — | — | — |

（2）评估情况

根据《上海市城镇雨水排水规划（2020—2035年）》中强排系统初期雨水截留量计算方法，依据调蓄设施有效容积和服务面积，反算调蓄设施实际对应的初期雨水截留标准，公式如下：

$$D = V / (10 \times F \times \psi \times \beta) \qquad (2-1)$$

式中　$D$——单位面积初期雨水调蓄深度（mm）；

　　　$V$——调蓄池有效容积（m³）；

　　　$F$——汇水面积（hm²）；

　　　$\psi$——径流系数；

$\beta$——安全系数，可取 1.1～1.5。

对除蕴藻浜调蓄池外的 15 座调蓄设施进行计算。计算结果见图 2-28。

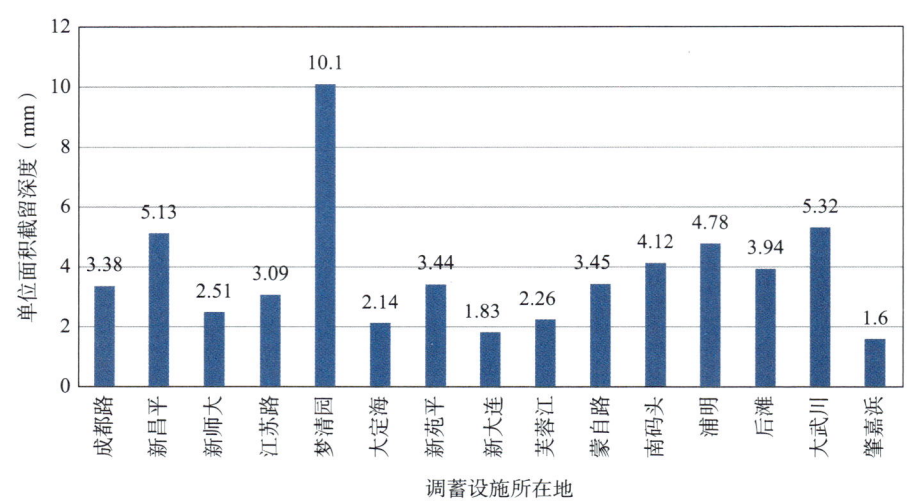

图 2-28 现状调蓄设施单位面积截留深度示意图

根据计算结果，9 座合流制调蓄设施单位面积截留深度为 1.83~10.10 mm，均未达到《上海市城镇雨水排水规划（2020—2035 年）》中"强排系统初期雨水治理标准合流制≥11 mm"的规划标准。其中，梦清园调蓄池服务范围内的单位面积截留深度最大，为 10.10 mm。

6 座分流制调蓄设施单位面积截留深度为 2.26~5.32 mm。其中，大武川调蓄池服务范围内的单位面积截留深度最大，为 5.32 mm，达到《上海市城镇雨水排水规划（2020—2035 年）》中"强排系统初期雨水治理标准分流制≥5 mm"的规划标准；其他调蓄设施均未达到该标准。

## 2.2.3 供水设施调查

供水厂站普查信息调查包含管理信息（设施名称、设施位置、政府主管部门、运维管理单位、工艺流程、建筑物抗震设防烈度等），单体信息（建成年月、结构形式、设计使用年限、结构设计安全等级、外观检查等），技术指标（取水类型、防洪标准、规模、清水池有效容积、泵房规模、供电电源等）及其他等。

供水管道普查信息调查包含管理信息（政府主管部门、运维管理单位、工艺流程、管道管龄、管道位置），一般性能（敷设方式、结构设计使用年限、结构设计安全等级、抗震设防烈度、抗震设防类别、明装管道外观检查等），技术指标（单根管道长度、管道根数、管径、管材等）及其他等。

# 第 2 章 调查与评估

1) 供水厂站

全市共调查供水厂站有 79 座,其中自来水厂有 38 座,取水设施有 11 座,加压泵站有 30 座。

2) 供水管线

供水管线共计 13 439.01 km,调查数据有 17 747 条,包含原水管线和输水管线,管道管径为 300~1 200 mm,管材为钢管、球墨铸铁管、PE 管、混凝土管、灰口铸铁管。原水管线共计 624.71 km,调查数据有 136 条;DN300 及以上配水管线共计 12 814.3 km,调查数据有 17 611 条。供水厂站和供水管线分区情况详见表 2-65。

表 2-65 供水厂站和供水管线分区统计表

| 序号 | 行政区 | 供水厂站(座) | 供水管线(km) |
|---|---|---|---|
| 1 | 浦东新区 | 8 | 4 230.59 |
| 2 | 黄浦区 | 1 | 134.18 |
| 3 | 徐汇区 | 1 | 174.00 |
| 4 | 长宁区 | — | 125.63 |
| 5 | 静安区 | — | 190.00 |
| 6 | 普陀区 | — | 207.27 |
| 7 | 虹口区 | — | 104.36 |
| 8 | 杨浦区 | 2 | 166.24 |
| 9 | 闵行区 | 1 | 1 294.02 |
| 10 | 宝山区 | 4 | 1 207.81 |
| 11 | 嘉定区 | 4 | 906.87 |
| 12 | 金山区 | 1 | 675.59 |
| 13 | 松江区 | 4 | 1 463.24 |
| 14 | 青浦区 | 3 | 994.41 |
| 15 | 奉贤区 | 4 | 899.27 |
| 16 | 崇明区 | 5 | 665.53 |
| 合计 | | 38 | 13 439.01 |

## 2.2.4 人口、房屋、GDP 等承灾体调查

水旱灾害降临时的损失程度一般取决于该地区人口密度、房屋密度、经济情况等。同等强度的水旱灾害,发生在人口密集、经济发达的地区造成的损失要远高于人口稀少、经济相对落后的地区。经济越发达、人口越密集的土地多为居民地和城镇用地,其所遭受灾害的危险性最高。在对上海市承灾体评估中,充分考虑了上海市的社会经济发展现状,包括人口、房屋、经济(GDP)三个方面。

本次计算底图来自本次全国自然灾害综合风险普查成果中的格网数据，普查结果显示，上海市2020年常住人口2 486.82万人，房屋建筑栋数合计156.80万栋，总建筑面积171 151.57万 $m^2$，GDP 37 750.86亿元。具体数据详见表2-66。

表2-66　上海人口、房屋、GDP分区统计表

| 序号 | 行政区 | 人口 | 房屋 | | GDP |
|---|---|---|---|---|---|
| | | （万人） | 栋（万） | 面积（万 $m^2$） | （亿元） |
| 1 | 浦东新区 | 568.15 | 36.69 | 40 485.45 | 12 734.25 |
| 2 | 黄浦区 | 66.20 | 1.42 | 3 384.85 | 2 616.94 |
| 3 | 徐汇区 | 111.04 | 2.11 | 6 351.52 | 2 176.73 |
| 4 | 长宁区 | 69.31 | 1.34 | 4 055.15 | 1 561.17 |
| 5 | 静安区 | 97.57 | 1.62 | 5 482.13 | 2 323.08 |
| 6 | 普陀区 | 123.98 | 1.51 | 5 893.07 | 1 129.51 |
| 7 | 虹口区 | 75.75 | 1.11 | 3 097.52 | 1 047.28 |
| 8 | 杨浦区 | 124.25 | 2.33 | 5 383.08 | 2 106.63 |
| 9 | 闵行区 | 265.35 | 10.39 | 18 177.59 | 2 520.82 |
| 10 | 宝山区 | 223.52 | 8.15 | 11 979.49 | 1 551.51 |
| 11 | 嘉定区 | 183.42 | 13.66 | 17 211.01 | 2 608.12 |
| 12 | 金山区 | 82.28 | 14.50 | 8 390.73 | 1 077.15 |
| 13 | 松江区 | 190.97 | 12.02 | 12 909.44 | 1 579.71 |
| 14 | 青浦区 | 127.14 | 11.91 | 10 699.56 | 1 166.25 |
| 15 | 奉贤区 | 114.09 | 15.39 | 10 803.72 | 1 173.20 |
| 16 | 崇明区 | 63.79 | 22.65 | 6 847.25 | 378.51 |
| | 合计 | 2 486.82 | 156.80 | 171 151.57 | 37 750.86 |

## 2.3　历史灾害调查与评估

上海的水灾按其成因不同分潮灾、洪灾和涝灾三种。潮灾是指由于沿海沿江地区受风暴潮袭击时形成的一种水灾，这种灾害大多发生在热带气旋来临时，在强大的东北、偏北大风作用下，海水大量向东海沿岸、长江口、杭州湾和黄浦江等区域推进，兴起巨浪，毁塘破堤，潮水漫溢，形成潮灾。洪灾主要是由于黄浦江上游地区受太湖流域洪水下泄影响，导致下游河道水位猛涨，堤防漫溢或溃决造成的灾害，形成洪灾。涝灾是指主要受台风、暴雨、梅雨等本地区径流产生的积水而造成的灾害。

经过多年建设上海基本形成"千里海塘、千里江堤、区域除涝、城镇排水"四道防线防汛保安体系，上海地区的水灾已经从中华人民共和国成立以前的以潮灾为主转变为以台风、暴雨积水

## 第 2 章　调查与评估

形成的内涝为主要灾害，特别是台风、暴雨、天文高潮和上游洪水相伴而生、叠加影响，即所谓的"二碰头""三碰头""四碰头"，导致上海地区出现严重的风、暴、潮、洪灾害。

上海地处长江流域最下游，过境水量充沛，中华人民共和国成立后，上海机电灌溉工程快速发展，上海农田有效灌溉面积、菜地喷灌化面积已全覆盖，上海地区干旱性气候已不再是造成农业旱灾的决定因素，基本上是有旱无灾。近些年发生的流域性干旱、海平面上升、地面沉降等形成的咸潮入侵频发是上海城镇生产、生活、生态用水的主要威胁。

### 2.3.1　历史年度水旱灾害灾情调查

历史年度水旱灾害灾情调查以年度为统计基准，全面查清上海市 1978—2020 年各区逐年水旱灾害的年度主要灾害信息统计指标，具体包括灾害基本信息、灾害损失信息、救灾工作信息、社会经济信息、行业部门指标信息等。

经统计，上海市 1978—2020 年前历史年度全部水旱灾害共计发生 335 次，其中洪涝灾害发生共计 244 次，占总灾数的 72.84%；台风灾害发生共 87 次，占总灾数的 25.97%；干旱灾害发生共 4 次，占总灾数的 1.19%。其中水灾占比达到 98.81%，平均每年 7~8 次。发生次数统计详见表 2-67 及图 2-29—图 2-33。

表 2-67　年度水旱灾害事件调查统计表　　　　　　　　　　　　（单位：次）

| 年份 | 灾害类型 | | | 发生次数 |
|---|---|---|---|---|
| | 洪涝灾害 | 台风灾害 | 干旱灾害 | |
| 1978 | — | 2 | 1 | 3 |
| 1979 | 4 | 2 | — | 6 |
| 1980 | 5 | 2 | — | 7 |
| 1981 | 2 | 1 | — | 3 |
| 1982 | 7 | — | — | 7 |
| 1983 | 1 | 1 | — | 2 |
| 1984 | 1 | 4 | — | 5 |
| 1985 | 4 | 3 | — | 7 |
| 1986 | 10 | 2 | — | 12 |
| 1987 | 3 | 1 | — | 4 |
| 1988 | 3 | 1 | 1 | 5 |
| 1989 | 5 | 2 | — | 7 |
| 1990 | 6 | 3 | 1 | 10 |
| 1991 | 7 | 1 | — | 8 |
| 1992 | 6 | 2 | — | 8 |
| 1993 | 8 | — | — | 8 |
| 1994 | 2 | 3 | 1 | 6 |
| 1995 | 9 | 1 | — | 10 |

（续表）

| 年份 | 灾害类型 | | | 发生次数 |
|---|---|---|---|---|
| | 洪涝灾害 | 台风灾害 | 干旱灾害 | |
| 1996 | 5 | 1 | — | 6 |
| 1997 | 6 | 1 | — | 7 |
| 1998 | 4 | 2 | — | 6 |
| 1999 | 7 | — | — | 7 |
| 2000 | 11 | 5 | — | 16 |
| 2001 | 2 | 3 | — | 5 |
| 2002 | 3 | 2 | — | 5 |
| 2003 | 3 | 2 | — | 5 |
| 2004 | 2 | 3 | — | 5 |
| 2005 | — | 3 | — | 3 |
| 2006 | 4 | 2 | — | 6 |
| 2007 | 7 | 2 | — | 9 |
| 2008 | 7 | 3 | — | 10 |
| 2009 | 9 | 1 | — | 10 |
| 2010 | 1 | 2 | — | 3 |
| 2011 | 8 | 2 | — | 10 |
| 2012 | 9 | 3 | — | 12 |
| 2013 | 7 | 2 | — | 9 |
| 2014 | 13 | 2 | — | 15 |
| 2015 | 3 | 2 | — | 5 |
| 2016 | 7 | 3 | — | 10 |
| 2017 | 4 | | | 4 |
| 2018 | 8 | 5 | — | 13 |
| 2019 | 10 | 4 | — | 14 |
| 2020 | 21 | 1 | — | 22 |
| 总计 | 244 | 87 | 4 | 335 |

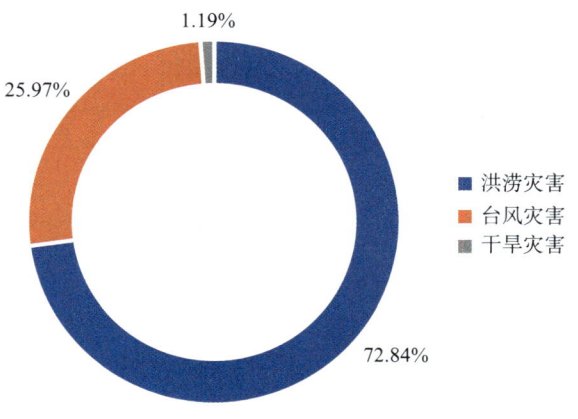

图 2-29　水旱灾害占比图

# 第 2 章 调查与评估

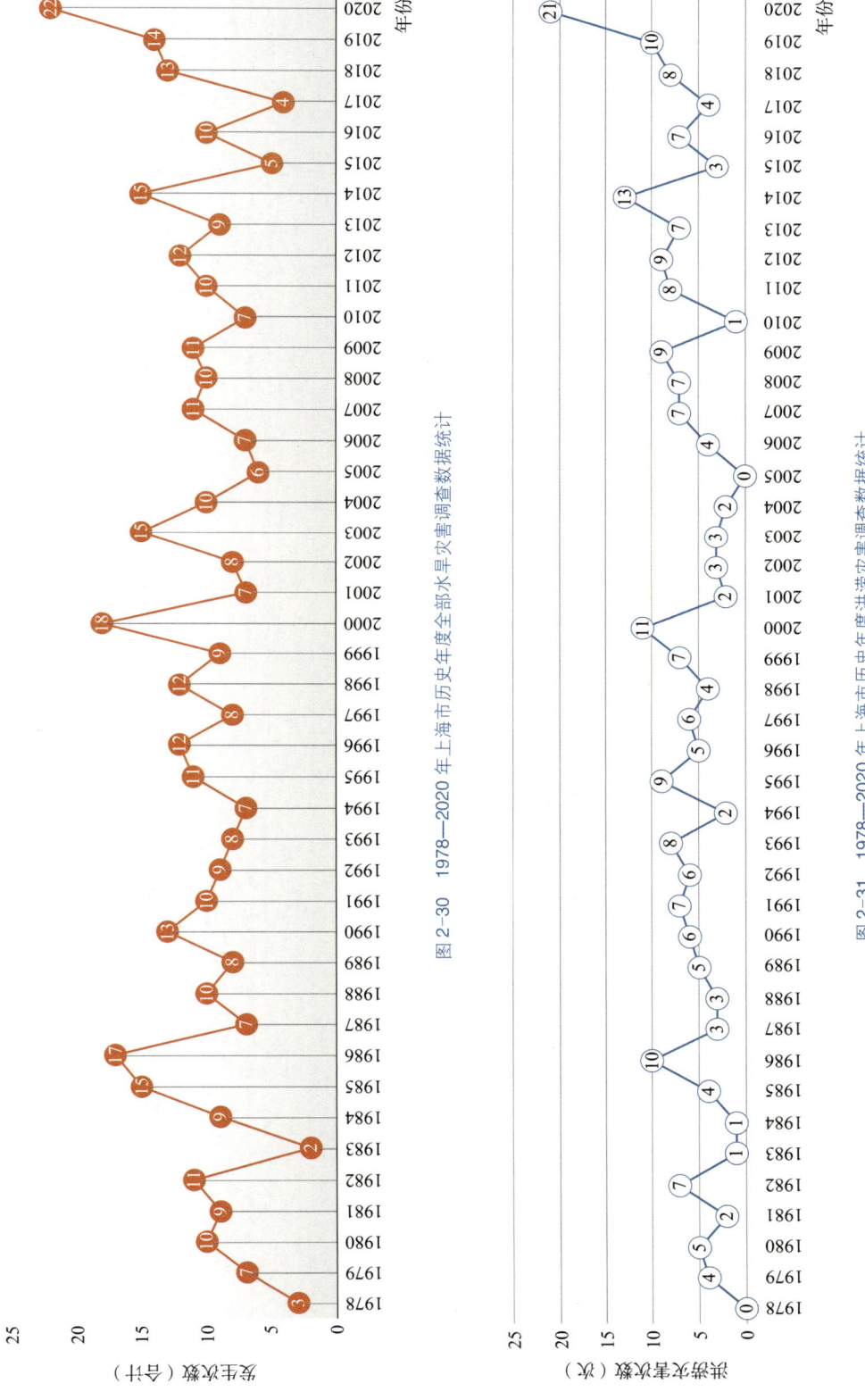

图 2-30 1978—2020 年上海市历年度全部水旱灾害调查数据统计

图 2-31 1978—2020 年上海市历年度洪涝灾害调查数据统计

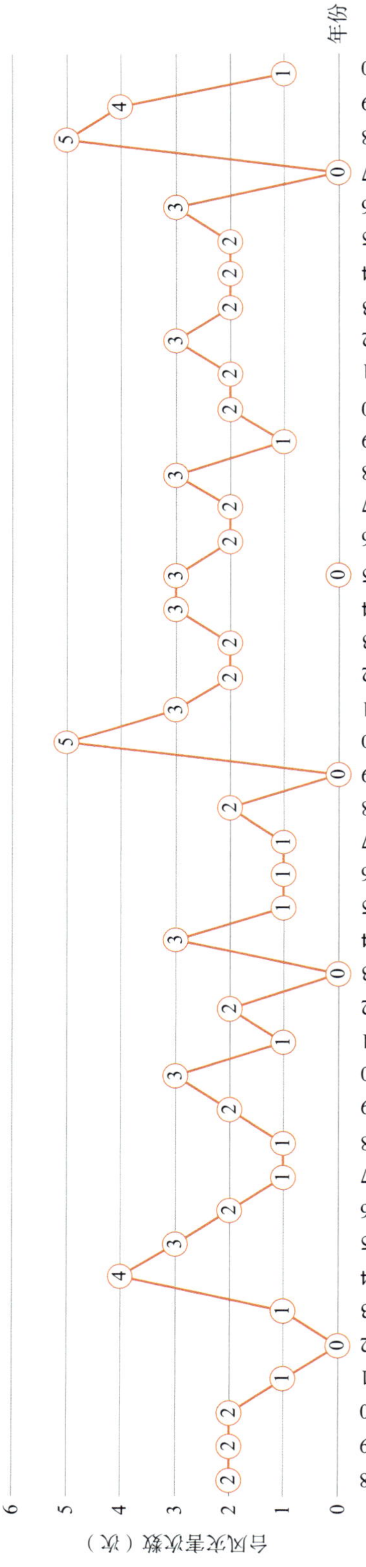

图 2-32 1978—2020 年上海市历年度台风灾害调查数据统计

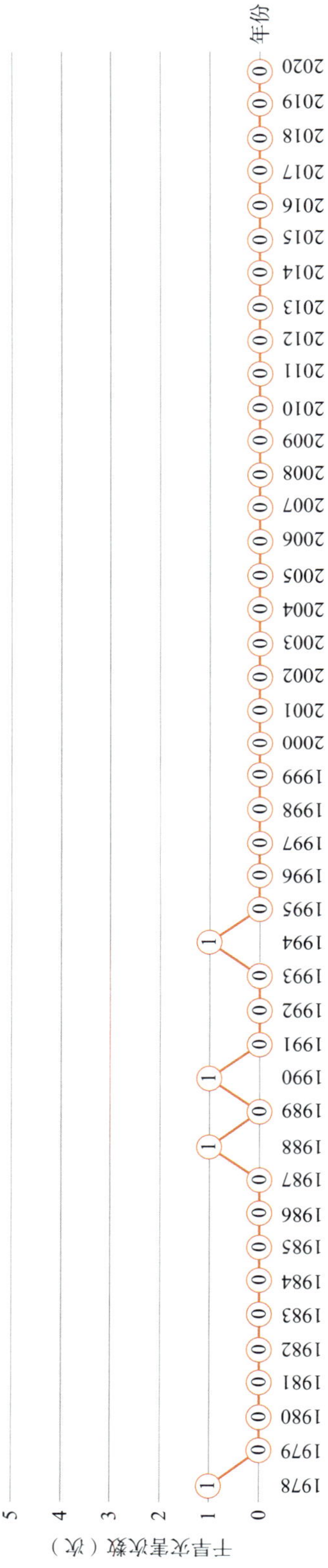

图 2-33 1978—2020 年上海市历年度干旱灾害调查数据统计

# 第 2 章　调查与评估

## 2.3.2　历史一般水旱灾害事件调查

以单一历史灾害事件为统计基准，全面普查 1978—2020 年上海市发生的水旱灾害事件，调查内容主要包括灾害基本信息、灾害损失信息、救灾工作信息、致灾因子信息、行业部门指标信息等。

本次统计了 1978—2020 年较为典型的 12 个一般灾害，并对此进行详细描述。

### 1）8114 号台风

1981 年第 14 号台风于 8 月 27 日形成于菲律宾以东洋面，9 月 1 日凌晨 2 时到达上海东南约 200 km 洋面上，后转向东北，逐渐远离上海。

8 月 30 日—9 月 2 日，上海受 8114 号台风影响，普遍出现了 10~11 级阵风，并伴有中等降雨。9 月 1 日，长江口、黄浦江下游出现 1912 年有记录以来的最高潮位，其中横沙 5.52 m，外高桥 5.64 m，吴淞 5.74 m，黄浦公园 5.22 m。

市区吴淞、军工路、浦东、龙华等地区沿江、沿河有 10 余处防汛墙溃决，使周围地区受淹；郊区出现主海塘和新围海塘溃决，主要在崇明、长兴、横沙三岛，使附近 7 万多亩农田和一些村宅受淹。全市死亡 6 人，伤 42 人（8 人为重伤）。

### 2）"91·8" 大暴雨

1991 年 8 月 7 日晚，上海城乡遭受大暴雨和强龙卷风侵袭。这场大暴雨的中心在市区，市区 12 个区日降雨量均在 100 mm 以上，平均达 150.8 mm，宝山区宝山站最大，为 231.9 mm，已达特大暴雨程度。郊县除南汇、奉贤、金山部分地区外，都下了暴雨到大暴雨。郊县的暴雨中心在松江，日降雨量达 191.8 mm。

由于内河水位特别高，造成两岸部分堤防漫溢，少数缺口因来不及封堵而倒灌。市区共有 574 条马路积水，进水住宅达 20 多万户，暴雨使许多商店、工厂、学校等单位严重积水。因暴雨积水触电死亡 8 人，压死 1 人。全市共有 4 275 家企业及 3.2 万户居民同时向保险公司报损，报损总金额达 1.73 亿元。

### 3）"99" 梅雨

1999 年 6 月 7 日，上海地区入梅，7 月 20 日出梅，梅雨期 43 d，比常年梅雨期长 22 d，梅雨量达 815.4 mm。梅雨期间龙华徐家汇站共出现 8 次暴雨，其中 2 次大暴雨，暴雨次数之多，平龙华徐家汇设站观测 126 年以来的最多暴雨记录。

1999 年太湖流域的梅雨量也特别大。由于黄浦江上游杭嘉湖、苏州地区洪水下泄，加上大潮汛顶托和上海本地连续下雨的影响，上海市西部黄浦江上游米市渡站以上各站最高潮位均连续突破原历史纪录，超历史纪录幅度为 0.01~0.43 m。超历史纪录水位时间最长为金泽站，长达 20 d，实测最高水位为 4.09 m，其余站一般为 7~8 d。米市渡站实测最高水位 4.12 m，为 1916 年设站记录以来第二高水位。青松大控制内青浦南门站最高水位达 3.77 m，比原历史纪录抬高了 21 cm，且连续 5 d 突破该纪录，造成青松大控制内出现 1954 年以来的最大内涝灾害。

1999 年梅雨期间，市区累计积水路段 220 条，居民住宅进水 4.7 万户，遭淹农田 8.45 万 $hm^2$，受灾人口 16.169 万人，郊区倒房 690 间，全市经济损失约 8.705 亿元。

#### 4)"01·8"连续大暴雨

2001 年 8 月 5—9 日，上海接连受到热带云团和静止锋强降雨云团的影响，连续 5 d 出现了暴雨和特大暴雨天气。8 月 5 日 14 时至 8 月 9 日 14 时徐家汇站的累计雨量达 480 mm，是上海 1873 年以来 8 月份连续 5 d 的雨量之最，其中 8 月 5—6 日的日降雨量多达 275 mm，是上海市解放 50 年所未遇的。另外，浦东的孙桥地区 8 月 6 日还出现了龙卷风。

"01·8"连续大暴雨造成市中心城区 476 段道路积水，积水深度大于 30 cm 的有 58 段，积水深度大于 50 cm 的有 7 段，进水街坊达 324 个，企业、居民家中进水 47 797 户，屋损屋漏报修 14 860 户，进水受灾居民、企业 17 023 户，受淹农田 15.2 万亩，遭受雷击 246 处，10 人伤亡（其中 2 人死亡），部分小区积水深达 60~70 cm。

#### 5)"海葵"（1211 号）台风

2012 年第 11 号强台风海葵于 8 月 3 日 8 时在西北太平洋洋面上生成，生成后持续向西北偏西方向移动，强度逐渐加强，5 日 17 时加强为强热带风暴，6 日 17 时加强为台风，7 日 14 时加强为强台风，8 日 3 时 20 分前后在浙江省象山县鹤浦镇沿海登陆，7 日晚上至 8 日晚上给上海带来了较大的风雨影响。

8 月 7 日 20 时至 9 日 8 时，上海市最大风力普遍达到 9~10 级，长江口区沿江沿海地区达到 10~12 级，洋山港区最大风力达到 14 级；8 月 7 日夜间到 8 日夜间，全市普降大暴雨到特大暴雨，平均雨量 124.6 mm，最大雨量出现在普陀区真南北站，为 260.9 mm，最大小时雨量为 61.8 mm。全市有 233 个站累计雨量超 100 mm，有 22 个站超 200 mm。台风来袭期间，由于刚过天文大潮，吴淞口、黄浦公园等站均未超过警戒水位。黄浦江上游米市渡前后出现 7 次超警戒水位。

据统计"海葵"给上海市造成直接经济损失 6.64 亿元，全市受灾人口 40.83 万人。

#### 6)"9·13"大暴雨

2013 年 9 月 13 日，全市 21 个测站的雨量达到 100 mm 大暴雨标准，74 个测站达到 50 mm 暴雨标准。小时降雨强度超过 101 mm，百年一遇暴雨标准的雨量点有 10 个，分布在浦东、黄浦、长宁、杨浦、普陀等区域，其中浦东世纪公园最大一小时雨量达 127.3 mm。

据统计，暴雨造成全市 150 余条马路积水 10~60 cm，5 000 余户民居进水 5~20 cm。暴雨

## 第 2 章  调查与评估

还造成中心城区道路交通拥堵加剧,浦东局部地区交通一度瘫痪,轨道交通 2 号、6 号线先后发生长时间故障,虹桥机场 70 多架次航班延误。

### 7)"凤凰"(1416 号)台风

2014 年第 16 号强热带风暴"凤凰",于 9 月 18 日 2 时在西北太平洋洋面上生成,19 日 11 时 20 分前后在菲律宾东北部沿海登陆,19 日 14 时加强为强热带风暴,23 日上午 10 时 45 分前后,"凤凰"在上海市奉贤区海湾镇沿海第五次登陆,登陆时中心附近最大风力 9 级(23 m/s),中心最低气压为 990 hPa。之后,"凤凰"穿越浦东、杨浦、宝山、崇明,并逐渐转向东北方向移动,于 19 时移出长江口入海。

受台风外围环流影响,9 月 22—23 日全市普降大到暴雨,过程雨量普遍在 30~70 mm 之间,最大为 83.5 mm,出现在浦东滴水湖。小时雨量大部分在 20 mm 以下,最大为松江洞泾工业区和浦东六灶的 38 mm。

"凤凰"是 2000 年以来首个在上海市行政区域范围内正面登陆的台风,由于动员广泛深入,部署及早全面,各级领导靠前指挥,防范措施扎实有力,加之"凤凰"在几次登陆之后风雨强度有所减弱,上海市成功经受住了台风正面袭击的严峻考验,全市未出现道路积水和民居、商铺进水现象,也未发生因台风、暴雨引起的人员伤亡事故,城市运行总体平稳有序。

### 8)"灿鸿"(1509 号)台风

2015 年第 9 号超强台风"灿鸿"于 6 月 30 日 20 时在西北太平洋洋面上生成,7 月 9 日 23 时左右加强为超强台风(中心最大风力 16 级),7 月 12 日 0 时左右,"灿鸿"在上海以东约 100 km 的海面上越过上海市同纬度地区,当时台风中心最大风力为 12 级。

受台风影响,上海市出现明显的风雨天气,10—12 日,全市普降大到暴雨,测得数据的 448 个测站中,有 350 个累计雨量达到 50~100 mm,最大累计雨量为黄浦区复兴公园,达 121mm,降雨主要集中在黄浦、静安、虹口等区。小时最大雨量为虹口区民晏站,达 53.7 mm,接近上海市 5 年一遇的排水设施防御标准。同时,市区普遍出现 7~9 级大风,长江口区和沿江沿海地区风力达 9~12 级。

全市累计转移撤离 18.2 万人,船舶进港避风 3 000 余艘,树木倒伏 4.4 万棵,农田受淹 17 万亩,50 余条道路积水,直接经济损失 2.6 亿元。

### 9)"莫兰蒂"(1614 号)台风

2016 年第 14 号台风"莫兰蒂"于 9 月 10 日 14 时在西北太平洋洋面上生成,于 12 日 11 时加强为超强级台风,15 日 3 时 5 分在福建厦门沿海登陆,登陆时为强台风级,登陆后强度逐渐减弱,受台风"莫兰蒂"外围环流和北方弱冷空气共同影响,15 日夜至 16 日上午上海普降大暴雨,局部地区出现特大暴雨。

9月15日12时至16日12时，全市测得雨量数据的测站中，有12个测站超过300 mm，28个站达200~300 mm，387个站达100~200 mm，209个站达50~100 mm。本次降雨中，超过36 mm/h（1年一遇标准）的站点有61个，超过56 mm/h（5年一遇标准）的站点有24个，主要集中在浦东、崇明。最大小时降雨出现在崇明陈家镇新城站，达到93.5 mm，超过60年一遇的标准。"莫兰蒂"台风影响期间，正值农历八月十五天文大潮，上海地区潮（水）位普遍较高。根据上海市水文总站水情自动测报系统28个潮（水）位代表站的监测资料分析，共有17个站点超警戒水位，但均未超过保证水位。

共造成全市20余处道路下立交、30余条道路、10多个居民小区积水，400余户民居、商铺进水，11.3万亩农田受灾，1.44万人受灾，直接经济损失2 390余万元。

### 10) 2017年9月24—25日暴雨

全市两天平均雨量达118.4 mm，市中心城区平均雨量151.4 mm。

本轮降雨雨量集中，雨强较大，时间较长，根据各区汇总统计，在大暴雨期间，全市共有202条道路、49座下立交、109个小区发生积水，居民进水445户，商铺进水239户，树木倒伏57棵，农田受淹18 974亩。其中嘉定区受灾最为严重，96条道路、14座下立交、20个小区发生积水，居民进水225户，商铺进水39户，树木倒伏54棵，农田受淹2 324亩；浦东下立交积水较多，有19座；青浦和崇明农田受淹面积较大，其中青浦5 652亩、崇明10 998亩。

### 11) "摩羯"（1814号）台风

2018年第14号台风"摩羯"于8月12日23时35分在浙江温岭沿海登陆，登陆时中心最大风力10级，中心最低气压985 hPa，强度为强热带风暴级。

受"摩羯"台风影响，普降大到暴雨，局部大暴雨，风雨影响直至13日凌晨基本结束。在全市测得数据的671个测站中，10个达到大暴雨程度，395个达到暴雨程度，233个达到大雨程度，全市平均降雨量为56.0 mm。降雨主要集中在浦东新区、崇明区和徐汇区，过程雨量最大为浦东新区大团（135.2 mm），降雨总体呈现东北部偏多、西南部偏少的趋势。

受此次台风"摩羯"影响，树木倒伏157棵，道路短时积水38条，居民进水1户，电力线路损坏6条。

### 12) "黑格比"（2004号）台风

2020年第4号台风"黑格比"于8月4日凌晨3时30分前后在浙江乐清沿海登陆，登陆时强度为台风级（13级，38 m/s），4日晚20到22时，经过上海同纬度。

8月4日傍晚到5日早晨，上海市南部地区出现特大暴雨。22个下立交站点监测到积水，主要分布在金山区、松江区、青浦区等6个区，积水最深的为金山铁路友谊七组下立交等5处，积水达1 m以上。全市58个小区出现积水。全市农田菜地受灾面积约86 000亩。全市树

## 第 2 章 调查与评估

木倒伏 527 棵、断枝 1 414 棵。招牌掉落 1 块，在浦东张东路致 3 人轻伤无大碍。两大机场 600 多航班延误或取消，铁路上海站 29 个列车车次临时停运，5 条轮渡线停航，2 条公交线路停运。

### 2.3.3 重大历史水旱灾害调查

以重大灾害事件为统计基准，重点调查自 1949 年以来上海市、区发生的重大水旱灾害事件。调查内容包括灾害发生时间、致灾因子强度、人员受灾情况、农业受灾情况、房屋倒损情况、工业损失情况、基础设施损毁情况、因灾直接经济损失情况等。

重大灾害的选取，参照本次普查技术规范《重大历史自然灾害调查技术规范》（FXPC/YJH-02）明确梳理 1949—2020 年我国发生的自然重大灾害清单，包括 30 个洪涝灾害，39 个台风灾害。

对于上述清单中未纳入的重大灾害事件，洪涝灾害选取标准参照《洪涝灾情评估标准》（SL 579—2012）定义为"特别重大""重大"等级的事件；旱灾选取标准参照《区域旱情等级》（GB/T 32135—2015）中定义为"特大""严重"等级的事件。按照《洪涝灾情评估标准》（SL 579—2012），当场次洪涝灾害的死亡人口达到 100 人或直接经济损失达到 200 亿元时，该场次洪涝灾害直接认定为"特别重大"洪涝灾害；死亡人口达到 50 人、不足 100 人或直接经济损失达到 100 亿元、不足 200 亿元时，该场次洪涝灾害可直接认定为"重大"洪涝灾害。

根据上述标准，1949—2020 年涉及上海的重大历史水旱灾害共 19 次。以 10 年为统计样本分析单元，近 70 年重大历史水旱灾害分布见图 2-34。

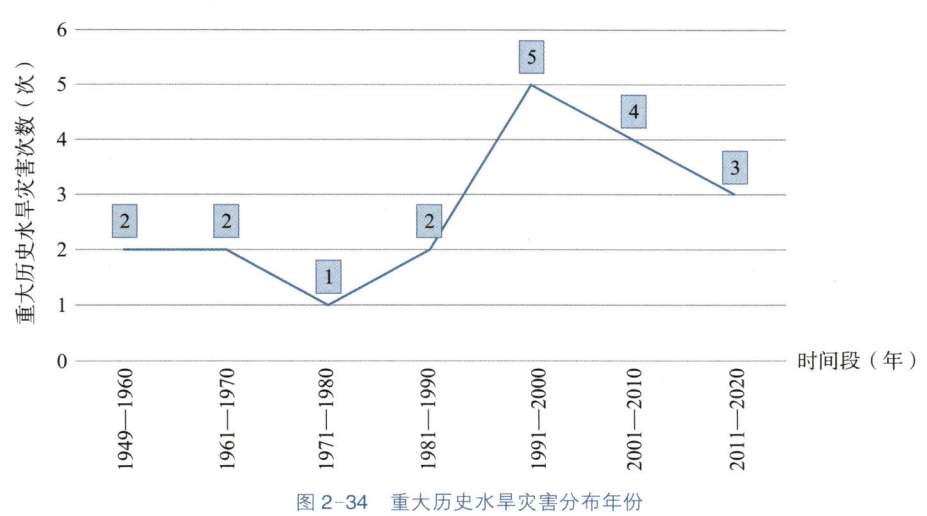

图 2-34　重大历史水旱灾害分布年份

对历史上 19 次重大历史水旱灾害详细介绍如下（表 2-68）：

表2-68 重大历史水旱灾害统计一览表

| 编号 | 1 种类 | 2 发生时间(年/月/日) | 3 结束时间(年/月/日) | 4 台风编号(年/号) | 5 受灾人口(人) | 6 死亡人口(人) | 7 受伤人口(人) | 8 农作物受灾面积(hm²) | 9 倒塌、损坏房屋(间) | 10 受损企业(个) | 11 受损堤防(km) | 12 受损护岸(个) | 13 民宅进水(间) | 14 道路积水(条) | 15 经济损失(万元) |
|---|---|---|---|---|---|---|---|---|---|---|---|---|---|---|---|
| 1 | 台风灾害 | 1949/7/24 | 1949/7/25 | 4906 (Gloria) | 150 000 | 1 645 | 0 | 138 867 | 632 | 0 | 36 | 0 | 0 | 0 | 0 |
| 2 | 台风灾害 | 1956/8/1 | 1956/8/2 | 5612 (Wanda) | 0 | 8 | 346 | 26 000 | 36 997 | 795 | 0 | 0 | 0 | 0 | 0 |
| 3 | 台风灾害 | 1962/9/5 | 1962/9/6 | 6214 (Amy) | 0 | 26 | 117 | 33 300 | 2 100 | 22 | 0 | 0 | 4 448 | 0 | 0 |
| 4 | 台风灾害 | 1969/9/27 | 1969/9/28 | 6911 (Elsie) | 0 | 0 | 0 | | | 0 | 0 | 0 | 0 | 0 | 0 |
| 5 | 台风灾害 | 1985/7/30 | 1985/8/1 | 8506 (Jeff) | 0 | 4 | 0 | 49 900 | 780 | 49 | 11.3 | 0 | 35 500 | 217 | 0 |
| 6 | 台风灾害 | 1990/8/30 | 1990/9/1 | 9015 (Abe) | 0 | 3 | 47 | 5 261.47 | 1 910 | 0 | 0 | 14 | 74 800 | 200 | 0 |
| 7 | 洪涝灾害 | 1991/6/12 | 1991/7/3 | — | 0 | 5 | 1 | 53 333 | 278 | 313 | 17.2 | 0 | 3 000 | 0 | 114 844 |
| 8 | 台风灾害 | 1992/8/29 | 1992/8/31 | 9216 (Polly) | 0 | 0 | 3 | 0 | 3 | 0 | 5.1 | 46 | 1 300 | 0 | 0 |
| 9 | 台风灾害 | 1997/8/18 | 1997/8/19 | 9711 (Winnie) | 153 400 | 7 | 0 | 0 | 540 | 0 | 69 | 0 | 0 | 0 | 63 490 |
| 10 | 台风灾害 | 2000/8/30 | 2000/8/31 | 0012 (Prapiroon) | 41 100 | 1 | 0 | 0 | 200 | 0 | 3.35 | 0 | 3 000 | 100 | 12 200 |
| 11 | 台风灾害 | 2005/8/5 | 2005/8/7 | 0509 (Matsa) | 946 000 | 7 | 0 | 55 840 | 15 600 | 0 | 0 | 0 | 50 000 | 200 | 135 800 |
| 12 | 台风灾害 | 2005/9/11 | 2005/9/12 | 0515 (Khanun) | 1 971 900 | 0 | 0 | 21 800 | 765 | 0 | 0 | 0 | 1 780 | 58 | 36 954 |
| 13 | 台风灾害 | 2013/10/7 | 2013/10/10 | 1323 (Fitow) | 124 000 | 2 | 0 | 27 333 | 27 | 0 | 34.35 | 0 | 100 000 | 1 080 | 95 300 |
| 14 | 台风灾害 | 2018/8/17 | 2018/8/21 | 1818 (Rumbia) | 0 | 0 | 0 | 260 | 0 | 0 | 0 | 0 | 3 | 98 | 0 |
| 15 | 台风灾害 | 2019/8/10 | 2019/8/11 | 1909 (Lekima) | 0 | 0 | 0 | 2 400 | 0 | 0 | 0 | 0 | 0 | 485 | 0 |

注：7123（Bess）、9219（Ted）、0414（Rananim）、0604（Bilis）4次上海无受灾资料。

# 第 2 章　调查与评估

## 1) 4906 号台风

1949 年第 6 号台风"格罗里亚"于 7 月 19 日生成于菲律宾以东洋面上，24 日在浙江舟山登陆，25 日在上海金山至浙江平湖间再次登陆，经苏北出海，26 日在山东乳山又一次登陆，27 日在朝鲜消失。

7 月 24—27 日 4906 号台风影响上海，24—25 日外滩实测阵风 12 级以上（最大风速 39 m/s），风向偏南；25 日徐家汇实测最低气压 968.2 hPa；24—27 日徐家汇实测三天总雨量 182 mm。

4906 号台风严重影响上海地区前后达 17 小时之久，风大、雨多、潮高，产生了非常严重的风暴潮灾害，沿海沿江地区及市区严重受淹，造成大量人员伤亡和财产损失。据有关资料记载，全市死亡 1 600 余人，十余万人无家可归，倒塌房屋 632 余间，遭淹农田 208.3 万亩，估计损失粮食 11 651 万 kg，棉花 22 900 担，禽畜死亡无数，全市灾情惨重。

## 2) 5612 号台风

1956 年第 12 号台风"温黛"于 7 月 25 日形成于菲律宾以东洋面上，8 月 2 日凌晨在浙江省象山登陆，登陆后继续向西北方向移动，经安徽、河南、山西，最后在陕西消失。

7 月 31—8 月 3 日市区龙华站实测最大风力 11 级（30 m/s），实测最大一日降雨 40 mm，龙华站实测最低气压 997 hPa。黄浦江黄浦公园站 8 月 2 日 6 时实测最高潮位 4.08 m，其中因台风影响增水 1.60 m，为黄浦公园站有增水分析资料以来（1928 年，该年黄浦公园站开始有天文潮长期预报）最大增水值。

5612 号台风影响上海期间雨不大，市区仅有大雨，故上海市区涝灾不明显，因雨量分布不均，郊区有部分农田被淹。据不完全统计，郊区倾倒瓦房 7 260 间，损坏 16 773 间，草房坍损 12 964 间；受伤 346 人，死亡 8 人；倒伏棉花 11 万亩，受淹农田 28 万亩。

## 3) 6214 号台风

1962 年 9 月 5 日受 14 号热带气旋"艾美"影响，全市 8 级大风并普降大雨，青浦区、松江区、金山区为最大，日雨量均在 100 mm 以上，其中青浦区为 203.3 mm。市区积水严重，低洼地积水深达 20~60 cm，造成不少居民家进水，如长宁区进水户数达 2 870 户，徐汇区为 1 578 户，不少工厂进水停产，如徐汇区有 8 个市属工厂（车间）进水一度停产，14 家物资仓库泡水，部分公交线路停驶。9 月 6 日凌晨，浦东新区三林镇、川沙杨园和崇明区受龙卷风袭击。

全市死亡人数为 26 人，伤 117 人，其中重伤 27 人，吹坍、吹坏房屋 2 100 余间，郊县受淹农田 3.33 万 $hm^2$。

## 4) 6911 号台风

1969 年 9 月 27 日受第 11 号强台风"爱尔斯"边缘影响，当时正值第 9 次大潮汛，黄浦江苏州河口高潮水位达 4.51 m，是 1962 年以来历史最高潮位。崇明区 9 月 26 日，海面出现 7~8 级大风，长江水位骤增到 5.1 m，接近崇明区历史上最高水位 5.32 m，风大浪急，北沿几十千米大堤首当其冲，特别是堡镇公社的 2 900 m 堤岸中有 2 300 m 石板护坡被摧垮，而且土堤已被冲去五分之二到五分之三，随时都有倒塌出缺的危险。

### 5) 7123 号台风

7123 号台风"格美"于 1971 年 9 月 17 日在塞班岛附近发生，向西北方向移动，穿过台湾海峡后，22 日中午在福建省连江县附近登陆，登陆后强度减弱经过闽西、赣东北、浙西、皖南，在苏北滨海县附近进入黄海，到朝鲜变为温带低压。上海在 24 日受台风边缘影响，出现阵风 8 级的东南大风。

### 6) 8506 号台风

1985 年 7 月 30 日至 8 月 1 日（农历六月十三至十五），上海受 8506 号热带气旋影响，阵风 8~10 级，伴有暴雨、大暴雨。一日雨量，市区以南码头测站为最大，达 128.0 mm；郊县以青浦重固站为最大，为 250.4 mm。黄浦公园 8 月 1 日实测高潮水位 4.28 m，其中因热带气旋增水 0.37 m。

市区积水严重，有 217 个路段积水，积水一般深 0.2~0.4 m，最深处达 1.0 m 左右。民宅进水有 32 100 户，49 家工厂有不同程度停产，发生供电事故 673 起，死亡 4 人。郊县受淹农田 4.99 万 hm²，倒塌房屋 780 间，城镇民宅进水 3 400 户。海塘工程损坏丁坝 4 条、顺坝 11.3 km、护坡 2.2 km。

### 7) 9015 号台风

1990 年 8 月 30 日上午至 9 月 1 日上午（农历七月十一至十三）受 9015 号热带风暴影响，全市城乡普遍出现阵风 8~9 级，青浦区、南汇区达 10 级大风。外高桥水文站实测最大风力为 11 级。同时全市普降暴雨和大暴雨，郊县以嘉定为最大，日雨量达 194 mm。

市区马路有 200 条左右路段积水，住户进水户数有 74 800 余户，其中较严重的有近 3 万户，市区倒伏行道树 157 棵，倾斜 115 棵。郊县倒树 1 459 棵，城乡共倒塌房屋 790 余间，损坏 1 120 余间，农村倒塌棚舍 564 间，人员受伤 47 人，其中重伤 12 人，共死亡 3 人。农田受淹面积达 5 261.47 hm²。低洼圩区决口 14 处，根据保险公司统计，全市遭受不同程度损失的投保企业、仓库、商店等四百余家，赔偿额为 920 万元。

### 8) 1991 年太湖大水

1991 年 6 月上旬至 7 月 10 日上海受淹农田 80 万亩，死亡 5 人（遭雷击），伤 1 人，冲毁鱼塘 4 200 亩，房屋进水 3 000 余户，倒塌房屋 278 间，有 300 户被迫搬迁，仓库进水 812 间，受淹企业 313 家，倒塌厂房 48 间，出现险情 1 180 处。水毁工程情况：堤防破损 1 299 处，总

## 第 2 章 调查与评估

长 17.2 km，损坏水闸 28 座，损坏塘坝 9 座，损坏渠道 34 km，损坏排灌泵站 117 座，损坏通信线 22.7 km。经济损失总计 114 844 万元。

### 9）9216 号台风

1992 年 8 月 29 日至 31 日，第 16 号台风"玻利"伴随着天文高潮、暴雨共同袭击上海，黄浦江苏州河口潮位连续 7 次超过 4.40 m 的警戒线，并出现有历史记录 70 年以来的第二高潮位（5.04 m）和第四高潮位（4.91 m），黄浦江上游米市渡 31 日实测潮位达 3.92 m，比 1989 年的历史最高潮位 3.86 m 还高 0.06 m。

全市 21 个区、县 24 小时雨量大多超过 50 mm，达到暴雨强度，其中宝山和川沙分别高达 103 mm、102 mm。高潮位时市区个别地段的防汛墙出现渗水现象，有关部门当即采取临时措施。狂风、暴雨、高潮对全市一线江堤、海塘构成很大威胁。30 日凌晨，金山实测潮位高达 5.97 m，为 1949 年以来金山第二高潮位。据统计，宝山区和奉贤区、金山区、松江区等的江堤、海塘损坏 5.1 km，损坏护岸 46 处。

### 10）9219 号台风

1992 年第 19 号台风，9 月 22 日下午 2 点钟中心位置已经到达台湾地区东部沿海，近中心最大风力有 12 级。上海市防汛指挥部 9 月 2 日下午 4 时 45 分向全市各区、县、局防汛组织发出紧急通知，要求各级防汛部门领导立即进岗到位，对全市 720 km 第一线海塘、江堤、防汛墙的险段进行巡视检查，对行道树、高低压线、烟囱、脚手架、霓虹灯、广告牌、彩灯及居民阳台上的花盆等采取安全措施；对难以抵御台风的危房里的住户坚决执行人员撤离制度，防止倒屋伤人；要求市政、水利部门的各排水泵站做好预抽空工作，市政管理处要确保排水管道、窨井、进水口畅通；各施工单位要检查临时排水措施的落实情况；要加强水上安全管理，杜绝事故发生。

### 11）9711 号台风

1997 年第 11 号台风"温妮"于 8 月 10 日生成于太平洋关岛东北洋面上，18 日 21 时 30 分在浙江温岭登陆，登陆时，中心气压 955 hPa，近中心最大风速 40 m/s，于 8 月 18—19 日严重影响上海。

9711 号台风影响时，上海地区普遍出现了阵风 8~10 级，风向东北或偏东，龙华站实测风力 10 级（26 m/s），崇明站实测风力 11 级，芦潮港站实测风力 12 级（38 m/s）。8 月 18 日 8 时至 19 日 8 时，上海地区普遍出现了暴雨到大暴雨，其中，龙华站日降雨 81.1 mm，崇明区、宝山区、浦东区、南汇区达到大暴雨程度，最大为崇明站，达 134.8 mm；这次暴雨时段分布较均匀，最大 1 小时降雨量仅 10~25 mm。9711 号台风影响上海期间，适逢农历七月十五天文大潮，上海地区沿杭州湾、长江口、黄浦江干流各站均出现了有记录以来的最高潮位。杭州湾沿岸比原历史纪录最高潮位高 42~64 cm，其中金山嘴站达 6.57 m；沿长江口各站潮位抬高 13~36 cm，其中外高桥站达 5.99 m；沿黄浦江各站抬高 24~50 cm，其中吴淞站达 5.99 m，黄浦公园站达 5.72 m，米市渡站达 4.27 m。

9711 号台风带来的最主要的灾害是潮灾，尤其是防潮水利工程遭受较严重的损失。据统计，全市农田受洪涝面积达 4.957 万 $hm^2$；其中成灾 1.983 万 $hm^2$；受灾人口 15.31 万人，死亡 7 人；倒塌房屋 540 间；经济损失约 6.349 亿元，其中工业和交通运输业直接经济损失 1.074 亿元，防潮水利工程一线海塘损坏 511 处，损坏长度 69 km，经济损失 2.231 亿元。

### 12）0414 号台风

2004 年第 14 号台风"云娜"8 月 12 日 8 时在浙江温岭石塘登陆后，减弱为强热带风暴。13 日凌晨 2 时，风暴中心已经到达浙江丽水附近，就是在北纬 28.4 度，东经 120.0 度，中心气压为 975 hPa，近中心风力达 11 级（30 m/s），以每小时 15 km 的速度向西北偏西方向移动，逐渐远离上海，强度继续减弱，对上海市的风雨影响也进一步减小，13 日清晨 5 时，上海中心气象台解除上海市台风警报和黄色预警信号。

据市防汛信息中心测报，截至 13 日 5 时，市区雨量最大的是徐汇区 16 mm，其余各区在 4~11 mm 之间，市郊雨量最大的为奉贤区金汇港南闸达 36 mm，其余区县在 0~14 mm 之间。据上海中心气象台测报，市区风力 5~8 级，沿海地区风力 7~9 级。

### 13）0012 号台风

"派比安"台风于 2000 年 8 月 27 日 2 时在台湾地区以东的太平洋上生成，8 月 31 日凌晨，台风中心经过上海以东约 120 km 的海面北上，早晨进入黄海，后转向北偏东方向移动，半夜前后穿过朝鲜半岛，9 月 1 日半夜前后在日本海减弱为低气压。8 月 30 日 20 时至 31 日 2 时，即"派比安"台风经过上海附近海面时，为台风最强时期，中心气压 965 hPa，近中心最大风力 12 级以上（35 m/s），离中心 300 km 处风力有 8 级。

8 月 30—31 日，上海市遭受"派比安"台风的严重影响，是 9711 号台风以后影响上海最严重的一次。市区风力普遍达到 7~9 级，尤其是东部的崇明区、宝山区、浦东新区、南汇区等地，风力达到 9~11 级，浦东国际机场的风力为 11 级，长江口区的风力达 12 级（40 m/s）以上。8 月 30 日，上海市普遍出现了暴雨，降雨主要集中在 31 日凌晨，最大 1 小时雨量是黄浦区南片 37 mm，其次是卢湾区 36 mm。"派比安"台风影响上海期间，适逢农历八月初三、初四天文大潮，台风、暴雨、高潮相遇，沿杭州湾、长江口、黄浦江干流多数水文站出现了有记录以来的次高潮位，黄浦江中游部分水文站出现了有记录以来的最高潮位，尤其是黄浦公园水文站连续两天出现了历史上罕有的 5.0 m 以上的高潮位。8 月 31 日凌晨，吴淞站达 5.87 m，黄浦公园站 5.70 m，米市渡站 4.15 m，比 9711 号台风的历史纪录低 12 cm。

# 第 2 章　调查与评估

据统计，上海市在"派比安"台风侵袭中，农田遭受洪涝面积为 17 880 hm$^2$，成灾 12 150 hm$^2$；受灾人口为 41 100 人，死亡 1 人，倒塌房屋 200 间。全市经济损失约 1.22 亿元。

### 14) 0509 号台风

"麦莎"台风于 2005 年 7 月 31 日在菲律宾以东、关岛西南面的洋面上生成，于 2005 年 8 月 5—7 日严重影响上海。是 9711 号台风以后，影响上海最为严重的一次台风，使上海出现了大风、暴雨、高潮"三碰头"的严峻局面。其主要特点有：一是大风影响时间长，风力强。二是全市普降大暴雨，局部降特大暴雨。三是黄浦江最高潮位全线超过警戒线，上游米市渡等站最高潮位超过历史纪录。"麦莎"台风影响期间，黄浦江沿线最高潮位出现在 8 月 7 日凌晨，全线越过警戒线，上游米市渡等 4 个测站的最高潮位超过原历史纪录。吴淞站最高潮位 5.03 m，黄浦公园站最高 4.94 m，米市渡站最高 4.38 m，比原历史纪录高出 0.11 m。四是市区内河最高水位普遍超过历史纪录并逼近防汛墙设计水位，经采取停泵的应急措施才保水位不再上涨。

据统计，上海市在"麦莎"台风侵袭中，全市受灾人口 94.6 万人，直接经济损失 13.58 亿元。虹桥、浦东两个机场取消起降航班约 1 000 架次，受阻旅客 10 万人左右。因工棚、房屋倒塌等原因造成 3 人死亡，因电线被风刮断等原因而触电死亡 4 人。

### 15) 0515 号台风

"卡努"热带风暴于 2005 年 9 月 7 日 8 时在西北太平洋洋面生成后，沿西北方向移动，强度逐渐加强，8 日 2 时发展为强热带风暴，于 9 月 11 日到 12 日严重影响上海。"卡努"台风影响上海期间，市区普遍出现 7~8 级大风，局部风力达 9 级，全市普降暴雨、局部大暴雨，沿江、沿海的潮位不高，对上海的影响程度小于"麦莎"台风。

"卡努"台风导致上海市全市倒伏树木 500 棵，倒塌房屋 765 间，积水路段 58 条，进水户数 1 780 户，受淹农田 21 800 hm$^2$，共计造成经济损失 3.695 亿元。

### 16) 0604 号台风

2006 年 7 月 13 日，受台风"碧利斯"外围影响，长江口高桥站开始出现 6~7 级偏东风，持续时间长达 43 小时。7 月 14 日 9 时 50 分出现瞬时最大风速 19.1 m/s，风力达 8 级。7 月 14 日台风登陆时，上海恰逢汛期第二次天文大潮，大潮汛加上风暴潮增水，致使黄浦江出现了较高潮位。吴淞站高潮位 4.79 m，黄浦公园站高潮位 4.40 m，米市渡站高潮位 3.68 m。7 月 14 日上海地区仅下了小雨，"碧利斯"没有给上海带来明显的降雨。

### 17) 1323 号台风

2013 年第 23 号热带风暴"菲特"于 9 月 30 日 20 时在菲律宾以东的西北太平洋洋面上生成，10 月 1 日 17 时加强为强热带风暴，7 日凌晨在福建福鼎沙埕镇沿海登陆。受台风残留云系和南下冷空气共同影响，7~11 日给上海带来较大的"风、雨、潮、洪"影响。

据气象部门分析，"菲特"为 1949 年以来 10 月份登陆我国的最强台风，具有登陆强度历史罕见、强风暴雨极端性强等特点，给福建、浙江、上海、江苏等地带来强风暴雨。在"菲特"台风残留云系和冷空气的共同作用下，加之东海东南部"丹娜丝"台风输送的大量水汽，全市普降大暴雨到特大暴雨，最大 24 小时降雨量达 332 mm；"菲特"台风引起的累计降雨，大于 2005 年"麦莎"台风、2012 年"海葵"台风引起的降雨，48 小时累计雨量为上海 1999 年梅雨以来最大的一次。据气象部门分析，24 小时雨量是上海市 52 年来最大的一次。

"菲特"影响期间，恰逢天文大潮期，黄浦江干流、长江口及杭州湾潮位站潮位较高，出现超警或超历史潮位。8 日下午 3 时 55 分，米市渡午潮实测潮位 4.61 m，越警戒线 1.11 m，超过历史最高的 4.38 m，创出新纪录；米市渡 10 月 6—11 日的潮位超警 12 次。松江区、青浦区、金山区等 11 个站点的内河水位也同时创出历史新高。

据统计，全市受灾人口 12.4 万人，倒塌房屋 27 间，死亡 2 人，紧急转移安置近 7 549 人，直接经济总损失约 9.53 亿元。

### 18）1818 号台风

2018 年第 18 号热带风暴"温比亚"于 8 月 17 日 4 时在上海浦东新区南部沿海登陆，登陆时中心附近最大风力 9 级（23 m/s），中心最低气压为 985 hPa。登陆后继续向西北方向移动，强度逐渐减弱。

受台风"温比亚"登陆影响，上海市普降暴雨，局部地区大暴雨。上海市沿江沿海出现 30~90 cm 的风暴潮增水，黄浦江上游及支流杭嘉湖地区部分超警戒水位。全市范围内有下立交积水 12 处，道路短时积水有 98 条（不含下立交），居民进水 3 户。全市范围内树木倒伏 16 346 棵，农作物受淹 3 900 亩，电力线路损坏共计 70 条。

### 19）1909 号台风

2019 年第 9 号台风"利奇马"于 8 月 10 日 1 时 45 分在浙江省温岭市城南镇登陆，登陆时中心附近最大风力有 16 级（52 m/s），中心最低气压 930 hPa。

上海市受风雨影响较为明显，在测得风力的 87 个测站中，大于 7 级的有 11 个，主要分布在洋山港、崇明、浦东、金山等区域，其中最大风力为 10 级；全市 630 多个雨量观测站中，各区均有明显降雨，但未达到 50 mm 暴雨标准，潮位总体不高。全市共有 3.2 万株倒伏树木、485 处道路积水、70 处下立交积水、603 个小区积水，194 条电力线路中断，70 个坠落店牌，农田受淹 3.6 万亩。

第 2 章　调查与评估

## 2.3.4　历史水旱灾害评估

### 1）水旱灾害年际变化

将统计的 43 年灾害数据划分为 1978—1990 年、1991—2000 年、2001—2010 年、2011—2020 年 4 个年际进行对比分析，可以得出如下结论。

（1）水灾害发生频率较高

43 年间上海发生水旱灾害 335 次，平均每年 7~8 次，总体灾害发生频率较高。洪涝灾害合计 244 次，按 4 个年际统计分别为 51、65、38、90 次，平均每年 3~4 次、6~7 次、3~4 次和 9 次，有明显增加趋势。台风灾害合计 87 次，按 4 个年际统计分别为 24、16、23、24 次，平均每年 1~2 次、1~2 次、2~3 次和 2~3 次，基本处于平稳状态。年际水旱灾害事件调查统计详见表 2-69 及图 2-35。

表 2-69　4 个年际水旱灾害事件调查统计表　（单位：次）

| 4 个年际 | 洪涝灾害 | 台风灾害 | 干旱灾害 | 合计 |
| --- | --- | --- | --- | --- |
| 1978—1990 年 | 51 | 24 | 3 | 78 |
| 1991—2000 年 | 65 | 16 | 1 | 82 |
| 2001—2010 年 | 38 | 23 | 0 | 61 |
| 2011—2020 年 | 90 | 24 | 0 | 114 |
| 合计 | 244 | 87 | 4 | 335 |

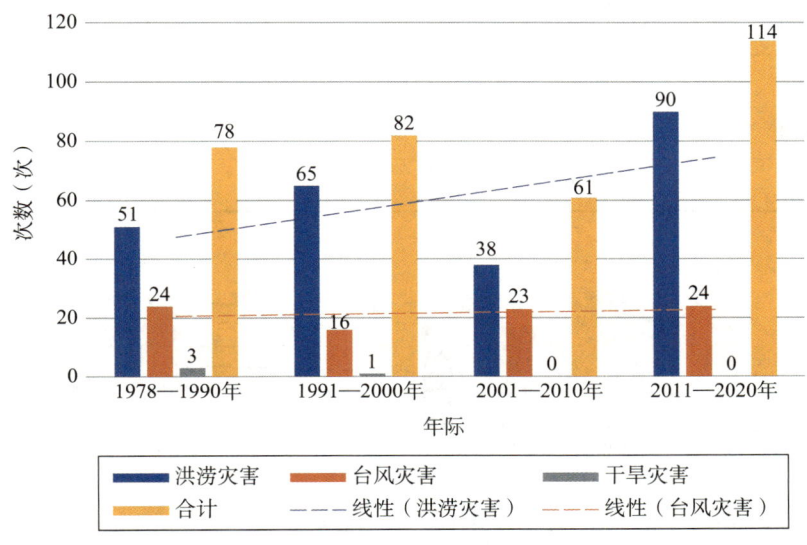

图 2-35　4 个年际水旱灾害占比示意图

**（2）灾害叠加现象增多**

在全球气候变化的大背景下，上海风灾、水患呈现出复杂、多变、突发的态势。以台风暴雨为代表的极端灾害性气候将日益频繁，海平面上升趋势还将进一步加剧，城镇化速度加快，防洪排涝工程建设迅速，土地利用方式发生较大变化，下垫面性质改变，导致潮位有增高的趋势。太湖流域综合治理骨干工程基本完成，太湖流域地区防洪标准不断提高，上游洪水束水归槽，上游洪水下泄速度加快、瞬时流量增多，黄浦江中、上游地区防洪压力增大。当极端天气，特别是严重的"多碰头"发生时，会给上海带来较大的灾害，造成人员伤亡或财产损失，影响人民群众的正常生活。

以往上海地区风、暴、潮、洪以"二碰头""三碰头"为主，如"二碰头"几乎年年都会碰到，每2~5年会出现"三碰头"，但进入2010年后出现了"四碰头"，且间隔时间越来越短，对上海危害也较大。

据统计，43年间上海发生"三碰头"10次，其中台风、暴雨、高潮"三碰头"5次，暴雨、高潮、洪水"三碰头"3次，台风、暴雨、洪水"三碰头"2次。10次"三碰头"中，1978—1990年1次，1991—2000年5次，2001—2010年2次，2011—2020年2次。"四碰头"1次，为2013年的"菲特"台风期间，值得注意的是2021年"烟花"台风期间又出现一次"四碰头"，对上海产生了重大影响。"多碰头事件"调查统计详见表2-70及图2-36。

表2-70　4个年际"多碰头事件"调查统计表　　　　　　　　　　　　　（单位：次）

| 4个年际 | "三碰头" | "四碰头" | 合计 |
| --- | --- | --- | --- |
| 1978—1990年 | 1 | 0 | 1 |
| 1991—2000年 | 5 | 0 | 5 |
| 2001—2010年 | 2 | 0 | 2 |
| 2011—2020年 | 2 | 1 | 3 |
| 合计 | 10 | 1 | 11 |

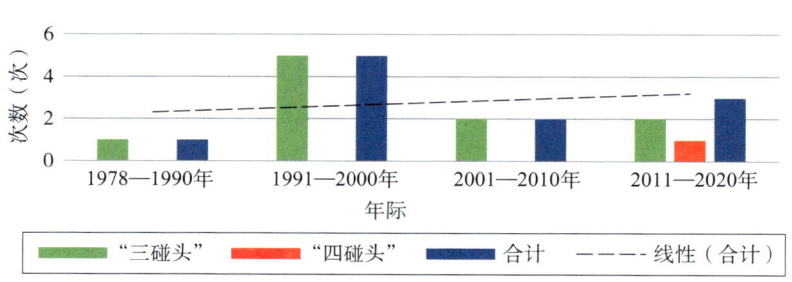

图2-36　4个年际"多碰头事件"调查统计图

### 第 2 章 调查与评估

（3）旱灾基本消除

干旱灾害合计 4 次，依次发生在 1978 年、1988 年、1990 年和 1994 年，已有 26 年未发生，基本可以认为旱灾基本消除。但上海地处长江口，需注意的是受咸潮入侵对上海用水造成的威胁。据统计，1978—2020 年，上海市咸潮入侵极端事件有 4 次，分别为 1978—1979 年枯季、1987 年 2 月、1999 年枯季和 2014 年 2 月，对上海用水产生一定影响。

**2）水旱灾害年内变化**

（1）洪涝灾害年内变化

根据本次调查分析，洪涝灾害主要是由台风带来或者梅雨期产生的，主要以 5—9 月为主。台风区内水汽充足，会产生较大的阵性暴雨，台风雨总体来说有强度大、历时短和范围小的特征。梅雨期是在每年 6 月中旬到 7 月上旬，长江中下游区域内会出现一段连续的阴雨天气，在多种系统、多尺度过程共同作用下会形成梅雨期暴雨，梅雨型暴雨总体来说有总量大、历时长、范围广的特征，如 1991 年梅雨，上海西部地区涝灾较为严重。

（2）台风灾害年内变化

根据台风资料统计，影响上海的台风年际数量较为稳定，平均每年有 2~3 个，但发生时间有所变化，原来一般在 7—9 月是台风灾害影响上海的主要时期，占全年的 80%~90%，尤以 8 月份为最，约占全年的 35%~40%，但近些年来部分年份 5—11 月也有发生，特别是与上游洪水时间重叠，对上海影响较大。

## 2.4 行业减灾能力调查

在全市范围内以区级行政区为基本调查单元，调查评估政府、企业和社会应急力量、基层在减灾备灾、应急救援救助和恢复重建过程中各种资源或能力的现状水平。

政府减灾能力调查。主要调查市、区级政府涉灾管理部门、各类专业救援救助队伍、救灾物资储备库（点）、灾害避难场所等的基本情况、人员队伍情况、资金投入情况、装备设备和物资储备情况。

企业和社会应急力量参与减灾能力调查。主要调查有关企业救援装备资源、保险与再保险企业综合减灾资源（能力）和社会应急力量综合减灾资源（能力）。

基层减灾能力调查。主要调查乡镇（街道）基本情况、人员队伍情况、应急救灾装备和物资储备情况、预案建设等内容。

## 2.4.1 政府减灾能力调查

### 1）调查目的、内容、方法

调查内容为政府灾害管理能力调查、政府专职和企业专职救援队伍与装备调查、救灾物资储备库（点）调查、应急避难场所调查，工作流程与技术方法包括对象清查、调查实施、数据审核。

### 2）调查成果

政府减灾能力调查主要成果包括上海市及所辖 16 个区的政府灾害管理能力、政府专职、救灾物资储备库（点）、应急避难场所等。

（1）政府灾害管理能力的数量统计和空间分布

① 数量统计

根据上海市水务海洋数据平台数据汇集，水旱灾害风险普查政府减灾能力调查中全市政府灾害管理涉及直属事业单位共 503 个，包括上海市防汛指挥办公室、上海市主要委办局、上海市水务有关单位、区防汛指挥办公室、区防汛有关单位、街道乡镇及国有企业 7 个类别。灾害管理人员总数 2 229 人，各类防汛专家共 207 人，灾害预案总数 503 个。

② 空间分布

单位数量市级层面较多，包括上海市防汛指挥办公室、上海市主要委办局、上海市水务有关单位和国有企业。区级单位较多的为徐汇区、虹口区、松江区，主要包括区防汛指挥办公室、区防汛有关单位、街道乡镇和国有企业，人员较多；区级单位较少的主要为区防汛指挥办公室和街道乡镇，人员较少。区级层面基本每个单位都有灾害预案，除黄浦区、徐汇区未报防汛专家外，其余市区都有防汛专家。政府灾害管理能力详见表 2-71 及图 2-37。

表 2-71 政府灾害管理能力统计表

| 序号 | 行政区 | 单位数量（个） | 人员（人） | 预案总数（个） | 防汛专家（人） |
|---|---|---|---|---|---|
| 1 | 上海市 | 110 | 473 | 110 | 105 |
| 2 | 浦东新区 | 37 | 213 | 37 | 27 |
| 3 | 黄浦区 | 11 | 56 | 11 | 0 |
| 4 | 徐汇区 | 48 | 144 | 48 | 0 |
| 5 | 长宁区 | 11 | 55 | 11 | 3 |
| 6 | 静安区 | 15 | 71 | 15 | 2 |
| 7 | 普陀区 | 11 | 56 | 11 | 1 |
| 8 | 虹口区 | 48 | 193 | 48 | 1 |

# 第 2 章 调查与评估

(续表)

| 序号 | 行政区 | 单位数量（个） | 人员（人） | 预案总数（个） | 防汛专家（人） |
|---|---|---|---|---|---|
| 9 | 杨浦区 | 34 | 148 | 34 | 4 |
| 10 | 闵行区 | 15 | 55 | 15 | 21 |
| 11 | 宝山区 | 14 | 70 | 14 | 4 |
| 12 | 嘉定区 | 45 | 184 | 45 | 4 |
| 13 | 金山区 | 13 | 80 | 13 | 4 |
| 14 | 松江区 | 46 | 198 | 46 | 5 |
| 15 | 青浦区 | 12 | 62 | 12 | 6 |
| 16 | 奉贤区 | 14 | 68 | 14 | 11 |
| 17 | 崇明区 | 19 | 103 | 19 | 9 |
| 合计 | | 503 | 2 229 | 503 | 207 |

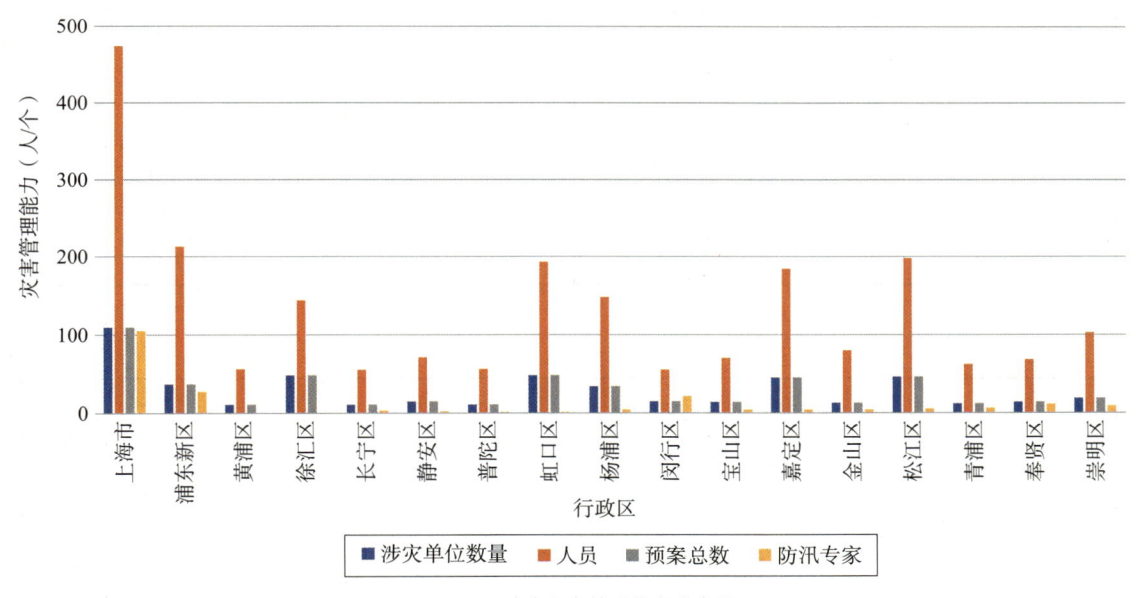

图 2-37 政府灾害管理能力分布图

（2）政府专职和企业救援队伍的数量统计和空间分布

① 数量统计

政府专职和企业防汛抢险队伍为 1 147 支，包含央企、市、区、街道四级，队伍总人数为 52 979 人。

② 空间分布

区、街镇级防汛抢险队伍数量较多的为松江区、嘉定区、奉贤区；区级防汛抢险总人数较多的为崇明区、松江区、嘉定区。防汛抢险队伍详见表 2-72—表 2-74。

表 2-72 防汛抢险队伍汇总表

| 级别 | 数量（个） | 人数（人） |
|---|---|---|
| 央企 | 6 | 2 071 |
| 市级 | 145 | 2 491 |
| 区级 | 322 | 24 286 |
| 街镇级 | 674 | 24 131 |
| 合计 | 1 147 | 52 979 |

表 2-73 央企及市级防汛抢险队伍汇总表

| 序号 | 单位 | 数量（个） | 人数（人） |
|---|---|---|---|
| 1 | 中国中铁 | 2 | 1 295 |
| 2 | 中国铁建 | 4 | 776 |
| 3 | 排水事务中心 | 30 | 150 |
| 4 | 隧道股份 | 3 | 211 |
| 5 | 建工集团 | 8 | 350 |
| 6 | 市堤防建设运行中心 | 6 | 120 |
| 7 | 排水公司 | 4 | 40 |
| 8 | 水利行业 | 94 | 1 620 |
| | 合计 | 145 | 2 491 |

表 2-74 区、街镇级防汛抢险队伍汇总表

| 序号 | 行政区 | 区 数量（个） | 区 人数（人） | 街镇 数量（个） | 街镇 人数（人） | 合计 数量（个） | 合计 人数（人） |
|---|---|---|---|---|---|---|---|
| 1 | 浦东新区 | 13 | 760 | 3 | 1 850 | 16 | 2 610 |
| 2 | 黄浦区 | 12 | 3 213 | 0 | 0 | 12 | 3 213 |
| 3 | 徐汇区 | 25 | 1 737 | 0 | 0 | 25 | 1 737 |
| 4 | 长宁区 | 6 | 332 | 10 | 200 | 16 | 532 |
| 5 | 静安区 | 11 | 1 681 | 14 | 535 | 25 | 2 216 |
| 6 | 普陀区 | 12 | 1 782 | 10 | 999 | 22 | 2 781 |
| 7 | 虹口区 | 12 | 1 180 | 8 | 247 | 20 | 1 427 |
| 8 | 杨浦区 | 49 | 1 524 | 57 | 1 304 | 106 | 2 828 |
| 9 | 闵行区 | 24 | 641 | 70 | 2034 | 94 | 2 675 |
| 10 | 宝山区 | 16 | 2 993 | 0 | 0 | 16 | 2 993 |
| 11 | 嘉定区 | 49 | 1 743 | 122 | 2 450 | 171 | 4193 |

# 第 2 章  调查与评估

(续表)

| 序号 | 行政区 | 区 数量（个） | 区 人数（人） | 街镇 数量（个） | 街镇 人数（人） | 合计 数量（个） | 合计 人数（人） |
|---|---|---|---|---|---|---|---|
| 12 | 金山区 | 12 | 1 851 | 13 | 2 305 | 25 | 4156 |
| 13 | 松江区 | 50 | 1 317 | 235 | 3 086 | 285 | 4403 |
| 14 | 青浦区 | 13 | 1 751 | 0 | 0 | 13 | 1 751 |
| 15 | 奉贤区 | 12 | 411 | 114 | 1 698 | 126 | 2 109 |
| 16 | 崇明区 | 6 | 1 370 | 18 | 7423 | 24 | 8793 |
| 合计 | | 322 | 24 286 | 674 | 24 131 | 996 | 48 417 |

（3）救灾物资储备库的数量统计和空间分布

① 数量统计

救灾物资储备库总计 377 个，包含市、区、街道三级，仓库物资价值估算 21 467.78 万元。其中市级共 9 个单位、16 个物资仓库、物资价值估算 6 714.54 万元，区级共 128 个物资仓库、物资价值估算 9 559.48 万元，街镇级 233 个物资仓库、物资价值估算 5 193.76 万元。防汛物资储备详见表 2-75、表 2-76 及图 2-38。

表 2-75  防汛物资储备汇总表

| 级别 | 数量（个） | 值估算（万元） |
|---|---|---|
| 市级 | 16 | 6 714.54 |
| 区级 | 128 | 9 559.48 |
| 街镇级 | 233 | 5 193.76 |
| 合计 | 377 | 21 467.78 |

表 2-76  市级防汛物资储备统计表

| 序号 | 单位 | 仓库数量（个） | 价值估算（万元） |
|---|---|---|---|
| 1 | 浦东新区防办 | 1 | 221.34 |
| 2 | 杨浦区防办 | 1 | 226.94 |
| 3 | 宝山区防办 | 1 | 199.84 |
| 4 | 金山区防办 | 3 | 309.27 |
| 5 | 崇明区防办 | 3 | 1 292.45 |
| 6 | 排水公司 | 1 | 741.17 |
| 7 | 市堤防建设运行中心 | 4 | 1 223.53 |
| 8 | 建工集团 | 1 | 1 500 |
| 9 | 隧道股份 | 1 | 1 000 |
| 合计 | | 16 | 6 714.54 |

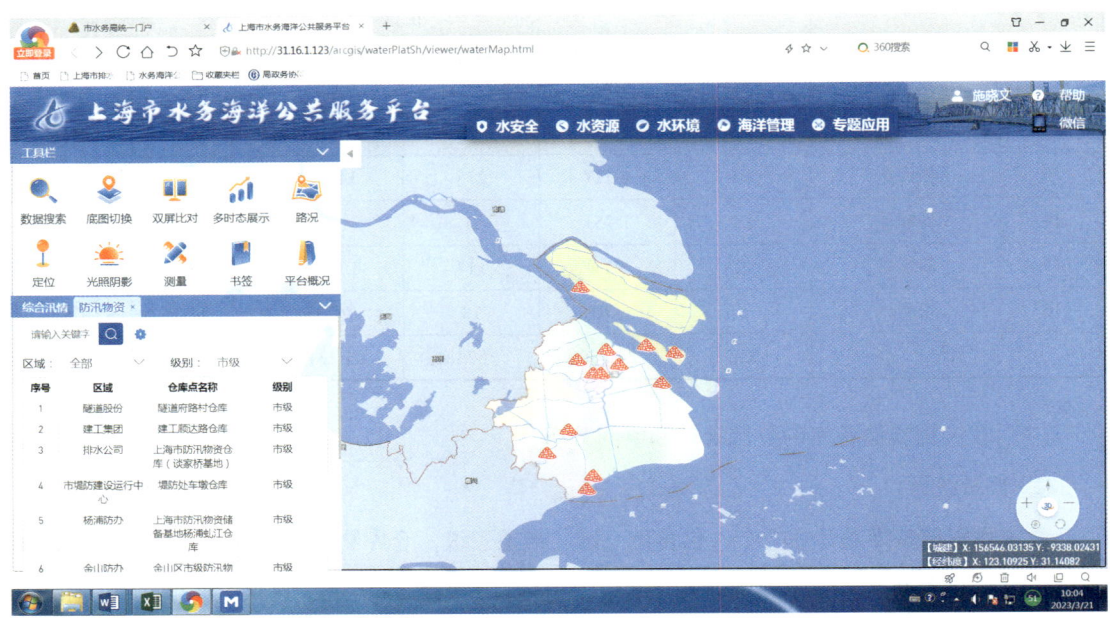

图 2-38 市级防汛物资储备库（点）分布图

② 空间分布

储备库数量较多的有闵行区、浦东新区、松江区，仓库物资价值估算排名较高的闵行区、松江区、普陀区。区、街镇级防汛物资储备详见表 2-77 及图 2-39。

表 2-77 区、街镇级防汛物资储备统计表

| 序号 | 区域 | 区级 | | 街镇 | | 合计 | |
|---|---|---|---|---|---|---|---|
| | | 仓库数量（个） | 价值估算（万元） | 仓库数量（个） | 价值估算（万元） | 仓库数量（个） | 价值估算（万元） |
| 1 | 浦东新区 | 8 | 358.30 | 36 | 660.30 | 44 | 1 018.60 |
| 2 | 黄浦区 | 4 | 71.00 | 10 | 52.20 | 14 | 123.20 |
| 3 | 徐汇区 | 1 | 400.00 | 13 | 25.08 | 14 | 425.08 |
| 4 | 长宁区 | 1 | 5.00 | 10 | 18.62 | 11 | 23.62 |
| 5 | 静安区 | 5 | 135.30 | 14 | 52.16 | 19 | 187.46 |
| 6 | 普陀区 | 19 | 1 255.00 | 9 | 171.05 | 28 | 1 426.05 |
| 7 | 虹口区 | 2 | 0.00 | 8 | 0.00 | 10 | 0.00 |
| 8 | 杨浦区 | 15 | 307.11 | 12 | 93.32 | 27 | 400.43 |
| 9 | 闵行区 | 32 | 2 702.27 | 15 | 857.88 | 47 | 3 560.15 |
| 10 | 宝山区 | 1 | 727.00 | 14 | 370.00 | 15 | 1 097.00 |
| 11 | 嘉定区 | 5 | 840.50 | 24 | 521.84 | 29 | 1 362.34 |
| 12 | 金山区 | 3 | 236.20 | 12 | 831.44 | 15 | 1 067.64 |

## 第 2 章　调查与评估

（续表）

| 序号 | 区域 | 区级 仓库数量（个） | 区级 价值估算（万元） | 街镇 仓库数量（个） | 街镇 价值估算（万元） | 合计 仓库数量（个） | 合计 价值估算（万元） |
|---|---|---|---|---|---|---|---|
| 13 | 松江区 | 16 | 731.90 | 23 | 904.82 | 39 | 1 636.72 |
| 14 | 青浦区 | 5 | 1 194.96 | — | — | 5 | 1 194.96 |
| 15 | 奉贤区 | 7 | 459.50 | 15 | 426.70 | 22 | 886.20 |
| 16 | 崇明区 | 4 | 135.43 | 18 | 208.36 | 22 | 343.79 |
|  | 合计 | 128 | 9 559.48 | 233 | 5 193.76 | 361 | 14 753.24 |

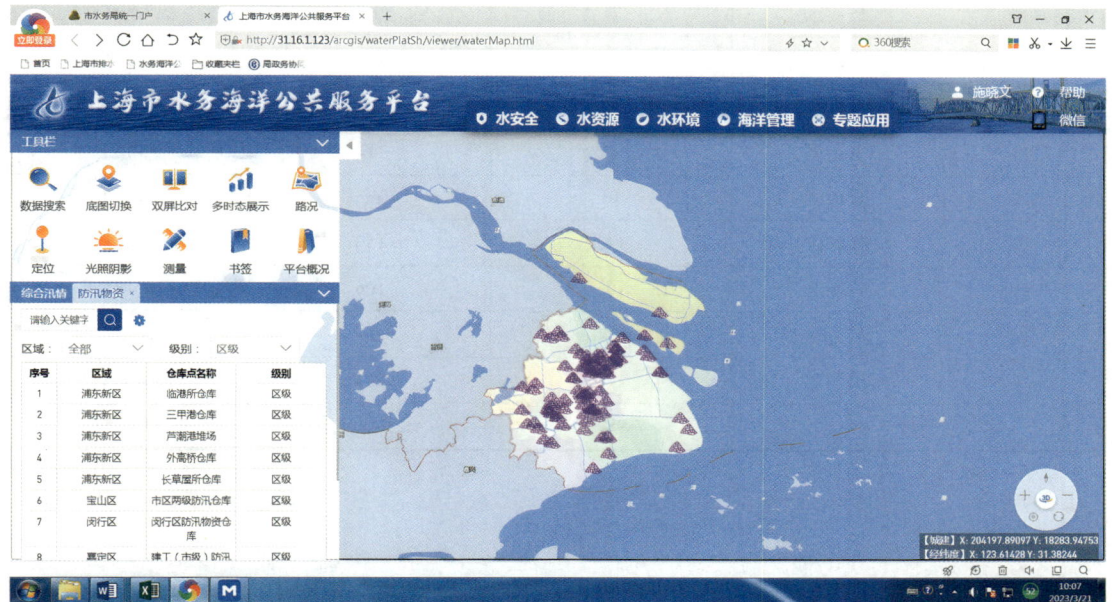

图 2-39　级防汛物资储备库（点）数量分布图

（4）应急避难场所的数量统计和空间分布

① 数量统计

2020 年全市人员撤离预案中全市撤离点共有 984 个、安置点共有 1 166 个、预撤离人数为 242 754 人。撤离点涉及积水小区、厂房、建设工地、居委会等，安置点涉及学校、公园、广场等。撤离预案详见统计表 2-78。

② 空间分布

撤离点场所数量较多的有崇明区、松江区、青浦区，安置点所数量较多的有松江区、崇明区、嘉定区，避难场所容纳人数较多的有浦东新区、金山区、嘉定区。撤离点预案统计分布、安置点预案统计分布见图 2-40—图 2-41。

表 2-78　全市人员撤离预案统计表

| 序号 | 行政区 | 撤离点数量（个） | 安置点数量（个） | 预撤离人数（人） |
|---|---|---|---|---|
| 1 | 浦东新区 | 35 | 67 | 81 355 |
| 2 | 黄浦区 | 2 | 2 | 240 |
| 3 | 静安区 | 28 | 28 | 5 879 |
| 4 | 徐汇区 | 88 | 87 | 18 247 |
| 5 | 长宁区 | 1 | 1 | 88 |
| 6 | 普陀区 | 75 | 75 | 14 349 |
| 7 | 虹口区 | 4 | 4 | 34 |
| 8 | 杨浦区 | 71 | 74 | 7 899 |
| 9 | 宝山区 | 98 | 91 | 13 968 |
| 10 | 闵行区 | 99 | 99 | 13 456 |
| 11 | 嘉定区 | 12 | 114 | 25 021 |
| 12 | 金山区 | 16 | 60 | 26 051 |
| 13 | 松江区 | 142 | 150 | 2 275 |
| 14 | 青浦区 | 105 | 106 | 6 484 |
| 15 | 奉贤区 | 64 | 64 | 3 237 |
| 16 | 崇明区 | 144 | 144 | 24 171 |
| | 合计 | 984 | 1 166 | 242 754 |

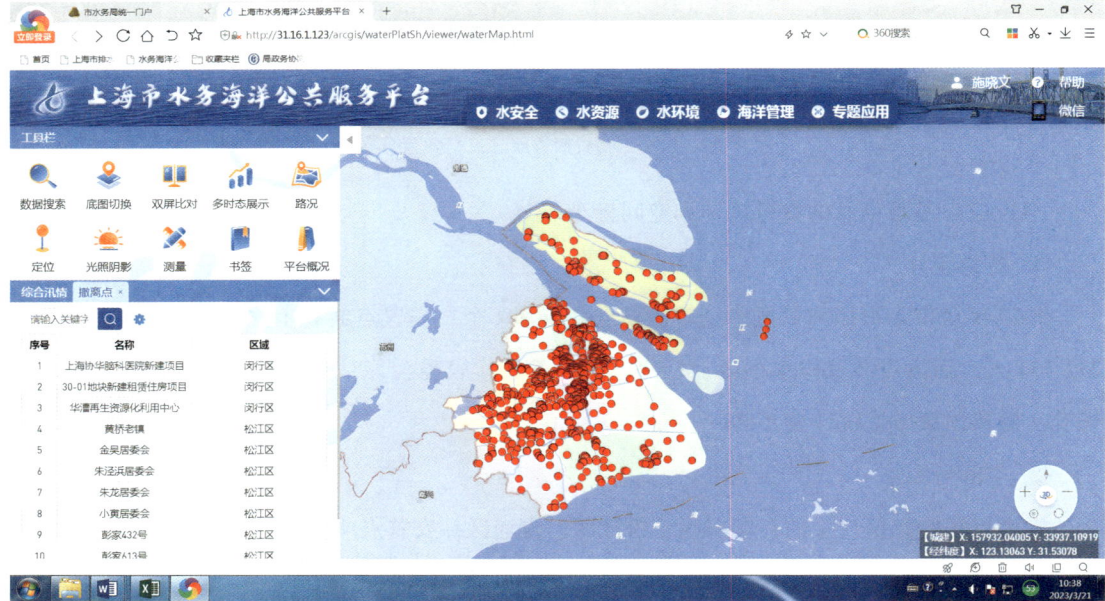

图 2-40　全市人员撤离点预案统计分布图

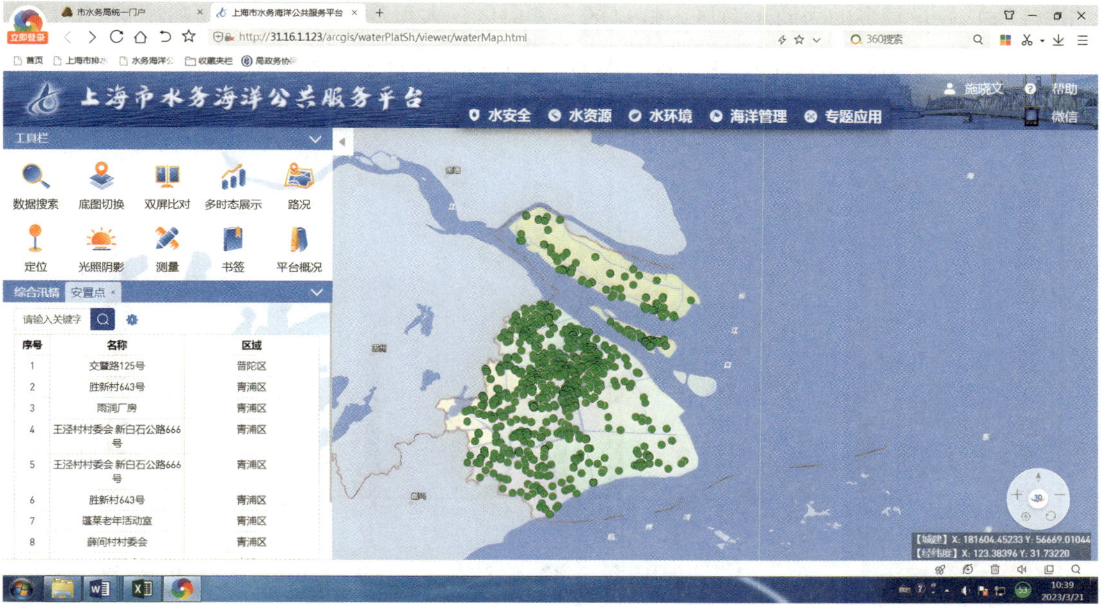

# 第 2 章 调查与评估

图 2-41 全市人员安置点预案统计分布图

## 2.4.2 企业与社会组织减灾能力调查

### 1) 调查目的、内容、方法

企业与社会组织减灾能力调查是上海市水旱灾害风险普查行业减灾能力调查的重要组成部分。企业与社会组织减灾能力调查是对上海市大（中）型救援装备资源以及社会应急力量的减灾能力基本情况等进行调查的一项基础性工作，调查结果可为政府开展减灾资源配置、资源调度和减灾能力与灾害风险评估提供翔实可靠的本底数据。

### 2) 调查成果

企业与社会组织减灾能力调查主要成果包括上海市及所辖 16 个区的大型企业救援装备、社会应急力量减灾能力等。本次统计与上海市风险普查综合部门统一口径。

（1）大型企业防汛减灾能力的数量统计和空间分布

① 数量统计

根据数据汇集，全市涉及大型企业救援单位共 58 个，大型挖掘机（指≥30 t）数量 59 台，大型汽车式起重机（指≥15 t）数量 262 台，大型装载机（功率≥147 kW）数量 59 台，大型履带式推土机（功率≥250 kW）数量 10 台，专职救援队伍数量 45 个，专职救援队伍人数 798 人。

② 空间分布

大型挖掘机（指≥30 t）数量较多的为杨浦区、宝山区、松江区，大型汽车式起重机

（指≥15 t）数量较多的为浦东新区、虹口区、宝山区，大型履带式推土机（功率≥250 kW）数量较多的为杨浦区、闵行区、宝山区。大型企业救援装备资源见图 2-42。

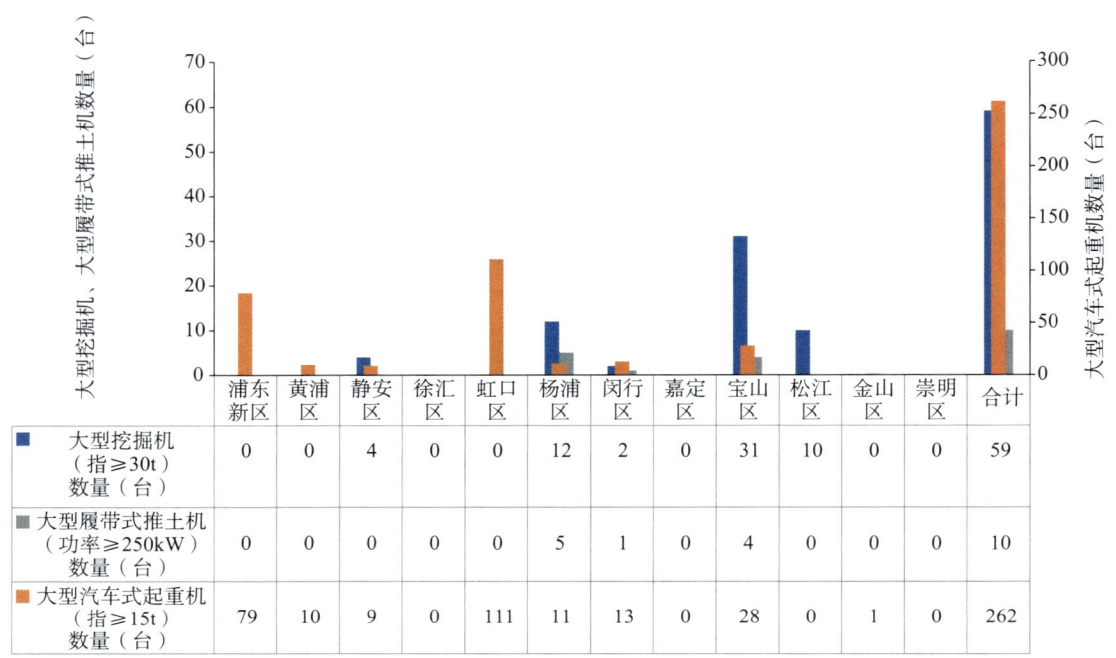

图 2-42　大型企业救援装备分布图

（2）社会组织防汛减灾能力的数量统计和空间分布

① 数量统计

根据数据汇集，社会组织减灾能力调查涉及企业（或组织）有 73 个，专职人员总数为 345 人，注册志愿者为 13 434 人，应急救援专业技术人员有 1 296 人，应急救援装备/物资总价值约 2 154.85 万元，2019 年度总收入 13 亿元。

② 空间分布

应急救援装备/物资总价值较多的为闵行区、松江区、嘉定区，2019 年度总收入较多的为浦东新区、普陀区、金山区。社会组织减灾能力分布见图 2-43。

## 2.4.3　乡镇与社区减灾能力调查

### 1）调查目的、内容、方法

乡镇与社区减灾能力调查是上海市水旱灾害风险普查行业减灾能力调查的重要组成部分。乡镇与社区减灾能力调查是对乡镇（街道）和社区（行政村）用于水旱灾害防灾、减灾、救灾的队伍、财力和物资资源等方面进行调查的一项基础性工作，调查结果可为基层减灾资源配

# 第 2 章 调查与评估

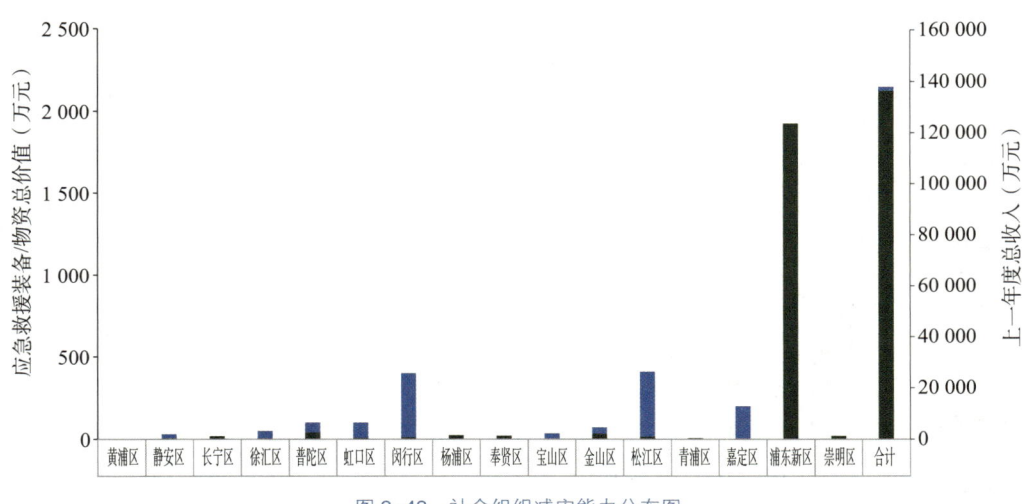

图 2-43 社会组织减灾能力分布图

置、资源调度和减灾能力评估、灾害风险评估提供可靠的本底数据。

乡镇（街道）减灾能力的调查，由应急部门协调，组织辖区内所有乡镇（街道）填写统计报表；社区（行政村）减灾能力调查，由水务部门协调，各乡镇（街道）组织辖区所有社区（行政村）填写统计报表。采取普查方式调查乡镇、居委会等基层参与水旱灾害备灾、应急救援的资源，以及公众的灾害认知、自救和互救技能等。

### 2） 调查成果

乡镇与社区减灾能力调查主要成果包括上海市及所辖 16 个区的乡镇（街道）减灾能力、社区（行政村）减灾能力等。本次统计与上海市风险普查综合部门统一口径。

（1） 乡镇（街道）防汛减灾能力的数量统计和空间分布

① 数量统计

根据数据汇集，本次调查全市乡镇（街道）39 个，本级灾害管理工作人员总数 332 人，近 3 年编制或修订自然灾害应急预案数量 236 次，2019 年度防灾减灾救灾资金投入总金额共计 1 371.36 万元。

② 空间分布

本级灾害管理工作人员总数较多的为静安区、浦东新区、宝山区；近 3 年编制或修订自然灾害应急预案数量较多的为浦东新区、静安区、青浦区；上一年度防灾减灾救灾资金投入总金额较高的为青浦区、金山区、静安区。乡镇（街道）减灾能力分布见图 2-44。

（2） 乡镇（街道）防汛减灾能力的数量统计和空间分布

① 数量统计

根据数据汇集，本次调查全市乡镇（街道）减灾能力调查涉及 6 293 个，社区医疗卫生服

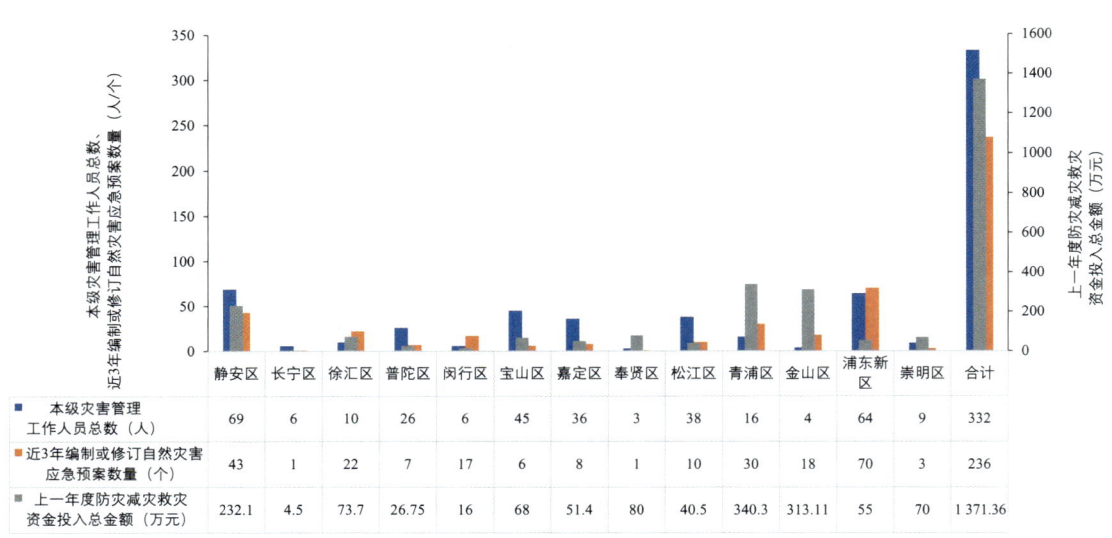

图 2-44 乡镇（街道）减灾能力分布图

务站 3 409 个，现有储备物资折合金额 15 164 万元，参与上一年度组织的防灾演练活动的居民 554 043 人次。

② 空间分布

社区医疗卫生服务站总数较多的为浦东新区、闵行区、宝山区；现有储备物资折合金额较高的为青浦区、嘉定区、宝山区；参与上一年度组织的防灾演练活动的居民人次较多的为浦东新区、宝山区、闵行区。社区（行政村）减灾能力分布见图 2-45。

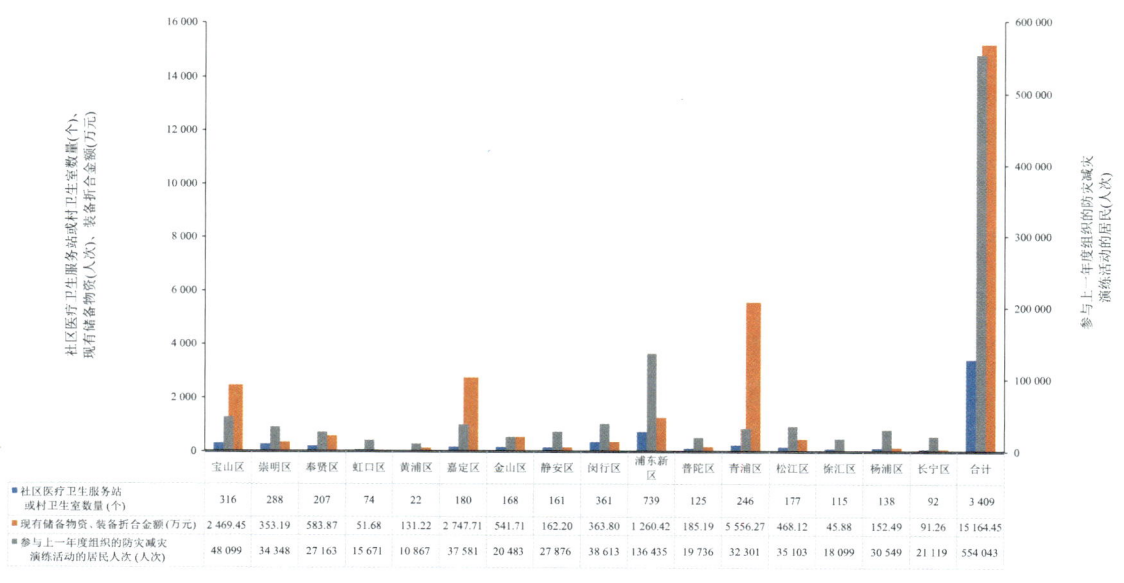

图 2-45 社区（行政村）减灾能力分布图

# 第 2 章　调查与评估

## 2.5　重点隐患调查与评估

针对承灾体高敏感性、高脆弱性和设防不达标等情况，水利重点调查评估主要堤防、水闸和泵站的隐患，排水重点调查评估雨水排水管道、雨水排水泵站的隐患；在调查隐患的基础上，构建承灾体综合评价指标体系，根据定量、定性指标的特点，基于指标权重专家评判等方法，对不同指标的权重进行赋值，开展承灾体分级评估。

### 2.5.1　水利设施隐患调查与评估

#### 1）堤防隐患调查

（1）主海塘隐患调查

主海塘主要存在的隐患共计 21 处，分别分布在崇明岛、宝山区和金山区。主要隐患类型包括沉降异常、存在防汛缺口、外坡破损、堤身土方流失、防浪墙破损、交叉建筑物破损以及违章搭建等。具体隐患信息详见表 2-79。

表 2-79　大陆及三岛主海塘隐患情况

| 序号 | 行政区 | 隐患岸段 | 隐患类别 | 隐患描述 |
|---|---|---|---|---|
| 1 | 崇明区 | 中船圈围 | 沉降异常 | 堤顶高程低于设计值 50~70 cm |
| 2 | 宝山区 | 宝钢西段 | 沉降异常 | 现状高程低于设计值 40~50 cm |
| 3 | | 宝钢东段 | 沉降异常 | 现状高程低于设计值 42~46 cm |
| 4 | | 上海吴淞口国际邮轮港发展公司 | 沉降异常 | 现状高程低于设计值 50 cm |
| 5 | | 罗泾港区二期主海塘 1 | 沉降异常 | 现状高程低于设计值 45 cm |
| 6 | | 罗泾港区二期主海塘 2 | 沉降异常 | 现状高程低于设计值 35 cm |
| 7 | | 罗泾港区主海塘 1 | 沉降异常 | 现状高程低于设计值 49 cm |
| 8 | | 罗泾港区主海塘 2 | 沉降异常 | 现状高程低于设计值 49 cm |
| 9 | | 脱硫码头 | 沉降异常 | 现状高程低于设计值 40 cm |
| 10 | 奉贤区 | 柘林塘圈围大堤 | 结构破损、土方流失 | 外坡块石沉降缺失、沥青路面洞穴、内坡土方流失、顺坝块石缺失 |
| 11 | | 奉新六号塘 | 滩面冲刷、闸门破损 | 滩地冲刷后退、闸门滚轮生锈、部分闸门损坏 |
| 12 | | 水利塘（14+760） | 交叉建筑物损坏 | 结构破损、启闭设施损坏 |
| 13 | | 华电灰坝 | 防潮标准不足、交叉建筑物损坏 | 防御标准低、交叉建筑物结构损坏、启闭设施损坏 |
| 14 | | 华电灰坝东圈围大堤 | 外坡结构、防浪墙破损 | 格埂断裂、平台块石缺失、防浪墙开裂外倾 |
| 15 | | 金汇塘 | 外坡、顺坝破损、交叉建筑物损坏 | 顺坝块石缺损、坝面沉降、护面缺损；闸门渗水、闸房已属危房 |
| 16 | | 东港塘 | 外坡破损、堤身土方流失 | 外坡块石缺失、人工块体缺失、内坡块石坍塌 |

(续表)

| 序号 | 行政区 | 隐患岸段 | 隐患类别 | 隐患描述 |
|---|---|---|---|---|
| 17 | 奉贤区 | 海水塘 | 违章搭建 | 违章搭建 |
| 18 | | 三团港圈围大堤 | 外坡破损 | 护面块石缺失 |
| 19 | | 团结塘 | 外坡破损、防汛缺口 | 护面块石缺失、防汛缺口未配备闸门 |
| 20 | | 中港两侧港支堤 | 交叉建筑物损坏、防汛缺口 | 闸门渗水、翼墙损坏、结构老化、防汛缺口未配备闸门 |
| 21 | | 临港圈围 | 防汛缺口 | 防汛缺口闸门无法关闭 |

（2）黄浦江及其上游、苏州河及其他堤防隐患调查

黄浦江及其上游堤防、苏州河堤防及其他堤防隐患调查主要体现在堤防未达规划设计标准。其中，苏州河堤防未达标岸段长度为67.10 km，主要分布在青浦区和嘉定区；其他堤防未达标岸段长度为44.6 km，集中在青浦区，涉及的河道主要有新通波塘、通波塘、大涨泾、淀浦河、雪落漾、朱沼漾、元荡和淀山湖部分岸段。堤防未达标详见表2-80。

表2-80  堤防未达标统计表　　　　　　　　　　　　　　　（单位：km）

| 编号 | 行政区 | 主海塘 | 苏州河 | 其他 |
|---|---|---|---|---|
| 1 | 浦东新区 | 51.37 | — | — |
| 2 | 嘉定区 | — | 40.95 | — |
| 3 | 青浦区 | — | 26.15 | 44.6 |
| 4 | 奉贤区 | 2.57 | — | — |
| 5 | 崇明区 | 52.52 | — | — |
| | 合计 | 106.46 | 67.1 | 44.6 |

2）堤防风险评估

根据主海塘、黄浦江上游、苏州河与其他堤防现状情况与各区提交的隐患分布情况，本次普查编制了《上海市水旱灾害风险普查黄浦江（上游及市区段）、苏州河堤防风险评价办法》及《上海市水旱灾害风险普查大陆及三岛海塘风险评价办法》《上海市水旱灾害风险普查其他堤防风险评价办法》，并根据三项办法开展了风险评价。

（1）黄浦江上游、苏州河堤防风险等级评估

① 风险等级判定原则

● 风险评价方法采用更加适用于黄浦江上游、苏州河堤防的风险矩阵经验改良法，风险等级＝重要程度×阈值；

● 风险等级分为四类，分别为低风险、中风险、高风险、极高风险；

## 第 2 章 调查与评估

- 风险等级采用单风险因子判定,即有一项风险因子达到某风险等级阈值范围,该段堤防即达到该风险等级;
- 堤防经过安全鉴定,结论为三、四类且尚未进行改造的防汛墙,判定为极高风险。

② 风险等级判定参数

黄浦江、苏州河堤防风险等级判定参数见表2-81。

③ 风险等级评价结果

总体情况:根据上述判定办法,黄浦江上游堤防低风险堤防长度为277.81 km,占比为57.98%;中风险堤防长度为143.9 km,占比为30.03%;高风险堤防长度为17.38 km,占比为3.63%;极高风险堤防长度为40.03 km,占比为8.36%。

表2-81 黄浦江、苏州河堤防风险等级判定参数表

| 部位 | 风险因素 | 控制指标(阈值) | 风险等级 |
|---|---|---|---|
| 堤身(大堤结构) | 堤顶沉降 | 设防高水位≤堤顶高程≤设防高程 | 中风险 |
| | | 堤顶高程≤设防高水位 | 极高风险 |
| | 堤顶塌陷 | 一旦出现即列为高风险 | 极高风险 |
| | 管涌渗水 | 高水位堤后管涌 | 极高风险 |
| | | 高水位堤后渗水,水流浑浊 | 极高风险 |
| | | 高水位堤后渗水,水流较清澈 | 中风险 |
| 墙身(防汛墙结构) | 墙顶沉降 | 设防高水位≤墙顶高程≤设防高程 | 中风险 |
| | | 墙顶高程≤设防高水位 | 极高风险 |
| | 墙身薄弱 | 墙体损坏严重 | 极高风险 |
| | | 墙体结构基本完整,但变形超过30 mm、一幅墙体贯穿缝超过3条 | 中风险 |
| | 墙体变形 | 沉降、倾斜、错位 | 中风险 |
| | 管涌渗漏 | 地基渗漏,基础底部脱空 | 极高风险 |
| 墙前滩面及护坡 | 滩面淘刷严重 | 墙前泥面高程:低于2.0 m,高于1.0 m(黄浦江上游);低于2.25 m,高于1.0 m(拦路港);低于1.9 m,高于1.0 m(大泖港);低于1.2 m,高于0.7 m(太浦河);低于1.3 m,高于0.8 m(红旗塘) | 中风险 |
| | | 墙前泥面高程:低于1.0 m(黄浦江上游、拦路港、大泖港);低于0.7 m(太浦河);低于0.8 m(红旗塘) | 极高风险 |
| | | 墙前泥面平台<10 m,河床岸坡坡比<1:2 | 极高风险 |
| | | 墙前泥面平台<10 m,河床岸坡坡比>1:2 | 中风险 |
| | | 墙前泥面平台>10 m,河床岸坡坡比<1:2 | 中风险 |
| | | 墙前泥面平台宽度为0 m,1:2<河床岸坡坡比<1:3 | 高风险 |
| | 护坡完整性 | 存在开裂、错位、下滑等现象,但暂时未出现土方流失 | 中风险 |
| | | 出现土方流失及掏空 | 高风险 |

(续表)

| 部位 | 风险因素 | 控制指标（阈值） | 风险等级 |
|---|---|---|---|
| 交叉建筑物 | 穿堤建（构）筑物部位开裂、脱空、错位 | 存在开裂、脱空、错位现象，但暂未出现渗水或土方流失 | 高风险 |
| | | 出现渗漏或土方流失 | 极高风险 |
| | 防汛闸门 | 非汛期闸门缺失、倾覆；闸门、门轨、连接件严重锈蚀；门轨受压变形，影响闸门启闭且养护难以修复；闸门墩柱与防浪墙连接部位存在错位、脱开现象；闸门墩柱表面破损深度在 10 cm 以内 | 中风险 |
| | | 汛期闸门缺失、倾覆；闸门墩柱断裂 | 极高风险 |
| 墙后腹地 | 墙后违规堆载加载 | 超过设计运行墙后荷载要求 2 倍及以上 | 极高风险 |
| | | 超过设计运行墙后荷载要求 2 倍以内 | 中风险 |
| | 墙后违规开挖卸载 | 2 倍基坑开挖深度以内范围 | 中风险 |
| 外力因素及其他 | 船舶撞损及违规行为 | 发生墙前船舶撞击，存在违停等违规行为 | 极高风险 |
| | 其他 | 码头及两侧一定范围；雨水排放口两侧一定范围 | 中风险 |

苏州河堤防低风险堤防长度为 112.11 km，占比为 89.17%；中风险堤防长度为 1.47 km，占比为 1.17%；高风险堤防长度为 12.15 km，占比为 9.66%；不存在极高风险堤防。

各区堤防风险分布情况详见表 2-82、表 2-83，图 2-46、图 2-47 及附图 4。

表 2-82　黄浦江及其上游堤防风险等级分区评价表

| 行政区 | 低风险 | | 中风险 | | 高风险 | | 极高风险 | | 合计（km） |
|---|---|---|---|---|---|---|---|---|---|
| | 长度（km） | 占比 | 长度（km） | 占比 | 长度（km） | 占比 | 长度（km） | 占比 | |
| 浦东新区 | 33.67 | 55.98% | 15.06 | 25.03% | 0.00 | 0% | 11.42 | 18.99% | 60.15 |
| 黄浦区 | 5.14 | 54.16% | 2.6 | 27.40% | 0.00 | 0% | 1.75 | 18.44% | 9.49 |
| 徐汇区 | 5.31 | 20.16% | 18.28 | 69.40% | 2.75 | 10.44% | 0.00 | 0% | 26.34 |
| 虹口区 | 3.09 | 100.00% | 0.00 | 0% | 0.00 | 0% | 0.00 | 0% | 3.09 |
| 杨浦区 | 2.64 | 9.87% | 17.26 | 64.55% | 0.51 | 1.91% | 6.33 | 23.67% | 26.74 |
| 闵行区 | 38.62 | 41.73% | 40.49 | 43.75% | 10.19 | 11.01% | 3.25 | 3.51% | 92.55 |
| 宝山区 | 24.67 | 54.29% | 13.33 | 29.34% | 0.00 | 0% | 7.44 | 16.37% | 45.44 |
| 金山区 | 4.85 | 100.00% | 0.00 | 0% | 0.00 | 0% | 0.00 | 0% | 4.85 |
| 松江区 | 74.52 | 72.68% | 22.29 | 21.74% | 0.00 | 0% | 5.72 | 5.58% | 102.53 |
| 青浦区 | 66.25 | 76.70% | 12.28 | 14.22% | 3.93 | 4.55% | 3.91 | 4.53% | 86.37 |
| 奉贤区 | 19.06 | 88.36% | 2.31 | 10.71% | 0.00 | 0% | 0.2 | 0.93% | 21.57 |
| 合计 | 277.82 | 57.98% | 143.9 | 30.03% | 17.38 | 3.63% | 40.02 | 8.36% | 479.12 |

# 第 2 章  调查与评估

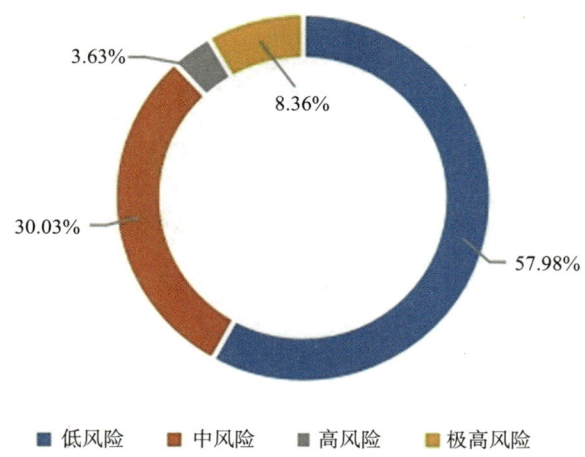

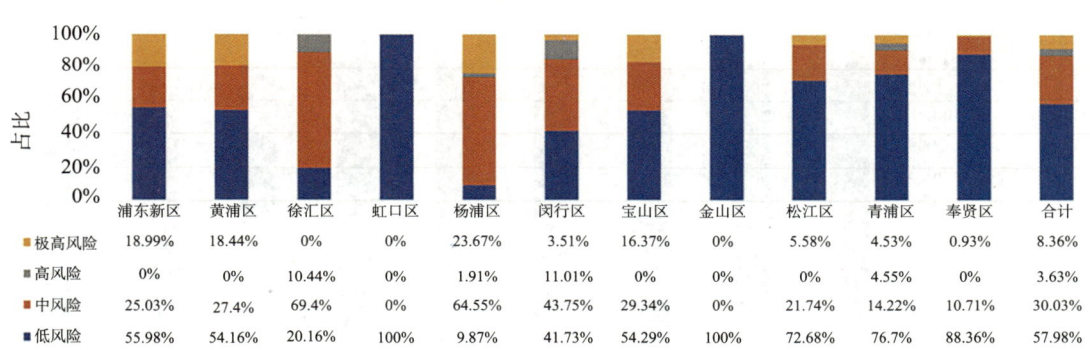

图 2-46  黄浦江堤防风险等级评价占比图

表 2-83  苏州河堤防风险等级分区评价表

| 行政区 | 低风险 | | 中风险 | | 高风险 | | 极高风险 | | 合计 (km) |
|---|---|---|---|---|---|---|---|---|---|
| | 长度 (km) | 占比 | 长度 (km) | 占比 | 长度 (km) | 占比 | 长度 (km) | 占比 | |
| 黄浦区 | 2.99 | 100% | 0.00 | 0% | 0.00 | 0% | 0.00 | 0% | 2.99 |
| 长宁区 | 12.64 | 100% | 0.00 | 0% | 0.00 | 0% | 0.00 | 0% | 12.64 |
| 静安区 | 5.17 | 81.49% | 1.17 | 18.51% | 0.00 | 0% | 0.00 | 0% | 6.34 |
| 普陀区 | 21.99 | 99.43% | 0.13 | 0.57% | 0.00 | 0% | 0.00 | 0% | 22.12 |
| 虹口区 | 0.93 | 100% | 0.00 | 0% | 0.00 | 0% | 0.00 | 0% | 0.93 |
| 闵行区 | 13.62 | 100 % | 0.00 | 0% | 0.00 | 0% | 0.00 | 0% | 13.62 |
| 嘉定区 | 40.95 | 100% | 0.00 | 0% | 0.00 | 0% | 0.00 | 0% | 40.95 |
| 青浦区 | 13.83 | 52.89% | 0.17 | 0.65% | 12.15 | 46.46% | 0.00 | 0% | 26.15 |
| 合计 | 112.12 | 89.17% | 1.47 | 1.17% | 12.15 | 9.66% | 0.00 | 0% | 125.74 |

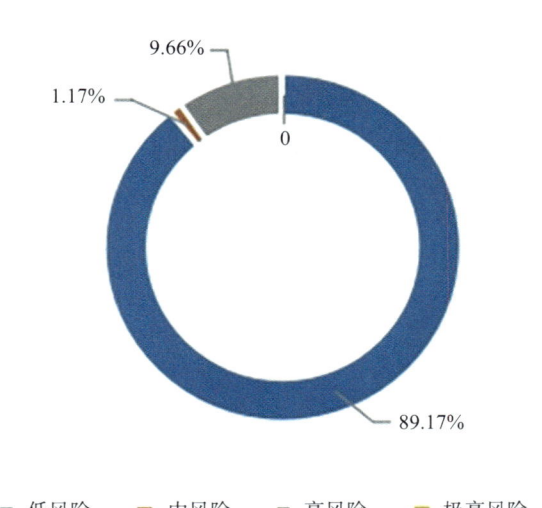

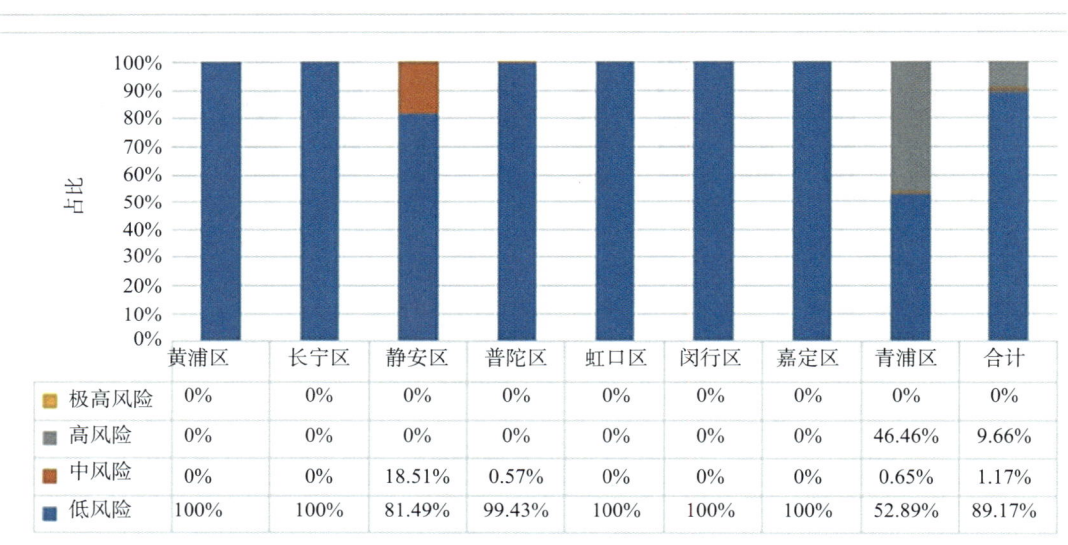

图 2-47 苏州河堤防风险等级评价占比图

（2）黄浦江及其上游各区堤防

浦东新区低风险堤防长度为 33.67 km，占比为 55.98%；中风险堤防长度为 15.06 km，占比为 25.03%，主要风险为堤顶沉降、墙体有破损、墙身厚度不满足规范要求等；极高风险堤防长度为 11.42 km，占比为 18.99%，主要风险为堤顶沉降异常、墙身贯穿性裂缝多、墙体大面积破损等。

黄浦区低风险堤防长度为 5.14 km，占比为 54.16%；中风险堤防长度为 2.60 km，占比为 27.4%，主要风险为墙体有破损；存在极高风险堤防长度为 1.75 km，占比为 18.44%，主要风险为结构破损严重、沉降异常、桩身无基础，部分经安全鉴定为三类墙。

# 第 2 章  调查与评估

徐汇区低风险堤防长度为 5.31 km，占比为 20.16%；中风险堤防长度为为 18.28 km，占比为 69.4%，主要风险为墙体有破损；高风险的堤防长度为 2.75 km，占比为 10.44%，主要风险为结构破损较严重、沉降较大。

虹口区低风险堤防长度为 3.09 km，占比为 100%。

杨浦区低风险堤防长度为 2.64 km，占比为 9.87%；中风险堤防长度为 17.26 km，占比为 64.55%，主要风险为墙顶高程不足；高风险堤防长度为 0.51 km，占比为 1.91%，主要风险为墙体有破损；极高风险堤防长度为 6.33 km，占比为 23.67%，主要风险为结构破损严重、沉降异常、墙前护坡受损等。

闵行区低风险堤防长度为 38.62 km，占比为 41.73%；中风险堤防长度为 40.49 km，占比为 43.75%，主要风险为墙体有破损；高风险堤防长度为 10.19 km，占比为 11.01%，主要风险为结构破损较严重、沉降较大；极高风险堤防长度为为 3.25 km，占比为 3.51%，主要风险为结构严重破损、沉降异常、墙前护坡受损等。

宝山区低风险堤防长度为 24.67 km，占比为 54.29%；中风险堤防长度为 13.33 km，占比为 29.34%，主要风险为堤顶沉降、墙体有破损、墙身厚度不满足规范要求等；极高风险的堤防长度为 7.44 km，占比为 16.37%，主要风险为沉降异常、墙身贯穿性裂缝多、墙体大面积破损等。

金山区低风险堤防长度为 4.85 km，占比为 100%。

松江区低风险堤防长度为 74.52 km，占比为 72.68%；中风险堤防长度为 22.29 km，占比为 21.74%，主要风险为墙前泥面高程低于 2.00 m、高于 1.0 m 或者河床岸坡坡比小于 1∶2；极高风险堤防长度为 5.72 km，占比为 5.58%，主要风险为墙体损坏严重以及地基渗漏、基础底部脱空，同时存在墙前泥面高程低于 2.00 m、高于 1.0 m，墙前泥面平台小于 10 m，河床岸坡坡比小于 1∶2 等问题。

青浦区低风险堤防长度为 66.25 km，占比为 76.70%；中风险堤防长度为 12.28 km，占比为 14.22%，主要风险为墙前泥面高程低于 2.00 m、高于 1.0 m 或者墙前泥面平台小于 10 m；高风险堤防长度为 3.93 km，占比为 4.55%，主要风险为墙前泥面平台宽度为 0 m，河床岸坡坡比小于 1∶3 大于 1∶2；极高风险的堤防长度为 3.91 km，占比为 4.53%，主要风险为同时存在墙前泥面高程低于 2.00 m、高于 1.0 m，墙前泥面平台小于 10 m，河床岸坡坡比小于 1∶2，墙前泥面平台宽度为 0m，河床岸坡坡比小于 1∶3 大于 1∶2 等问题。

奉贤区低风险堤防长度为 19.06 km，占比为 88.36%；中风险堤防长度为 2.31 km，占比为 10.71%，主要风险为墙体有破损；极高风险堤防长度为 0.2 km，占比为 0.93%，主要风险为结构严重破损、沉降异常、墙前护坡受损等。

(3) 苏州河各区堤防

静安区低风险堤防长度为 5.17 km，占比为 81.49%；中风险堤防长度为 1.17 km，占比为 18.51%，主要风险为墙身老化、墙后地坪渗水、防汛墙伸缩缝漏水等。

普陀区低风险堤防长度为 21.99 km，占比为 99.43%；中风险堤防长度为 0.13 km，占比为 0.57%，主要风险为墙身薄弱、墙体有破损等。

青浦区低风险堤防长度为 13.83 km，占比为 52.89%；中风险堤防长度为 0.17 km，占比为 0.65%，主要风险为岸段位于码头及两侧一定范围内；高风险堤防长度为 12.15 km，占比为 46.46%，主要风险为堤防结构尚未达标。

其余各区堤防均为低风险。

(4) 主海塘风险评价结果

① 风险等级判定原则

- 风险评价方法采用综合考虑危险源的危害程度、发展程度和出险频次，风险等级＝危害程度×发展程度×出现次数；
- 风险等级分为四类，分别为低风险、中风险、高风险、极高风险；
- 堤顶沉陷、堤身空洞、外坡护坡空洞、塌陷、变形、反滤结构损坏或缺失等重大危险源一旦出现，即列为重大风险；
- 海塘经过安全鉴定后认定结论为三类且未经改造的，判定为重大风险；
- 当主海塘外侧有可发挥防潮、消浪能力的一线海塘时，主海塘风险等级可降低一级。

危险源辨识情况见表 2-84。

表 2-84 危险源辨识表

| 部位 | 序号 | 风险清单 | 危害度 | 发展度 | |
|---|---|---|---|---|---|
| 堤顶 | 1 | 堤顶高程不足 | 高 | 平均欠高<0.2 m，最大欠高<0.5 m | 一般 |
| | | | | 平均欠高≥0.2 m，或最大欠高≥0.5 m | 严重 |
| | 2 | 相邻防浪墙错位 | 低 | 相邻防浪墙墙顶错位在 1 cm 以内 | 较轻 |
| | | | | 相邻防浪墙墙顶错位在 1~5 cm 且有进一步发展趋势 | 一般 |
| | | | | 相邻防浪墙墙顶错位>5 cm | 严重 |
| | 3 | 防浪墙破损 | 低 | 墙体破损深度<10 cm；墙体表面开裂、凹陷、残缺块或脱落；墙身倾斜，但无迅速发展趋势；沥青止水与墙体脱开而形成渗水通道 | 一般 |
| | | | | 墙体破损深度>10 cm；砌石墙体出现横向贯穿缝，有整体坍塌的风险；墙身倾斜，且倾斜呈迅速发展趋势 | 严重 |
| | 4 | 堤顶沉陷 | 高 | 一旦出现即列为高风险 | 严重 |
| 堤身 | 1 | 堤身空洞 | 高 | 一旦出现即列为高风险 | 严重 |
| | 2 | 坡脚渗水冒沙 | 高 | 高潮位坡脚渗水，水流较清澈 | 一般 |
| | | | | 高潮位坡脚渗水，水流浑浊 | 严重 |

## 第 2 章  调查与评估

(续表)

| 部位 | 序号 | 风险清单 | 危害度 | 发展度 | |
|---|---|---|---|---|---|
| 外坡 | 1 | 护坡空洞、塌陷、变形,反滤结构局部损坏、缺失 | 高 | 一旦出现即列为高风险 | 严重 |
| | 2 | 护面块体破损、缺失 | 中 | 栅栏板护面每 100 m² 有 30 m² 以下面积损坏、缺失;人工块体护面每 100 m² 有 30 m² 以下面积发生移动、滚动或缺失 | 一般 |
| | | | | 栅栏板护面每 100 m² 有 30 m² 以上面积损坏、缺失;人工块体护面每 100 m² 有 30 m² 以上面积发生移动、滚动或缺失 | 严重 |
| | 3 | 护脚沉陷、断裂 | 中 | 堤脚护底结构局部冲蚀、下沉 | 一般 |
| | | | | 堤脚护底结构每 100 m² 损坏面积超过 30 m² | 严重 |
| | 4 | 大方脚变形、断裂、错位 | 中 | 大方脚局部变形、断裂、错位 | 一般 |
| | | | | 每 100 m² 损坏面积超过 30m² | 严重 |
| 内坡 | 5 | 内坡滑塌 | 中 | 局部滑塌 | 一般 |
| | | | | 整体滑塌 | 严重 |
| 滩涂 | 6 | 前沿滩地存在深坑、深槽或陡坎 | 高 | 坑、槽或陡坎距离堤脚不足 20 m,但近期滩地淤积或处于冲淤平衡态势的堤段 | 一般 |
| | | | | 坑、槽或陡坎距离堤脚不足 20 m,且有持续内逼趋势,短期易造成崩岸、坍塌 | 严重 |
| 穿跨堤建筑物 | 1 | 穿堤建(构)筑物部位开裂、脱空、错位 | 中 | 存在开裂、脱空、错位现象,但暂时未出现渗水或土方流失 | 一般 |
| | | | | 出现渗漏或土方流失 | 严重 |
| | 2 | 防汛闸门 | 低 | 非汛期闸门缺失、倾覆;闸门、门轨、连接件严重锈蚀;门轨受压变形,影响闸门启闭且养护难以修复;闸门墩柱与防浪墙连接部位存在错位、脱开现象;闸门墩柱表面破损深度在 10 cm 以内 | 一般 |
| | | | | 汛期闸门缺失、倾覆;闸门墩柱断裂 | 严重 |
| 保滩工程 | 1 | 砌石护面脱落、滚动、坍塌、沉陷 | 低 | 30 m² ≤ 每 100 m² 脱落、滚动、坍塌、沉陷面积<50 m² | 一般 |
| | | | | 每 100 m² 脱落、滚动、坍塌、沉陷面积≥50 m² | 严重 |
| | 2 | 人工块体护面移动、滚动、缺失 | 低 | 30 m² ≤ 每 100 m² 移动、滚动、缺失面积<50 m² | 一般 |
| | | | | 每 100 m² 移动、滚动、缺失面积≥50 m² | 严重 |
| | 3 | 丁坝冲蚀坍塌 | 中 | 坝头局部冲蚀性下降、坝体局部坍塌 | 一般 |
| | | | | 坝体整体崩塌 | 严重 |

② 风险等级判定参数

风险风机评定标准及参数见表 2-85。

③ 风险等级判定结果

首先,介绍风险等级判断结果的总体情况。

根据上述判定办法,主海塘低风险岸段长度为 424.85 km,占比为 85.50%;中风险岸段长度为 2.57 km,占比为 0.52%;高风险岸段长度为 40.22 km,占比为 8.10%;极高风险岸段长度为 29.20 km,占比为 5.88%。各区堤防风险分布情况详见表 2-86、图 2-48 及附图 4。

表 2-85  风险评定标准表

| 危害程度 | 发展程度 | 出现次数 | 风险评定标准 |
|---|---|---|---|
| 高 | 严重 | 1 | 极高风险 |
| 高 | 一般 | ≥2 | 极高风险 |
|  |  | 1 | 高风险 |
| 中 | 一般 | ≥2 | 极高风险 |
|  |  | 1 | 高风险 |
| 中 | 一般 | ≥2 | 高风险 |
|  |  | 1 | 中风险 |
| 低 | 严重 | ≥2 | 高风险 |
|  |  | 1 | 中风险 |
| 低 | 一般 | ≥2 | 中风险 |
|  |  | 1 | 低风险 |
| 低 | 较轻 | 无频次要求 | 低风险 |

表 2-86  主海塘风险等级分区评价表

| 行政区 | 低风险 | | 中风险 | | 高风险 | | 极高风险 | | 合计 (km) |
|---|---|---|---|---|---|---|---|---|---|
|  | 长度 (km) | 占比 | 长度 (km) | 占比 | 长度 (km) | 占比 | 长度 (km) | 占比 |  |
| 宝山区 | 19.27 | 67.05% | 0.00 | 0% | 4.45 | 15.48% | 5.02 | 17.47% | 28.74 |
| 浦东新区 | 114.83 | 98.73% | 0.00 | 0% | 0.70 | 0.60% | 0.78 | 0.67% | 116.31 |
| 奉贤区 | 31.45 | 77.26% | 2.11 | 5.18% | 0.00 | 0% | 7.15 | 17.56% | 40.71 |
| 金山区 | 23.98 | 100% | 0.00 | 0% | 0.00 | 0% | 0.00 | 0% | 23.98 |
| 崇明区 | 235.32 | 81.96% | 0.46 | 0.16% | 35.07 | 12.22% | 16.25 | 5.66% | 287.10 |
| 合计 | 424.85 | 85.50% | 2.57 | 0.52% | 40.22 | 8.10% | 29.20 | 5.88% | 496.84 |

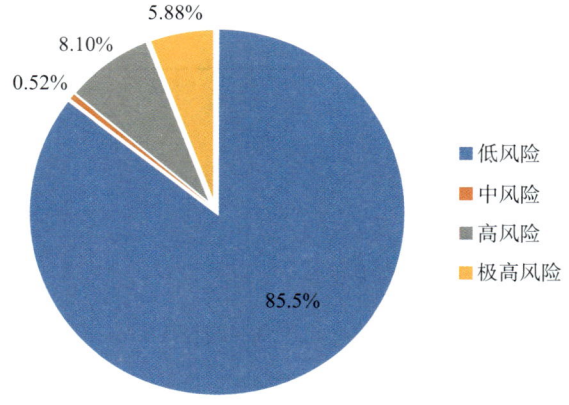

图 2-48  主海塘风险等级评价占比图

# 第 2 章 调查与评估

其次,介绍风险等级判断结果的分区情况。

宝山区低风险岸段长度为 19.27 km,占比为 67.05%;高风险岸段长度为 4.45 km,占比为 15.48%;极高风险岸段长度为 5.02 km,占比为 17.47%。宝山区主海塘主要风险为堤顶高程不足。

浦东新区低风险岸段长度为 114.83 km,占比为 98.73%;高风险岸段长度为 0.7 km,占比为 0.6%;极高风险岸段长度为 0.78 km,占比为 0.67%。浦东新区主海塘主要风险为堤顶高程不足。

奉贤区低风险岸段长度为 31.45 km,占比为 77.26%;中风险岸段长度为 2.11 km,占比为 5.18%,主要风险为堤顶高程不足;极高风险岸段长度为 7.15 km,占比为 17.56%,主要风险为堤顶高程不足、防浪墙破损、内坡滑塌、大方脚局部变形、保滩结构护脚冲刷等。

崇明区低风险岸段长度为 235.32 km,占比为 81.96%;中风险岸段长度为 0.46 km,占比为 0.16%,主要风险为堤顶高程不足;高风险岸段长度为 35.07 km,占比为 12.22%,主要风险为堤顶高程不足;极高风险岸段长度为 16.25 km,占比为 5.66%,主要风险为堤顶高程不足、防浪墙裂缝破损、保滩结构护面脱落、沉陷等。

金山区主海塘均为低风险。

(5)其他堤防风险评价

① 风险等级判定原则

- 风险评价方法考虑堤防隐患导致事故发生的可能性以及堤防破坏后造成危害的严重程度,风险等级=事故发生的可能性+造成危害的严重程度。
- 风险等级分为四类,分别为低风险、中风险、高风险、极高风险。
- 风险事故发生的可能性角度,选择建成年限、堤顶高程现状与规划差距、堤身结构损坏程度三个指标进行评价。其中,建成年限越长,代表堤防老化越严重,发生风险事故的可能性越大;堤顶高程现状与规划差距越大,代表堤防防御能力越低,发生风险事故的可能性越大;堤身结构损坏程度越严重,代表堤防防御能力越低,发生风险事故的可能性越大。
- 从事故发生后造成危害的严重程度角度,选择堤防等级和单位面积 GDP 两个指标进行评价。其中堤防等级越高,事故造成危害的严重程度越高;单位面积 GDP 越高,代表该区域的重要性越强,一旦发生事故,危害程度越高。

② 风险等级判定参数

堤防隐患评价因子及评价指标等见表 2-87。

统计各个堤防的事故发生的可能性指标和造成危害的严重程度指标,采用专家打分法,判定各指标的风险分。综合风险评分值 $E=e_1+e_2+e_3+e_4+e_5$,式中 E 为综合评分值,e 为评价指标风险得分。风险评定标准详见表 2-88。

表 2-87 堤防隐患评价因子、评价指标选取及赋分

| 评价因子 | | 风险指标 | 1 分 | 2 分 | 3 分 | 4 分 |
|---|---|---|---|---|---|---|
| 事故发生的可能性指标 | e1 | 建成年限（年） | ≤20 | (20, 30] | (30, 40] | >40 |
| | e2 | 堤顶高程现状与规划差距（cm） | ≤0.3 | (0.3, 0.6] | (0.6, 1.2] | >1.2 |
| | e3 | 堤身结构损坏程度 | 一般 | 较重 | 严重 | 特别严重 |
| 造成危害的严重程度指标 | e4 | 堤防等级 | 4 级、5 级 | 3 级 | 2 级 | 1 级 |
| | e5 | 单位面积 GDP（亿元/km²） | ≤5 | (5, 10] | (10, 15] | >15 |

表 2-88 风险评定标准表

| 风险分范围 E | ≤5 | (5, 10] | (10, 15] | >15 |
|---|---|---|---|---|
| 风险等级 | 低风险 | 中风险 | 高风险 | 极高风险 |

③ 其他堤防工程风险评价结果

根据上述判定办法，其他堤防低风险堤防长度为 1 116.01 km，占比为 96.16%；中风险堤防长度为 15.95 km，占比为 1.37%；高风险堤防长度为 28.64 km，占比为 2.47%；无极高风险堤防。中、高风险堤防均位于青浦区，中风险堤防涉及新通波塘，高风险堤防涉及淀山湖、元荡、雪落漾、朱沼漾。堤防风险情况见图 2-49 及附图 4。

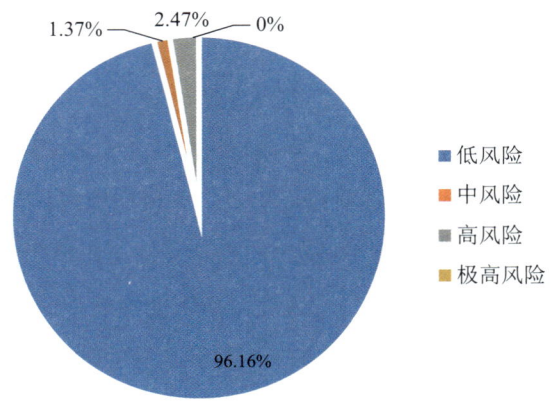

图 2-49 其他堤防风险等级评价占比图

3）水闸隐患调查

（1）调查范围

本次重点对 934 座水利片外围水闸做了隐患调查，分为三类：一类是 61 座中型水闸，第二类是 76 座涵闸，第三类是 797 座其他水闸。

（2）调查内容及分级

水闸隐患调查主要分为现场调查、安全检测及安全复核，本次水闸以现状调查为主，必要

# 第 2 章 调查与评估

时辅以安全检测、安全复核。

现场调查内容包括工程技术资料收集、现场检查和隐患原因分析。重点检查工程的薄弱部位和隐蔽部位，主要对水闸土工建筑物、石工建筑物、混凝土建筑物、金属结构、机电设备、工程管理设施、安全监测设施进行检查，同时结合问询运行管理人员了解工程运行过程中存在的问题。

根据现场检查情况，对一些隐患无法直接判别时，进行安全检测，检测内容一般包含：防渗、导渗与消能防冲设施的完整性和有效性；砌体结构的完整性和安全性；混凝土与钢筋混凝土结构的耐久性；金属结构的安全性；机电设备的可靠性；安全监测设施有效性检查。

根据现场调查及安全检测情况，对难以判断的安全隐患，可进行专项复核。水闸安全复核一般包括防洪安全、渗流安全、结构安全、抗震安全、金属结构安全、机电设备安全等。

根据现状检查、安全检测及安全复核结果，按下列准则进行安全性分级。

① 正常：各项安全性分级均为 A 级；运用指标能达到设计标准，无影响正常运行的缺陷，按常规维修养护即可保证正常运行。

② 一般隐患：各项安全性分级有一项为 B 级（不含 C 级）；运用指标基本能达到设计标准，工程存在一定损坏，经大修后，可达到正常运行。

③ 较大隐患：工程质量与抗震、金属结构、机电设备三项安全性分级有一项为 C 级；运用指标达不到设计标准，工程存在严重损坏，经除险加固后，方可达到正常运行。

④ 重大隐患：防洪标准、渗流、结构安全性分级中有一项为 C 级；运用指标无法达到设计标准，工程存在严重安全问题，需降低标准运用或报废重建。

（3）调查结果

① 61 座中型水闸

水利分片外围 61 座中型水闸中已鉴定水闸有 46 座，其中一类闸 4 座、二类闸 26 座、三类闸 9 座、四类闸 7 座。

一类闸指运用指标能达到设计标准，无影响正常运行的缺陷，按常规维修养护即可保证正常运行。本次 4 座一类水闸安全性分级为正常。

二类闸指运用指标基本能达到设计标准，工程存在一定损坏，大修列入水闸日常维修养护工作中，各区执行良好。本次 26 座二类闸安全性分级为一般隐患。

三类闸指运用指标达不到设计标准，工程存在严重损坏，经除险加固后，才能达到正常运行。本次 9 座三类闸中 2 座（大治河水闸、练祁河水闸）未实施除险加固，安全性分级为较大隐患；7 座已完成除险加固，分为三类，拆除重建的八溇港北水闸安全性分级为正常；除险加固措施消除工程隐患的杨思水利枢纽、尤浜节制闸,安全性分级为一般隐患;除险加固措施未能彻底消除工程隐患,如蕰藻浜东闸、大治河东水闸、金汇港北水利枢纽,安全性分级为较大隐患;蕰藻浜西水利枢纽未能彻底消除工程隐患,现状调查发现主体结构老化破损严重,作为吴淞江行洪工程中重要节点,现状防洪标准已不满足规划要求,故本次安全性分级为重大隐患。

四类闸运用指标达不到设计标准,工程存在严重安全问题,需或报废重建。本次 7 座四类闸中有 4 座正在进行拆除重建,安全性分级为正常;2 座(油墩港水利枢纽、南竹港南水闸)未实施除险加固,安全性分级为重大隐患;三甲港水闸仅进行了简单除险加固,保证现阶段运行需求(降低标准运用),未消除水闸存在的安全隐患,安全性分级为重大隐患。

未鉴定的 15 座水闸涉及 7 个区,以崇明、宝山区居多,主要分布在沿长江、杭州湾,运行年限以 10 年以下为主,闸孔净宽以 10~20 m 为主,工程类型上以节制闸、泵闸为主。本次对 15 水闸进行重点调查,11 座安全性分级为正常,3 座安全性分级为一般隐患,1 座安全性分级为重大隐患。

综上所述,61 座中型水闸中安全类别以正常及一般隐患为主,其中正常的有 20 座,占比为 32.80%;一般隐患有 31 座,占比为 50.80%;较大隐患及重大隐患均为 5 座,占比均为 8.20%。中型水闸安全类别详见表 2-89 及图 2-50。

表 2-89 中型水闸安全类别统计表 (单位:座)

| 所属行政区 | 正常 | 一般隐患 | 较大隐患 | 重大隐患 | 合计 |
|---|---|---|---|---|---|
| 浦东新区 | 3 | 3 | 1 | 1 | 8 |
| 黄浦区 | — | 1 | — | — | 1 |
| 徐汇区 | — | 1 | — | — | 1 |
| 闵行区 | 1 | 1 | 1 | — | 3 |
| 宝山区 | 5 | 1 | 2 | — | 8 |
| 嘉定区 | — | 1 | — | 1 | 2 |
| 金山区 | 1 | 1 | — | — | 2 |
| 松江区 | — | 3 | — | 1 | 4 |
| 青浦区 | 1 | 1 | — | — | 2 |
| 奉贤区 | — | 2 | 1 | 1 | 4 |
| 崇明区 | 9 | 16 | — | 1 | 26 |
| 合计 | 20 | 31 | 5 | 5 | 61 |

# 第 2 章 调查与评估

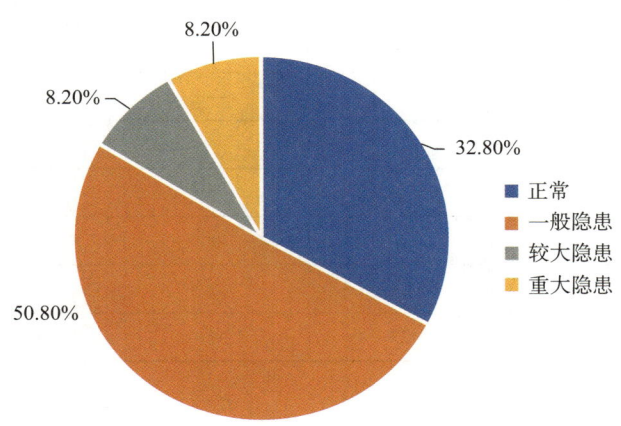

图 2-50 中型水闸安全类别情况占比图

② 76 座涵闸

76 座涵闸中 2 座开展了安全鉴定，为金山运石河东涵闸及运石河西涵闸，沿杭州湾一线，安全鉴定结论均为二类闸，2 座涵闸安全类别为一般隐患。

其余 74 座未鉴定的涵闸闸孔净宽以小于等于 4 m 为主，其中崇明区 51 座涵闸孔净宽均在 0.6~2.5 m 之间。综合水闸位置、规模、建设时间等方面选取典型涵闸以现场调查为主，结合日常运行过程中发现的问题，评估工程的安全状况。

综上所述，76 座涵闸中安全类别正常的有 17 座，占比为 22.4%；一般隐患的有 27 座，占比为 35.5%；较大隐患的为 32 座，占比均为 42.1%；无重大隐患。未鉴定涵闸规模详见表 2-90，涵闸安全类别详见表 2-91。

表 2-90 未鉴定涵闸规模情况 （单位：座）

| 行政区 | 闸孔净宽（m） | | | | | 合计 |
| --- | --- | --- | --- | --- | --- | --- |
| | (-4] | (4-6] | (6-8] | (8-12] | (12-15] | |
| 浦东新区 | 1 | — | — | — | — | 1 |
| 徐汇区 | 2 | — | — | — | — | 2 |
| 宝山区 | — | — | 1 | 1 | — | 2 |
| 金山区 | 5 | — | — | — | — | 5 |
| 青浦区 | 12 | — | — | — | — | 12 |
| 崇明区 | 51 | — | — | — | 1 | 52 |
| 总计 | 71 | 0 | 1 | 1 | 1 | 74 |

表 2-91 涵闸安全类别统计表

| 行政区 | 正常 | 一般隐患 | 较大隐患 | 重大隐患 | 合计 |
|---|---|---|---|---|---|
| 浦东新区 | — | 1 | — | — | 1 |
| 徐汇区 | — | 2 | — | — | 2 |
| 宝山区 | 2 | — | — | — | 2 |
| 金山区 | 5 | 2 | — | — | 7 |
| 青浦区 | 7 | 5 | — | — | 12 |
| 崇明区 | 3 | 17 | 32 | — | 52 |
| 合计 | 17 | 27 | 32 | 0 | 76 |

③ 其他水闸

其他水闸有 95 座开展了安全鉴定，702 座未开展安全鉴定。已安全鉴定的水闸按鉴定结果及处理情况确定其安全类别，对未开展安全鉴定的水闸进行现场调查，对部分水闸工程开展现场调查、安全检测及安全复核。其他水闸安全鉴定情况详见表 2-92。

表 2-92 其他水闸安全鉴定情况表 （单位：座）

| 政区名称 | 水闸数量 | 开展安全鉴定数量 | 未开展安全鉴定数量 |
|---|---|---|---|
| 浦东新区 | 16 | 9 | 7 |
| 黄浦区 | 0 | 0 | 0 |
| 徐汇区 | 5 | 1 | 4 |
| 长宁区 | 5 | 4 | 1 |
| 静安区 | 0 | 0 | 0 |
| 普陀区 | 7 | 5 | 2 |
| 虹口区 | 1 | 0 | 1 |
| 杨浦区 | 4 | 3 | 1 |
| 闵行区 | 47 | 23 | 24 |
| 宝山区 | 7 | 5 | 2 |
| 嘉定区 | 43 | 11 | 32 |
| 金山区 | 307 | 2 | 305 |
| 松江区 | 85 | 11 | 74 |
| 青浦区 | 249 | 4 | 245 |
| 奉贤区 | 9 | 7 | 2 |
| 崇明区 | 12 | 10 | 2 |
| 总计 | 797 | 95 | 702 |

## 第2章 调查与评估

797座其他水闸中安全类别正常的有341座，占比为42.80%；一般隐患的有391座，占比为49.00%；较大隐患的为58座，占比均为7.30%；重大隐患为7座，占比均为0.90%。其他水闸安全类别详见表2-93及图2-51。

表2-93 其他水闸安全类别情况表 （单位：座）

| 行政区 | 正常 | 一般隐患 | 较大隐患 | 重大隐患 | 合计 |
|---|---|---|---|---|---|
| 浦东新区 | 3 | 5 | 8 | 0 | 16 |
| 黄浦区 | 0 | 0 | 0 | 0 | 0 |
| 徐汇区 | 0 | 5 | 0 | 0 | 5 |
| 长宁区 | 2 | 3 | 0 | 0 | 5 |
| 静安区 | 0 | 0 | 0 | 0 | 0 |
| 普陀区 | 0 | 4 | 2 | 1 | 7 |
| 虹口区 | 0 | 1 | 0 | 0 | 1 |
| 杨浦区 | 0 | 2 | 2 | 0 | 4 |
| 闵行区 | 9 | 29 | 9 | 0 | 47 |
| 宝山区 | 1 | 6 | 0 | 0 | 7 |
| 嘉定区 | 13 | 25 | 4 | 1 | 43 |
| 金山区 | 228 | 70 | 9 | 0 | 307 |
| 松江区 | 34 | 45 | 6 | 0 | 85 |
| 青浦区 | 46 | 188 | 13 | 2 | 249 |
| 奉贤区 | 2 | 1 | 3 | 3 | 9 |
| 崇明区 | 3 | 7 | 2 | 0 | 12 |
| 合计 | 341 | 391 | 58 | 7 | 797 |

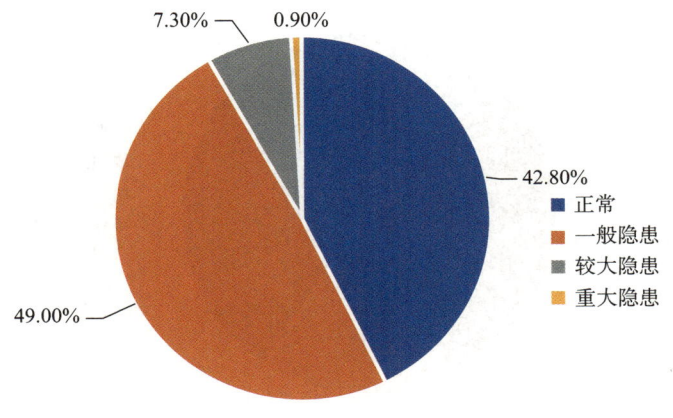

图2-51 其他水闸安全类别情况占比图

④ 934座水利片外围水闸汇总

根据三类水闸分析，934座水利分片外围水闸中安全类别以正常及一般隐患为主：正常的与378座，占比为40.50%；一般隐患的有449座，占比为48.00%；较大隐患的有95座，占比为10.20%；重大隐患的有12座，占比为1.30%，分别为三甲港水闸、真如泵闸、蕴藻浜西水利枢纽、双塘泵闸、油墩港水利枢纽、盈中套闸、北王浜套闸、南竹港南水闸、白庙港水闸、南竹港套闸、千步泾水闸、团结沙水闸。水利分片外围水闸安全类别详见表2-94和图2-52。

表2-94　水利分片外围水闸安全类别情况表　　　　　　　　　　（单位：座）

| 行政区 | 正常 | 一般隐患 | 较大隐患 | 重大隐患 | 合计 |
|---|---|---|---|---|---|
| 浦东新区 | 6 | 9 | 9 | 1 | 25 |
| 黄浦区 | 0 | 1 | 0 | 0 | 1 |
| 徐汇区 | 0 | 8 | 0 | 0 | 8 |
| 长宁区 | 2 | 3 | 0 | 0 | 5 |
| 普陀区 | 0 | 4 | 2 | 1 | 7 |
| 虹口区 | 0 | 1 | 0 | 0 | 1 |
| 杨浦区 | 0 | 2 | 2 | 0 | 4 |
| 闵行区 | 10 | 30 | 10 | 0 | 50 |
| 宝山区 | 8 | 7 | 2 | 0 | 17 |
| 嘉定区 | 13 | 26 | 4 | 2 | 45 |
| 金山区 | 234 | 73 | 9 | 0 | 316 |
| 松江区 | 34 | 48 | 6 | 1 | 89 |
| 青浦区 | 54 | 194 | 13 | 2 | 263 |
| 奉贤区 | 2 | 3 | 4 | 4 | 13 |
| 崇明区 | 15 | 40 | 34 | 1 | 90 |
| 合计 | 378 | 449 | 95 | 12 | 934 |

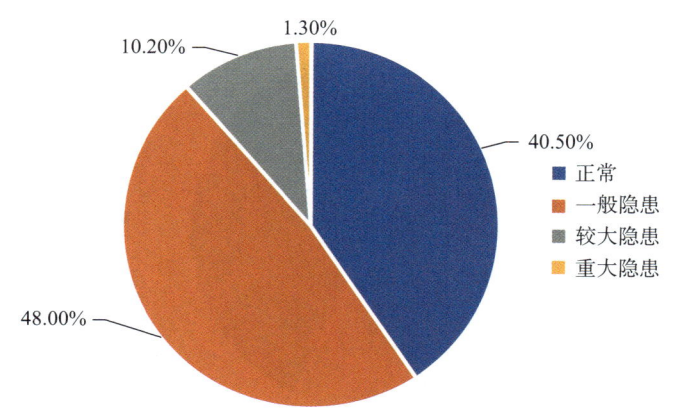

图2-52　水利片外围水闸安全类别情况占比图

## 第 2 章 调查与评估

### 4) 水闸风险评估

根据水闸现状及隐患情况，本次普查编制了《上海市水旱灾害风险普查水闸风险评价办法》，并根据该办法开展了风险评价。

（1）风险等级判定原则

① 风险评价方法考虑水闸隐患导致事故发生的可能性以及破坏后造成危害的严重程度，风险等级＝水闸安全类别×失事后果。

② 风险等级分为四类，分别为低风险、中风险、高风险、极高风险。

③ 风险事故发生的可能性角度，结合历年水闸安全鉴定成果及除险加固情况，从工程质量、消能安全、渗流安全、稳定安全、结构安全、金属结构及机电设备安全等方面评估分析；对于未进行过安全鉴定的水闸，综合位置、规模、建设时间、结构型式等方面选取典型水闸，以现场检查为主，必要时辅以安全检测、安全复核，评估工程的安全状况。

④ 失事后果判定方法：根据水闸失事可能造成的经济损失、社会影响、环境影响、维修加固费用等，具体判定指标为水闸周边区域情况、水闸所在河道及水闸规模等。

（2）风险等级判定参数

水闸安全类别判定标准见表2-95，水闸失事后果判定标准见表2-96，水闸风险等级判定标准见表2-97。

表2-95 水闸安全类别判定标准

| 安全类别 | 判定指标 |
| --- | --- |
| 正常 | 安全鉴定为一类闸 |
| | 安全鉴定为四类闸，正在进行拆除重建 |
| | 运行年限10年以内，经现场调查现状结构良好 |
| 一般隐患 | 安全鉴定为二类闸 |
| | 安全鉴定为三类闸，进行过除险加固，措施彻底消除了安全隐患，且经现场调查现状结构良好 |
| | 运行年限10~30年，经现场调查现状结构存在一定老化破损，必要的安全检测及复核后发现结构存在一定的安全隐患 |
| 较大隐患 | 安全鉴定为三类闸，未进行除险加固 |
| | 安全鉴定为三类闸，进行了除险加固，但措施未能彻底消除安全隐患，经现场调查现状结构仍存在安全隐患 |
| | 运行年限为30年以上，经现场调查现状结构存在老化破损严重；必要的安全检测及复核后发现结构存在较大的安全隐患 |
| 重大隐患 | 安全鉴定为四类闸，且未进行拆除重建 |

表 2-96　水闸失事后果判定标准

| 区域位置 | 判定指标 | 失事后果 | 备注 |
|---|---|---|---|
| 非常重要<br>（人员密集区、市区繁华地段、周边有重要企事业单位及工厂） | 水闸位于主干河道上，水闸净宽 $H>4$ m | 重大 | 位于防洪一线（黄浦江、杭州湾、长江）水闸规模取上限，位于其他位置水闸规模取下限 |
| | 水闸位于次干河道上，水闸净宽 $H>8\sim10$ m | | |
| | 水闸位于其他河道上，水闸净宽 $H>10\sim12$ m | | |
| | 水闸位于主干河道上，水闸净宽 $H\leqslant4$ m | 较大 | |
| | 水闸位于次干河道上，水闸净宽 $4\sim6$ m$<H\leqslant8\sim10$ m | | |
| | 水闸位于其他河道上，水闸净宽 $6\sim8$ m$<H\leqslant10\sim12$ m | | |
| | 水闸位于次干河道上，水闸净宽 $H\leqslant4\sim6$ m | 一般 | |
| | 水闸位于其他河道上，水闸净宽 $H\leqslant6\sim8$ m | | |
| 重要<br>（人员密度一般，周边有一般性工厂） | 水闸位于主干河道上，水闸净宽 $H>8$ m | 重大 | |
| | 水闸位于次干河道上，水闸净宽 $H>8\sim10$ m | | |
| | 水闸位于其他河道上，水闸净宽 $H>10\sim12$ m | | |
| | 水闸位于主干河道上，水闸净宽 $4$ m$<H\leqslant8$ m | 较大 | |
| | 水闸位于次干河道上，水闸净宽 $4\sim6$ m$<H\leqslant8\sim10$ m | | |
| | 水闸位于其他河道上，水闸净宽 $6\sim8$ m$<H\leqslant10\sim12$ m | | |
| | 水闸位于主干河道上，水闸净宽 $H\leqslant4$ m | 一般 | |
| | 水闸位于次干河道上，水闸净宽 $H\leqslant4\sim6$ m | 较小 | |
| | 水闸位于其他河道上，水闸净宽 $H\leqslant6\sim8$ m | | |
| 较重要<br>（主城区及五大新城人员非密集区） | 水闸位于主干河道上，水闸净宽 $H>8$ m | 重大 | 位于防洪一线（黄浦江、杭州湾、长江）水闸规模取上限，位于其他位置水闸规模取下限 |
| | 水闸位于主干河道上，水闸净宽 $4$ m$<H\leqslant8$ m | 较大 | |
| | 水闸位于次干河道上，水闸净宽 $H>8\sim10$ m | | |
| | 水闸位于其他河道上，水闸净宽 $H>10\sim12$ m | | |
| | 水闸位于次干河道上，水闸净宽 $4\sim6$ m$<H\leqslant8\sim10$ m | 一般 | |
| | 水闸位于其他河道上，水闸净宽 $6\sim8$ m$<H\leqslant10\sim12$ m | | |
| | 水闸位于主干河道上，水闸净宽 $H\leqslant4$ m | 较小 | |
| | 水闸位于次干河道上，水闸净宽 $H\leqslant4\sim6$ m | | |
| | 水闸位于其他河道上，水闸净宽 $H\leqslant6\sim8$ m | | |
| 一般<br>（其他区域人员非密集区） | 水闸位于主干河道上，水闸净宽 $H>10$ m | 较大 | |
| | 水闸位于次干河道上，水闸净宽 $H>12$ m | | |
| | 水闸位于其他河道上，水闸净宽 $H>12\sim14$ m | | |
| | 水闸位于主干河道上，水闸净宽 $6$ m$<H\leqslant10$ m | 一般 | |
| | 水闸位于次干河道上，水闸净宽 $8$ m$<H\leqslant12$ m | | |
| | 水闸位于其他河道上，水闸净宽 $8\sim10$ m$<H\leqslant12\sim14$ m | | |
| | 水闸位于主干河道上，水闸净宽 $H\leqslant6$ m | 较小 | |
| | 水闸位于次干河道上，水闸净宽 $H\leqslant8$ m | | |
| | 水闸位于其他河道上，水闸净宽 $H\leqslant8\sim10$ m | | |

## 第 2 章　调查与评估

表 2-97　水闸风险等级判定标准

| 风险等级 | 较小 | 一般 | 较大 | 重大 |
|---|---|---|---|---|
| 正常 | 低风险 | 低风险 | 低风险 | 低风险 |
| 一般隐患 | 低风险 | 低风险 | 中风险 | 中风险 |
| 较大隐患 | 中风险 | 中风险 | 高风险 | 高风险 |
| 重大隐患 | 高风险 | 高风险 | 极高风险 | 极高风险 |

（3）风险等级评价结果

根据上述判定办法，低风险水闸有 727 座，占比为 77.84%；中风险水闸有 165 座，占比为 17.66%；高风险水闸有 35 座，占比为 3.75%，分布在浦东新区、杨浦区、闵行区、宝山区、嘉定区、金山区、松江区、青浦区、奉贤区和崇明区；极高风险水闸有 7 座，占比为 0.75%，分别为蕰藻浜西水利枢纽、油墩港水利枢纽、南竹港套闸、千步泾水闸、南竹港南水闸、三甲港水闸、真如泵闸。全市水利分片外围水闸风险等级详见表 2-98 及图 2-53、图 2-54。

表 2-98　全市水利分片外围水闸风险等级　　　　　　　　　　　　　　（单位：座）

| 行政区 | 低风险 | 中风险 | 高风险 | 极高风险 | 合计 |
|---|---|---|---|---|---|
| 浦东新区 | 9 | 8 | 7 | 1 | 25 |
| 黄浦区 | 0 | 1 | 0 | 0 | 1 |
| 徐汇区 | 6 | 2 | 0 | 0 | 8 |
| 长宁区 | 4 | 1 | 0 | 0 | 5 |
| 普陀区 | 2 | 4 | 0 | 1 | 7 |
| 虹口区 | 0 | 1 | 0 | 0 | 1 |
| 杨浦区 | 0 | 3 | 1 | 0 | 4 |
| 闵行区 | 22 | 24 | 4 | 0 | 50 |
| 宝山区 | 9 | 6 | 2 | 0 | 17 |
| 嘉定区 | 31 | 10 | 3 | 1 | 45 |
| 金山区 | 300 | 15 | 1 | 0 | 316 |
| 松江区 | 75 | 8 | 5 | 1 | 89 |
| 青浦区 | 233 | 27 | 3 | 0 | 263 |
| 奉贤区 | 3 | 2 | 5 | 3 | 13 |
| 崇明区 | 33 | 53 | 4 | 0 | 90 |
| 合计 | 727 | 165 | 35 | 7 | 934 |

水利分片外围水闸工程主要分布在沿黄浦江（上游段）、沿长江一线、沿杭州湾一线及其他水利片分界，其中，沿黄浦江（上游段）及行洪通道 575 座，沿长江一线 106 座，沿杭州湾一线水闸 11 座，其他水利片分界 242 座。按位置统计，沿黄浦江（上游段）一线极高风险水闸有 3 座，高风险水闸有 19 座；沿长江一线极高风险水闸有 1 座，高风险水闸有 9 座，沿杭州湾一线极高风险水闸有 1 座，高风险水闸有 0 座；其他水利片分界极高风险水闸有 2 座，高风险水闸有 7 座。全市水利分片外围水闸风险等级详见表 2-99。

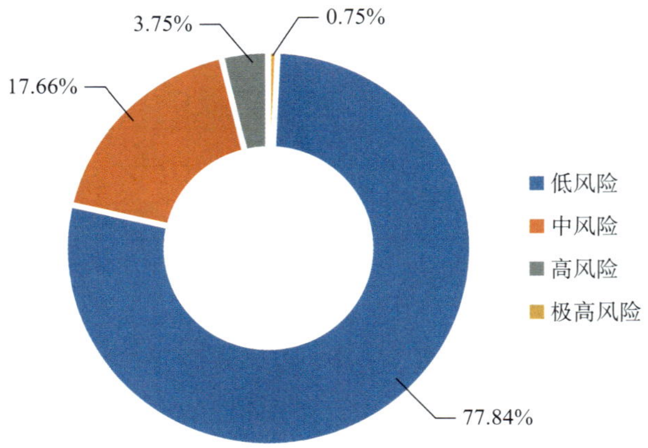

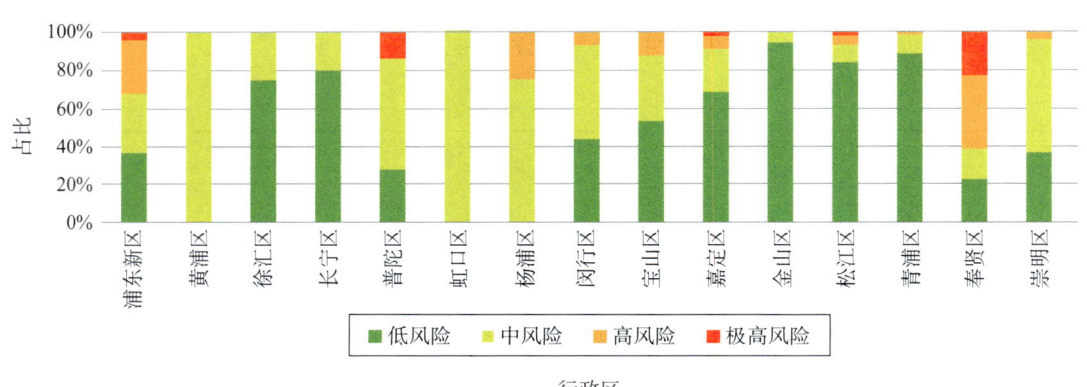

图 2-53 水闸风险等级分布情况占比图

图 2-54 各区水闸风险等级分布情况

表 2-99 全市水利分片外围水闸风险等级表 （单位：座）

| 位置 | 低风险 | 中风险 | 高风险 | 极高风险 | 合计 |
| --- | --- | --- | --- | --- | --- |
| 沿黄浦江（上游段） | 482 | 71 | 19 | 3 | 575 |
| 沿杭州湾 | 4 | 6 | 0 | 1 | 11 |
| 沿长江 | 42 | 54 | 9 | 1 | 106 |
| 其他 | 199 | 34 | 7 | 2 | 242 |
| 合计 | 727 | 165 | 35 | 7 | 934 |

### 5）区域除涝能力评估

（1）圩区除涝能力评估

本次调查共收集全市现状圩区 304 个，其中 3 个圩区不属上海市管理，不需要评估除涝能力；18 个圩区边界不闭合，无法评估除涝能力，故本次评估 283 个圩区，总面积为 1 400.6 km²。除淀北片、蕰南片以外，其余 12 个水利片均有圩区，其中，青松片最多，其次是浦南西片，第三是浦南东片，前三者的圩区面积占总圩区面积的 76%。

# 第 2 章　调查与评估

283 个圩区面积大小不一，平均面积为 4.94 km²。圩区中面积小于 2 km² 的有 85 个，其中 1 km² 以下圩区有 37 个，总面积为 21.47 km²；1~2 km² 以下圩区有 48 个，总面积为 70.02 km²。面积最小的青浦白鹤镇周泾圩与朱浦圩，都只有 0.19 km²，比一般市雨水排水系统面积还小得多。面积最大的嘉定上海国际汽车城联圩，达 28.1 km²。

采用水文模型计算圩区除涝能力，经评估，283 个圩区中 55.6% 的面积超过 15 年一遇，全市圩区平均除涝能力为 15~20 年一遇。其中浦南西片圩区的除涝能力为 15~20 年一遇，商榻片圩区除涝能力为大于等于 20 年一遇，崇明三岛圩区除涝能力偏低，大部分在 5 年一遇以内。评估结果详见表 2-100、图 2-55、图 2-56。

表 2-100　圩区除涝能力综合评估结果

| 现状能力 | 圩区面积（km²） | 面积占比 | 圩区数（个） | 个数占比 |
| --- | --- | --- | --- | --- |
| <5 年一遇 | 126.1 | 9.0% | 48 | 16.9% |
| 5~10 年一遇 | 364.9 | 26.0% | 63 | 22.2% |
| 10~15 年一遇 | 82.6 | 5.9% | 15 | 5.3% |
| 15~20 年一遇 | 346 | 24.7% | 61 | 21.8% |
| ≥20 年一遇 | 481.4 | 34.4% | 96 | 33.8% |
| 总计 | 1 401 | 100% | 283 | 100% |

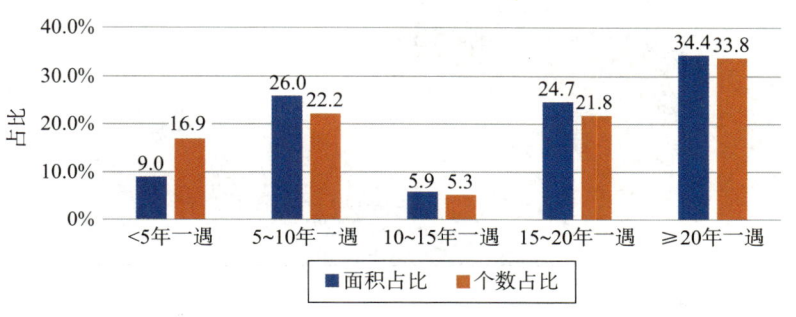

图 2-55　圩区除涝能力综合评估结果图

（2）水利片除涝能力评估

上海市分为 14 个水利分片进行综合治理，其中浦南西片和商榻片为敞开片，无须开展水利分片除涝能力计算。本次评估 12 个水利分片的除涝能力，采用水动力模型计算，并根据各重现期面暴雨所产生的最高水位来判断各水利片除涝能力所达到的降雨标准。其中三个水利片比较特殊，在评判整体除涝能力时作了就高的处理：

① 青松片内 75.7% 面积为圩区，圩区的除涝能力已经达到 15~20 年一遇，综合判断青松片整体除涝能力为 10~15 年一遇；

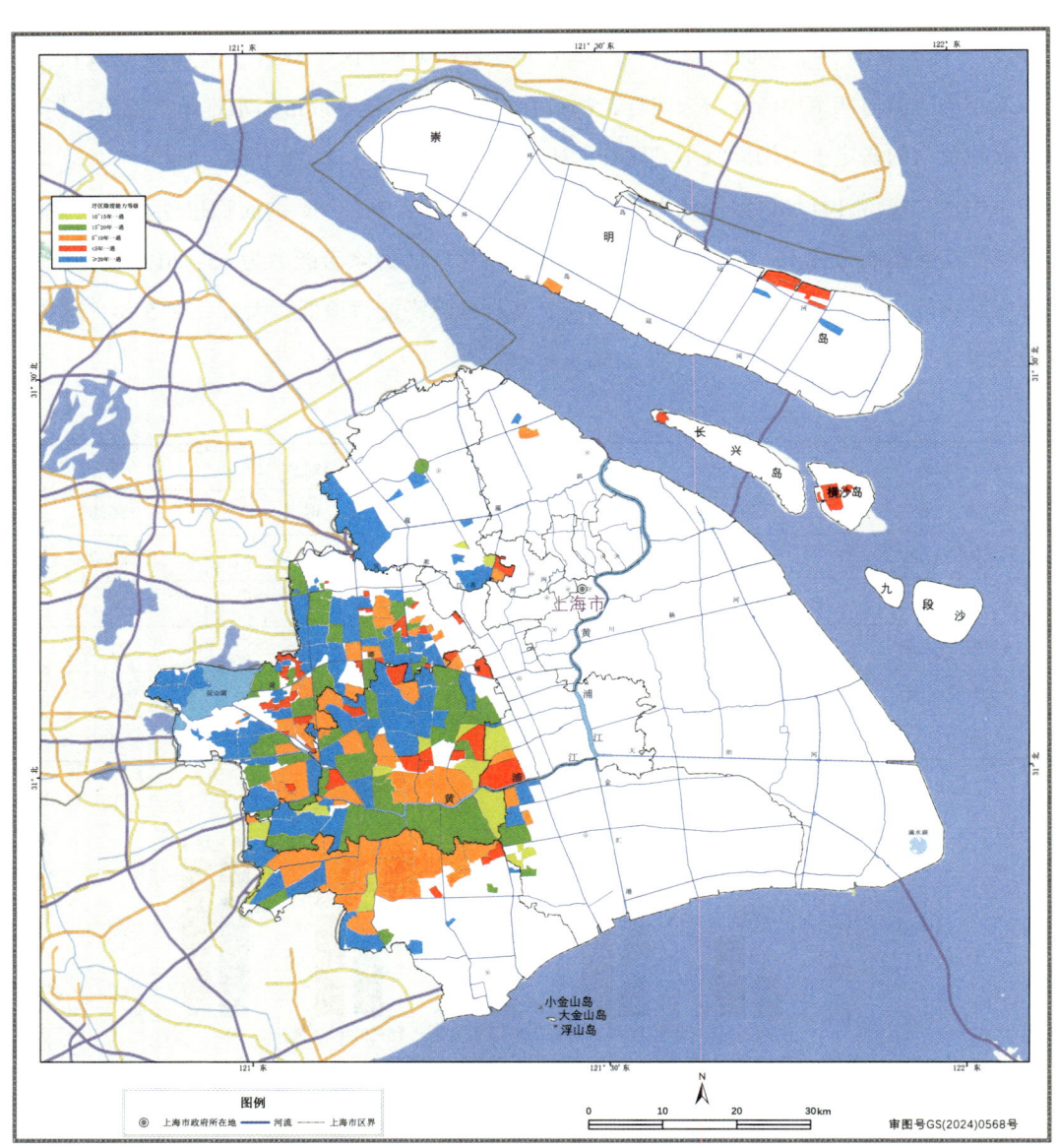

图 2-56 圩区除涝能力综合评估结果分布图

② 浦南东片的张泾河 30 m 孔径水闸和 90 m³/s 泵站 2021 年年底完工并发挥作用，浦南东片的除涝能力可达到 10~15 年一遇；

③ 太南片圩外河道的设计水位为 3.5 m，堤顶高程达 4.0 m，按设计水位 3.5 m 评估，太南片除涝能力可达 15~20 年一遇。

综合圩区除涝能力评估结果，14 个水利片 60% 的面积超过 15 年一遇，因此上海市平均除涝能力约 15 年一遇。结果详见表 2-101、图 2-57。

# 第 2 章　调查与评估

表 2-101　区域除涝面平均最高水位计算结果汇总

| 水利片 | 规划预降时（m） | | | | 实际预降时（m） | | | | 除涝能力（年一遇） |
|---|---|---|---|---|---|---|---|---|---|
| | 20年一遇 | 15年一遇 | 10年一遇 | 5年一遇 | 20年一遇 | 15年一遇 | 10年一遇 | 5年一遇 | |
| 嘉宝北片 | 3.990 | 3.852 | 3.706 | 3.381 | 4.038 | 3.904 | 3.761 | 3.445 | 10~15 |
| 蕰南片 | 4.452 | 4.257 | 4.047 | 3.854 | 4.452 | 4.257 | 4.047 | 3.854 | ≥20 |
| 淀北片 | 3.864 | 3.744 | 3.614 | 3.337 | 3.893 | 3.780 | 3.661 | 3.392 | 15~20 |
| 淀南片 | 3.758 | 3.687 | 3.611 | 3.386 | 3.845 | 3.781 | 3.707 | 3.520 | 10~15 |
| 青松片 | 3.636 | 3.562 | 3.511 | 3.258 | 3.683 | 3.617 | 3.575 | 3.362 | 10~15 |
| 浦东片 | 3.762 | 3.639 | 3.510 | 3.215 | 3.866 | 3.749 | 3.626 | 3.349 | 15~20 |
| 浦南东片 | 3.826 | 3.778 | 3.737 | 3.495 | 3.866 | 3.822 | 3.773 | 3.642 | 10~15 |
| 太南片 | 3.505 | 3.475 | 3.451 | 3.355 | 3.520 | 3.479 | 3.454 | 3.370 | 15~20 |
| 太北片 | 3.326 | 3.298 | 3.268 | 3.126 | 3.326 | 3.298 | 3.268 | 3.126 | 15~20 |
| 崇明岛片 | 3.808 | 3.699 | 3.572 | 3.274 | 3.808 | 3.699 | 3.572 | 3.274 | 15~20 |
| 长兴岛片 | 3.061 | 3.013 | 2.981 | 2.585 | 3.061 | 3.013 | 2.981 | 2.585 | 5~10 |
| 横沙岛片 | 3.238 | 3.107 | 2.985 | 2.685 | 3.238 | 3.107 | 2.985 | 2.685 | 5~10 |

## 2.5.2　雨水排水设施隐患调查与评估

### 1）雨水排水管道隐患调查与评估

（1）调查范围

本次进行隐患调查的雨水排水管道约 3 603.42 km。

（2）评估标准

排水管道原则上应依据《排水管道电视和声呐检测评估技术规程》（DB31/T 444—2009）采用电视检测技术；确实不具备条件的，可依据《特大排水管渠结构检测与评估技术规程》（DB31 SW/Z025—2022），采用超声波法、雷达法、直接法等技术开展结构状况排查。排水管道隐患可分为功能性和结构性两类。功能性隐患包括沉积、结垢、树根、洼水、障碍物、坝头、浮渣等；结构性隐患包括破裂、变形、错位、脱节、渗漏、腐蚀、胶圈脱落、支管暗接、异物侵入等情况。本次调查重点对结构性隐患进行分析。

依据《特大排水管渠结构检测与评估技术规程》（DB31 SW/Z025—2022），排水管道安全风险等级分为一、二、三、四级，级别越高，风险越大。排水管道安全风险控制对策见表 2-102。

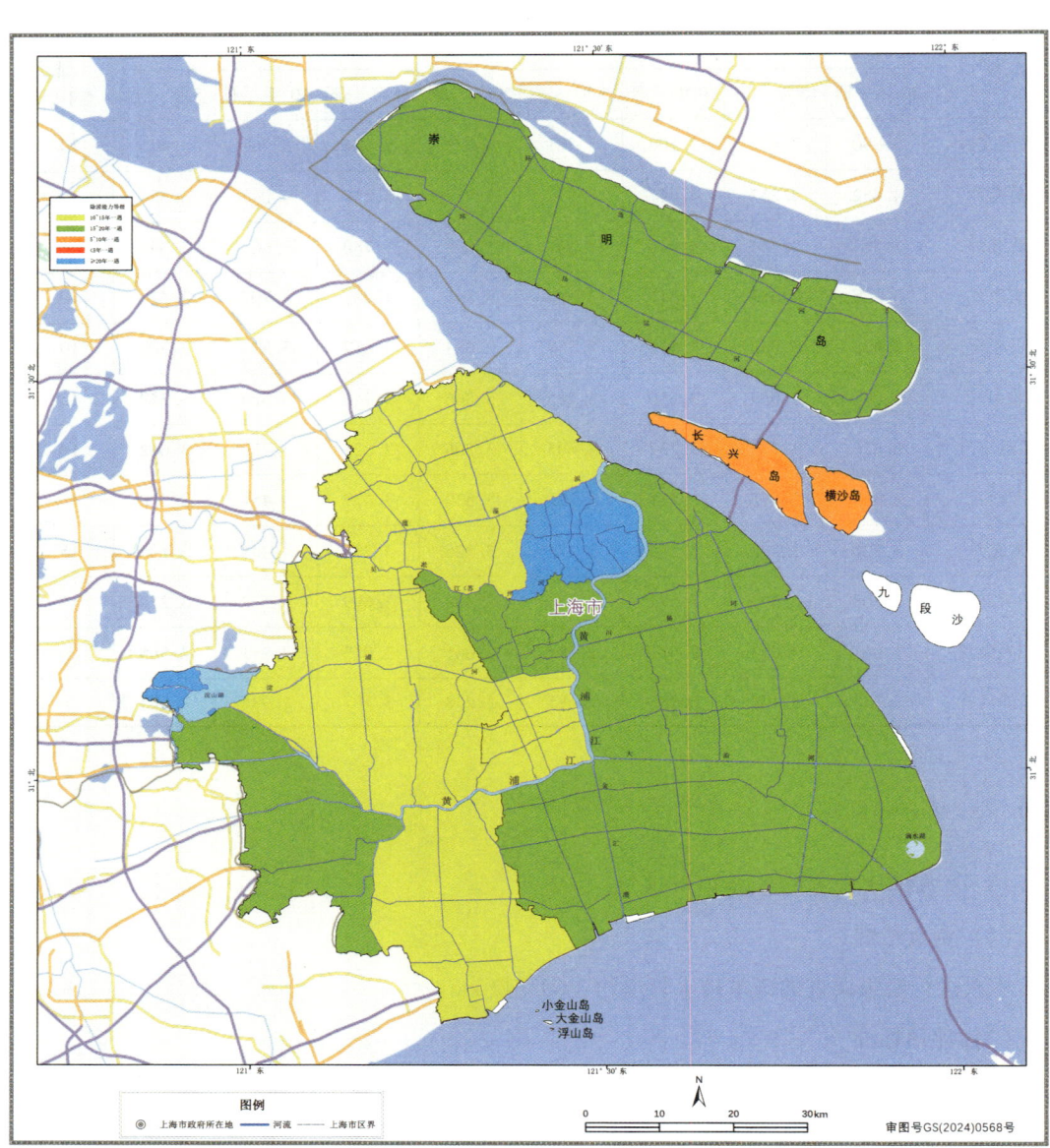

图 2-57 上海市 14 个水利片除涝能力综合评估结果

表 2-102 排水管道安全风险控制对策表

| 序号 | 风险等级 | 说明 | 控制对策 |
|---|---|---|---|
| 1 | 一级（低） | 结构安全满足运行要求 | 可不处理，定期维护 |
| 2 | 二级（中） | 结构安全性略低于运行要求 | 不修复或局部修复 |
| 3 | 三级（高） | 结构安全性不满足运行要求 | 尽快局部或整体修复 |
| 4 | 四级（极高） | 结构安全性显著不满足运行要求 | 立即局部修复或整体修复 |

# 第 2 章 调查与评估

（3）评估结果

根据评价方法及标准，结果表明：共检测现状雨水排水管道总长约为 3 603.42 km，其中无隐患排水主干管道约 3 130.61 km，占比约为 86.88%；存在一级隐患的雨水排水主干管道约为 183.57 km，占比约为 5.09%；存在二级及以上隐患的雨水排水主干管道约为 289.24 km，占比约为 8.03%，详见表 2-103。需要说明的是，因调查时排水管网检测尚未做到全覆盖、各区管道检测覆盖率不一致，故上述调查结果可用于各区排水管网隐患情况的阶段性趋势分析，不能反映各区排水管道隐患的全部情况；建议各区尽快建立常态化排水管道检测修复机制，进一步完善排水管道隐患调查工作。

表 2-103  各区雨水排水主管隐患调查情况表

| 行政区 | 检测排水主干管长（km） | 无隐患管道 | | 一级隐患管道 | | 二级及以上隐患管道 | |
|---|---|---|---|---|---|---|---|
| | | 管长（km） | 占比 | 管长（km） | 占比 | 管长（km） | 占比 |
| 浦东新区 | 702.18 | 464.34 | 66.13% | 128.73 | 18.33% | 109.11 | 15.54% |
| 黄浦区 | 22.61 | 20.24 | 83.26% | 0.01 | 0.08% | 2.36 | 16.66% |
| 徐汇区 | 62.23 | 59.38 | 95.42% | 0.25 | 0.40% | 2.60 | 4.18% |
| 长宁区 | 61.81 | 57.37 | 85.25% | 0.49 | 7.13% | 3.95 | 7.62% |
| 静安区 | 43.91 | 35.36 | 40.49% | 3.53 | 25.87% | 5.02 | 33.64% |
| 普陀区 | 219.32 | 216.72 | 98.76% | 1.34 | 0.64% | 1.26 | 0.60% |
| 虹口区 | 15.55 | 10.92 | 70.22% | 3.96 | 25.47% | 0.67 | 4.31% |
| 杨浦区 | 154.79 | 142.72 | 84.78% | 1.88 | 2.49% | 10.19 | 12.73% |
| 闵行区 | 41.31 | 38.77 | 93.84% | 0.03 | 0.08% | 2.51 | 6.08% |
| 宝山区 | 463.15 | 460.52 | 99.20% | 0.40 | 0.14% | 2.23 | 0.66% |
| 嘉定区 | 94.01 | 78.91 | 83.94% | 0.01 | 0.01% | 15.09 | 16.05% |
| 金山区 | 116.68 | 94.48 | 80.97% | 1.83 | 1.57% | 20.37 | 17.46% |
| 松江区 | 464.99 | 419.53 | 90.23% | 2.94 | 0.63% | 42.52 | 9.14% |
| 青浦区 | 814.31 | 730.10 | 89.66% | 37.22 | 4.57% | 46.99 | 5.77% |
| 奉贤区 | 114.78 | 93.26 | 81.25% | — | — | 21.52 | 18.75% |
| 崇明区 | 211.79 | 208.00 | 81.47% | 0.93 | 7.12% | 2.85 | 11.41% |
| 合计 | 3 603.42 | 3 130.61 | 86.88% | 183.57 | 5.09% | 289.24 | 8.03% |

2）雨水排水泵站隐患调查与评估

（1）调查范围

本次针对市管 176 座雨水进行隐患调查。根据调查，市管 176 座雨水排水泵站中 2000 年以前建设且未进行整体修缮的泵站共 27 座，存在隐患风险。采用多因子加权叠加与综合评价法分析上述雨水排水泵站隐患风险情况。

（2）评估标准

选取建设年代、泵站规模、机械设备（机械设备维修情况、水泵品牌）、电气及自控系统、建筑结构、安全和标准化、周边环境敏感度等作为评价因子。风险评价体系见表2-104、表2-105。

表2-104　雨水排水泵站隐患风险评价体系表

| 序号 | 评价因子（每项0~5分，低分差，高分好） | | 因子权重 |
|---|---|---|---|
| 1 | 建设年代 | | 15% |
| 2 | 泵站规模 | | 15% |
| 3 | 运行情况 | | 5% |
| 4 | 机械设备 | 机械设备维修情况 | 18% |
| | | 水泵品牌 | 5% |
| 5 | 电气及自控系统 | | 16% |
| 6 | 建筑结构、安全和标准化 | | 16% |
| 7 | 周边环境敏感度 | | 10% |
| | 合计 | | 100% |

表2-105　评价判定表

| 评分结果 | <1 | 1≤P<2 | 2≤P<3 | 3≤P<4 | 4≤P<5 |
|---|---|---|---|---|---|
| 评价结论 | 特别紧急 | 紧急 | 较紧急 | 一般 | 良好 |

据评分结果，按照开展修缮工作的紧急程度将雨水排水泵站隐患风险级别分为五级，分别为特别紧急、紧急、较紧急、一般和良好。

（3）调查结果

根据上文所述评价方法及标准，结果表明：需特别紧急开展修缮的雨水排水泵站有6座，需紧急开展修缮的雨水排水泵站有11座，需较紧急开展修缮的雨水排水泵站有6座，需一般开展修缮的雨水排水泵站有4座，详见表2-106。

表2-106　雨水排水泵站隐患调查表

| 序号 | 泵站名称 | 所在行政区 | 评分结果 | 评价结论 |
|---|---|---|---|---|
| 1 | 乌鲁木齐 | 徐汇区 | 0.59 | 特别紧急 |
| 2 | 东体 | 虹口区 | 0.63 | 特别紧急 |
| 3 | 广中 | 虹口区 | 0.75 | 特别紧急 |
| 4 | 嫩江 | 杨浦区 | 0.86 | 特别紧急 |
| 5 | 梅陇 | 闵行区 | 0.92 | 特别紧急 |
| 6 | 江苏 | 长宁区 | 0.98 | 特别紧急 |
| 7 | 西藏北 | 静安区 | 1.15 | 紧急 |

## 第 2 章 调查与评估

(续表)

| 序号 | 泵站名称 | 所在行政区 | 评分结果 | 评价结论 |
|---|---|---|---|---|
| 8 | 和田 | 虹口区 | 1.2 | 紧急 |
| 9 | 霍山 | 杨浦区 | 1.31 | 紧急 |
| 10 | 真光 | 普陀区 | 1.32 | 紧急 |
| 11 | 志丹 | 静安区 | 1.35 | 紧急 |
| 12 | 叶家宅 | 普陀区 | 1.58 | 紧急 |
| 13 | 延安西 | 长宁区 | 1.7 | 紧急 |
| 14 | 兰坪 | 闵行区 | 1.8 | 紧急 |
| 15 | 泸定 | 普陀区 | 1.85 | 紧急 |
| 16 | 红旗 | 闵行区 | 1.85 | 紧急 |
| 17 | 曹杨（雨） | 普陀区 | 1.93 | 紧急 |
| 18 | 康健 | 徐汇区 | 2.2 | 较紧急 |
| 19 | 溧阳（雨） | 虹口区 | 2.37 | 较紧急 |
| 20 | 桃浦 | 普陀区 | 2.4 | 较紧急 |
| 21 | 合川 | 闵行区 | 2.59 | 较紧急 |
| 22 | 国顺东 | 杨浦区 | 2.7 | 较紧急 |
| 23 | 成都北 | 静安区 | 2.85 | 较紧急 |
| 24 | 长桥 | 徐汇区 | 3.3 | 一般 |
| 25 | 陆家浜 | 黄浦区 | 3.36 | 一般 |
| 26 | 真西 | 普陀区 | 3.4 | 一般 |
| 27 | 鞍山 | 杨浦区 | 3.68 | 一般 |

### 3) 城镇雨水排水能力评估

（1）评估单元

以现状强排系统和自排区域服务边界为基础，划分为278个评估单元。详见图2-58。

（2）评估方法

根据现状排水设施调查资料情况，采用传统方法与模型方法相结合的评估方法，对评估单元排水能力进行分析。

① 传统方法

根据评估单元内排水设施规划设计资料，分析排水设施建设标准，同时借助水力计算软件，分析排水泵站及总管在1、3、5、10年一遇等不同重现期下的排水能力。同时，对于强排评估单元，采用排水模数等参数对评估单元排水能力进行进一步分析。按照以下评估标准统计评估结果，对于现状排水泵站及排水总管已按一定设计标准下建成的且排水达到相应标准的评估单元，按对应的设计标准统计其排水能力；对于现状自排区域依规划管径建成的自排管渠的评估单元，按对应的规划设计标准统计其排水能力。

图 2-58 评估单元示意图

② 模型方法

可进一步分为三种方法进行评估。

第一种方法，通过水力模型软件，依据《室外排水设计标准》GB 50014—2021，采用 1、3、5、10 年一遇等不同重现期降雨对评估单元进行模拟，按评估单元范围内不积水时，对应重现期统计其排水能力。

第二种方法，通过水力模型软件，依据《室外排水设计标准》GB 50014—2021，采用 1、

# 第 2 章　调查与评估

3、5、10 年一遇等不同重现期降雨对评估单元进行模拟，按评估单元内排水管渠不承压时，对应重现期统计其排水能力。

第三种方法，典型设计降雨，根据上海市地方标准《暴雨强度公式与设计雨型》（DB31/T 1043—2017），选用上海市暴雨强度公式和雨型：

$$q=\frac{1\,600\,(1+0.846\lg p)}{(t+7.0)^{0.656}} \quad (2-2)$$

式中　$q$——设计暴雨强度（L/s·hm²）；

　　　$P$——设计暴雨重现期（年）；

　　　$t$——设计降雨历时（min）。

采用芝加哥设计雨型，降雨历时为 120 min，雨峰位置系数 $r=0.405$，典型重现期包括 1、3、5、10 年一遇等，根据实际情况选用。典型重现期芝加哥雨型（$r=0.405$，$t=120$ min）系列设计降雨见图 2-59，典型设计重现期最大小时降雨强度见表 2-107。

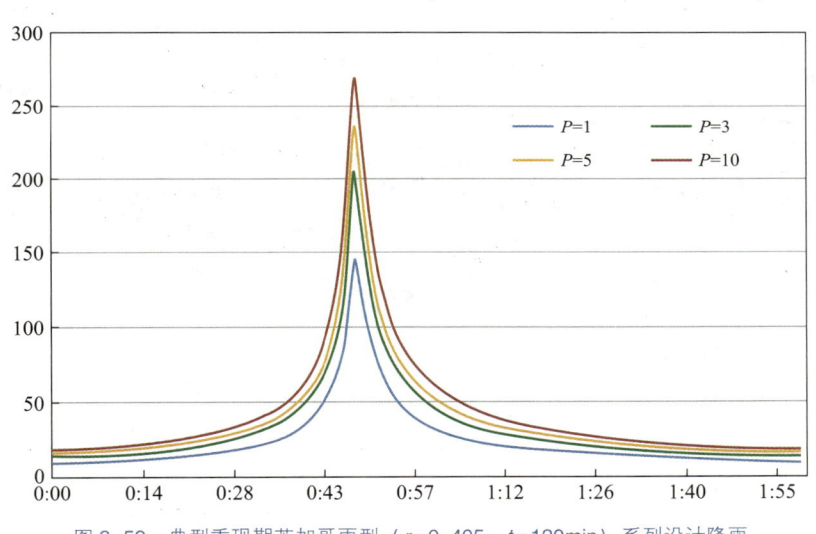

图 2-59　典型重现期芝加哥雨型（$r=0.405$，$t=120$min）系列设计降雨

表 2-107　典型设计重现期最大小时降雨强度表

| 重现期/年 | $P=1$ | $P=3$ | $P=5$ | $P=10$ |
| --- | --- | --- | --- | --- |
| 最大小时雨强/m | 36.5 | 51.2 | 58.0 | 67.3 |

（3）评估结果

经评估，评估范围内达到 5 年一遇排水能力的评估单元共 22 个，达到 3 年一遇排水能力的评估单元共 28 个，达到 1 年一遇排水能力的评估单元共 228 个。评估单元雨水排水能力见图 2-60。

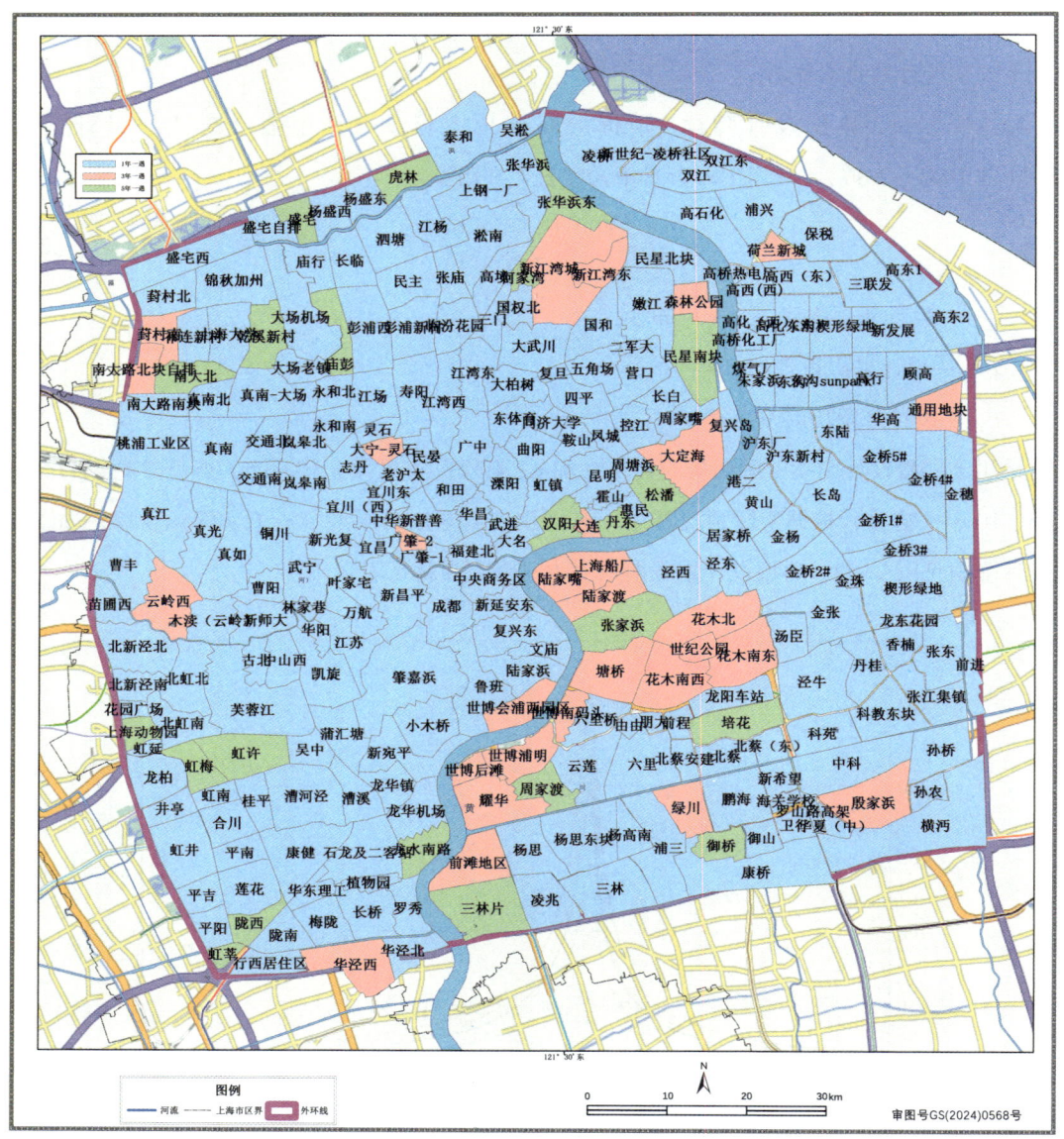

图 2-60　评估单元雨水排水能力示意图

经评估，民星南块、丹东、汉阳、松潘、庙彭等 22 个评估单元达到 5 年一遇排水能力，面积约为 46.65 km²。详见表 2-108。

表 2-108　达到 5 年一遇排水能力评估单元情况表

| 序号 | 评估单元名称 | 所属行政区 | 排水体制 | 排水模式 | 面积（km²） |
| --- | --- | --- | --- | --- | --- |
| 1 | 民星南块 | 杨浦 | 分流制 | 强排 | 3.36 |
| 2 | 丹东 | 杨浦 | 合流制 | 强排 | 1.05 |
| 3 | 汉阳 | 虹口 | 分流制 | 强排 | 1.71 |

## 第 2 章　调查与评估

(续表)

| 序号 | 评估单元名称 | 所属行政区 | 排水体制 | 排水模式 | 面积（km²） |
|---|---|---|---|---|---|
| 4 | 松潘 | 杨浦 | 合流制 | 强排 | 1.89 |
| 5 | 庙彭 | 宝山、静安 | 分流制 | 强排 | 1.77 |
| 6 | 乾溪新村 | 宝山 | 分流制 | 强排 | 2.2 |
| 7 | 虎林 | 宝山 | 分流制 | 强排 | 1.74 |
| 8 | 南大北 | 宝山 | 分流制 | 强排 | 2.1 |
| 9 | 虹莘 | 闵行 | 分流制 | 强排 | 0.81 |
| 10 | 虹梅 | 闵行 | 分流制 | 强排 | 1.69 |
| 11 | 御桥 | 浦东 | 分流制 | 强排 | 1.63 |
| 12 | 上海动物园 | 长宁 | 分流制 | 自排 | 0.99 |
| 13 | 陇西 | 闵行 | 分流制 | 强排 | 1.19 |
| 14 | 虹许 | 闵行 | 分流制 | 强排 | 3.44 |
| 15 | 盛宅 | 宝山 | 分流制 | 强排 | 1.22 |
| 16 | 何家湾 | 宝山 | 分流制 | 强排 | 0.65 |
| 17 | 张华浜东 | 宝山 | 分流制 | 强排 | 2.66 |
| 18 | 周家渡 | 浦东 | 分流制 | 强排 | 3.13 |
| 19 | 三林 | 浦东 | 分流制 | 强排 | 4.02 |
| 20 | 龙水南路 | 徐汇 | 分流制 | 强排 | 1.78 |
| 21 | 张家浜 | 浦东 | 分流制 | 强排 | 4.73 |
| 22 | 培花 | 浦东 | 分流制 | 强排 | 2.89 |
| 合计 | | — | — | — | 46.45 |

经评估，大连、华泾西、世博会浦西园区、云岭西、森林公园等 28 个评估单元共达到 3 年一遇排水能力，面积约 65.66 km²。详见表 2-109。

经评估，评估范围内万航、华阳、江苏、凯旋、中山西等 228 个评估单元达到 1 年一遇排水能力，面积约 522.56 km²。

在对评估单元排水能力分析的基础上，根据各区行政区划范围，对各评估单元结论进一步整合。工作范围内涉及的行政区情况详见图 2-61。各行政区内雨水排水能力情况详见表 2-110。

表 2-109 达到 3 年一遇排水能力评估单元表

| 序号 | 评估单元名称 | 所属行政区 | 排水体制 | 排水模式 | 面积（km²） |
|---|---|---|---|---|---|
| 1 | 大连 | 虹口、杨浦 | 合流制 | 强排 | 0.44 |
| 2 | 华泾西 | 徐汇、闵行 | 分流制 | 强排 | 3.34 |
| 3 | 世博会浦西园区 | 黄浦 | 分流制 | 强排 | 1.88 |
| 4 | 云岭西 | 普陀 | 分流制 | 强排 | 3.16 |
| 5 | 森林公园 | 杨浦 | 分流制 | 自排 | 1.5 |
| 6 | 大宁灵石 | 静安 | 分流制 | 强排 | 0.84 |
| 7 | 广肇新客站 | 静安 | 合流制 | 强排 | 0.55 |
| 8 | 花木北 | 浦东 | 分流制 | 强排 | 3.57 |
| 9 | 花木南东 | 浦东 | 分流制 | 强排 | 3.55 |
| 10 | 花木南西 | 浦东 | 分流制 | 强排 | 3.63 |
| 11 | 陆家渡 | 浦东 | 分流制 | 强排 | 1.31 |
| 12 | 陆家嘴 | 浦东 | 分流制 | 强排 | 1.87 |
| 13 | 上海船厂 | 浦东 | 分流制 | 强排 | 1.73 |
| 14 | 绿川 | 浦东 | 分流制 | 强排 | 2.14 |
| 15 | 世博浦明 | 浦东 | 分流制 | 强排 | 2.5 |
| 16 | 世博后滩 | 浦东 | 分流制 | 强排 | 0.89 |
| 17 | 世博南码头 | 浦东 | 分流制 | 强排 | 1.08 |
| 18 | 前滩 ES4 | 浦东 | 分流制 | 强排 | 2.82 |
| 19 | 新江湾城 | 杨浦 | 分流制 | 自排 | 8.11 |
| 20 | 大定海 | 杨浦 | 合流制 | 强排 | 4.25 |
| 21 | 蕰村南 | 宝山 | 分流制 | 强排 | 0.94 |
| 22 | 塘桥 | 浦东 | 分流制 | 强排 | 3.47 |
| 23 | 通用地块 | 浦东 | 分流制 | 强排 | 1.86 |
| 24 | 殷家浜 | 浦东 | 分流制 | 强排 | 3.98 |
| 25 | 耀华 | 浦东 | 分流制 | 强排 | 2.86 |
| 26 | 荷兰新城 | 浦东 | 分流制 | 自排 | 0.96 |
| 27 | 世纪公园 | 浦东 | 分流制 | 自排 | 0.89 |
| 28 | 南大路北块自排 | 宝山、普陀 | 分流制 | 自排 | 1.54 |
| | 合计 | — | — | — | 65.66 |

# 第 2 章 调查与评估

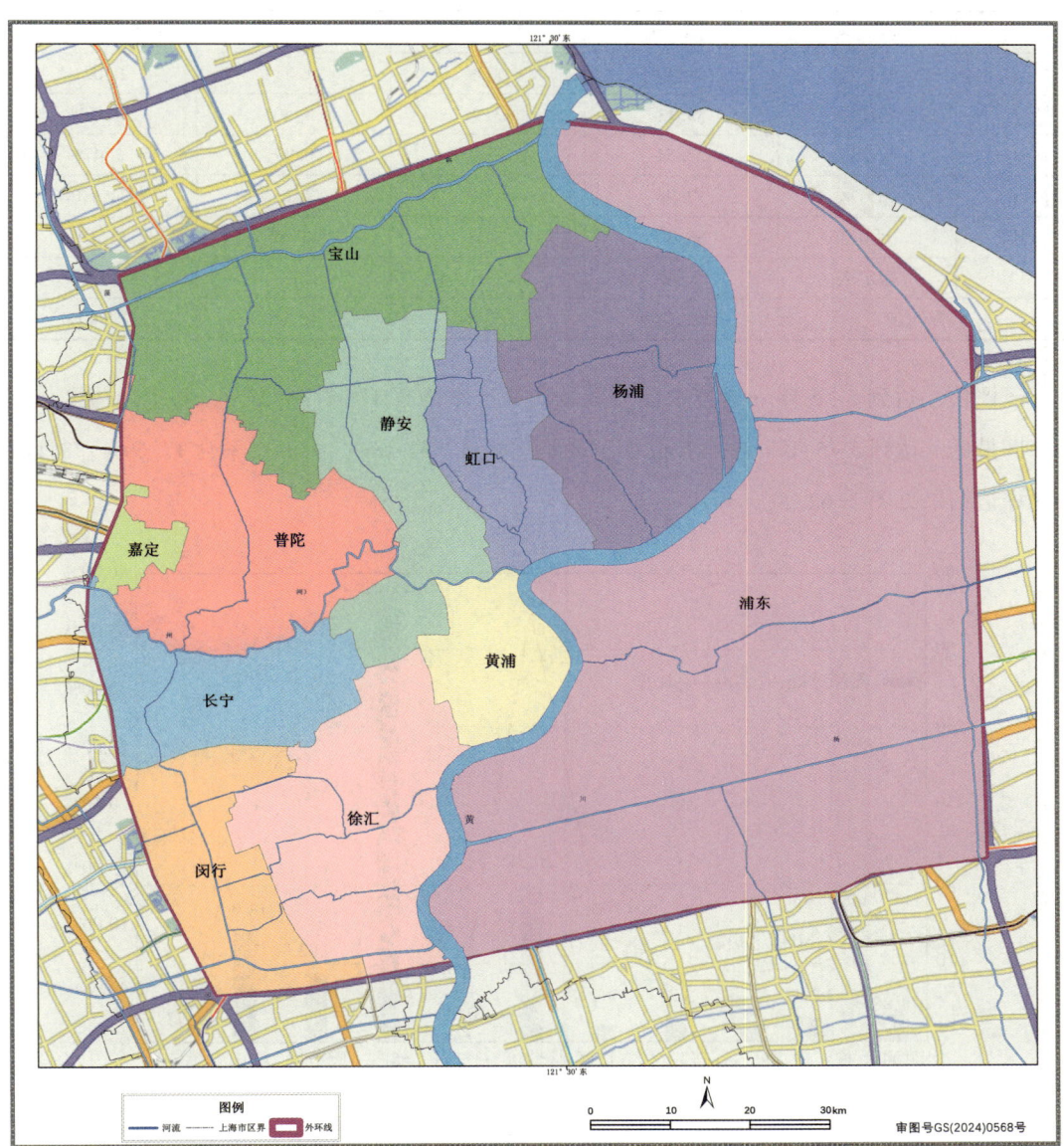

图 2-61 工作范围内行政区示意图

表 2-110 评估单元雨水排水能力面积情况表　　　　　　　　　（单位：km²）

| 序号 | 行政区 | 1年一遇 | 3年一遇 | 5年一遇 | 3~5年一遇比率 |
|---|---|---|---|---|---|
| 1 | 浦东新区 | 206.79 | 39.11 | 16.40 | 21.16% |
| 2 | 黄浦区 | 16.80 | 1.88 | — | 10.06% |
| 3 | 徐汇区 | 45.64 | 1.45 | 1.78 | 6.61% |
| 4 | 静安区 | 34.10 | 1.39 | 0.75 | 5.91% |
| 5 | 普陀区 | 43.67 | 3.27 | — | 6.97% |

(续表)

| 序号 | 行政区 | 1年一遇 | 3年一遇 | 5年一遇 | 3~5年一遇比率 |
|---|---|---|---|---|---|
| 6 | 虹口区 | 21.19 | 0.39 | 1.71 | 9.02% |
| 7 | 杨浦区 | 35.11 | 13.91 | 6.30 | 36.53% |
| 8 | 长宁区 | 27.54 | — | 0.99 | 3.47% |
| 9 | 闵行区 | 19.98 | 1.89 | 7.13 | 31.10% |
| 10 | 宝山区 | 66.30 | 2.37 | 11.59 | 17.39% |
| 11 | 嘉定区 | 5.44 | — | — | 0.00% |
| | 合计 | 522.56 | 65.66 | 46.65 | 17.69% |

经评估，达到3~5年一遇排水能力区域面积比率为3.47%~36.53%，其中杨浦区最高，长宁区最低。达到3~5年一遇排水能力区域面积为112.31 km²，所占比率为17.69%。行政区单元评估结果见图2-62。

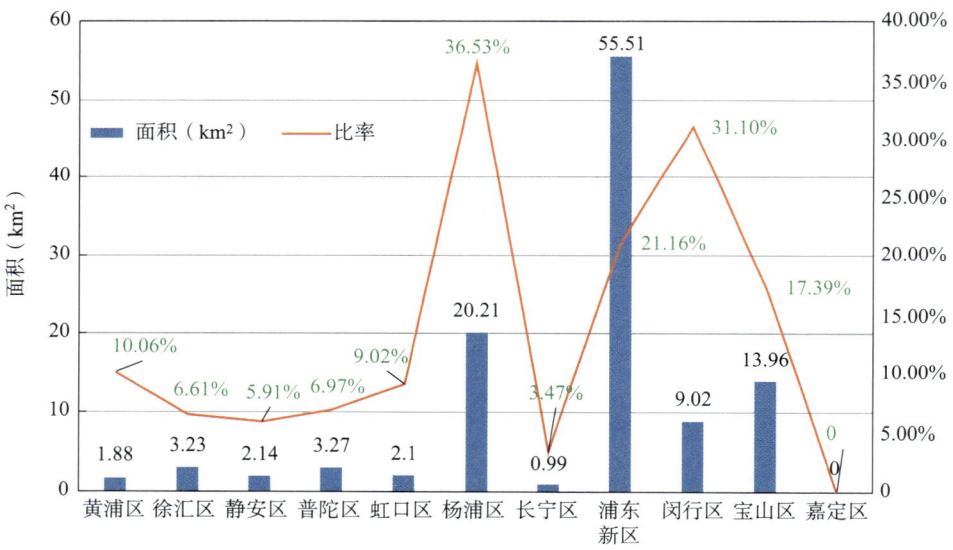

图2-62 行政区单元评估结果示意图

# 第 3 章 风险评估与区划

## 3.1 洪潮灾害

### 3.1.1 洪潮源的分析

上海位于长江和太湖流域下游，东濒东海、南临杭州湾，面临洪、涝、潮、台风等多种风险，水系及气候情况较为复杂。经过多年建设，上海市构建了由流域行洪通道、城市防洪除涝和海塘防潮组成的防洪除涝体系，基本形成"千里海塘、千里江堤、区域除涝、城镇排水"四道防汛保安防线，为保障流域、区域和城市防洪安全发挥了重要作用。市区段黄浦江防汛墙已按 1 000 年一遇潮位标准（1984 年标准）设计施工，海塘按 100 年、200 年一遇潮位加同频风标准加高加固。水利片除涝能力基本达到 15 年一遇日降雨量的治涝标准。

上海受台风、暴雨、天文高潮和上游洪水 4 种因素的影响，这 4 种因素可能单一发生，但更多的是相伴而生、叠加影响，即出现所谓的"二碰头""三碰头""四碰头"等，导致上海地区出现严重的风暴潮洪灾害。

1) 台风

台风为较高等级的热带气旋。影响上海的热带气旋平均每年 2~3 次，其中，伴有 10 级以上大风的约占总次数的 21%，伴有暴雨的约占 24%。影响上海的台风有以下几个特点：一是季节性，5—11 月，其中以 7、8、9 三个月最多；二是多样性，多种灾害同时出现；三是严重性，最多的年份有 7~8 次，每次都会造成不同程度的经济损失和人员伤亡；四是差异性，总体上沿海区比内陆区严重，东南部比西北部严重；五是时效性，一次台风影响的时间不长，平均为 2~3 天。

2) 暴雨

从形成暴雨的天气系统上，上海的暴雨主要由梅雨、台风暴雨，以及强对流天气形成。上海市常年平均梅雨量 244.4 mm，平均入梅日为 6 月 15 日，出梅日为 7 月 4~5 日，梅雨期约为 20 天，但各年也有差异。上海台风暴雨以 7—9 月出现机会最多，占全年的 78.6%。强对流天气常常导致雷暴雨。从时间上分析，上海的雷暴雨一年中多发于 5—10 月，尤以 8—10 月更为突出，其中 9 月份最多；一天中，下午 3~5 时出现雷暴雨的频率最高，峰值在下午 4 时。在上海，足以造成灾害的暴雨主要是大暴雨和特大暴雨。在年内，暴雨多出现在汛期，11 月下旬至次年 3 月中旬一般没有暴雨。

### 3) 高潮位

上海沿海及大小河道均受潮汐影响，一天内有两个高潮，两个低潮，而且两次高潮，两次低潮潮高不等，涨潮时间和落潮时间也不等。以1月为周期形成1月中2次大潮和2次小潮，农历初三、十八前后为大潮汛，初八、廿三前后为小潮汛。

影响上海的台风中产生风暴潮影响的每年平均 $1\sim2$ 次，据实测资料分析，凡黄浦公园站出现 4.80 m 以上高潮位，均系台风影响所造成的，对沿江、沿海地区形成较大潮灾威胁。由于海平面上升、洪水下泄和台风涌潮顶托的多重影响，黄浦江高潮位出现的频率明显增加，潮位也屡创新高。

### 4) 上游洪水

上海市地处长江三角洲前缘，位于长江和太湖流域下游，上海市上游洪水主要为长江洪水和太湖流域洪水。

长江口在徐六泾以下分为南支和北支，南支在吴淞口以下分为南港和北港，南港在九段沙以下分为南槽和北槽，长江口呈三级分汊、四口入海的河势格局，即有北支、北港、南槽和北槽四个入海通道。黄浦江洪水也首先排入长江口南支，再下泄至东海，长江洪水对黄浦江下泄洪水具有顶托作用。长江洪水下泄对上海也有一定影响，但由于上海处于长江口，这里长江河道宽达几千米到几十千米，洪水对水位抬高有限、影响不大。

上海市大陆地区是太湖流域的最下游，黄浦江及上游河道是太湖流域洪涝水的主要通道，黄浦江为太湖流域最大的一条河流，承泄全流域一年中需要外排洪涝水量的70%。其中，太湖外排洪涝有49%的水量，通过太浦河进入黄浦江，流经市区后排入长江口下泄东海。当上游太湖洪水下泄时，如与本地的高潮或地区性大暴雨相遇，将会大幅度抬高黄浦江的水位，严重影响沿江地区的排涝效果。

## 3.1.2 洪潮源的选择

根据本次水旱灾害风险普查对上海堤防的调查评估，上海主海塘设防潮位低于防浪墙高程，上海市海洋灾害风险普查中已依据上海沿海五区风暴潮灾害危险性等级、可能最大风暴潮淹没范围及水深、不同等级强度风暴潮淹没范围及水深计算，并依据《海洋灾害风险图编制规范》（HY/T 0297—2020）编制区尺度海洋灾害危险性评估成果图集和区尺度危险性评估技术报告进行分析，故洪水风险区划不考虑海塘溃决的洪潮水风险。

黄浦江是上海市最大的排江河流，同时也是太湖流域沿长江唯一未建控的支流，它不仅承担着流域、区域行洪除涝功能，还具有供水、排水、航运、生态、景观、旅游等重要作用，被誉为上海的"母亲河"。黄浦江穿越上海市中心城区，其两岸防汛墙是保障上海市区防汛安全

## 第 3 章 风险评估与区划

的重要屏障。近半个世纪以来,黄浦江堤防已经历了五次加高加固,目前黄浦江及上游主要支流堤防总长为 479 km,其中市区段 283 km 按 1 000 年一遇高潮位(1984 年批准)设防,上游干流段及主要支流堤防 196 km 按 50 年一遇标准设防。近年来,由于受到全球气候变暖、海平面上升等自然环境因素,以及流域区域水情工情变化的影响,黄浦江水位出现了趋势性抬高,中上游段历史最高水位不断刷新。黄浦江现状设防水位对应的重现期明显降低,现状堤防防御能力已不能满足上海这座超大城市防洪需求。

2021 年 7 月"烟花"台风呈现出强度大、移动慢、雨量大、增水大等特点,恰逢天文大潮,出现风、暴、潮、洪"四碰头"的情况。26—28 日,沿江沿海风暴潮增水 0.6~1.7 m 之间,全市 58 个国家基本水文测站中,有 28 个站点超历史纪录,其中包括黄浦江杨思站往上游干流及开敞支流全部水文测站。黄浦江中上游段两岸多处发生了堤顶漫溢、堤顶越浪、墙身渗水等险情,给防汛工作带来了较大压力,也暴露出了防洪工程的局部薄弱环节。随着黄浦江高水位不断上升,现阶段黄浦江下游段(吴淞口—徐浦大桥)实际防御能力已降至 100~300 年一遇;中游段(徐浦大桥—千步泾)20~100 年一遇;上游干流段已降至 10~20 年一遇。鉴于局部段黄浦江实际防御能力下降(漫堤风险,会引起溃坝),本次洪水风险区划采用 2021—2022 年开展的黄浦江防洪能力提升布局方案及上海市(不含崇明)洪水风险图编制成果内黄浦江溃坝成果体现黄浦江洪水风险。

### 3.1.3 三区分布概况

根据《洪水风险区划技术导则(试行)》《洪水风险区划及防治区划编制技术要求》(FXPC/SLP-01)、《洪水风险区划及防治区划编制补充技术要求》(试行)及已编洪水风险图的相关要求,对于已编制洪水风险图,区划单元应结合已有洪水风险图编制单元划分情况进行综合划定,因此本次上海市"三区"划分在上海市洪水风险图编制 2013 年和 2014 年的年度任务基础上,根据暴雨、洪水、地形、河流水系等自然因素,人口分布、GDP 等经济社会因素,以及历史洪水发生情况及其灾害影响范围与程度,将上海划分为主要江河防洪区,详见表 3-1。

表 3-1 主要江河防洪区区划单元表

| 所属流域 | 防洪保护区名称 |
|---|---|
| 太湖流域 | 浦东新区 |
| | 浦西区 |
| | 杭嘉湖区 |
| | 阳澄淀泖区 |
| 长江流域 | 崇明岛 |
| | 长兴岛 |
| | 横沙岛 |

## 3.1.4 计算方案

### 1) 溃坝淹没分析

黄浦江两岸设置11个溃口,胥浦塘—掘石港—大泖港右岸设置2个溃口。溃口形态为矩形,溃口的底高程取溃口所在河道堤防外地面高程,瞬间全溃,溃口宽度统一取为90 m。溃决时机为河道水位达到设计高水位时开始溃决。黄浦江采用500年一遇和1 000年一遇共两个频率,胥浦塘—掘石港—大泖港采用50年一遇和100年一遇洪水共两个频率。

### 2) 漫溢淹没及灾损分析

考虑堤防漫溢但结构不发生破坏的工情,同时叠加未来海平面上升(《2020年中国海平面公报》中估算未来30年较高上升速率5 mm/年)和地面沉降的影响,时间尺度方面选用现状、2030年、2040年和2050年4种,以千年一遇高潮位叠加"烟花"实况洪水和降雨作为典型工况进行模拟,分析上海地区遭遇漫溢后的淹没。千年一遇高潮4种工况下黄浦江最高潮位见表3-2。

表3-2 千年一遇高潮4种工况下黄浦江最高潮位变化情况 (单位:m)

| 潮位站 | 历史最高潮位 | 千年一遇高潮工况下沿程水位 | | | |
|---|---|---|---|---|---|
| | | 无海平面上升 | 海平面上升4.5 cm(2030年) | 海平面上升9.5 cm(2040年) | 海平面上升14.5 cm(2050年) |
| 吴淞站 | 5.99 | 6.58 | 6.63 | 6.68 | 6.73 |
| 黄浦公园 | 5.72 | 6.44 | 6.48 | 6.52 | 6.57 |
| 吴泾 | 5.13 | 6.02 | 6.06 | 6.11 | 6.16 |
| 米市渡 | 4.79 | 5.21 | 5.24 | 5.26 | 5.29 |

## 3.1.5 区划成果

按上述方案计算,上海市黄浦江洪水风险区划涉及闵行区(浦江镇、浦锦街道、马桥镇、江川路街道)、金山区(朱泾镇)、松江区(叶榭镇、车墩镇、永丰街道、石湖荡镇、泖港镇)、奉贤区(庄行镇、西渡街道、金汇镇)等4个区13个街镇,总面积为661.66 km$^2$。总体处于低风险区,低风险面积为612.38 km$^2$,占总面积的92.55%;中风险地区面积为49.28 km$^2$,占比7.45%;无高风险地区和极高风险地区。详见表3-3及附图6。

表3-3 不同等级风险面积及占比组成表

| 合计 | 行政区/街镇 | 总面积(km$^2$) | 低风险 | | 中风险 | | 高风险 | | 极高风险 | |
|---|---|---|---|---|---|---|---|---|---|---|
| | | | 面积(km$^2$) | 占比 | 面积(km$^2$) | 占比 | 面积(km$^2$) | 占比 | 面积(km$^2$) | 占比 |
| 1 | 闵行区浦江镇 | 79.20 | 77.89 | 98.35% | 1.31 | 1.65% | 0 | 0% | 0 | 0% |
| 2 | 闵行区浦锦街道 | 23.29 | 21.82 | 93.69% | 1.47 | 6.31% | 0 | 0% | 0 | 0% |

# 第3章 风险评估与区划

(续表)

| 合计 | 行政区/街镇 | 总面积（km²） | 低风险 | | 中风险 | | 高风险 | | 极高风险 | |
|---|---|---|---|---|---|---|---|---|---|---|
| | | | 面积（km²） | 占比 | 面积（km²） | 占比 | 面积（km²） | 占比 | 面积（km²） | 占比 |
| 3 | 闵行区马桥镇 | 39.47 | 33.09 | 83.84% | 6.38 | 16.16% | 0 | 0% | 0 | 0% |
| 4 | 闵行区江川路街道 | 24.04 | 22.32 | 92.85% | 1.72 | 7.15% | 0 | 0% | 0 | 0% |
| 5 | 金山区朱泾镇 | 75.59 | 75.24 | 99.54% | 0.35 | 0.46% | 0 | 0% | 0 | 0% |
| 6 | 松江区叶榭镇 | 72.48 | 54.05 | 74.57% | 18.43 | 25.43% | 0 | 0% | 0 | 0% |
| 7 | 松江区车墩镇 | 49.82 | 43.71 | 87.74% | 6.11 | 12.26% | 0 | 0% | 0 | 0% |
| 8 | 松江区永丰街道 | 24.63 | 24.29 | 98.62% | 0.34 | 1.38% | 0 | 0% | 0 | 0% |
| 9 | 松江区石湖荡镇 | 44.27 | 44.11 | 99.64% | 0.16 | 0.36% | 0 | 0% | 0 | 0% |
| 10 | 松江区泖港镇 | 57.62 | 56.18 | 97.50% | 1.44 | 2.50% | 0 | 0% | 0 | 0% |
| 11 | 奉贤区庄行镇 | 69.46 | 63.75 | 91.78% | 5.71 | 8.22% | 0 | 0% | 0 | 0% |
| 12 | 奉贤区西渡街道 | 29.19 | 23.63 | 80.95% | 5.56 | 19.05% | 0 | 0% | 0 | 0% |
| 13 | 奉贤区金汇镇 | 72.60 | 72.30 | 99.59% | 0.30 | 0.41% | 0 | 0% | 0 | 0% |
| | 合计 | 661.66 | 612.38 | 92.55% | 49.28 | 7.45% | 0 | 0% | 0 | 0% |

从分区结果看，松江区影响最大，影响总面积为 248.82 km²，其中低风险面积 222.34 km²，占总面积的 89.36%，中风险地区面积为 26.48 km²，占比为 10.64%；奉贤区第二，影响总面积为 171.25 km²，其中低风险面积为 159.68 km²，占总面积的 93.24%，中风险地区面积为 11.57 km²，占比为 6.76%；闵行区第三，影响总面积为 166 km²，其中低风险面积为 155.12 km²，占总面积的 93.45%，中风险地区面积为 10.88 km²，占比为 6.55%；金山区最小，影响总面积为 75.59 km²，其中低风险面积为 75.24 km²，占总面积的 99.54%，中风险地区面积为 0.35 km²，占比为 0.46%。不同等级风险面积见图 3-1。

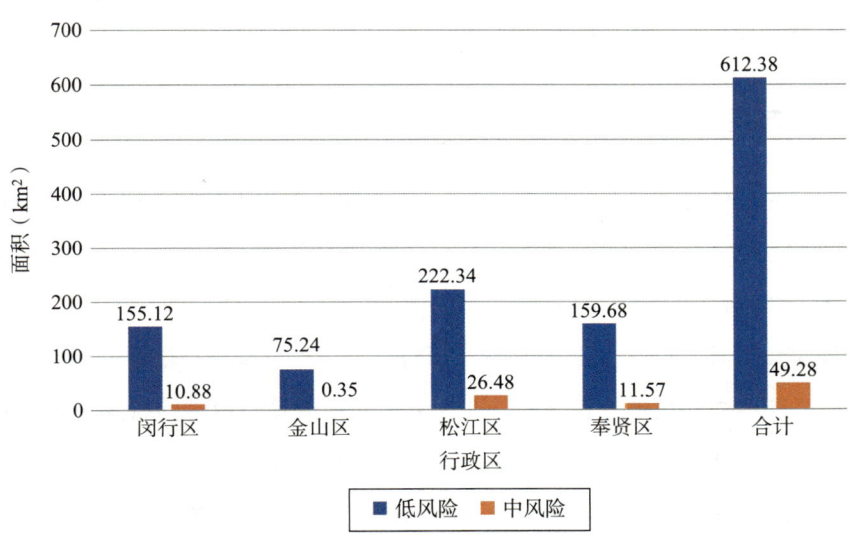

图 3-1 不同等级风险面积分区图

从分街镇结果看，叶榭镇中风险面积达到 18.43 km²，排在第一，马桥镇、车墩镇、庄行镇、西渡街道中风险面积达到 5~7 km² 之间，其余街镇中风险面积在 0~2 km² 之间。分街镇不同等级风险面积见图 3-2。

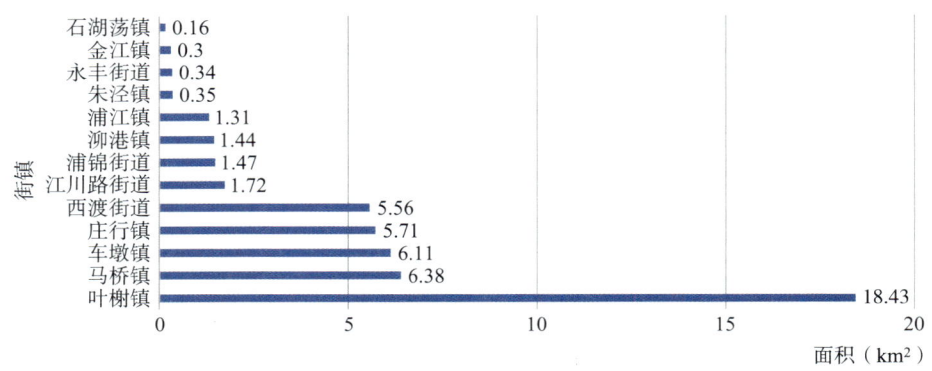

图 3-2  分街镇不同等级风险所占面积

## 3.2  城市内涝灾害

### 3.2.1  区划单元划分

根据上海实际情况和相关区划衔接需求，以排水系统现状与规划为基础，同时考虑不同区域社会经济发展现状与趋势，城市内涝灾害风险同时以排水系统（289 个）和街镇行政区（11 区 115 街镇）为统计单元，以 50 m×50 m 网格为内涝风险评估的基础单元，在该基础单元中提取内涝模型计算的网格单元淹没深度结果。

### 3.2.2  计算方案

选取排水设施现状设计暴雨重现期标准作为起算频率，向上演算至规范最高计算频率。根据上海排水设施现状，计算频率主要为：1 年一遇、2 年一遇、3 年一遇、5 年一遇、10 年一遇、20 年一遇、30 年一遇、50 年一遇、70 年一遇和 100 年一遇。

经对各频率短历时（2 h）设计雨型和长历时（24 h）雨型进行测算，短历时暴雨能更好反映城市遭遇短历时强降雨的内涝风险，在区分不同地区暴雨内涝的风险差异上效果更加显著。故本次评估采用芝加哥设计雨型分析各频率下的淹没水深，对应上述频率的最大 1 小时降雨强度分别为 36.5 mm、45.7 mm、51.2 mm、58 mm、67.3 mm、76.6 mm、82.0 mm、88 mm、93 mm 和 98 mm。见图 3-3。

# 第 3 章 风险评估与区划

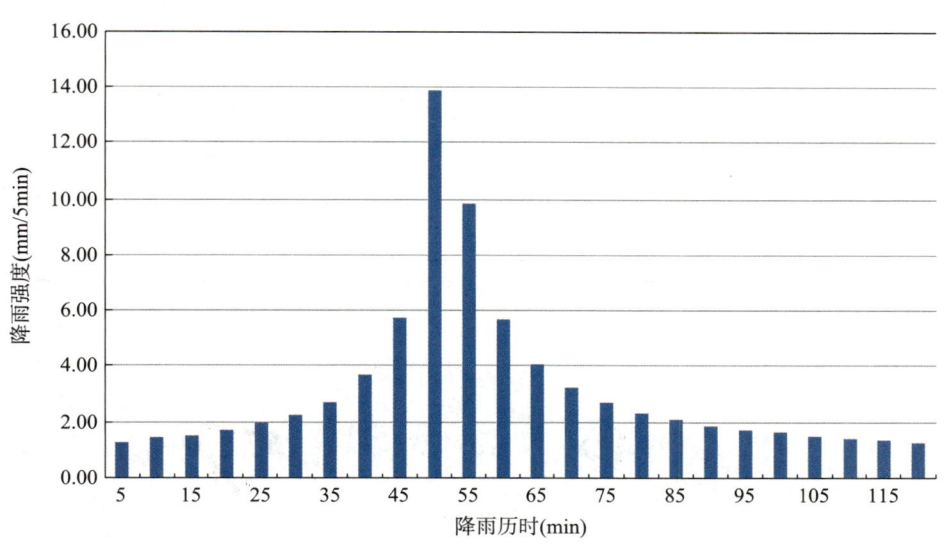

图 3-3  3~5 年一遇 120 min 芝加哥雨型（r=0.4）

城市内涝共涉及嘉宝北片、蕰南片、淀北片、浦东片及淀南片 5 个水利分片。采用各个水利片的除涝最高水位作为河道水位边界条件。涉及水利片除涝最高水位见表 3-4。

表 3-4  涉及水利片除涝最高水位

| 序号 | 水利片 | 除涝最高水位（m） |
|---|---|---|
| 1 | 嘉宝北片 | 3.80 |
| 2 | 蕰南片 | 4.44 |
| 3 | 淀北片 | 3.80 |
| 4 | 浦东片 | 3.75 |
| 5 | 淀南片 | 3.60 |

## 3.2.3 区划成果

### 1）排水系统内涝风险分析

本次评估的中心城排水系统共涉及 289 个排水系统，其中强排系统 250 个，总体以低风险为主。低风险地区面积占比 80% 以上的排水系统为 220 个，低风险地区面积占比达到 90% 以上的排水系统为 125 个。

各系统内的低风险地区面积占比范围在 53.2%~100% 之间，中风险地区面积占比范围在 0%~37.6% 之间，高风险地区面积占比范围在 0%~10.3% 之间，极高风险地区面积占比范围在 0%~9.4% 之间。

289个系统中，高和极高风险面积之和占比最高的前10个排水系统依次为：杨盛东、泾西、曲阳、康桥镇自排区域、汉阳、北蔡安建、前程、大柏树、浦兴以及大名。除上述10个排水系统外，另外有沪东新村、华泾西、蒲汇塘、长岛、龙柏、真光、芙蓉江、福建北以及武进9个排水系统，高和极高风险面积占比超过10%。排水系统内涝风险区划风险等级分布见图3-4及附表4。

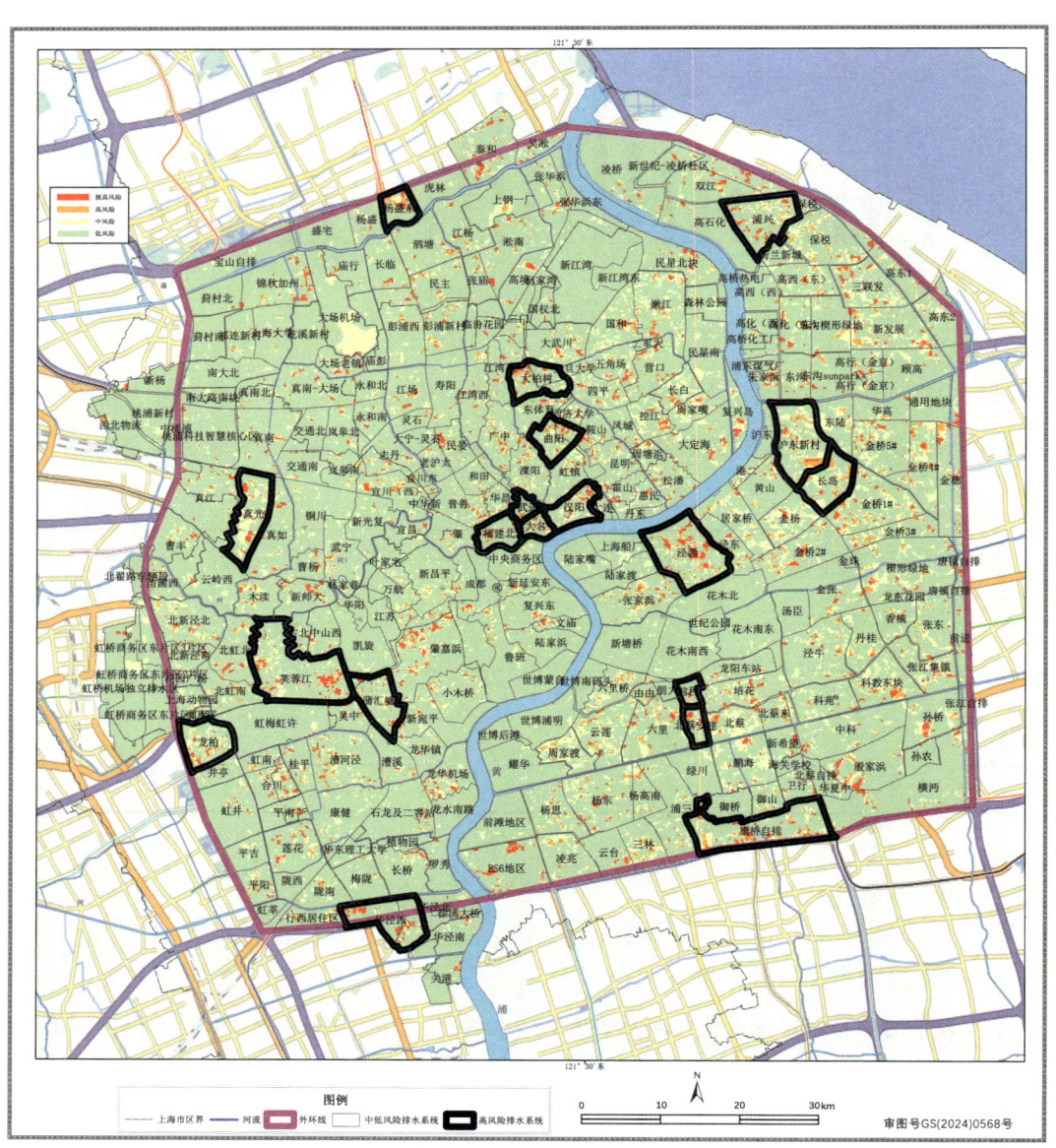

图3-4 中心城内涝风险区划风险等级分布图（排水系统单元）

总体分布上，现状已达到5年一遇的排水系统安全性较高，系统内主要以低风险为主。风险较高的排水系统一般为现状排水标准1年一遇、在建或者排水管网尚未完全覆盖。

# 第3章 风险评估与区划

对现状1年一遇和5年一遇排水系统的风险地区面积占比情况进行归类分析，见图3-5。结果表明：1年一遇排水系统低风险地区面积占比平均值为84.5%，中风险地区面积占比均值为10.1%，高风险地区面积占比均值为3.2%，极高风险地区面积占比均值为2.2%；5年一遇排水系统低风险地区面积占比平均值达到96.6%，中风险地区面积占比均值为3.3%，高风险和极高风险地区面积占比不到0.1%。即使达到5年一遇标准的排水系统仍然存在极少面积的高风险和极高风险的原因：一是系统存在局部地势低洼点，需要辅以其他非工程性措施；二是本次评估的暴雨强调短历时高强度，与内涝防治重现期暴雨（3~24h历时）不同，冲击性更大，因此对于达标系统仍然会凸显极端强降雨的超标准风险，本次以风险管控为目的，并不完全与达标评估相同，但可为达标建设工作提供一定参考。

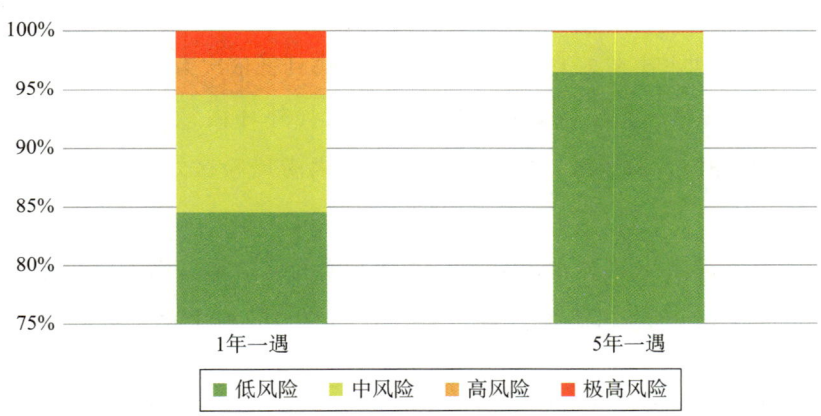

图3-5 现状不同排水能力系统风险地区面积占比情况示意图

对自排与强排模式排水系统的风险地区面积占比情况进行归类分析，见图3-6。结果表明：自排与强排的极高和高风险地区面积占比相近，但自排区域的低风险地区面积占比较强排系统高，中风险地区面积占比较强排系统低。自排模式低风险地区面积占比平均值为89.0%，中风险地区面积占比均值为6.6%，高风险地区面积占比均值为2.2%，极高风险地区面积占比均值为2.1%；强排模式的系统低风险地区面积占比平均值达到85.6%，中风险地区面积占比均值为9.6%，高风险地区面积占比均值为2.8%，极高风险地区面积占比均值为2.0%。由于本次评估范围内中心城自排地区较少，主要集中在浦东新区、宝山区和杨浦区的公园、绿地、高校及开发较晚地区，源头管控和管道建设情况相对较好，除少数地块外，总体风险相对较低。

2）行政区内涝风险分析

各行政区总体以低风险为主，各区的低风险地区面积占比在80.1%~93.2%之间，高和

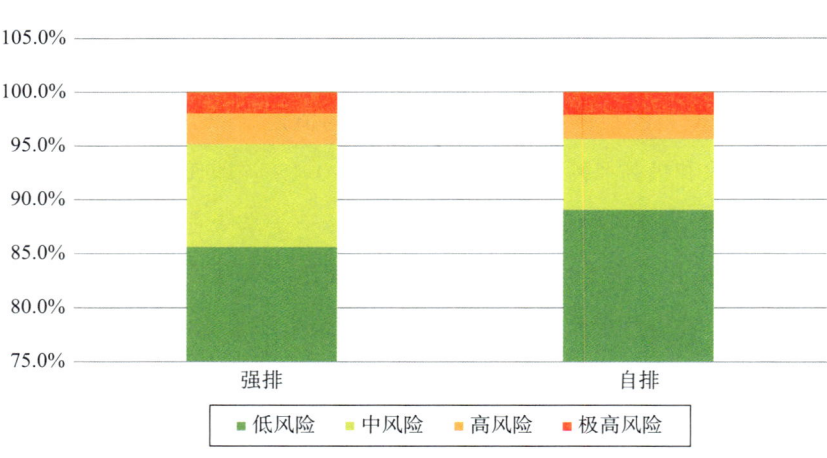

图 3-6　现状不同排水模式风险地区面积占比情况示意图

极高风险地区面积总和占比在 2.1%～7.7% 之间，从高到低依次为：虹口区、浦东新区（外环内）、徐汇区、杨浦区、长宁区、静安区、闵行区（外环内）、普陀区、宝山区（外环内）、嘉定区（外环内）、黄浦区。按行政区中心城内涝风险区划风险等级详见表 3-5 及图 3-7、图 3-8。

从各个街镇的风险等级占比情况来看，各个街镇低风险地区面积占比范围在 62.0%～99.0% 之间。低风险地区面积占比大于 80% 的街镇共有 92 个，其中大于 90% 的街镇共有 42 个。

表 3-5　中心城内涝风险区划等级占比统计表

| 行政区 | 低风险占比 | 中风险占比 | 高风险占比 | 极高风险占比 |
| --- | --- | --- | --- | --- |
| 浦东新区（外环内） | 84.0% | 10.6% | 3.4% | 2.0% |
| 黄浦区 | 93.2% | 4.7% | 1.4% | 0.7% |
| 徐汇区 | 88.4% | 6.8% | 2.5% | 2.3% |
| 长宁区 | 87.2% | 8.5% | 2.2% | 2.1% |
| 静安区 | 88.6% | 7.5% | 2.5% | 1.4% |
| 普陀区 | 89.5% | 7.0% | 1.8% | 1.7% |
| 虹口区 | 80.1% | 12.2% | 4.4% | 3.3% |
| 杨浦区 | 84.3% | 11.2% | 2.5% | 2.0% |
| 闵行区（外环内） | 90.0% | 6.1% | 2.0% | 1.9% |
| 宝山区（外环内） | 90.0% | 6.6% | 1.8% | 1.6% |
| 嘉定区（外环内） | 92.2% | 5.0% | 1.7% | 1.1% |

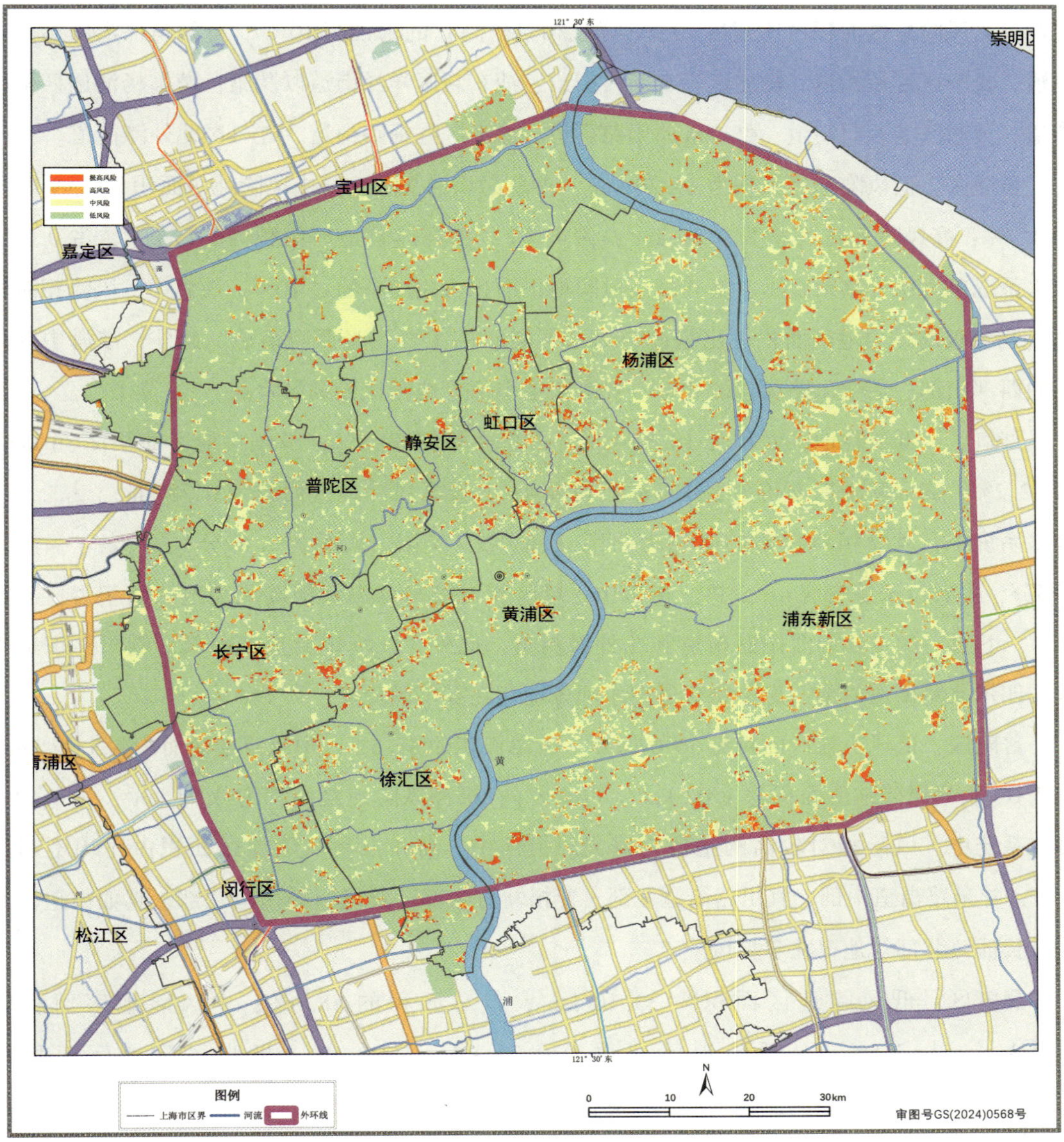

# 第 3 章  风险评估与区划

图 3-7  中心城内涝风险区划风险等级分布图（行政单元）

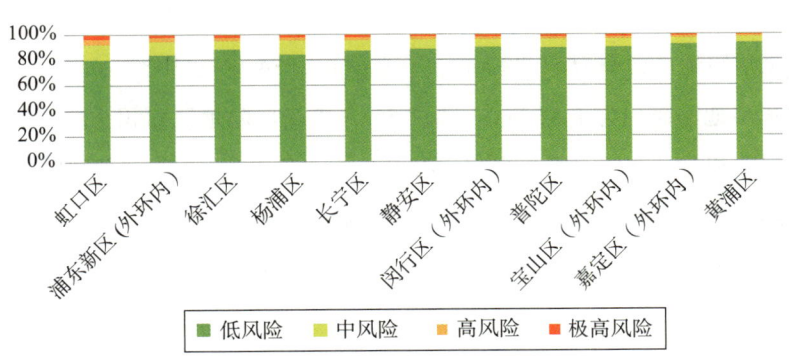

图 3-8  各区风险等级面积占比情况

高和极高风险地区面积占比超过10%（风险相对较高）的街镇有10个，分别是徐汇区湖南路街道、长宁区虹桥街道、杨浦区延吉新村街道、浦东新区洋泾街道以及康桥镇、杨浦区四平路街道、黄浦区老西门街道、虹口区曲阳路街道、徐汇区虹梅路街道、虹口区北外滩街道。

黄浦区：低风险地区面积为19.70 km²，占总面积的93.2%；中风险地区面积为0.99 km²，占4.7%；高风险地区面积为0.30 km²，占1.4%；极高风险地区面积为0.15 km²，占0.7%。排水系统单元统计结果显示，高和极高风险地区面积占比均不超过10%。街镇中，风险相对较高（高和极高风险地区面积占比超过10%，下同）的主要为老西门街道。此外，淮海中路街道的西部南部、瑞金二路街道的北部、外滩街道中部等地存在分散风险点。

虹口区：低风险地区面积为18.80 km²，占总面积的80.1%；中风险地区面积2.86 km²，占12.2%；高风险地区面积为1.03 km²，占4.4%；极高风险地区面积为0.78 km²，占3.3%。排水系统中，风险相对较高的主要为曲阳（部分）、汉阳、大柏树（部分）、大名、福建北（部分，主要位于静安区）、武进。街镇中，风险相对较高（高和极高风险地区面积占比超过10%，下同）的主要为曲阳路街道和北外滩街道。此外，江湾镇街道东南部、欧阳路街道中部、四川北路街道南部、广中路街道中东部等地存在零星风险点。

普陀区：低风险地区面积为50.07 km²，占总面积的89.5%；中风险地区面积为3.92 km²，占7.0%；高风险地区面积为1.02 km²，占1.8%；极高风险地区面积为0.94 km²，占1.7%。排水系统中，风险相对较高的主要为真光。街镇中，高和极高风险地区面积占比均不超过10%，甘泉路街道南部、宜川路街道北部、曹杨新村中部、长风新村街道北部、真如街道西北部、长征镇北部等地存在零星风险点。

静安区：低风险地区面积为33.10 km²，占总面积的88.6%；中风险地区面积为2.82 km²，占7.5%；高风险地区面积为0.94 km²，占2.5%；极高风险地区面积为0.51 km²，占1.4%。排水系统中，风险相对较高的主要为福建北（主要位于静安区）。街镇中，高和极高风险地区面积占比均不超过10%，北站街道中部、宝山路街道北部和南部、芷江西街道东南部、南京西路街道北部、大宁路街道西北和西南部等地存在零星风险点。

杨浦区：低风险地区面积为51.49 km²，占总面积的84.3%；中风险地区面积为6.84 km²，占11.2%；高风险地区面积为1.51 km²，占2.5%；极高风险地区面积为1.22 km²，占2.0%。排水系统中，风险相对较高的主要为曲阳（部分，主要位于虹口区）、大柏树（部分，主要位于虹口区）。街镇中，风险相对较高的主要为延吉新村街道和四平路街道。此外，五角场北部和东部、长海路街道西北部、平凉路街道西部、定海路街道中南部、殷行街道北部等地存在零星风险点。

长宁区：低风险地区面积为33.12 km²，占总面积的87.2%；中风险地区面积为3.21 km²，

## 第3章　风险评估与区划

占 8.5%；高风险地区面积为 0.84 km², 占 2.2%；极高风险地区面积为 0.79 km², 占 2.1%。排水系统中，风险相对较高的主要为蒲汇塘（部分，主要位于徐汇区）、芙蓉江。街镇中，风险相对较高的主要为虹桥街道。此外，仙霞新村街道中西部地区、天山路街道北部和南部、新泾镇等街道存在零星风险点。

徐汇区：低风险地区面积为 49.72 km², 占总面积的 88.4%；中风险地区面积为 3.85 km², 占 6.8%；高风险地区面积为 1.38 km², 占 2.5%；极高风险地区面积为 1.28 km², 占 2.3%。排水系统中，风险相对较高的主要为华泾西、蒲汇塘（主要位于徐汇区）。街镇中，风险相对较高的主要为湖南路街道和虹梅路街道。此外，徐家汇街道南部、天平路街道中北部、枫林路街道北部、龙华街道西北部、长桥街道中北部等地存在零星分散风险点。

浦东新区（中心城区域）：低风险地区面积为 237.58 km², 占总面积的 84.0%；中风险地区面积为 29.97 km², 占 10.6%；高风险地区面积为 9.50 km², 占 3.4%；极高风险地区面积为 5.74 km², 占 2.0%。排水系统中，风险相对较高的主要为康桥自排、北蔡安建、前程、浦兴、泾西、沪东新村、长岛。街镇中，风险相对较高的主要为洋泾街道和康桥镇，其他街道以零星风险点为主。

闵行区（中心城区域）：低风险地区面积为 26.01 km², 占总面积的 88.5%；中风险地区面积为 2.08 km², 占 7.1%；高风险地区面积为 0.67 km², 占 2.3%；极高风险地区面积为 0.62 km², 占 2.1%。排水系统中，风险相对较高的主要为华泾西（部分）、龙柏。街镇中，虹桥西部、古美中部、梅陇镇北部等地存在零星风险点，高和极高风险地区面积占比均不超过 10%。

宝山区（中心城区域）：低风险地区面积为 75.03 km², 占总面积的 90.1%；中风险地区面积为 5.45 km², 占 6.5%；高风险地区面积为 1.47 km², 占 1.8%；极高风险地区面积为 1.35 km², 占 1.6%。排水系统中，风险相对较高的主要为杨盛东。街镇中，张庙街道东部、高境镇北部、庙行镇中部、淞南镇中部、大场镇北部等地存在零星风险点，高和极高风险地区面积占比均不超过 10%。

嘉定区（中心城区域）：低风险地区面积为 4.57 km², 占总面积的 93.2%；中风险地区面积为 0.99 km², 占 4.7%；高风险地区面积为 0.07 km², 占 1.4%；极高风险地区面积为 0.15 km², 占 0.7%。排水系统仅曹丰和真江（部分）两个，高和极高风险地区面积占比均不超过 10%。涉及一个真新街道，中部和北部存在零星风险点，高和极高风险地区面积占比不超过 10%。

对上述各区排水系统中风险相对较高的排水系统进行了分析，其内涝原因及规划措施见表 3-6，主要原因以系统未达标为主。

表 3-6 高风险排水系统内涝风险情况

| 排水系统 | 行政区 | 高和极高风险面积占比 | 风险原因分析 |
|---|---|---|---|
| 杨盛东 | 宝山区 | 19.8% | 排水系统尚未建设完毕 |
| 泾西 | 浦东新区 | 16.4% | 部分管径偏小，待提标 |
| 曲阳 | 虹口区 | 15.1% | 部分管径偏小，待提标 |
| 康桥自排 | 浦东新区 | 14.9% | 部分管径偏小，待提标 |
| 汉阳 | 虹口区 | 13.5% | 部分管径偏小，待提标 |
| 北蔡安建 | 浦东新区 | 13.5% | 部分管径偏小，待提标 |
| 前程 | 浦东新区 | 13.4% | 自排管道不完善，待提标 |
| 大柏树 | 虹口区 | 12.3% | 部分管径偏小，待提标 |
| 浦兴 | 浦东新区 | 12.2% | 部分管径偏小，且部分道路尚未建设雨水管，待提标 |
| 大名 | 虹口区 | 12.1% | 部分管径偏小，待提标 |
| 沪东新村 | 浦东新区 | 11.8% | 系统雨水总管未达到1年一遇标准，待提标 |
| 华泾西 | 闵行区 | 11.7% | 排水系统尚未建设完毕 |
| 蒲汇塘 | 徐汇区 | 11.6% | 部分管径偏小，待提标 |
| 长岛 | 浦东新区 | 11.2% | 系统雨水总管未达到1年一遇标准，待提标 |
| 龙柏 | 闵行区 | 11.1% | 部分管径偏小，待提标 |
| 真光 | 普陀区 | 10.6% | 部分管径偏小，待提标 |
| 芙蓉江 | 长宁区 | 10.6% | 部分管径偏小，待提标 |
| 福建北 | 静安区 | 10.4% | 部分管径偏小，待提标 |
| 武进 | 虹口区 | 10.2% | 部分管径偏小，待提标 |

## 3.3 郊区内涝灾害

### 3.3.1 区划单元划分

根据上海实际情况，以大陆片圩外片内（不含中心城区）、崇明三岛、圩区为基础，以街镇行政区（9区122街镇或重要园区）为统计单元，以 50 m×50 m 网格为内涝风险评估的基础单元，在基础单元中提取内涝模型计算的网格单元淹没深度结果。

### 3.3.2 计算方案

致灾因子主要考虑暴雨频次，通过对各水利片现状除涝能力和多频率暴雨分析，结合现行的上海市地方标准《治涝标准》（DB31/T 1121—2018），选取"639"雨型，5年一遇、10年一遇、20年一遇、30年一遇、50年一遇和100年一遇最大 24 h 设计暴雨，分别开展内涝分析，内涝的外边界条件为对应"639"雨型同步外边界潮位变化过程。

# 第 3 章 风险评估与区划

## 3.3.3 区划成果

### 1) 总体情况

经过风险等级划分,全市郊区总体为低风险区域,低风险区域面积占 93.43%,中风险区域面积占 5.91%,高风险区域面积占 0.59%,极高风险区域面积占 0.07%。

从各区风险等级水平来看,低风险占比区间为 80.12%~98.44%,由高到低的排序依次为松江区、宝山区、闵行区、青浦区、浦东新区、奉贤区、金山区、崇明区、嘉定区。

中风险占比区间为 1.01%~6.48%,由高到低的区依次为嘉定区、崇明区、金山区、奉贤区、浦东新区、青浦区、闵行区、宝山区、松江区。

高风险占比区间为 0%~3.28%,由高到低的区依次为嘉定区、金山区、青浦区、奉贤区、松江区、闵行区、宝山区、浦东新区、崇明区。

极高风险占比区间为 0%~0.32%,由高到低的区依次为青浦区、嘉定区、松江区、金山区、浦东新区、宝山区、奉贤区、闵行区、崇明区,其中,闵行区、崇明区无极高风险区域。相关区风险等级占比详见表 3-7 及图 3-9、图 3-10。

表 3-7 上海市各郊区风险等级占比统计表

| 序号 | 行政区 | 低风险占比 | 中风险占比 | 高风险占比 | 极高风险占比 |
| --- | --- | --- | --- | --- | --- |
| 1 | 浦东新区(外环线外) | 95.90% | 3.93% | 0.12% | 0.05% |
| 2 | 闵行区(外环线外) | 97.52% | 2.29% | 0.19% | 0% |
| 3 | 宝山区(外环线外) | 97.67% | 2.13% | 0.18% | 0.02% |
| 4 | 嘉定区(外环线外) | 80.12% | 16.48% | 3.28% | 0.12% |
| 5 | 金山区 | 91.89% | 6.83% | 1.23% | 0.05% |
| 6 | 松江区 | 98.44% | 1.01% | 0.44% | 0.11% |
| 7 | 青浦区 | 96.74% | 2.30% | 0.64% | 0.32% |
| 8 | 奉贤区 | 95.21% | 4.28% | 0.50% | 0.01% |
| 9 | 崇明区 | 90.25% | 9.72% | 0.03% | 0% |

### 2) 分区情况

郊区内涝风险区划成果以行政区为单元进行分析统计,按照各行政区风险由高到低依次排序。

① 浦东新区(外环线外)

浦东新区(外环线外)涉及街镇 21 个,总体上处于低风险区,低风险区到极高风险区占

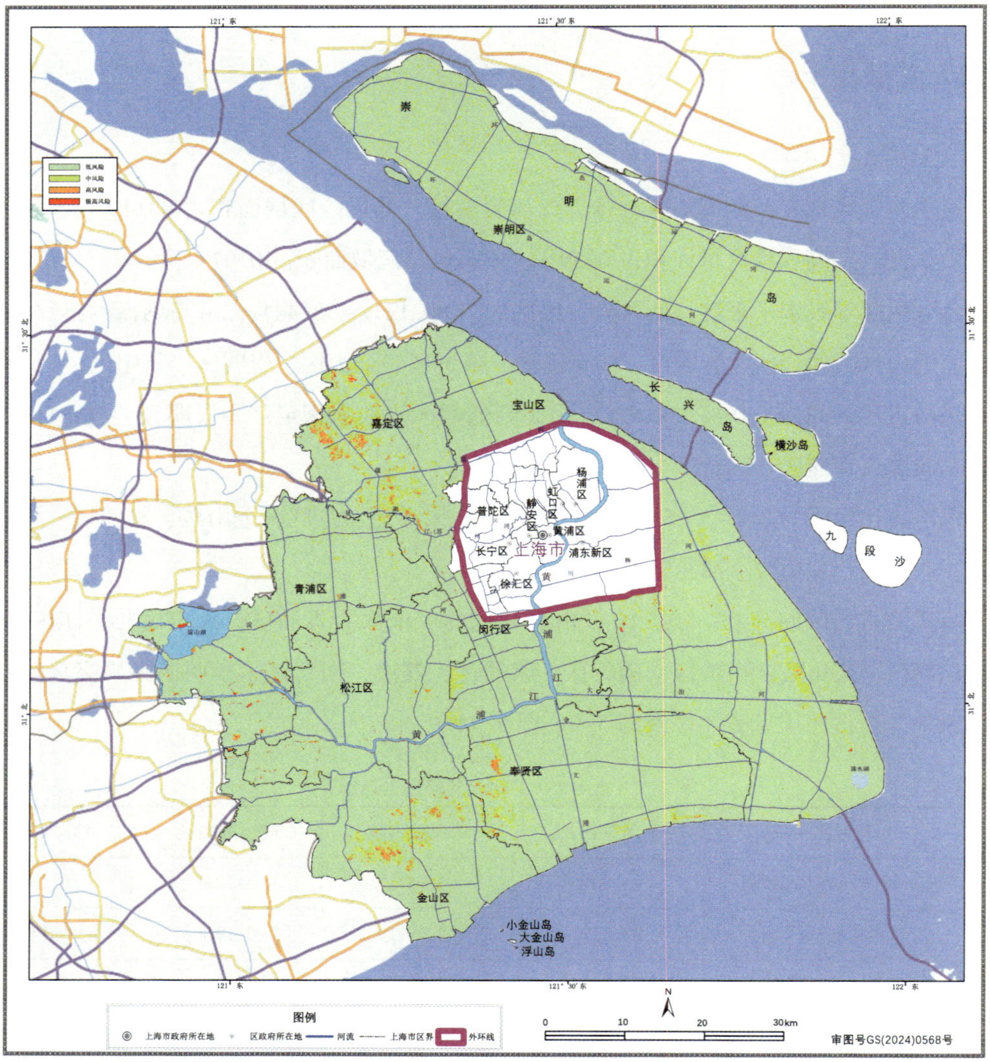

# 上海市水旱灾害风险普查总报告

图 3-9 郊区内涝风险统计图

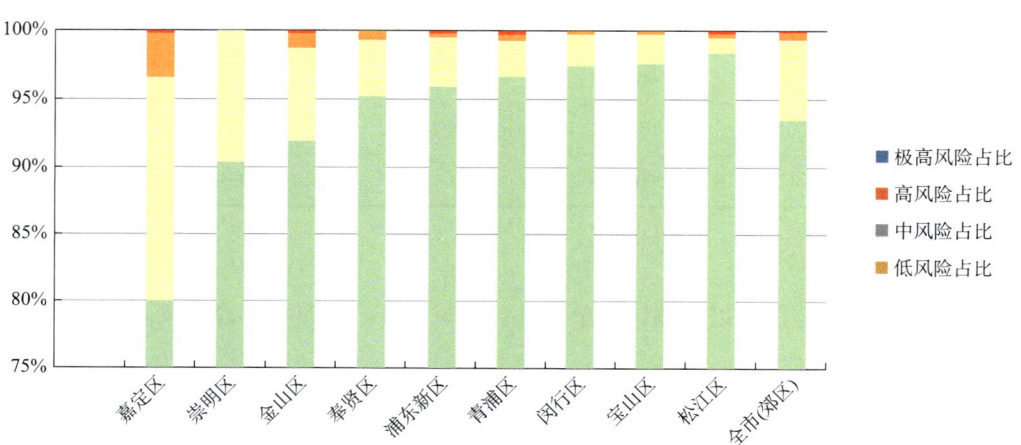

图 3-10 郊区内涝风险统计图

# 第 3 章　风险评估与区划

比分别为 95.90%、3.93%、0.12%、0.05%。浦东新区中风险区域及以上呈分散块状分布，主要分布在浦东新区中部和西部部分区域，包括康桥镇及周边区域、浦东运河与川杨河交汇处东侧区域、人民塘随塘河（北横河至大治河）段西侧区域。

② 闵行区（外环线外）

闵行区（外环线外）涉及街镇 12 个，总体上处于低风险区，低风险区到高风险区占比分别为 97.52%、2.29%、0.19%，无极高风险区。闵行区中风险区域呈集中块状分布，主要分布在马桥镇的西部区域；高风险及以上区域呈分散点状分布，分布在华漕镇、新虹街道、七宝镇、梅陇镇部分区域。

③ 宝山区（外环线外）

宝山区（外环线外）涉及街镇 9 个，总体上处于低风险区，低风险区到极高风险区占比分别为 97.67%、2.13%、0.18%、0.02%。宝山区中风险及以上区域呈分散块状分布，主要分布在练祁河潘泾以东段两侧部分区域和轨道交通 3 号线两侧部分区域。

④ 嘉定区（外环线外）

嘉定区（外环线外）涉及街镇 12 个，总体上处于低风险区，低风险区到极高风险区占比分别为 80.12%、16.48%、3.28%、0.12%。嘉定区中风险及以上呈块状分布，主要分布在嘉定中西、中南区域。中高风险包括外冈镇练祁河段两侧区域，盐铁塘以东、蕰藻浜以南、苏州河以北的区域，呈现点块状分布。高风险区域主要为农林用地，高程 3.5~3.8m。

⑤ 金山区

金山区涉及街镇 11 个，总体上处于低风险区，低风险区到极高风险区占比分别为 91.89%、6.83%、1.23%、0.05%。金山区中风险及以上区域呈集中连片分布，主要分布在金山中部区域，包括吕巷镇、张堰镇、廊下镇边界交会处周边，亭林镇、金山工业区界周边。

⑥ 松江区

松江区涉及街镇 18 个，总体上处于低风险区，低风险区到极高风险区占比分别为 98.44%、1.01%、0.44%、0.11%。松江区中风险及以上区域呈分散点块状分布，主要分布在北泖泾松江工业区段两侧部分区域以及泖港镇、佘山镇、新浜镇的部分区域。

⑦ 青浦区

青浦区涉及街镇 11 个，总体上处于低风险区，低风险区到极高风险区占比分别为 96.74%、2.30%、0.64%、0.32%。青浦区中、高风险区域呈分散块状分布，主要分布在夏阳街道的中北部，华新镇、徐泾镇交界处两侧部分区域，华新镇东北部，重固镇北部部分区域，白鹤镇中北部部分区域，淀浦河朱家角段两侧部分区域；极高风险区域呈分散块状分布和分散点状分布，主要分布在淀山湖沿岸部分区域，风险区高程低于 3.5 m，多为农林用地；拦路港—泖河—斜塘两侧部分区域，风险区高程为 2.9~3.5 m，多为农林用地；太浦河两侧部分区域，风险区高程低于 3.5 m，多为农林用地；大蒸塘—圆泄泾北侧部分区域，风险区高程低于 3.0 m，多为农林用地。

⑧ 奉贤区

奉贤区涉及街镇 12 个，总体上处于低风险区，低风险区到极高风险区占比分别为 95.21%、4.28%、0.5%、0.01%。奉贤区中风险及以上区域呈分散块状分布，主要分布在奉贤西部区域，包括庄行镇中南部部分区域、柘林镇西北部部分区域、海湾镇东部靠近海边的部分区域。

⑨ 崇明区

崇明区涉及乡镇（街道）21 个，总体上处于低风险区，无极高风险区，低风险区到高风险区占比分别为 90.25%、9.72%、0.03%。崇明区中风险及以上区域呈分散块状分布，崇明岛分散比较均匀，全岛呈点块状分布；长兴岛中风险及以上区域呈零星分布，面积占比低于 1%；横沙岛面积较小，中风险及以上区域分布较为集中。

## 3.4　干旱灾害

### 3.4.1　风险评估结果

1) 不同干旱频率下的水资源量计算

以年水资源量为指标进行水资源频率计算，将各区年水资源量序列从大到小排列，利用 P-Ⅲ 型适线软件调整 $C_V$、$C_S$ 完成拟合，读取 5 年一遇（75%来水频率）、10 年一遇（90%来水频率）、20 年一遇（95%来水频率）、50 年一遇（97%来水频率）、100 年一遇（99%来水频率）的水资源量。根据计算得出的不同频率下的水资源量选择典型年（附表 3）。

2) 不同干旱频率下的供水能力分析

采用估算值参与不同频率下供水能力的分析。通过建立供水量与水资源量的关系曲线，获得典型年供（需）水量，并结合相近年份记录验证其合理性。根据各区人口、多年平均需水量等综合指标确定各区权重，完成总供（需）水量的划分（附表 3）。

3) 不同干旱频率下的旱灾影响分析

以农业因旱受灾率 $I_d$、因旱人饮困难率 $P_d$ 为指标，利用典型年法找出各区不同频率下（5 年一遇、10 年一遇、20 年一遇、50 年一遇、100 年一遇）的历史旱灾影响（附表 3）。

## 第 3 章　风险评估与区划

### 3.4.2　区划成果

根据不同干旱频率下的旱灾影响分析中计算得出的农业受灾率和因旱人饮困难率，得到上海市各区级行政区单元的风险度 $R$ 值。

依据干旱灾害风险区划标准，结合上海市农业干旱灾害风险度 $R$ 值计算结果，对上海市各区进行农业干旱灾害风险区划，结果显示均为农业干旱灾害低风险区。

依据干旱灾害风险区划标准，结合上海市因旱人饮困难风险度 $R$ 值计算结果，对上海市各区进行因旱人饮困难风险区划，结果显示均为人饮干旱灾害低风险区。

依据上海市城镇干旱灾害风险评估结果，上海市为多水源供水，对上海市各区进行城镇干旱灾害风险区划，结果显示均为城镇干旱灾害低风险区。

综合考虑农业、人饮、城镇的风险等级，按照最不利原则进行上海市干旱灾害综合风险区划，结果显示均为干旱灾害综合低风险区。详见附图 7。

# 第 4 章 防治区划

## 4.1 洪潮灾害

### 4.1.1 洪潮灾害防治区划成果

洪水风险防治区划以街镇为区划单元进行划分,根据防治等级判定方法,黄浦江中上游涉及的 4 区 13 个街镇均为一般防治区。详见表 4-1 及附图 8。

表 4-1 黄浦江洪水灾害防治区划统计表

| 合计 | 行政区/街镇 | $P_1$ | $P_2$ | 防治等级 |
| --- | --- | --- | --- | --- |
| 1 | 闵行区浦江镇 | 0% | 1.7% | 一般防治 |
| 2 | 闵行区浦锦街道 | 0% | 6.3% | 一般防治 |
| 3 | 闵行区马桥镇 | 0% | 16.2% | 一般防治 |
| 4 | 闵行区江川路街道 | 0% | 7.2% | 一般防治 |
| 5 | 金山区朱泾镇 | 0% | 0.5% | 一般防治 |
| 6 | 松江区叶榭镇 | 0% | 25.4% | 一般防治 |
| 7 | 松江区车墩镇 | 0% | 12.3% | 一般防治 |
| 8 | 松江区永丰街道 | 0% | 1.4% | 一般防治 |
| 9 | 松江区石湖荡镇 | 0% | 0.4% | 一般防治 |
| 10 | 松江区泖港镇 | 0% | 2.5% | 一般防治 |
| 11 | 奉贤区庄行镇 | 0% | 8.2% | 一般防治 |
| 12 | 奉贤区西渡街道 | 0% | 19.0% | 一般防治 |
| 13 | 奉贤区金汇镇 | 0% | 0.4% | 一般防治 |

### 4.1.2 洪潮灾害防治措施

黄浦江洪水防治策略是分类施策。

一是更新水文计算,明确黄浦江各代表点新 1 000 年一遇、100 年一遇设防水位,结合城

# 第 4 章 防治区划

乡一体化发展、新城建设和流域规划修编,提高黄浦江干流女儿泾上游段防洪标准,市区段1000年一遇设防标准建议由西河泾延伸至女儿泾。

二是加快黄浦江河口挡潮闸工程推进建设,先期实施黄浦江中上游堤防加高加固,深化论证黄浦江闸外段堤防设防水位和堤防标高,适时推进堤防加高加固。黄浦江河口建闸对提升黄浦江防洪能力具有全局性作用,是上海城市防洪达到新1000年一遇标准、化解防汛风险的必经之路、治本之策,也是预防上海防汛"黑天鹅"事件的重要措施。黄浦江中上游加高加固工程是黄浦江防洪能力提升的必要措施,可解决近期黄浦江中上游堤防防御能力短板,同时也可与建闸后闸内设防要求相适应。建议加快推进黄浦江河口建闸,同步推进中上游段堤防加高加固,近期在堤防未达标前,需进一步完善堤防防汛预案。

三是结合水利片布局、航道布局优化,对闸外无深水码头岸线利用的黄浦江沿岸支河,推动支河河口闸外移迁建,缩短防洪战线,营造生态亲水岸线。

四是加高加固水闸和闸外段堤防,逐步达到新千年一遇设防标准。

## 4.2 城市内涝灾害

### 4.2.1 城市内涝灾害防治区划成果

#### 1)承灾体暴露度分析

通过空间叠加人口密度、建筑物密度、GDP密度,得到城市内涝承灾体暴露度指数。总体上城市内涝灾害的暴露度指数呈"中心高周边低"的分布特征,通过自然间断法对暴露度指数均值、最大值进行分级,其中暴露度较高的街镇(暴露度指数均值为0.291~0.750、最大值为0.426~1.000,即均值和最大值均在最高水平)共有39个:宝山区1个、虹口区5个、黄浦区9个、静安区10个、普陀区4个、徐汇区2个、长宁区5个、杨浦区3个,黄浦区、静安区、普陀区、长宁区暴露度较高的街镇主要分布在苏州河两岸,浦东新区陆家嘴及潍坊新村街道暴露度较高。承灾体暴露度指数分布见附图9。

#### 2)防灾减灾安全性分析

将区划范围内防灾减灾安全性因子(防涝工程能力、防汛管理能力)标准值加权计算,得到城市防灾减灾安全性指数分布。城市内涝防灾减灾安全性指数分布以黄浦江、蕰藻浜—桃浦河、淀浦河、外环线及部分排水系统服务边界为界分为4块:蕰南片及淀北片东北部分的防灾减灾安全性指数为1.00,淀南片、嘉宝北片的防灾减灾安全性指数为0.64,其他2块区域的防灾减灾安全性指数为0.82。指数越高,防灾减灾安全性越高。经统计,防灾减灾安全性指数为 1.00、0.82、0.64 的街镇个数占比分别为 57%、35%、8%。防灾减灾安全性指数详见表 4-2 及附图 10。

表 4-2  中心城不同防灾减灾安全性指数值的街镇个数统计表

| 防灾减灾安全性指数值 | 1.00 | 0.82 | 0.64 | 合计 |
|---|---|---|---|---|
| 街镇（个） | 65.5 | 40 | 9.5 | 115 |

注：大场镇范围内防灾减灾安全性指数为 1.00 和 0.64 区域各占总面积一半，统计时按 0.5 个计。

3) 内涝灾害综合风险分析

利用 GIS 技术将内涝危险性、承灾体暴露度、防灾减灾安全性进行空间运算，计算得到中心城内涝灾害风险评价指数，并利用 GIS 的自然断点分级法进行综合确定，最终得到城市内涝灾害综合风险区划图。详见附表 5 及附图 11。

4) 内涝灾害防治等级分析

城市内涝灾害防治区划以街镇为区划单元进行划分，根据"防治等级判定"方法，主要考虑中风险、高风险和极高风险区域面积占比情况。城市内涝灾害区划范围整体以一般防治为主，一级重点防治区 4 个，面积占比为 1.32%；二级重点防治区 5 个，面积占比为 1.31%；中等防治区 28 个，面积占比为 13.48%；剩余 78 个街道均为一般防治区，面积占比为 83.89%。详见表 4-3、图 4-1，附表 6 及附图 12。

表 4-3  中心城各街镇防治区划统计表

| 防治区划等级 | 一级重点防治区 | 二级重点防治区 | 中等防治区 | 一般防治区 |
|---|---|---|---|---|
| 街镇（个） | 4 | 5 | 28 | 78 |

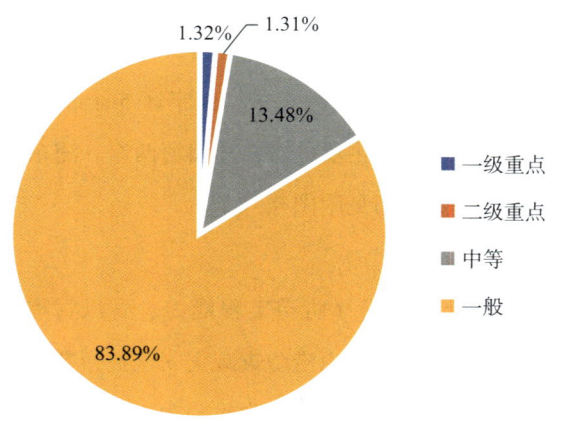

图 4-1  城市内涝灾害防治区划面积占比统计图

# 第 4 章　防治区划

## 4.2.2　防治措施

### 1）防治策略

针对中心城内涝风险特点，围绕城镇雨水排水能力提升，城市内涝灾害防治策略包括工程措施和非工程措施两个方面，主要为以下四点。

（1）雨水排水系统建设与改造

加大排水系统建设力度，新建系统原则上按照国家建设标准上限要求建设，增强城市排水能力。进一步加大排水泵站更新改造力度，对老旧泵站和设备开展大修及更新改造，持续推进泵站双电源改造，提高排水保障能力。持续开展排水管道周期性检测及维修改造工作。推进雨水连管和雨水口更新改造，按照新标准新建翻雨水连管，提升排水和截污能力。

（2）雨水源头减排和资源化利用

在城市建设和更新中，积极落实"渗、滞、蓄、净、用、排"等措施，因地制宜使用透水性铺装，增加下沉式绿地、植草沟、人工湿地、沙石地面和自然地面等软性透水地面，建设绿色屋顶。推进集中和分散相结合的雨水调蓄设施建设，鼓励采用各类占地小、投资省、施工周期短的先进技术手段，加强雨水调蓄设施用地控制，发挥削峰错峰作用。

（3）蓝色消纳能力提升

为避免再次发生类似9711号台风期间，杨树浦港内河防汛墙决口、街坊受淹所带来的严重灾害，应急调度预案规定当中心城部分河道水位超过4.0~4.2 m时，沿线雨水泵站部分停止运行或全部停止运行的措施，在"麦莎"台风暴雨、"海葵"台风暴雨等期间曾多次出现雨水泵站被迫停机。建议相关区域找准原因，提高河道蓄排能力，确保在规划高水位下安全排涝，与排水系统标准相适应。

（4）洪涝"联排联调"

建立健全城区水系、排水管网与周边江河湖海等"联排联调"运行管理模式。加强排水泵站与除涝泵闸的统筹调度，根据气象预警信息，科学合理地及时做好河湖、排水管网、调蓄设施的预降水位或预腾空工作。深化和扩展河网、管网管理应用协同，优化全市统一的河长制工作平台应用，推动市区两级排水与路政、公安、环卫的协同联动。

（5）"智慧"排水建设

与城市信息模型（City Information Modeling，CIM）基础平台深度融合，与国土空间基础信息平台充分衔接，结合上海市数字化转型和城市治理"一网统管""一网通办"要求，优化水利、排水等感知神经元布局，加强城市内涝感知体系、数据治理和应用支撑能力建设。强化城市内涝相关数据共享和治理分析，推进城市重点区域内涝风险实时评估，提升城市内涝预报预警能力，赋能城市内涝灾害防治。

**2) 各区主要防治措施**

根据内涝危险性、综合风险分布情况和防治区划，结合防治策略和相关城镇雨水排水系统规划，提出各个行政区的具体防治措施。

（1）虹口区

虹口区主要涉及 8 个街道，叠加人口、GDP 等承灾体暴露度后，综合确定，四川北路街道为二级重点防治区，欧阳路街道、曲阳路街道、广中路街道、嘉兴路街道、北外滩街道 5 个街道为中等防治区，其他街道为一般防治区。其中二级重点防治和中等防治的街道均在曲阳、汉阳、大柏树、大名、福建北和武进 6 个危险性较高排水系统内，其防治措施重点为规划工程的实施，包括系统范围优化调整、翻排或新建雨水管、增设绿色调蓄设施、扩建泵站等。同时，消除俞泾浦—虹口港沿线防汛薄弱点，使河道最高运行水位达到规划水平，提高河道蓄排能力；加强对四川北路街道等重点防治街镇的抢险物资储备、网格化巡查及处置力度等。详见表 4-4。

表 4-4　排水系统规划工程措施清单

| 系统名称 | 涉及行政区 | 规划工程措施 |
|---|---|---|
| 曲阳 | 虹口区、杨浦区 | （1）系统范围调整：服务范围分为新曲阳北（赤峰路—四平路—大连西路—沙泾港）及曲阳（大连西路—四平路—沙泾港）；<br>（2）扩建泵站：雨水泵站规模从 7.4 $m^3/s$ 提升至 10.36 $m^3/s$；<br>（3）翻排或新建雨水管：在密云路和玉田路新建 DN2700 初期雨水截流管，通过设置溢流管的方式将超过 1 年一遇的雨水输送至曲阳污水厂 |
| 大柏树 | | 增设绿色调蓄设施：建设 3 座调蓄池，均设置在远期规划绿地内，同时按 90 $m^3/hm^2$ 布设绿色调蓄设施，或在满足"海绵城市"建设要求前提下按 120 $m^3/hm^2$ 布设智能型调蓄设施；源头绿色调蓄约 0.75 万 $m^3$ |
| 福建北 | 虹口区、静安区 | （1）通过苏州河深隧统筹解决；<br>（2）小口径管道翻排：结合地区开发建设和城市更新，对小口径管道进行改造 |
| 汉阳 | | （1）系统范围调整：减小系统服务范围，从 1.91 $km^2$ 缩减至 1.71 $km^2$；另外，将系统内部分核心区内合流制改分流制，其余地区保留合流制排水体制。<br>（2）翻排或新建雨水管道：分流制区域内新建东余杭路 DN1800 雨水干管；合流制区域中翻排公平路干管至 DN2200 |
| 武进 | 虹口区 | （1）增设绿色调蓄设施：建设总规模为 3 380 $m^3$ 的提标调蓄设施，结合地块改建建设源头绿色海绵设施 907 $m^3$；<br>（2）小口径管道翻排：结合道路更新、改建工程翻排排水能力不足的排水管道 |
| 大名 | | （1）扩建泵站：规划新建新大名雨水泵站于溧阳路东侧、东汉阳路南侧，配泵流量18 $m^3/s$；<br>（2）翻排或新建雨水管道：敷设 DN1800~DN2700 系统总管，敷设唐山路—东汉阳路 DN1000~DN1800 雨水干管 |

# 第 4 章　防治区划

（2）杨浦区

杨浦区主要涉及 12 个街道，叠加人口、GDP 等承灾体暴露度后，综合确定，延吉新村街道为一级重点防治区，江浦路街道、控江路街道、大桥街道 3 个街道为中等防治区，其他街道为一般防治区。杨浦区涉及的城镇雨水排水系统中与虹口区共同涉及曲阳、大柏树 2 个排水系统的危险性较高，其防治措施重点除曲阳、大柏树排水系统按规划工程措施实施外，还需辅以城市洪涝"联排联调""四预"能力提升以及智慧排水建设等非工程措施，加强对延吉新村街等重点防治街镇的抢险物资储备、网格化巡查及应急处置能力等。同时，消除杨树浦港沿线防汛薄弱点，使河道最高运行水位达到规划水平，提高河道蓄排能力。

（3）静安区

静安区主要涉及 14 个街道，叠加人口、GDP 等承灾体暴露度后，综合确定，南京西路街道、静安寺街道、曹家渡街道、北站街道、宝山路街道、彭浦新村街道、芷江西路街道 7 个街道为中等防治区，其他街道为一般防治区。静安区涉及的城镇雨水排水系统中福建北 1 个排水系统的危险性较高，其防治措施重点除福建北排水系统按规划工程措施实施外，还需辅以城市洪涝"联排联调""四预"能力提升以及智慧排水建设等非工程措施，加强对静安寺街道、芷江西路街等重点防治街镇的抢险物资储备、网格化巡查及应急处置能力等。同时，消除俞泾浦—虹口港沿线防汛薄弱点，使河道最高运行水位达到规划水平，提高河道蓄排能力。

（4）黄浦区

黄浦区主要涉及 10 个街道，叠加人口、GDP 等承灾体暴露度后，综合确定，打浦桥街道、淮海中路街道 2 个街道为一级防治区，老西门街道为二级防治区，南京东路街道、外滩街道 2 个街道为中等防治区，其他街道为一般防治区。黄浦区涉及的城镇雨水排水系统危险性不高，其防治措施重点为城市洪涝"联排联调""四预"能力提升以及智慧排水建设等非工程措施，加强对淮海中路街道、打浦桥街道、老西门街道等重点防治街镇的抢险物资储备、网格化巡查及应急处置能力等。

（5）长宁区

长宁区主要涉及 11 个街道，叠加人口、GDP 等承灾体暴露度后，综合确定，天山路街道、仙霞新村街道 2 个街道为二级防治区，虹桥街道为中等防治区，其他街道为一般防治区。长宁区涉及的城镇雨水排水系统中芙蓉江、蒲汇塘 2 个排水系统的危险性较高，其中二级重点防治和中等防治的街道均涉及芙蓉江排水系统，其防治措施重点为排水系统规划工程的实施，包括苏州河深隧建设、小口径管道翻排等。同时，应加强对天山路街道、仙霞新村街、虹桥街道等重点防治街镇的抢险物资储备、网格化巡查及应急处置能力等。详见表 4-5。

表 4-5 长宁区排水系统规划工程措施清单

| 系统名称 | 涉及行政区 | 规划工程措施 |
|---|---|---|
| 芙蓉江 | 长宁区 | （1）通过苏州河深隧统筹解决；<br>（2）小口径管道翻排：结合地区开发建设和城市更新，对小口径管道进行改造 |

（6）徐汇区

徐汇区主要涉及 13 个街道，叠加人口、GDP 等承灾体暴露度后，综合确定，徐家汇街道为一级防治区，湖南路街道为二级防治区，枫林路街道为中等防治区，其他街道为一般防治区。徐汇区涉及的城镇雨水排水系统中华泾西、蒲汇塘 2 个排水系统的危险性较高，其防治措施重点除华泾西、蒲汇塘排水系统按规划工程措施实施外，还需辅以城市洪涝"联排联调""四预"能力提升以及智慧排水建设等非工程措施，加强对徐家汇街道、湖南路街道等重点防治街镇的抢险物资储备、网格化巡查及应急处置能力等。详见表 4-6。

表 4-6 徐汇区涉及排水系统规划工程措施清单

| 系统名称 | 涉及行政区 | 规划工程措施 |
|---|---|---|
| 华泾西 | 闵行区、徐汇区 | （1）增设绿色调蓄设施：建设总规模为 1.03 万 $m^3$ 的提标调蓄设施；<br>（2）翻排或新增雨水管：完善系统内 DN1650~DN2700 总管（莘朱路、华泾路—双龙路—老沪闵路）及支管的建设 |
| 蒲汇塘 | 徐汇区、长宁区 | （1）增设绿色调蓄设施：建设总规模为 3.12 万 $m^3$ 的提标调蓄设施；<br>（2）小口径管道翻排：结合道路更新、改建工程翻排排水能力不足的排水管道 |

（7）普陀区

普陀区主要涉及 10 个街道，叠加人口、GDP 等承灾体暴露度后，综合确定，曹杨新村街道、甘泉路街道、宜川路街道、真如镇街道 4 个街道为中等防治区，其他街道为一般防治区。普陀区涉及的城镇雨水排水系统中真光 1 个排水系统的危险性较高，其防治措施重点为排水系统规划工程建设。详见表 4-7。

表 4-7 普陀区涉及排水系统规划工程措施清单

| 系统名称 | 涉及行政区 | 规划工程措施 |
|---|---|---|
| 真光 | 普陀区 | （1）通过桃浦污水处理厂初雨调蓄工程实现；<br>（2）通过苏州河深隧统筹解决；<br>（3）小口径管道翻排：结合地区开发建设和城市更新，对小口径管道进行改造 |

## 第 4 章　防治区划

（8）闵行区（外环内）

闵行区（外环内）主要涉及 5 个街道，叠加人口、GDP 等承灾体暴露度后，综合确定，均为一般防治区。闵行区（外环内）涉及的城镇雨水排水系统中华泾西、龙柏 2 个排水系统的危险性较高，其防治措施重点为排水系统规划工程建设。详见表 4-8。

表 4-8　闵行区（外环内）涉及排水系统规划工程措施清单

| 系统名称 | 涉及行政区 | 规划工程措施 |
| --- | --- | --- |
| 华泾西 | 闵行区、徐汇区 | （1）增设绿色调蓄设施：建设总规模为 1.03 万 $m^3$ 的提标调蓄设施；<br>（2）翻排或新增雨水管：完善系统内 DN1650~DN2700 总管（莘朱路、华泾路—双龙路—老沪闵路）及支管的建设 |
| 龙柏 | 闵行区 | （1）增设绿色调蓄设施：建设总规模为 3 万 $m^3$ 的提标调蓄设施；<br>（2）小口径管道翻排：结合道路更新、改建工程翻排排水能力不足的排水管道 |

（9）宝山区（外环内）

宝山区（外环内）主要涉及 8 个街道，叠加人口、GDP 等承灾体暴露度后，综合确定，均为一般防治区。宝山区（外环内）涉及的城镇雨水排水系统中杨盛东 1 个排水系统的危险性较高，其防治措施重点为杨盛东排水系统按规划工程建设。详见表 4-9。

表 4-9　宝山区（外环内）涉及排水系统规划工程措施清单

| 系统名称 | 涉及行政区 | 规划工程措施 |
| --- | --- | --- |
| 杨盛东 | 宝山区 | 规划结合地块开发达标建设 |

（10）嘉定区（外环内）

嘉定区（外环内）主要涉及 2 个街道，叠加人口、GDP 等承灾体暴露度后，综合确定，均为一般防治区。嘉定区（外环内）仅涉及 2 个城镇雨水排水系统，危险性较低。

（11）浦东新区（外环内）

浦东新区（外环内）主要涉及 22 个街道，叠加人口、GDP 等承灾体暴露度后，综合确定，潍坊新村街道、陆家嘴街道、金杨新村街道、洋泾街道、浦兴路街道 5 个街道为中等防治区，其他街道为一般防治区。浦东新区（外环内）涉及的城镇雨水排水系统中泾西、康桥自排、北蔡安建、前程、浦兴、沪东新村、长岛 7 个排水系统的危险性较高，防治措施重点为规划工程的实施，包括：系统范围优化调整、翻排或新建雨水管、增设绿色调蓄设施、新建扩建雨水泵站、同步配套完善蓝色设施等。详见表 4-10。

表 4-10 浦东新区（外环内）涉及排水系统规划工程措施清单

| 系统名称 | 涉及行政区 | 规划工程措施 |
|---|---|---|
| 泾西 | 浦东新区 | 系统范围调整：泾西排水系统服务面积由原来的 4.83 km² 缩减至 1.97 km²，系统已建总管及泵站保留利用 |
| 康桥自排 | | （1）新建雨水泵站：新建康桥路雨水泵站，配泵流量 19.8 m³/s。<br>（2）翻排或新建雨水管道：规划新建一路 DN2000~DN2200 雨水干管，接入康桥路现状 DN2400 雨水干管；新建一路 DN1350~DN2400 雨水干管。两路雨水干管向西汇入规划康桥路雨水泵站新建 DN 3000 雨水总管。<br>（3）西部自排区域规划按照 5 年一遇标准达标建设 |
| 北蔡安建 | | 对于部分不满足 5 年一遇标准的雨水支管进行翻排改造 |
| 前程 | | 规划结合地块开发，同步按照 5 年一遇标准进行达标建设 |
| 浦兴 | | （1）增设绿色调蓄设施：沿草高支路及花山路等雨水管道沿线设置 2 座绿色调蓄池，规模分别为 2 100 m³、3 600 m³，沿杨高北路敷设雨水调蓄管，管径 DN4000，管长约 1.3 km。<br>（2）翻排或新增雨水管：规划按照 5 年一遇标准，沿清溪路、西黄潼港路等敷设 DN1200~DN2000 雨水干管，沿和龙路、和雅路、大同路等敷设 DN1000~DN1800 雨水支管，消除管网空白区，完善雨水系统管网布局 |
| 沪东新村 | | （1）系统范围调整：重新划分系统边界。<br>（2）增设绿色调蓄设施：在源头增设绿色设施（须具有调蓄功能）削减和滞纳峰值雨水。<br>（3）按需增设雨水管道及雨水泵站等灰色设施。<br>（4）同步配套完善蓝色设施提升雨水受纳能力 |

## 4.3 郊区内涝灾害

### 4.3.1 郊区内涝灾害防治区划成果

1）承灾体暴露度分析

通过空间叠加人口密度、建筑物密度、GDP 密度，得到郊区承灾体暴露度指数。其中暴露度较高的街镇（暴露度指数平均值 0.155~0.293、最大值 0.549~1.000）共有 20 个：闵行区有 6 个，宝山区 3 个，嘉定区 5 个，浦东新区 2 个，松江区 4 个。松江区和嘉定区暴露度高的街镇分别集中在松江新城、嘉定新城及其周边区域；闵行区和宝山区暴露度高的街镇主要集中在中心城区周边；浦东新区暴露度高的街镇主要集中在航头镇和新场镇两个镇。承灾体暴露度指数分布见附图 8。

2）防灾减灾安全性分析

将郊区内涝灾害防灾减灾因子（防涝工程能力、防汛管理能力）标准值加权计算，得到郊区防灾体安全性指数分布。

## 第 4 章  防治区划

郊区大陆片防灾体安全性指数分布主要以苏州河、黄浦江为界分为 3 块：苏州河以北区域除圩区外，嘉定区、宝山区的防灾体安全性指数基本在 0.63~0.82 之间；黄浦江以东区域除圩区外，浦东新区和奉贤区的防灾体安全性指数在 0.82~1.00 之间；黄浦江以南区域除圩区外，金山区的防灾体安全性指数在 0.46~0.63 之间；闵行区部分以及青浦区、松江区圩外区域防灾体安全性指数基本在 0.63~0.82 之间。崇明三岛除圩区外，其防灾体安全性指数在 0.63~0.82 之间；横沙岛圩区的防灾体安全性指数在 0.46~0.63 之间。其他区域地势低洼，主要涉及青浦、松江的圩区，共计 207 个，其中防灾体安全性指数为 0.46~0.63 的共计 34 个，占比约为 17%；安全性指数为 0.63~0.82 的共 46 个，占比约为 22%；安全性指数为 0.82~1.00 的共 127 个，占比约为 61%。

利用 ArcGIS 的分区统计，统计了郊区各街镇/乡及重要园区防灾体安全性指数所属范围。其中防灾体安全性指数值在 0.82~1.00 之间的街镇/乡及重要园区有 52 个，占比约为 43%；在 0.63~0.82 之间的街镇/乡及重要园区有 38 个，占比约为 31%；在 0.46~0.63 之间的街镇/乡及重要园区有 31 个，占比约为 25%；在 0.34~0.46 之间的街镇/乡及重要园区有 1 个，占比约为 1%。防灾减灾安全性指数详见表 4-11 及附图 9。

表 4-11  郊区不同防灾体安全性指数值的单元个数统计表

| 防灾体安全性指数值 | 0.82~1.00 | 0.63~0.82 | 0.46~0.63 | 0.34~0.46 | 合计 |
| --- | --- | --- | --- | --- | --- |
| 街镇/乡及重要园区（个） | 52 | 38 | 31 | 1 | 122 |

3） 内涝灾害综合风险分析

利用 ArcGIS 技术将内涝危险性、承灾体暴露度、防灾体安全性进行空间运算，计算得到郊区内涝灾害综合风险评价指数，并利用 GIS 的自然断点分级法进行综合确定，最终得到郊区内涝灾害综合风险分布图。详见附表 6 及附图 10。

4） 内涝灾害防治等级分析

郊区内涝灾害防治区划分别以街镇为单元进行划分，以中风险、高风险和极高风险区域面积占比作为区划划分标准。郊区范围内，二级重点防治区 1 个，为嘉定区外冈镇；中等防治区 9 个，其中嘉定区 2 个，金山区 3 个，闵行区、浦东新区、奉贤区、崇明区各 1 个；其余各街道为一般防治区。详见表 4-12、附表 8 及附图 11。

表 4-12  郊区各街镇/乡防治区划统计表

| 防治区划等级 | 一级重点防治区 | 二级重点防治区 | 中等防治区 | 一般防治区 |
| --- | --- | --- | --- | --- |
| 街镇/乡（个） | 0 | 1 | 9 | 112 |

## 4.3.2 防治措施

### 1) 防治策略

在全球气候变化的大背景下,为更好地应对除涝新形势,以保证全市整体除涝安全为要点,贯彻水生态文明及"海绵城市"建设理念,郊区除涝总体安排在传统内涝治理思路的基础上,依托分片除涝区划布局,以"蓄、排、疏"为重点,兼顾"海绵城市"建设"滞、截、渗、管"等综合治理手段及措施,提高上海城市整体除涝能力。

"蓄"就是加大包括骨干和支级河道在内的整体河网建设力度,增加河湖水面率,提高河网作为城市最大"海绵体"的调蓄能力。

"排"就是加大水利片排水能力建设,通过除涝骨干河道及水利片外围口门建设,进一步提高河道及水闸、泵站排水能力。努力开辟、拓宽各水利片外排口门,新开或疏拓相应骨干河道,尤其是通江达海的重点口门及对应骨干河道建设,提高水闸、泵站排水能力及效率。

"疏"就是整治疏浚河道,加大河道过流输水能力。通过对河道进行清淤、清障、疏浚、拓宽,同时优化改建阻水桥涵、管涵等,打通河道瓶颈节点,提高河道的过流能力。

"滞"就是通过适当降低绿地、公园、室外运动场地面高程,作为临时滞蓄区,有条件的区域考虑设置地下调蓄池或调蓄隧道,收集雨水,减少地面径流。

"截"就是通过绿色屋顶、雨水花园等手段,进行源头控制,截留雨水,减少地面径流。

"渗"就是避免大范围硬化地面,考虑地面透水铺装,增加雨水下渗。

"管"就是科学管控。加强行业监管、组织指挥、预警预案、信息保障、抢险救援体系建设。通过雨前预报预警,提前预降内河水位,过程实施监控,加强水闸、泵站调度,及时疏散并组织救援等非工程性措施提高除涝抗风险能力。

### 2) 各区主要防治工程措施

根据内涝危险性、综合风险分布情况和防治区划,对于标准内的内涝灾害风险,依据防治策略和相关水利规划,采取相应的工程措施作为其防治手段,包括加快推进河湖水面率达标建设、骨干河道整治工程达标建设、泵闸工程建设、"海绵城市"建设等。

(1) 浦东新区（外环外）

浦东新区（外环外）主要涉及 21 个街镇,内涝综合风险主要集中在外环线南侧区域以及东部区域,涉及康桥镇、周浦镇、合庆镇、祝桥镇、老港镇等,其中康桥镇为中等防治区,其他街镇均为一般防治区。本次主要针对中风险及以上面积占比大于 10% 的街镇康桥镇、老港镇提出相应防治策略：该区域主要属于新兴城镇化地区,排水条件相对较差,西

# 第 4 章　防治区划

面与闵行区浦江镇相邻，西排黄浦江的水量有限，东面长江口岸线长约 32 km，但因浦东机场、老港垃圾填埋场的隔断，目前除三甲港水闸和大治河东闸外，沿长江口无大片的外排口门。周康航等腹部地区历来防汛压力较大，易受涝灾。该区域除涝策略为"蓄排结合，以蓄为主"，要求保持较高河湖水面率、增强调蓄能力，并努力开辟东西排水通道及口门。

涉及相关工程措施主要包括两方面：一方面，须加快骨干河道及其外围泵闸的建设，提升区域输排水能力，包括加快推进外环运河、北横河、中港河、泐马河等骨干河道综合整治工程建设。同步加快推进北横河东泵闸、大治河东闸外移等工程建设，提高区域的除涝能力。另一方面，加快推进周浦镇美丽乡村型、老港镇绿色发展型生态清洁小流域建设，开展区域内中小河湖的整治工程，逐步提高河湖水面率，增强河网蓄排能力。

（2）闵行区（外环外）

闵行区（外环外）主要涉及 11 个街镇和莘庄工业区，内涝综合风险主要集中在马桥镇，为中等防治区，其他街镇（工业区）均为一般防治区。本次主要针对马桥镇提出相应的防治策略，包括以下三个方面：

其一，实施河道综合整治。通过实施六磊塘、俞塘—女儿泾等骨干河道的综合治理，提高骨干河道的输排水能力；并结合马桥人工智能创新试验区的开发建设，对区域中小河道实施综合整治，进一步沟通水系并提高区域河网的调蓄能力，优化河网布局。

其二，提高圩区除涝能力。重点推进马桥镇邻松圩、沙溪圩、铁路圩 3 个圩区堤防、除涝设施、河湖水面率的达标建设，提高低洼圩区的除涝能力。

其三，完善水利片外围泵闸体系。加快推进泵闸水利设施改扩建工程的建设，包括女儿泾泵闸、俞塘泵闸和六磊塘东泵闸等设施，补齐淀南片排涝泵站建设短板。

（3）宝山区（外环外）

宝山区（外环外）主要涉及 7 个街镇和宝山城市工业园区，内涝综合风险主要集中在东部月浦镇区域，各街镇均为一般防治区。本次主要针对风险相对集中的月浦镇提出相应的防治措施，包括以下两方面：

其一，实施河道综合整治。继续推进骨干河道综合整治工程，加强河湖养护，保证镇域河道常年水系畅通；开展月浦镇美丽乡村型生态清洁小流域建设，提高水面率，增强区域河网蓄排能力；启动练祁河水闸拆除重建工程，通过水利片外围泵闸建设，进一步提高河道及泵闸排涝能力。

其二，提高圩区除涝能力。月浦塘圩区现状除涝能力均低于 10 年一遇，须加快推进圩区排涝泵站的达标建设，提高低洼圩区的除涝能力。

（4）嘉定区（外环外）

嘉定区（外环外）主要涉及10个街镇和嘉定工业区，内涝综合风险主要集中在中西部和南部区域，其中外冈镇为二级重点防治区，菊园新区和江桥镇为中等防治区，其他均为一般防治区。

嘉定区中部和西部区域北排浏河和南排苏州河受限、东排长江的排水距离较远，地区水位高、持续时间长、涝水退水速度慢。其除涝策略依托嘉宝北片进行考虑。

充分利用紧邻长江口区位优势，加强涝水东排能力。依托流域规划，结合吴淞江工程，加快实施新川沙、罗蕴河建设。同时，加快新川沙泵闸、墅沟泵闸建设，增加东排长江能力。

适当考虑涝水南北分排，拓展涝水外排出路。充分利用片内南北向骨干河道，拓展外排出路，增加蕴藻浜东闸除涝动力。

增加河湖水面率，提高河湖调蓄能力。通过加强水系连通，保护和增加必要的河湖水面，提升河网整体调蓄能力，控制最高水位。

涉及相关工程措施如下：

一方面，加快实施骨干河道和中小河道的整治工程，提高河网的输排水能力。实施娄塘河西段（横沥—盐铁塘）、横沥北段（娄塘河以北）、墅沟等骨干河道综合整治工程，通过河道疏拓等工程措施，提升骨干河道输水能力。

另一方面，加快推进勤丰圩区的达标建设工程，保障低洼地区的除涝安全。

（5）金山区

金山区包括10个街镇和金山工业区，内涝综合风险主要集中在中部张堰镇、吕巷镇、廊下镇、亭林镇和金山工业区等区域，其中张堰镇、吕巷镇和亭林镇为中等防治区，其他均为一般防治区。

本次主要针对金山区中风险及以上面积占比大于10%而提出相应的防治策略，主要包括三个方面：

其一，加快骨干河道及其外围泵闸的建设，提升区域输排水能力。加快推进中运河、红旗港、紫石泾、张泾河、叶榭塘—龙泉港等骨干河道沟通及综合整治工程；加快推进张泾河出海泵闸建设，择机开展叶榭塘水闸改扩建，提高区域的除涝能力；推进廊下镇与平湖交界处水利片控制建设等。

其二，推进新建圩区工程，加快现有圩区提标改造。根据浦南东片内涝治理规划和金山区水利规划的安排，对浦南东片中部地区地势较低的区域要加快建圩，提升除涝能力。对张堰镇、亭林镇、吕巷镇和廊下镇范围内现状未达标的圩区，要提高圩区河湖水面率，加强重点区

## 第4章 防治区划

域圩堤和排涝泵站达标建设，如加快推进库浜圩、庄家圩、山塘建丰圩3个圩区的联圩并圩提升改造工作。

其三，加快镇域圩外区域河湖水面率达标建设，增强河网调蓄能力。根据《2021年上海市河道（湖泊）报告》，张堰镇、吕巷镇、廊下镇、亭林镇（包括金山工业区）现状河湖水面率分别为8.21%、7.04%、8.74%和6.10%，与规划的水面率有一定差距，建议重点推进亭林镇、张堰镇"海绵城市"的建设，有条件的地方加快镇域内圩外中小河湖水面的达标建设，逐步提高河湖水面率，增强河网调蓄能力。

（6）松江区

松江区包括18个街镇，松江区各街镇均为一般防治区。本次主要针对中风险及以上面积排在前面的岳阳街道、九亭镇和松江区工业区提出相应防治策略。

加快骨干河道及其外围泵闸的建设，提升区域输排水能力。加快推进北泖泾、新通波塘等骨干河道整治，提高涝水传输能力。针对北泖泾水闸、毛竹港水闸等已鉴定的病险水闸，开展除险加固工程；加快推进油墩港水利枢纽、毛竹港泵闸、小横潦泾水闸、黄桥港泵闸等泵闸规划建设，提高区域的除涝能力。

重点圩区提标改造，提高低洼地区除涝能力。对于岳阳街道、九亭镇和松江工业区范围内现状除涝能力低于10年一遇的7个圩区，优化内部水网连通和泵闸设施布局，促进水体有序流动，因地制宜开展圩区归并。加快推进低洼圩区达标改造建设，重点实施圩区泵闸更新改造和圩堤加高加固，进一步增强圩区抵御洪涝灾害的能力。

开展镇村级中小河道整治，增强河网调蓄能力。开展镇村级中小河道整治，进一步优化区域河网结构，提高区域河湖水面率。同时结合生态小流域建设和河道整治，打通断头河，减少坝基等阻水建筑物，合理整合村沟宅河，实现区域水系通、连、畅、活，进一步提高河道蓄排能力。

（7）青浦区

青浦区包括11个街镇，各街镇均为一般防治区。本次主要针对中风险及以上面积排在前面的北部华新镇、重固镇和白鹤镇，以及南部练塘镇和金泽镇风险相对集中的区域提出相应防治策略。

① 北部区域

北部防洪水闸北移苏州河一线，解决该地区防洪与雨水排水的矛盾。一方面缩短青松片防洪岸线，另一方面降低北部地区河道的最高水位，无须建设与苏州河同标准的堤防，为自流排水创造条件。

② 南部区域

太北片除涝受流域上游洪水过境影响大，流域泄洪期间，其涝水主要靠内部河网调蓄，除涝薄弱区域主要是低洼圩区。其除涝策略主要是保护现有河湖水面，保持高河湖水面率优势，加强水位预降，充分发挥河湖作为天然"海绵体"的调蓄作用。同时加快外围泵站建设，提高洪水位高涨时的除涝抗风险能力。

太南片整体地势较低，汛期外围洪水位日益趋高，闸排困难，需要依靠泵站除涝。又由于现状圩区密布，局部地区还设有圩中圩，多级排水导致除涝动力的重复配置，增大了圩区本身和大片的除涝压力。其除涝策略主要为加强外围泵站建设，提高涝水外排能力；调整优化片内圩区布局，逐步合并原有相近水利条件和地形特性的圩区，释放原圩内河道调蓄能力，减少多级重复排水。涉及相关工程措施如下：

其一，加快骨干河道及其外围泵闸的建设，提升区域输排水能力。加快实施新谊河、新塘港、新通波塘、西大盈港、东大盈港、老西大盈港、油墩港等骨干河道综合整治，提升区域输排水能力；青松片加快推进北线控制线工程，实施鼓盆港、矮浦港、梁月浦、朱树浦和东风港等北排泵闸建设，同步推进淀浦河西泵闸、油墩港泵闸和毛竹港泵闸等其他水利片泵站建设，并根据安全鉴定情况实施老旧病险水闸改造和除险加固；太南片新建泖阳港泵站、西塘江西泵闸、北庄泵站、东塘港泵站、富阳港泵闸、张家洪竖河泵闸等外围泵闸，提高区域的除涝能力。

其二，对重点圩区提标改造，提高低洼地区的蓄涝能力。对于华新镇、白鹤镇、重固镇等5个街镇中现状除涝能力低于10年一遇的20个圩区，优化内部水网连通和泵闸设施布局，促进水体有序流动，因地制宜开展圩区归并。开展圩区达标建设，内部主要实施水系连通、清淤疏浚等，采取措施恢复及提高圩区内河湖面积，在增加水面调蓄能力的基础上，适度增设圩区除涝泵站，并对圩堤达标加固和控制建筑物完善，提高低洼圩区的挡、蓄、排能力。

其三，加快镇域圩外区域河湖水面率达标建设，增强河网调蓄能力。青松片面积较大，通过加强水系连通，保护和增加必要的河湖水面，提升河网整体调蓄能力。根据《2021年上海市河道（湖泊）报告》，华新镇、重固镇、白鹤镇、练塘镇现状河湖水面率分别为6.99%、8.45%、7.96%、12.66%，与规划的水面还有一定差距，建议有条件的地方加快镇域内圩外中小河湖水面的达标建设，逐步提高河湖水面率，增强河网调蓄能力。可对部分鱼塘进行生态化改造并与河道连通，充分利用低洼的林地进行临时调蓄，增加雨洪的滞蓄能力，提高抗风险能力。

（8）奉贤区

奉贤区包括11个街镇和海湾旅游区，内涝综合风险主要集中在西部庄行镇和柘林镇等区域，其中庄行镇为中等防治区，其他街镇均为一般防治区，本次主要针对内涝风险相对集中的庄行镇和柘林镇提出相应的防治策略，主要包括三个方面：

## 第 4 章　防治区划

其一，加快骨干河道及其外围泵闸的建设，提升区域输排水能力。加快航塘港、泰青港等关键通江达海骨干河道的建设，提升区域的输排水能力；加快推进泰青港水闸、南竹港出海闸以及金汇港北枢纽（改建）的建设，提高区域的除涝能力。

其二，提高圩区河湖水面率，加强重点区域圩堤和排涝泵站达标建设。庄行镇现状共有圩区 9 个，其中浦秀圩区、耀光圩区、张塘圩区现状除涝能力均为 20 年一遇及以上，其他 6 个圩区现状除涝能力为 5~15 年一遇，未满足规划 20 年一遇的标准，要尽快推进圩区河湖水面率、圩堤和排涝泵站的达标建设，提高低洼圩区的排涝能力。

其三，开展中小河湖的整治工程，增强河网调蓄能力。庄行镇现状河湖水面率为 7.84%，与规划要求的 10.1% 有一定差距，建议加快镇域中小河湖水面的达标建设，逐步提高河湖水面率，增强河网调蓄能力。

（9）崇明区

崇明区 18 个乡镇，内涝综合风险主要集中在横沙乡，为中等防治区，其他镇（乡）均为一般防治区。本次主要针对横沙乡提出相应防治措施。

横沙岛片四面临水，总体地势较低，应逐步完善整体水系布局，增强水系连通，提高河湖水面率，增加调蓄能力。主要工程措施如下：大力推进横沙岛拓宽红星港、新民港、文兴河、创建河、环河等骨干河道的建设，同时考虑到河闸配套，拓宽与之相交的环河、红星河、建东河的河道规模。同步开展文兴河水闸等外围水闸建设，提高区域的除涝能力。

3）重点区域主要防治措施

（1）嘉定新城

嘉定新城是上海"十四五"时期提出建设的五大新城之一，将聚焦嘉定新城核心区和科技城自主创新产业承载区两大区域建设，率先打造远香湖中央活动区、嘉宝智慧湾未来城市实践区、西门历史文化街区三大示范样板区。其范围北起郊环切向线、南至蕰藻浜、东起翔浏公路、西至嘉松北路，主要涉及嘉定镇街道、新城路街道、菊园新区、马陆镇、嘉定工业区等，新城规划总面积约 161.7 km$^2$。

嘉定新城内涝综合风险主要集中在西部和中部区域，其中外冈镇为二级重点防治区，菊园新区为中等防治区，其他均为一般防治区，具体见图 4-2。

嘉定新城现状除涝能力与 20 年一遇除涝标准、5 年一遇的雨水排水标准差距较大，主要原因在于河湖水面率、外围排涝能力等均未达标。本次主要从河道整治工程、泵闸除涝工程、圩区达标建设三方面提出相应防治措施。

① 河道整治工程

加快推进娄塘河、蒲华塘、横沥 3 条骨干河道的综合整治工程，以及嘉定城河、新泾、孙

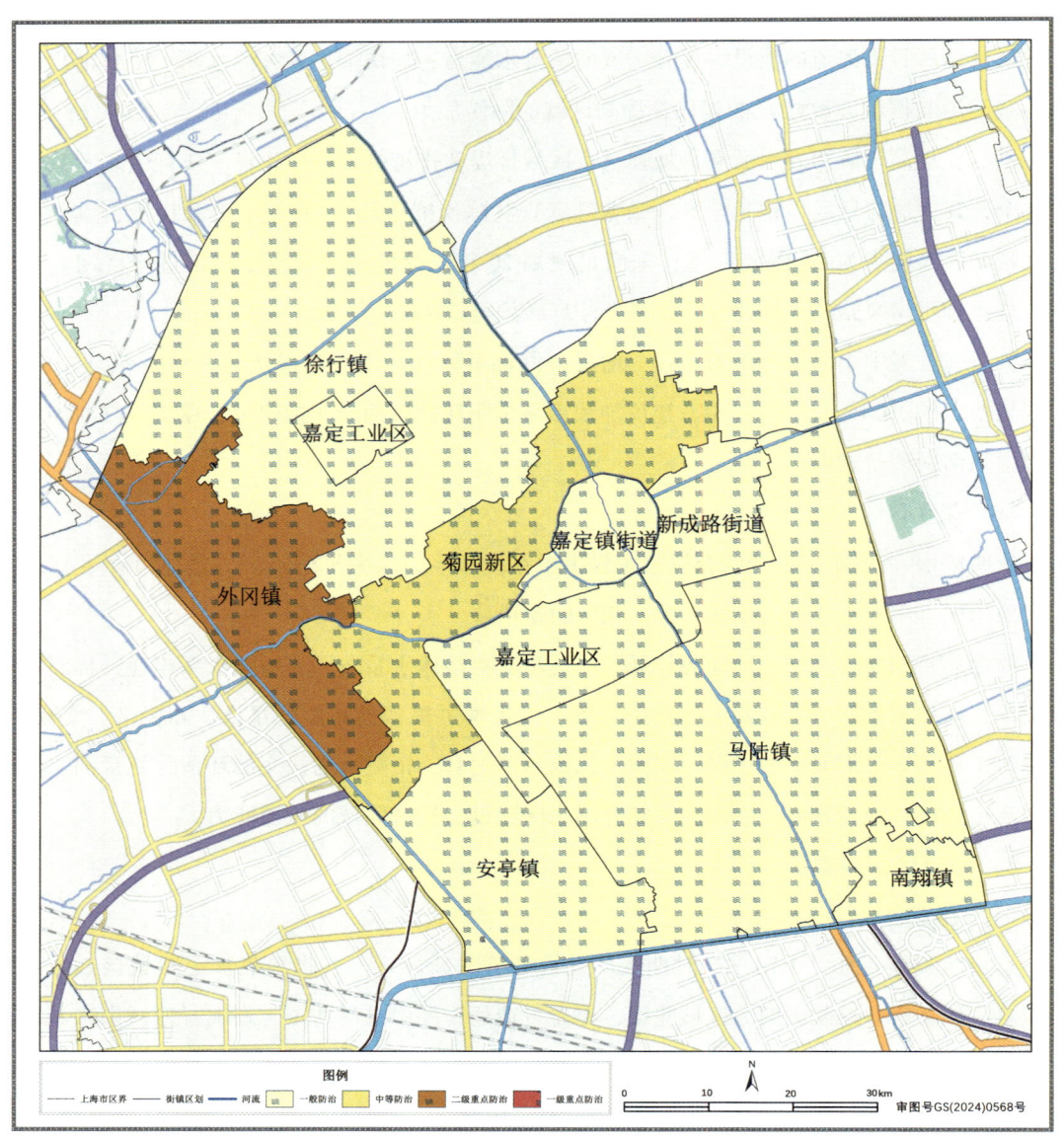

图 4-2 嘉定新城内涝灾害防治区划图

浜、漳浦、横沥 5 条骨干河道的底泥疏浚工程，增强区域的输排水能力；同时结合乡村振兴和生态清洁小流域的建设，系统整治中小河道，确保"十四五"期间区域内河湖水面率达到 8.93%，提高区域河网的调蓄能力。

② 泵闸除涝工程

加快推进新川沙泵闸、墅沟泵闸工程的建设，增加区域的除涝能力。

③ 圩区达标建设

嘉定新城涉及嘉定老城圩区、南苑圩区（含西塔城路）、六里圩区、上海国际汽车城联圩

## 第4章 防治区划

4个圩区，圩区规划排涝泵站规模共计89 m³/s。按照20年一遇标准，继续推进国际汽车城联圩、嘉定老城圩区和南苑圩区排涝泵闸工程的达标建设，提升低洼圩区的除涝能力。

表4-13 嘉定新城圩区现状和规划列表

| 序号 | 圩区名称 | 圩区面积（km²） | 水面率 | | 排涝泵站（m³/s） | | 现状除涝能力 |
|---|---|---|---|---|---|---|---|
| | | | 现状 | 规划 | 现状 | 规划 | |
| 1 | 嘉定老城圩区 | 3.2 | 2.34% | 3.8% | 10.25 | 12 | 15~20年一遇 |
| 2 | 南苑圩区 | 4.3 | 3.60% | 6.2% | 12 | 12 | ≥20年一遇 |
| 3 | 六里圩区 | 1.6 | 6.56% | 7% | 5 | 5 | ≥20年一遇 |
| 4 | 上海国际汽车城联圩圩区 | 28.1 | 5.37% | 6.67% | 60 | 60 | ≥20年一遇 |

（2）青浦新城

青浦新城是由现青浦老城、青浦新区（东部）、向西延伸区域和朱家角镇区四部分组成，它具有居住生活、产业、旅游等综合功能，是全区的政治、经济、文化中心，是具有水乡文化与历史文化内涵的现代化中等城市，服务长三角的上海西部综合性生态宜居城市。其范围东至油墩港—章泾江—老通波塘，南至沪青平公路—中泽路—沪青平公路（新），西至青赵公路—上达河—西大盈港—五浦路—青浦大道—青顺路—新塘港路—新开泾—三分荡路，北至沪常高速（S26），总面积为91.1 km²。

青浦新城内涝综合风险主要零星分布在南部区域，涉及的香花桥街道、盈浦街道、夏阳街道、赵巷镇、重固镇、朱家角镇等均为一般防治区。

青浦新城内河道纵横，水流贯通。现状河湖水面率为9.58%，除涝依托于青松片的外围除涝工程，其除涝能力总体为15年一遇。本次主要从完善水系建设、雨水排水系统建设、推进"海绵城市"建设三方面提出相应防治策略。

① 完善河网水系建设

新城规划形成"三横五纵"骨干河道及182条支级河道的河网布局方案，河湖水面率达10.46%。近期可推进中央商务区水系整治工程，包括实施上达河、东大盈港约5.8km骨干河道滨水空间提升改造、约230亩生态湿地及上达河两岸支河水网治理。同步整治新城范围内断头河、打通"肠梗阻"，畅通毛细河网，全面畅通新城水系。

② 雨水排水系统建设

青浦新城雨水排水规划采用自排为主，强排为辅的排水模式，规划范围内有2个强排系统，服务面积约为1.2 km²；其余61.1 km²地区采用自排模式。近期需重点推进青浦新城集建区排水系统全部达到3~5年一遇的面积达到35%左右，保障区域的排水安全。

③ 推进"海绵城市"建设

结合中央商务区城市更新建设，因地制宜，在完成规划河湖河网要求的基础上，通过建设绿色基础设施，如倡导建设屋顶雨水调蓄系统，建设下凹式绿地，增加下沉式广场和操场，建设雨水花园、雨水蓄水池、植草沟等多种方式，对涝水进行滞蓄缓排，满足中央商务区提标至30年一遇的要求。青浦新城内涝灾害防治区划见图4-3。

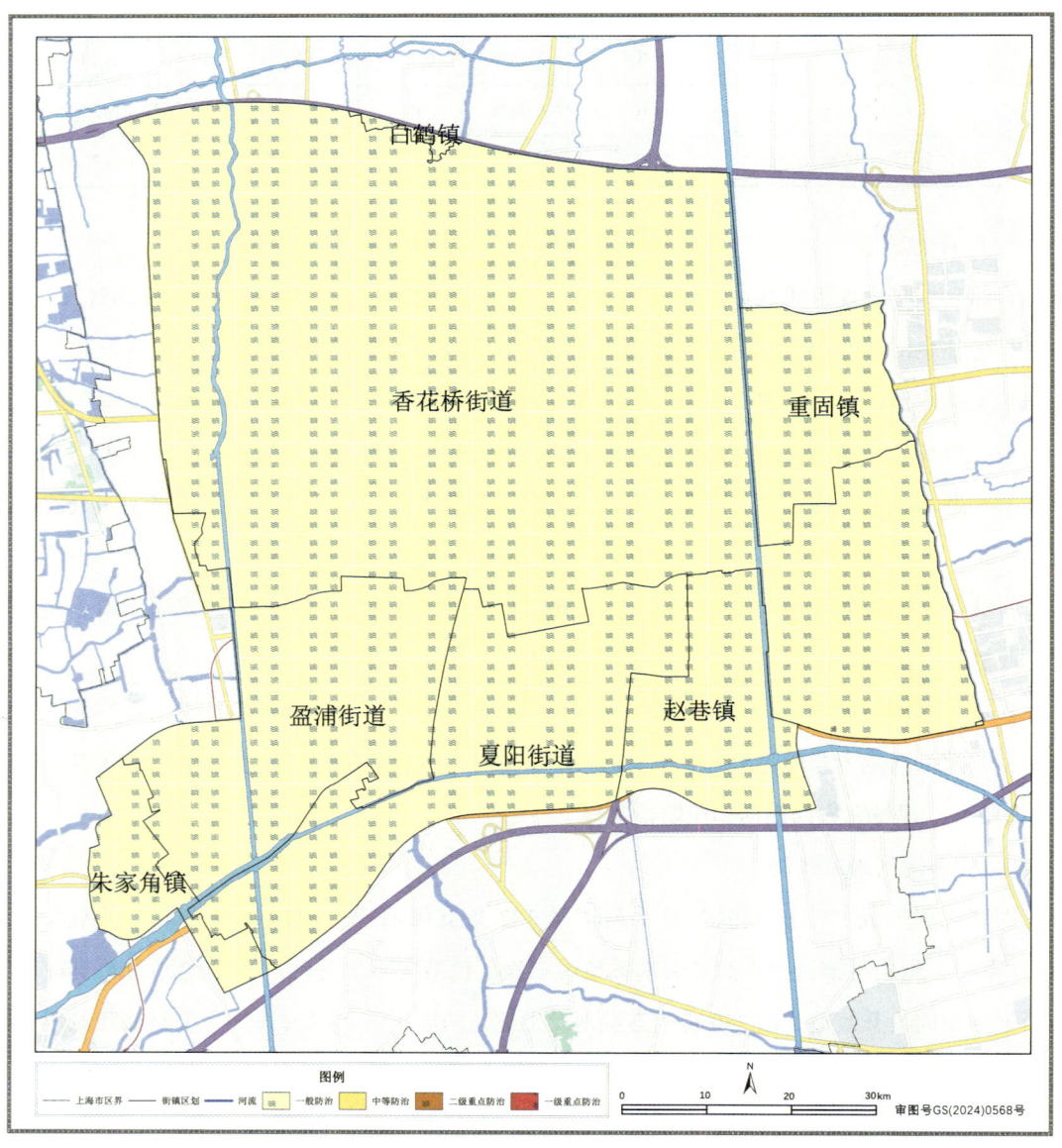

图4-3 青浦新城内涝灾害防治区划图

（3）松江新城

松江新城位于五大新城带、上海大都市圈、长三角城市群的战略交集地，其范围东至区

# 第 4 章  防治区划

界—铁路金山支线，南至申嘉湖高速（S32），西至上海绕城高速（G1503），北至辰花路—卖新公路—明中路—沈海高速（G15）—沪昆铁路，总面积为 158.4 km²。"十四五"期间要将松江新城打造为具有重要国际影响力的科创策源地、具有世界竞争力的高科技产业集聚带、产城深度融合的世界级科创走廊、长三角地区具有辐射带动作用的综合性节点城市。

松江新城内涝综合风险主要分布在北泖泾两侧松江工业区内，新城内涉及的方松街道、岳阳街道、永丰街道、广富林街道、中山街道、新桥镇、车墩镇、松江工业区等均为一般防治区。见图 4-4。

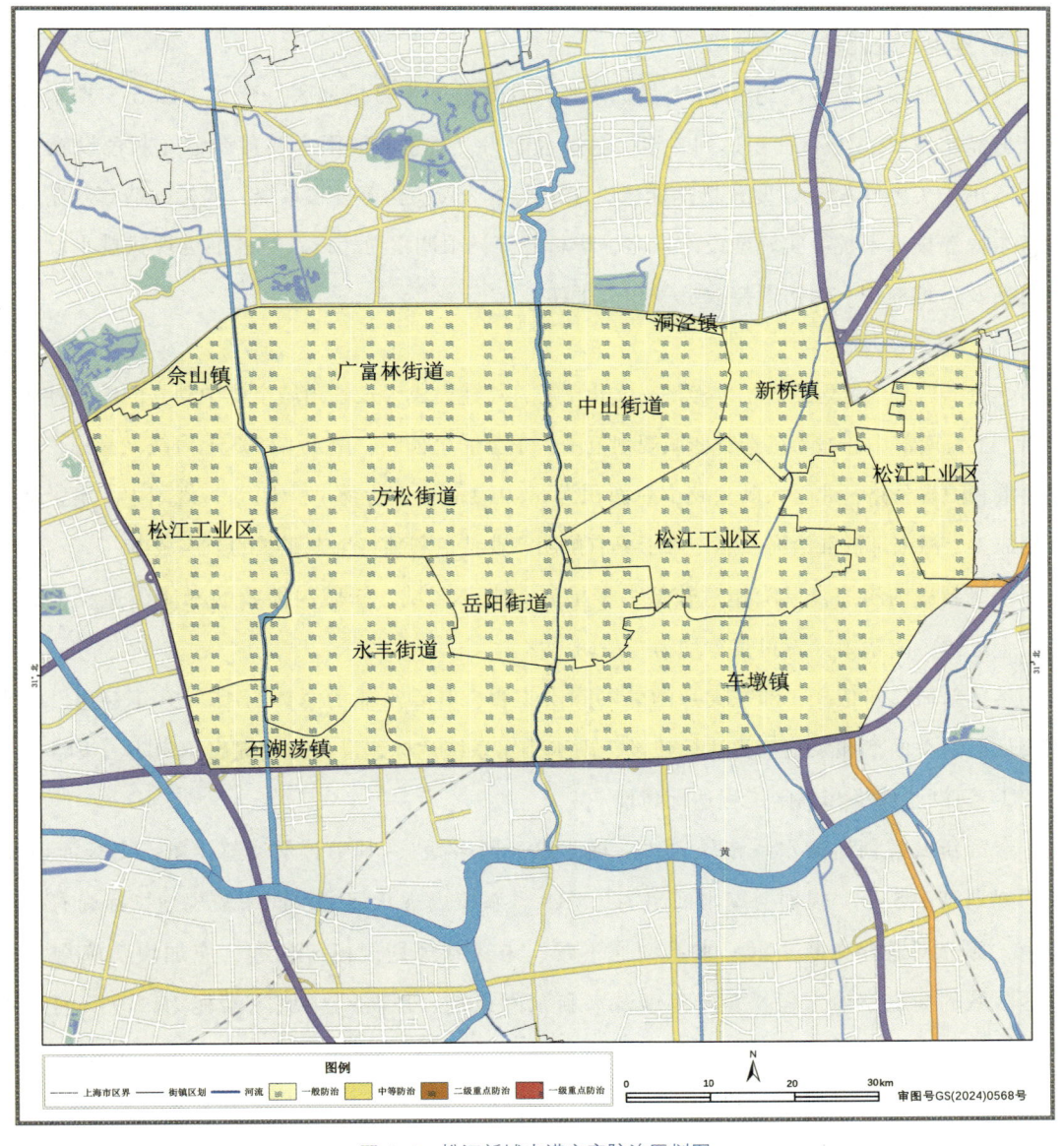

图 4-4  松江新城内涝灾害防治区划图

松江新城除涝依托于青松片外围的除涝工程,其除涝能力总体为15年一遇。本次主要从圩区达标建设、排水系统建设两方面提出相应防治策略。

① 圩区达标建设

松江新城范围内规划河道共271条,其中骨干河道9条,支级河道262条,规划水面率为7.31%;规划圩区共28个,面积合计189.7 km²,规划排涝泵站规模共计436.4m³/s。松江新城现状河湖水面率较规划指标尚有一定差距,尤其是部分圩区河湖水面率差距较大,影响圩区除涝能力达标。近期应重点实施圩区规划河道,并配套建设圩区泵闸,全面提升松江新城的水安全保障能力。

② 排水系统建设

松江新城规划范围内约有14个强排系统,其余地区为自排地区。至"十四五"期末,松江新城需实现42.1 km²面积达到5年一遇排水能力,新建初期雨水调蓄设施(灰色设施)规模应不小于7.2万m³,主要包括达标建设江田东路、兴仓路等排水系统,提标改造茸新路、老城区东块等排水系统,实施建设南乐路、华新路等初雨调蓄池,以及持续推进现状排水设施改造更新及运维养护、雨污混接改造等相关工作。

(4)奉贤新城

奉贤新城是奉贤区的政治、经济、文化中心,将建设成为长三角城市群中独立的综合性节点城市、上海南部中心城市。奉贤新城规划范围,东至浦星公路,南至G1503上海绕城高速,西至南竹港和沪杭公路,北至大叶公路,总面积为67.91 km²。在上海"十四五"规划中,奉贤新城规划成为上海南部滨江沿海发展走廊上具有鲜明产业特色和独特生态禀赋的节点城市。

奉贤新城内涝综合风险相对较低,零星分布中部区域,新城内涉及的奉浦街道、金海街道、金汇镇、南桥镇、青村镇等均为一般防治区。

奉贤新城除涝依托于浦东大片的外围除涝工程,其除涝能力总体为15~20年一遇。本次主要从河湖水面率和泵闸工程达标建设、雨水排水系统达标建设两方面提出相应防治策略。

① 河湖水面率和泵闸工程达标建设

奉贤新城规划河网水系布局为"一横三纵一网多湖",其中骨干河道4条,支级河道65条,规划湖泊5个,规划河湖水面率为7.73%。新城内现状河湖水面率较规划指标尚有一定差距,部分河道存在断头浜、水系沟通不畅、未达到规划规模等问题,应加快实施规划未达标区域的河道整治工程,并配套建设水利泵闸设施,以提高区域除涝能力,改善河道水环境。

② 雨水排水系统达标建设

奉贤新城规划排水模式为自排模式,雨水排水系统重现期采用5年一遇。至"十四五"期

# 第 4 章 防治区划

末，奉贤新城需实现 24 km² 面积达到 5 年一遇排水能力，奉贤区（临港新片区范围）新建初期雨水调蓄设施（灰色设施）规模应不小于 3.3 万 m³。主要包括"海绵城市"建设、道路工程新建或翻排雨水管道，同步落实绿色设施建设任务，确保实现雨水系统提标目标。此外，还需推进现状排水设施改造更新及运维养护、雨污混接改造等相关工作。奉贤新城内涝防治区划见图 4-5。

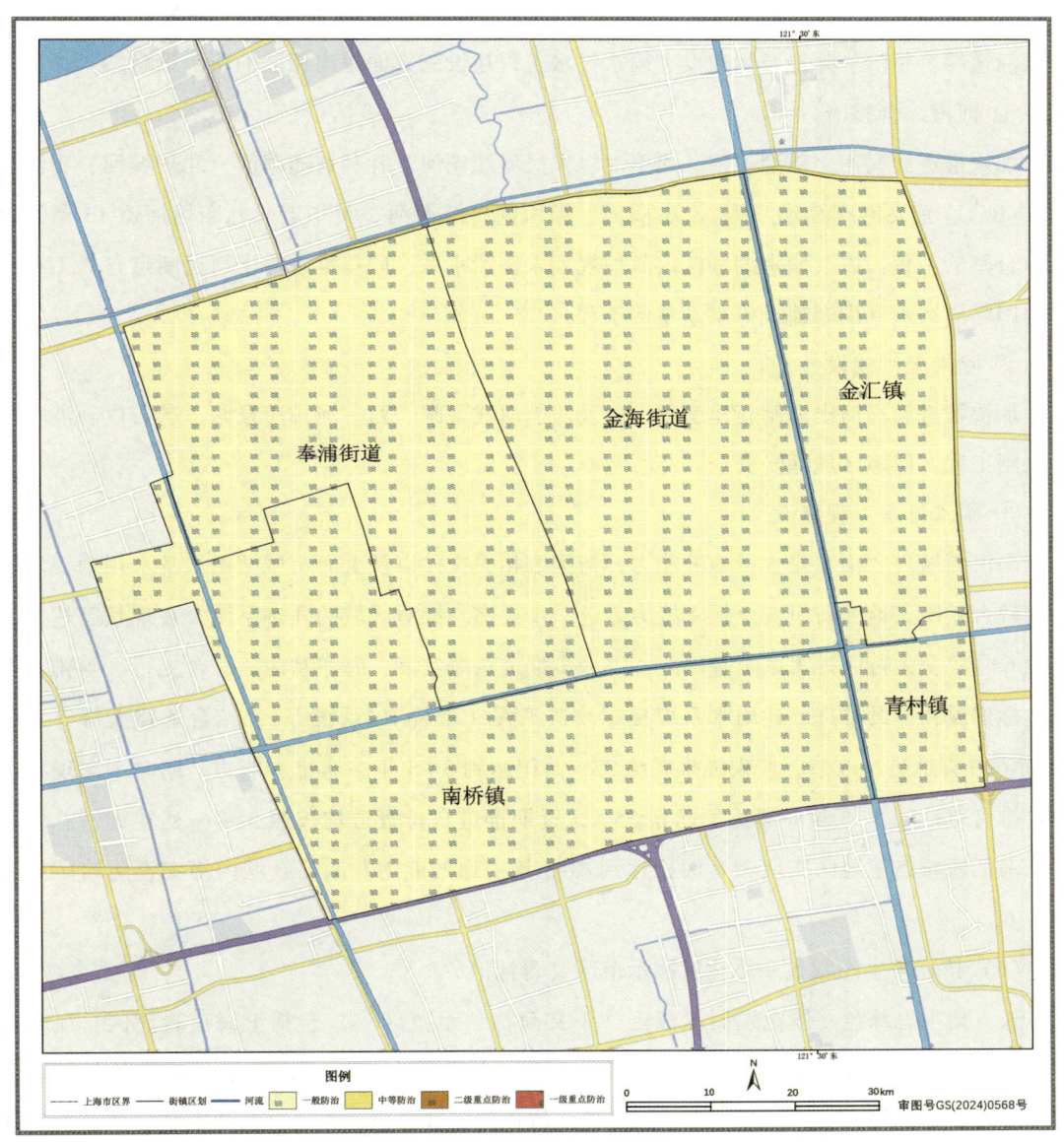

图 4-5 奉贤新城内涝灾害防治区划图

（5）南汇新城

南汇新城规划范围为大治河以南，上海绕城高速（G1503）—瓦洪公路—两港大道—中港以东，规划面积为343.3 m²，位于五大新城带、上海大都市圈、临港新片区和长三角城市群的战略交集地。南汇新城也是中国（上海）自由贸易试验区临港新片区的主城区，是临港新片区建设具有较强国际市场影响力和竞争力的特殊经济功能区和现代化新城的核心承载区。

南汇新城的内涝综合风险主要集中在北部和西南区域，新城内涉及的万祥镇、书院镇、四团镇、泥城镇、南汇新城镇等均为一般防治区。

南汇新城除涝依托于浦东片外围的除涝工程，其除涝能力总体为15~20年一遇。本次主要从河道综合整治、除涝泵闸建设、雨水排水工程建设三方面提出相应的防治策略。

① 河道综合整治

加快推进渤马河、芦潮引河、西引河、人民塘随塘河、胜利塘随塘河、北护城河、春涟河（B5~B6）、紫飞港（续建工程）、小横河、综六河、综七河、黄华港、九四塘河道13条河道的综合整治工程，以及滴水湖圩区内其他规划未整治水系，同步推进骨干河道断点打通工程和中芯国际周边水系配套建设等水系整治工程。

② 除涝泵闸建设

加快推进渤马河出海闸新建工程，以及西引河北泵闸、西一河排涝泵闸、老石皮泐港等圩区泵闸工程，保障区域除涝安全。

③ 雨水排水工程建设

南汇新城现状雨水排水设施的能力，与国家相关文件以及上海市城镇雨水排水规划要求相比有较大差距，地区防汛安全保障能力需进一步提高。针对区域的强排系统，在现状已达标的重装6号综合先行区排水系统基础上，进一步推进东海农场、海洋基地、综合先行区等排水系统达标建设；持续推进已建雨水系统提标改造工程（重装10#系统等），结合道路大修等对小于DN600管道进行改造，实现强排系统35%面积达到3~5年一遇排水能力；同时考虑现状已建自排管道达到3~5年一遇比例已超35%，近期推进自排管道均按照5年一遇实施，总体上保证南汇新城已建地区实现35%面积达到3~5年一遇的能力。南汇新城内涝灾害防治区划见图4-6。

（6）长三角生态绿色一体化发展示范区（青浦区）

长三角生态绿色一体化发展示范区（下文简称"示范区"）包括上海市青浦区、江苏省苏州市吴江区、浙江省嘉兴市嘉善县的部分地区，总面积为2 413 km²。其战略定位是打造生态优势转化新标杆、绿色创新发展新高地、一体化创新试验田、人与自然和谐宜居新典范，最终目标是成为示范引领长三角更高质量一体化发展的标杆。本次主要针对示范区上海部分（青浦区）提出相应的防治策略。长三角生态绿色一体化发展示范区（青浦区）内涝防治区划见图4-7。

# 第 4 章 防治区划

图 4-6 南汇新城内涝灾害防治区划图

青浦区内涝综合风险主要零星分布在北部和西部区域，区域内各街镇均为一般防治区。其除涝依托于青松片外围的除涝工程，除涝能力总体为 15 年一遇。本次主要从河湖综合整治、防汛能力提升、低洼圩区治理三方面提出相应的除涝措施。

① 河湖综合整治

骨干河湖整治工程包括吴淞江工程（青浦区）、淀山湖、元荡生态绿心工程等；分片河网整治工程包括新塘港和新谊河河道整治工程、青浦环城水系延伸工程（三期、四期）、青浦蓝色珠链工程等；同时加强跨界河湖协同治理，包括太浦河、淀山湖等重点跨界河湖结合骨干河

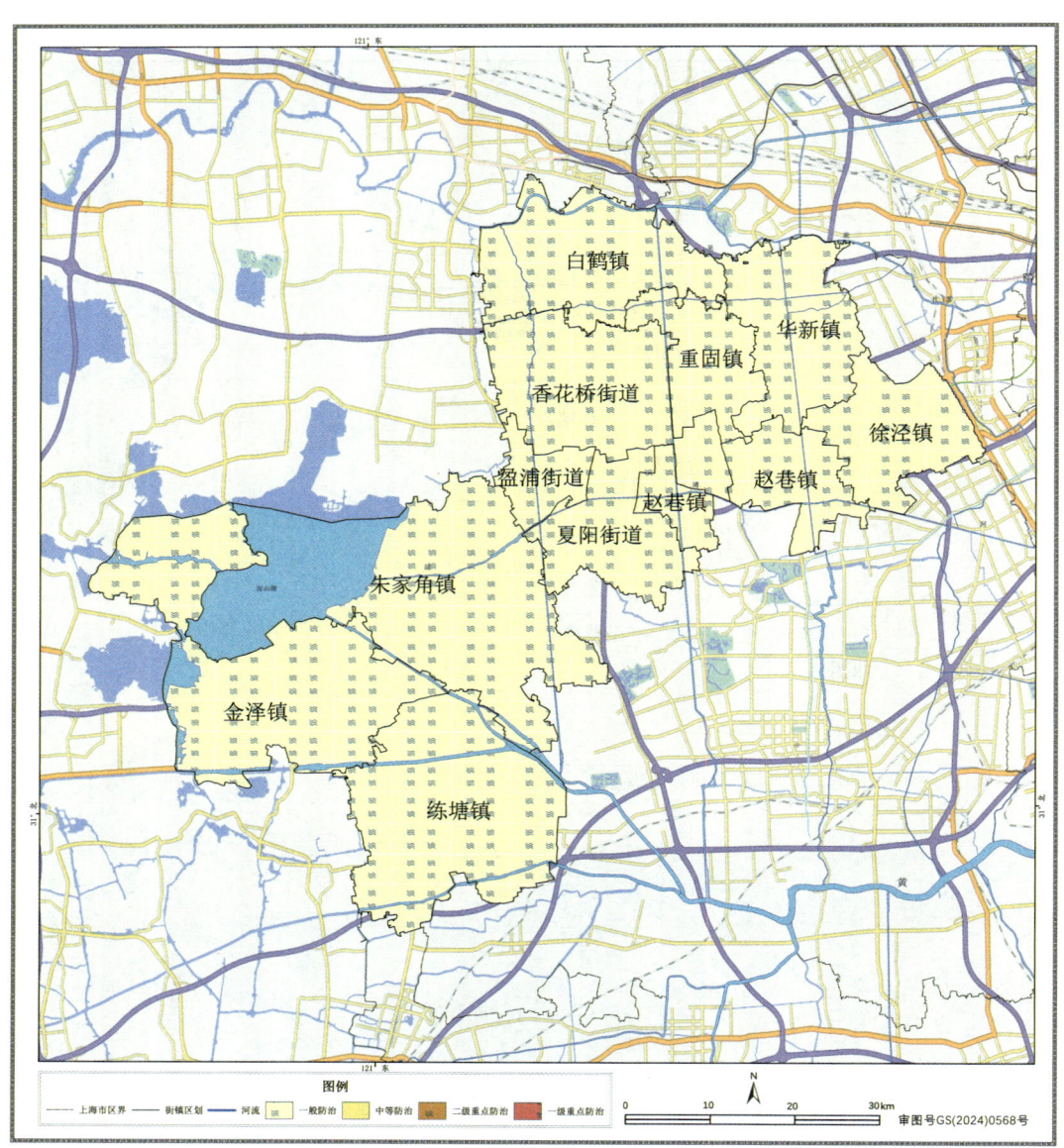

图 4-7　长三角生态绿色一体化发展示范区（青浦区）内涝防治区划图

湖综合治理工程整治。

② 防汛安全能力提升

推进青松控制片外围泵站的建设，优化圩区布局，疏通畅活水系，提标堤防建设。

③ 低洼圩区治理

加强重点城镇及重要经济体等重点对象保护，优化调整圩区布局，对现状圩区进行优化调整。对重要区域布局优化后的圩区开展防洪除涝达标建设，外围实施堤防达标加固和控制建筑物完善；内部主要实施水系连通、清淤疏浚等，在增加水面调蓄能力基础上，适度增设泵站，

# 第 4 章  防治区划

保障低洼圩区的安全。

（7）临港新片区

中国（上海）自由贸易试验区临港新片区（以下简称临港新片区），位于上海大治河以南、金汇港以东（包括小洋山岛以及浦东国际机场南侧区域），总面积为 873 km²。增设临港新片区是新时代我国坚持全方位开放、主动引领经济全球化的重大战略举措。

临港新片区的内涝综合风险相对较低，中风险主要零星分布在东北角和中部区域，涉及的大团镇、书院镇、南汇新城镇、四团镇、泥城镇、青村镇、海湾镇、金汇镇等均为一般防治区。临港新片区内涝灾害防治区划见图4-8。

图 4-8  临港新片区内涝灾害防治区划图

临港新片区除涝依托于浦东片外围的除涝工程，其除涝能力总体为15~20年一遇。南汇新城属于临港新片区的一部分，其相关防治措施不再赘述，本次主要针对临港新片区涉及的奉贤区范围提出相应措施。

一方面，加快航塘港、泰青港等关键通江达海骨干河道的建设，提升区域的输排水能力，同步推进泰青港水闸以及金汇港北枢纽（改建）的建设，提高区域的除涝能力；另一方面，持续推进先进智造片奉贤分区物奉2#雨水泵站新建工程，保障区域排水安全。

(8) 虹桥商务区

虹桥主城片区位于上海市中心城西侧，沪宁、沪杭发展轴线的交会处，紧邻江苏、浙江两省，地处长三角地区交通网络中心，是长三角城市群的核心。其范围东起外环高速公路S20，西至沈海高速公路G15，北起京沪高速公路G2和闵行区界，南至沪渝高速公路G50，规划面积为86.6 km²。按照街镇整建制提升的原则，将长宁区新泾镇和程家桥街道（虹桥临空经济示范区）、闵行区华漕镇、嘉定区江桥镇、青浦区徐泾镇原未纳入虹桥商务区的部分共64.8 km²全部作为虹桥商务区的拓展区，统筹进行规划建设管理和功能打造，实现虹桥商务区151.4 km²整体协调发展。

本次主要针对虹桥主城片区提出相应的防治措施。区域内内涝综合风险相对较低，高中风险主要零星分布在华新镇、徐泾镇和临空园区等区域，涉及的江桥镇为中等防治区，华漕镇、新虹街道、徐泾镇、程家桥街道等均为一般防治区。虹桥主城区片区内涝灾害防治区划见图4-9。

虹桥主城片区主要涉及青松片区、淀北片区和嘉宝北片区，本次分别从上述三个片区提出相应的防治措施。

① 青松片区

青松片区河道主要分布在青浦区华新镇和徐泾镇，规划河道53条段，规划河湖面积为1.03 km²，河面率为5.42%。涉及本区域的工程措施主要包括新开、连通新谊河等东西向骨干河道，加强骨干河网的整体连通性；同步加强支级河网水系连通，提升河网调蓄能力。

② 淀北片区

淀北片区河道主要分布在闵行区华漕镇和新虹街道以及长宁区外环高速（S20）以外区域，规划河道81条段，规划河面积为3.69 km²，河面率为6.90%。但由于淀北片目前整体河面率较低，且外围排涝泵站未达到规划规模，除涝能力仅能达到10~15年一遇的标准，其中除涝最薄弱的区域是淀北片的西部，特别是西北部的虹桥机场周边、虹桥主城片区、华漕等区域。

主要防治措施包括两方面：一是疏拓河道瓶颈节点，提升河网调蓄与排涝能力。结合城市更新与地块改造，加大各主要外排河道疏拓力度，增强河道过流排水能力，确保虹桥机场、虹桥商务区等重点区域排涝安全。同时保护现有河流、湖泊等天然"海绵体"，完善河网水系，

# 第 4 章 防治区划

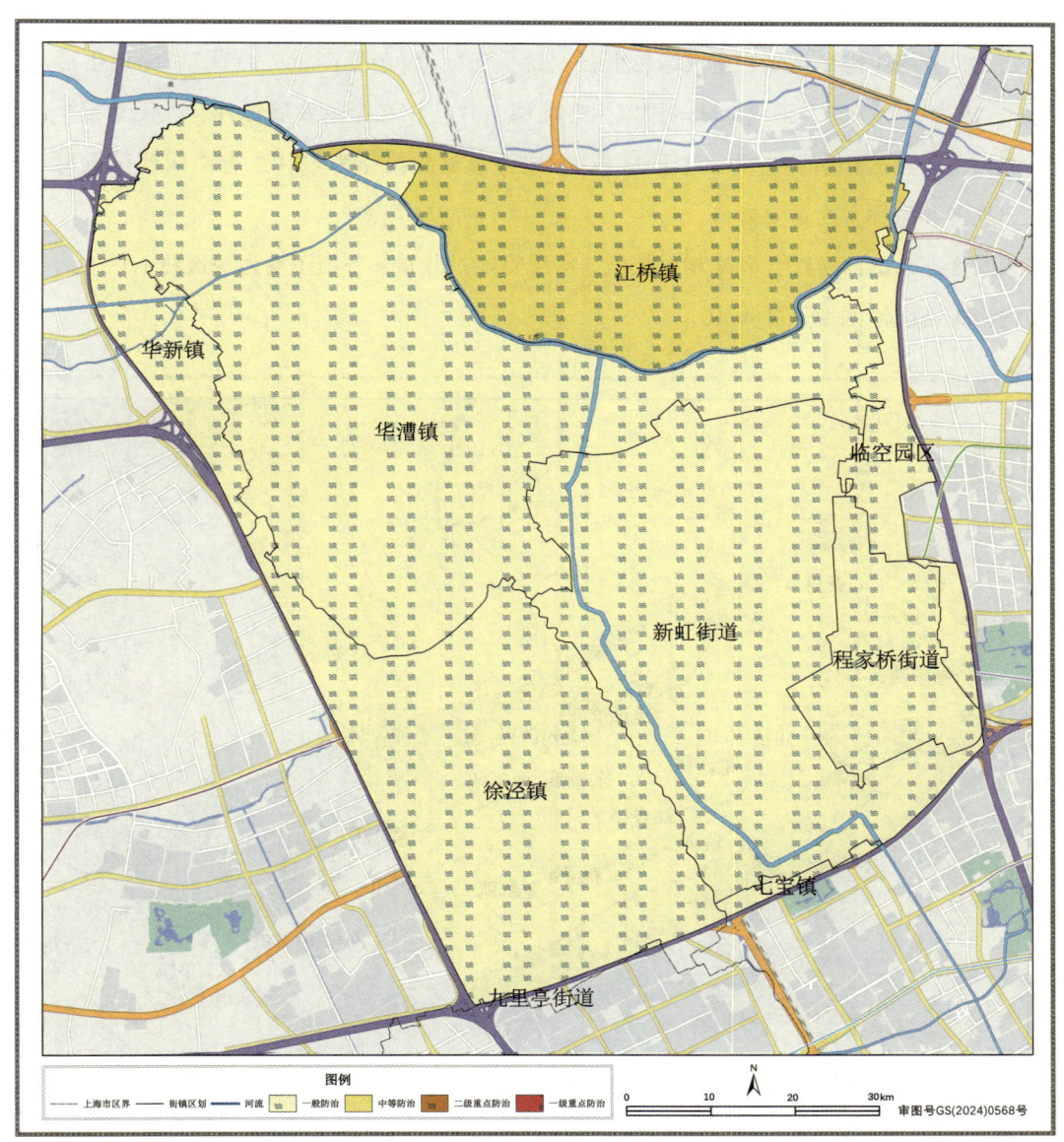

图 4-9 虹桥主城区片区内涝灾害防治区划图

提升调蓄能力。二是完善水利片外围泵闸工程建设。

③ 嘉宝北片区

嘉宝北片区河道主要分布在嘉定区江桥镇和真新街道，规划河道有 27 条段，规划河面积为 0.83 km²，河湖水面率为 6.43%。该区域位于嘉宝北片南部地区，排水距离较远，且受苏州河及沪苏边界排水限制，需要通过加强水系连通，保护和增加必要的河湖水面，提升河网整体调蓄能力。涉及相关工程包括对洼浜、王浜等断头浜进行沟通，以及新开联系河道一条，即幸福村新开河，加快圩区达标建设。

（9）崇明世界级生态岛

崇明世界级生态岛规划打造成绿色生态"桥头堡"、绿色生产"先行区"、绿色生活"示范地"，成为引领全国、影响全球的国家生态文明名片、长江绿色发展标杆、人民幸福生活典范，成为人与自然和谐共生的"中国样板"，成为彰显我国作为全球生态文明建设重要参与者、贡献者、引领者的重要窗口。

崇明生态岛的内涝综合风险相对较低，中风险零星分布，各街镇均为一般防治区。崇明生态岛内涝灾害防治区划见图4-10。

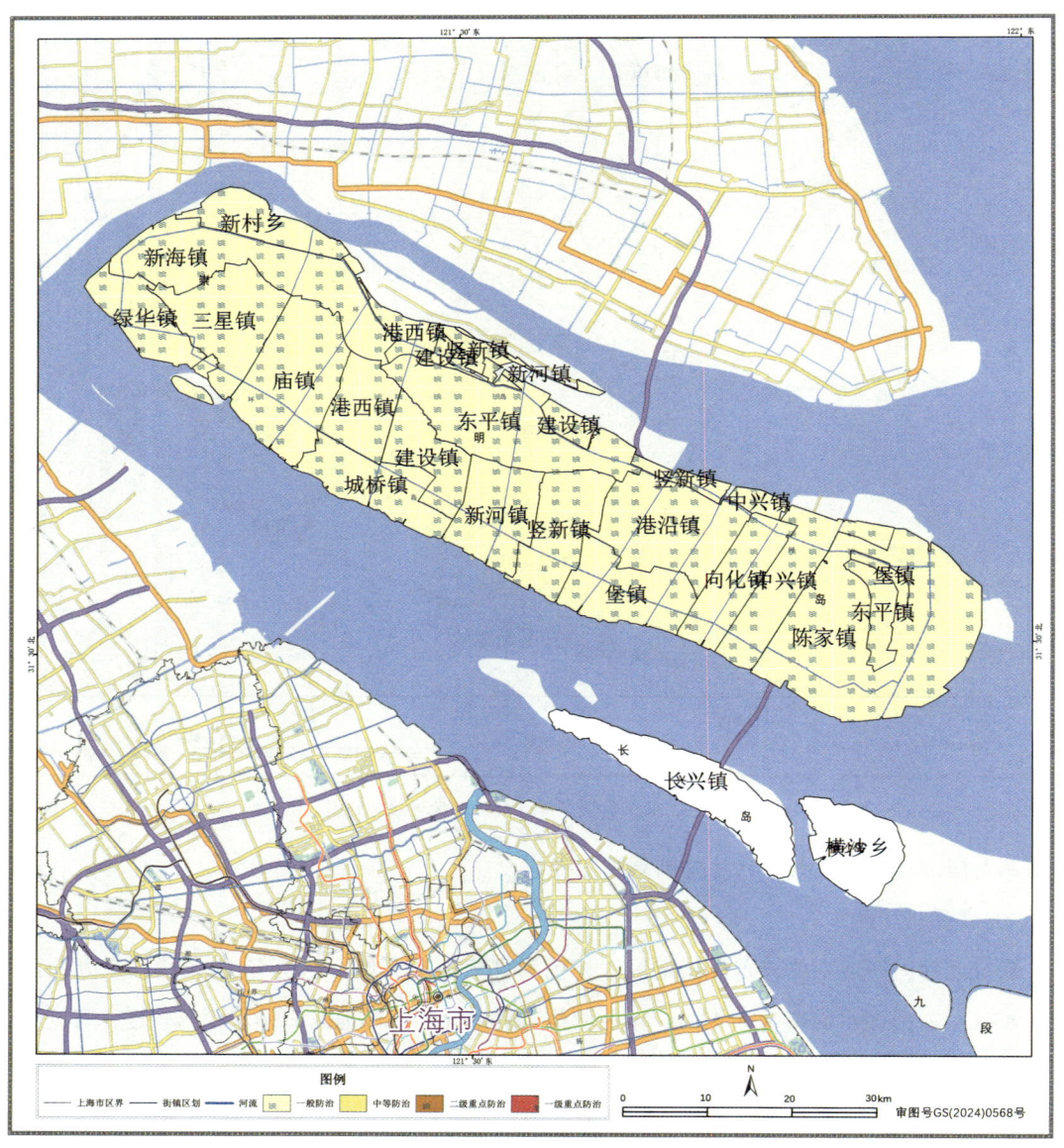

图4-10　崇明生态岛内涝灾害防治区划图

# 第 4 章 防治区划

其内涝防治措施主要如下：

① 加快骨干河道连通、延伸工程建设。加快环岛运河建设，增强崇明岛片骨干河网连通性。

② 加强支级河网水系连通，提升河网调蓄能力。崇明岛片控制面积较大，部分区域排水距离较远，通过加强水系连通，保护和增加必要的河湖水面，提升河网整体调蓄能力，确保最高水位的有效控制。

③ 加快重点地块内，如陈家镇地区等地块内河湖建设。

## 4.4 干旱灾害

### 4.4.1 干旱灾害防治区划成果

#### 1）干旱灾害防治一级区划

干旱灾害防治区划以行政区进行划分，上海市各区级行政区的干旱灾害严重程度普遍较低，通过计算及对上海市奉贤区和金山区两个历史易旱地区进行分析，干旱灾害防治一级区划的结果均为非受旱县，具体见附图 13。

#### 2）干旱灾害防治二级区划

在一级区划的基础上，二级区划主要考虑干旱灾害风险区划成果和抗旱减灾能力等级评估结果，划分出防治区划二级区。综合考虑农业、人饮、城镇的风险等级，按照最不利原则进行上海市干旱灾害综合风险区划，得到上海市各区级行政区均为干旱灾害综合低风险区的结果；根据不同干旱频率下的供水能力分析中的计算结果将上海市各区级行政区现状年不同干旱频率下的可供水量和需水量进行比较，各区级行政区的供水能力均满足 50 年一遇以上干旱频率下的供水，对应各区的抗旱减灾能力等级判断为高。综上，上海市各区级行政区干旱灾害风险等级均为低，抗旱减灾能力均为高，则干旱灾害防治二级区划的结果均为一般防治区，见附图 14。

### 4.4.2 防治措施

针对上海干旱风险特点，干旱灾害防治策略围绕城水利工程、水资源管理、供水保障体系等方面，主要为以下四点。

#### 1）充分发挥水利工程抗旱作用，保持水利工程投入力度，加强抗旱工程建设

中华人民共和国成立以来，上海市也遭受过多次旱情，尤以 1978 年为最，但受益于水利

工程建设，全市抗旱能力增强，全市农业生产基本未受影响，可见抗旱工程的重要性和必要性，在今后的发展过程中应继续完善和建设抗旱工程设施，尽可能降低旱灾损失。

2）加强水资源管理和用水供需平衡分析

旱情对上海最直接影响的是取水安全，长系列的水文数据表明，流域平均多年来水量远远大于上海市本地取用水量，上海水资源量较丰沛，不易发生中等级以上的旱情，若流域发生旱情，上游来水将会减少，长江口极易出现咸潮上溯，影响长江口三座水源地以及多个重点企业取水户的安全取水。因而对上海市水资源开发利用及供需平衡分析十分必要，通过合理调配、工程改造和加强管理，为区域的干旱灾害防治措施的制定提供依据。

3）不断构建完善的供水保障体系，提升抗旱减灾能力

供水系统建设涉及千家万户，是重要的民生工程，也是上海实现高质量发展和创造高品质生活的重要保障。结合各区历年用水情况，严格按照《上海市供水规划（2019—2035年）》执行，不断完善、构建与上海城市定位相适应的供水保障体系，达到建成"节水优先、安全优质、智慧低碳、服务高效"的城市供水系统，供水水质对标世界发达国家同期水平的规划目标。

4）积极采取抗旱非工程措施

防患于未然是防洪抗旱重要的先决条件，加强江河湖泊及防汛工程管理，是认真做好防洪抗旱准备工作的重要前提。完善防汛抗旱指挥系统，全面提升防洪抗旱管理能力。

# 第 5 章 信息系统

在上海市水务信息化顶层设计的统一框架下，构建面向市、区两个层级涉及水旱灾害的灾害综合风险和减灾能力数据体系，形成统一的普查数据与成果信息共享平台，支撑普查成果共享交换和分级共享，支持多个层级、多个尺度的水旱灾害风险评估与区划管理及应用。

## 5.1 风险普查数据库建设

水旱灾害普查数据库的建设包括水旱灾害主要承灾设施管理相关数据库建设、水旱灾害防治能力相关数据库建设和水旱灾害风险评估数据库等。通过与水旱灾害风险普查数据库建设共享交换，实现对规定范围内的上海市辖区的上海市水旱灾害普查数据统一接入水务核心数据。通过与行业管理部门对接，采用人工录入、导入等相结合的方式，将规定范围外的上海市水旱灾害普查数据汇集到水务核心数据库。同时，通过数据交换加载到上海市大数据中心数据库。系统总体框架设计图见图 5-1，成果主界面见图 5-2。

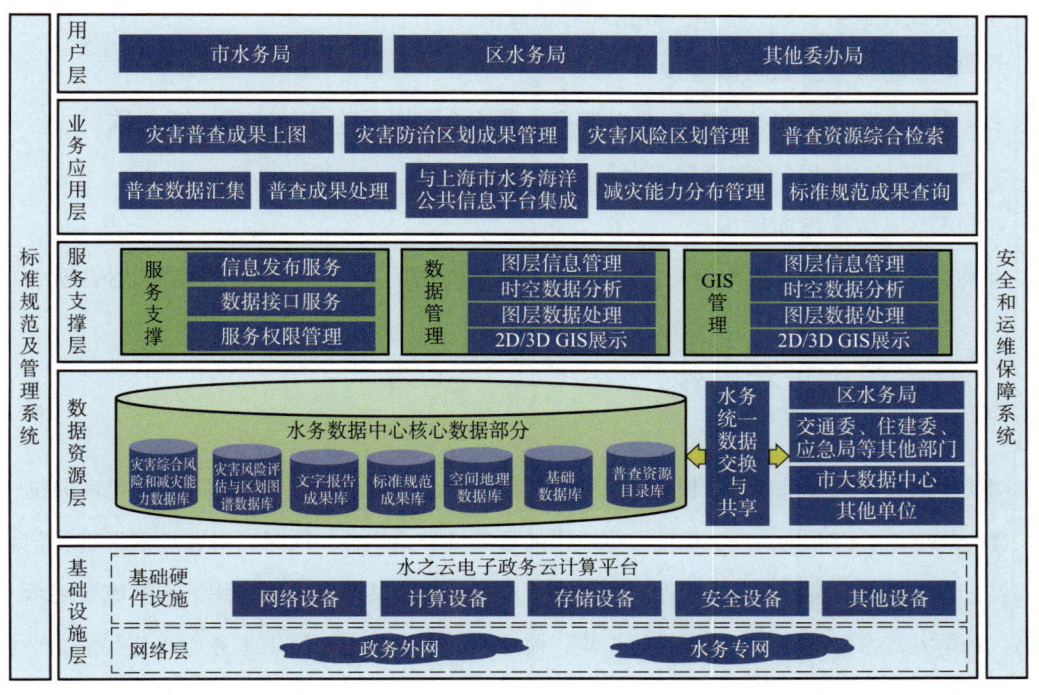

图 5-1　水旱灾害风险普查数据库系统总体框架设计图

图 5-2 成果主界面图

1) 主要承灾设施管理相关数据库建设

水旱灾害主要承灾设施管理相关数据库覆盖市、区两级涉及水旱灾害单灾种风险数据，包括风险要素调查数据、承灾体调查数据和隐患数据等。

2) 防治能力相关数据库建设

水旱灾害防治能力相关数据库全面汇聚上海市全市水旱灾害减灾能力相关数据，包括政府、乡镇（街道）、社区灾害管理能力等信息。

3) 风险评估数据库建设

水旱灾害风险评估数据库主要包括各种灾害的调查表、风险区划表、防治区划表等。

## 5.2 普查成果发布系统

对于本次普查的成果数据，根据进一步开发、利用、共享的需要，按照信息管理的统一要求，进行规范化、标准化处理，保证数据成果的可靠性和适用性。同时，对普查成果进行信息资源编目，形成能够交换的目录，以便对普查成果进行管理、共享、分级应用。数据成果展示系统包括：水旱灾害综合风险普查成果数据汇集、梳理和展示；基于上海市水务海洋公共信息平台统一发布；与上海市大数据中心共享普查成果数据。普查数据成果汇集工作流程见图 5-3。

# 第5章 信息系统

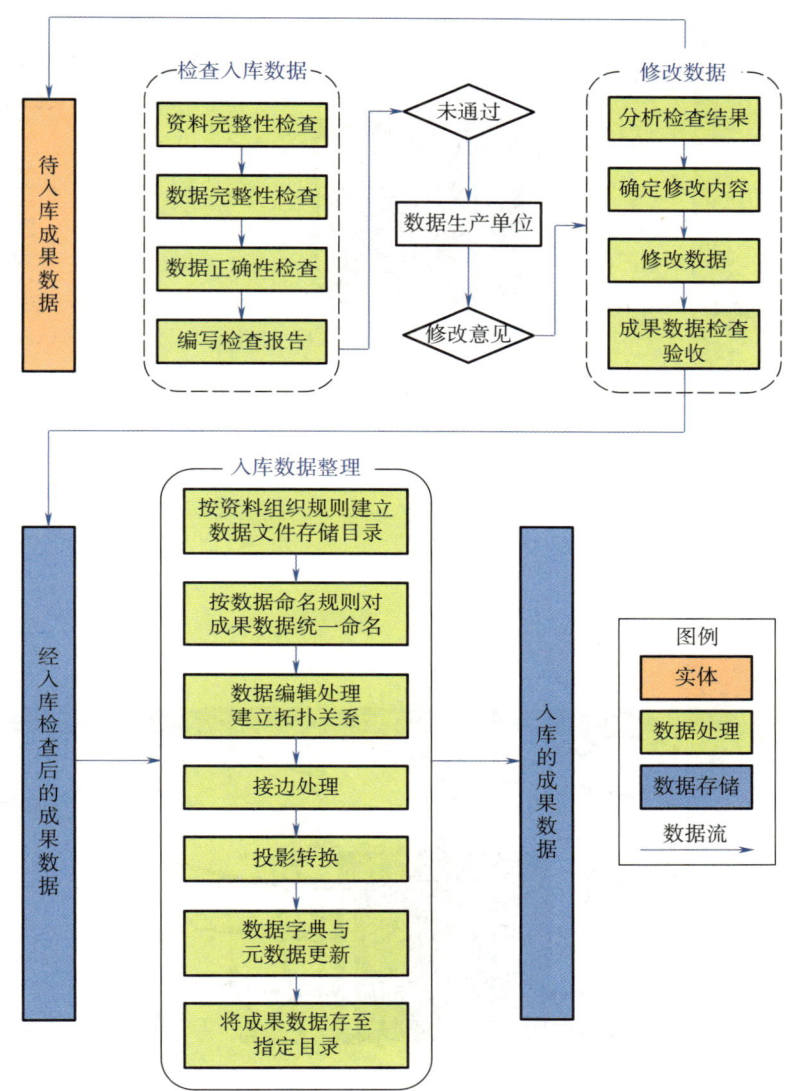

图5-3　水旱灾害风险普查数据成果汇集工作流程

## 5.2.1　承灾体调查成果展示

通过对水旱灾害风险普查的防洪潮设施数据、除涝设施数据、城镇雨水排水设施数据和供水设施数据进行分析，形成相关成果后在系统中进行展示。堤防设施调查成果展示见图5-4，排水管道设施调查成果展示见图5-5。

图 5-4　堤防设施调查成果展示

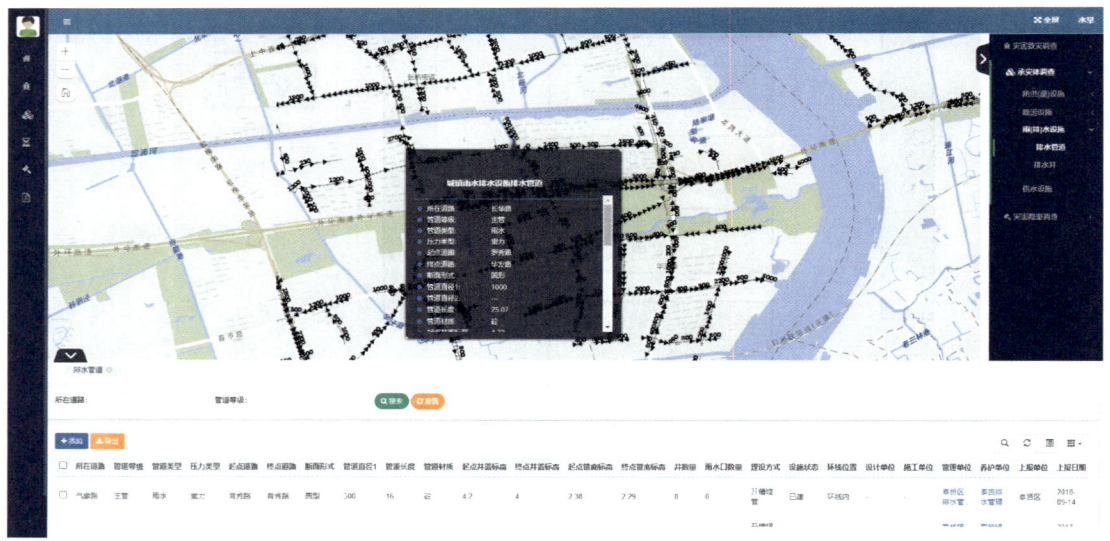

图 5-5　排水管道设施调查成果展示

## 5.2.2　行业减灾能力调查成果展示

通过对上海市水旱灾害普查成果中的全市及各区政府、企业与社会组织、乡镇与社区等用于防汛备灾、应急救援、转移安置和恢复重建的各种减灾资源数据进行整理、分析，政府灾害管理能力见图 5-6，救灾物资储备库管理能力见图 5-7。

# 第 5 章  信息系统

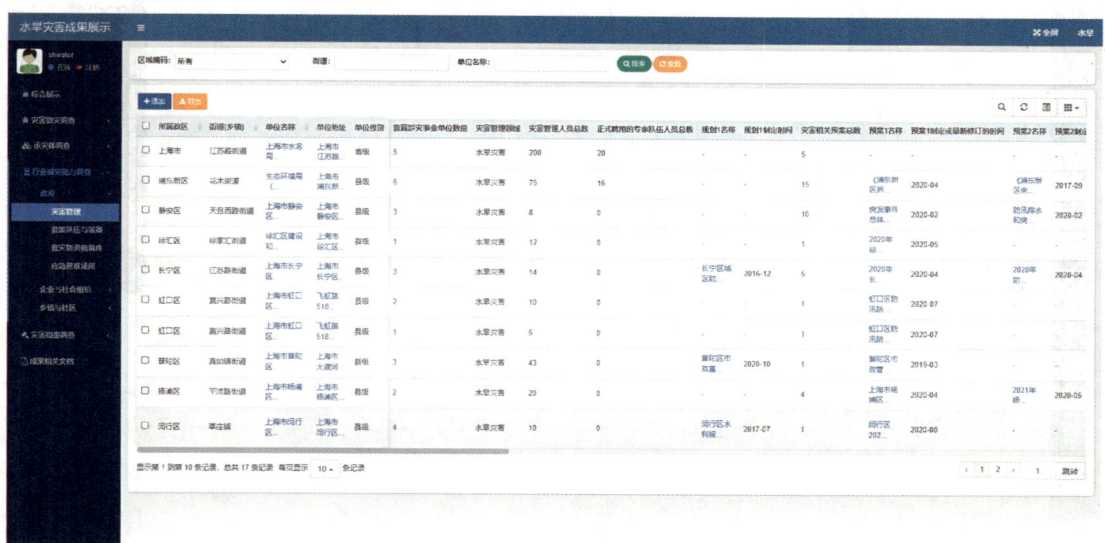

图 5-6  政府灾害管理能力

图 5-7  救灾物资储备库管理能力

## 5.2.3  隐患调查成果展示

通过对上海市水旱灾害普查成果中的主海塘、河道堤防、水闸、泵站、管网、区域除涝能力、城镇雨水排水能力、内涝隐患分布数据进行整理、分析，评估防御水平，生成隐患调查数据表单。堤防防御能力调查成果见图 5-8、水闸防御能力调查成果见图 5-9。

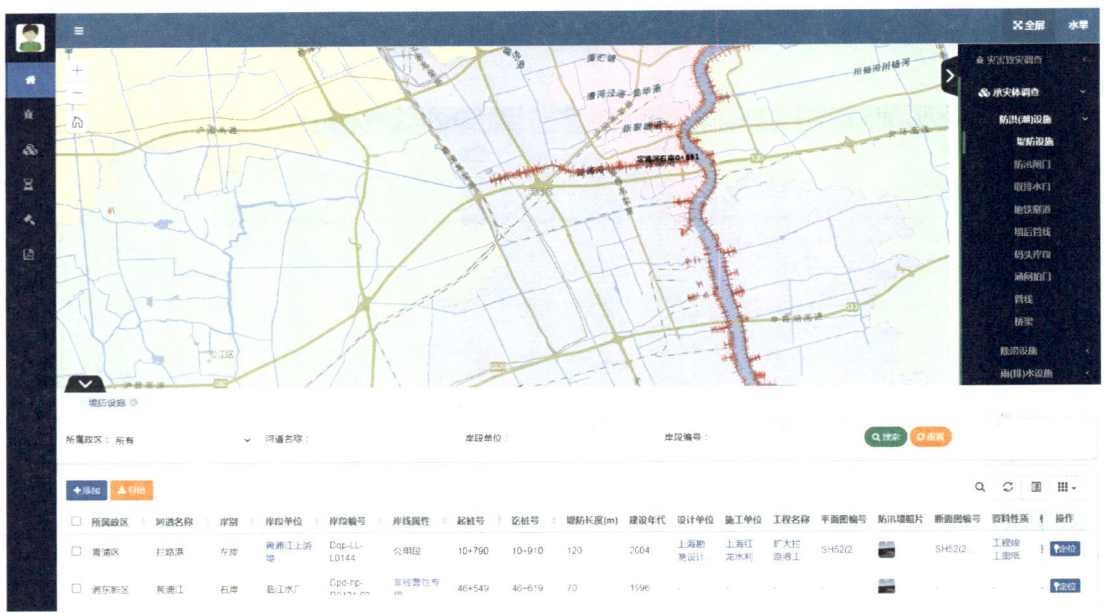

图 5-8　堤防防御能力调查成果

图 5-9　水闸防御能力调查成果

## 5.2.4　风险评估与区划成果展示

根据上海市水旱灾害普查成果中洪潮水风险与防治区划、郊区内涝风险与防治区划、城市内涝风险与防治区划、干旱风险与防治区划成果，形成风险与区划防治图。上海市洪潮水风险区划展示见图 5-10，上海市洪潮水灾害防治区划展示见图 5-11。

# 第 5 章　信息系统

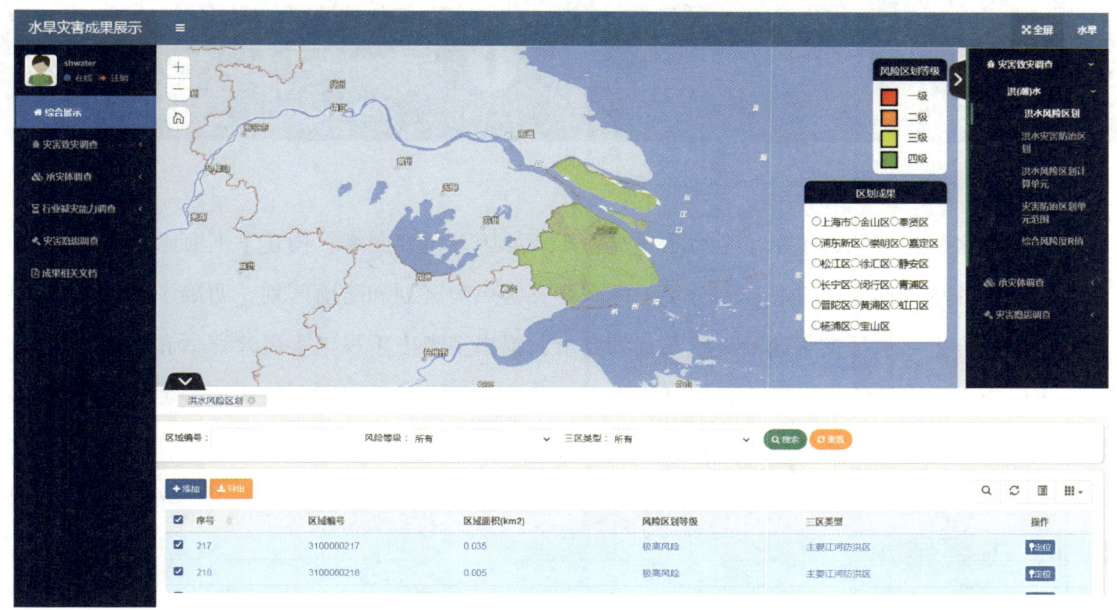

图 5-10　上海市洪潮水风险区划展示成果

图 5-11　上海市洪潮水灾害防治区划展示成果

通过本次普查建立的水旱灾害数据库，将用于市、区相关数据库及更新工作，为上海市防灾减灾提供技术支撑。同时在水旱灾害数据库的基础上，将进一步梳理各普查对象的更新频率和统计要求，建立数据周期长期更新维护机制。

# 第 6 章 结论与建议

上海市水旱灾害调查揭示了上海水旱灾害形成原因及主要因素，构建了上海水旱灾害风险评估和区划的技术体系和方法，划分了上海水旱灾害风险区划和防治区划，明确了上海区域风险等级。结合上海水旱灾害防治现状及规划要求，提出了高度重视灾害风险评估和区划成果应用、牢固树立灾害风险管理观念、降低水旱灾害风险、统筹各方资源、加快推进灾害防治工程建设及构建常态化水旱普查评估工作机制的相关建议。

## 6.1 主要结论

### 1）多种技术手段开展致灾要素调查，全面揭示了上海水旱灾害形成原因及主要因素

上海受台风、暴雨、天文高潮和上游洪水四种因素的影响，暴雨、外围潮位、内涝点是灾害形成主要因子。

经统计，1978—2020 年全市共发生总暴雨 633 场，主要成因为热带气旋（台风）、静止锋、冷暖锋以及城市热岛效应引起的"城市暴雨"；24 h 降雨大于等于 50 mm 小于 100 mm 的暴雨场次 487 场，大于等于 100 mm 小于 200 mm 的大暴雨 127 场，大于等于 200 mm 以上的特大暴雨 19 场；平均每年发生总暴雨约 15 场，其中暴雨 11 场，大暴雨 3 场，特大暴雨 2.3 年 1 场。2000 年后暴雨多发区域往中心城浦西和北部偏移，大暴雨多发区域往中心城浦西和西南部延伸，特大暴雨发生区域范围增大；暴雨量总体增强，暴雨强度总体增强；暴雨、大暴雨历时缩短，特大暴雨历时增大；暴雨范围减小，大暴雨基本稳定，特大暴雨略有增大。

2000 年以后的高潮位平均值比 2000 年以前都有不同程度的抬升，而且黄浦江上游高潮位抬升幅度要远远大于下游，其中米市渡站抬升幅度最大，年最高潮位最大值从 4.27 m 抬升至 4.59 m，增加 0.32 m；年最高潮位平均值从 3.59 m 抬升至 4.06 m，增加 0.47 m；年平均高潮位平均值从 2.78 m 抬升至 3.02 m，增加 0.24 m。杭州湾、长江口高潮位基本处于稳定状态。从典型水情调查结果看，2000 年后重大水情发生频次变多，且风、暴、潮、洪的"三碰头""四碰头"是重大水情发生的主要因素，黄浦江上游阳澄淀泖区和杭嘉湖区的强降雨和台风等极端天气频率的增加，导致上游代表站水位不断升高，加上近年来上游区圩区等重点工程排涝能力增加，都进一步加剧了上下游的洪涝矛盾，增加了黄浦江的防洪风险。

## 第 6 章　结论与建议

2016—2020 年全市共发生 767 次积水记录、415 个积水点，其中郊区 236 次积水记录、83 个积水点，中心城 531 次积水记录、332 个积水点。针对不同的积水类型，分别按低、中、高、极高隐患进行分级，低隐患积水点 105 个、中隐患积水点 176 个、高隐患积水点 109 个、极高隐患积水点 25 个。极高隐患较多的类型为郊区的村宅、下立交和中心城的市政道路和住宅小区。

**2) 多要素、全链条开展隐患分级调查，精确识别承灾体隐患分布及严重程度**

本次对总长度 2 262.29 km 的堤防进行风险分级。黄浦江及其上游堤防长度为 479.12 km：低风险堤防长度为 277.81 km，占 57.98%；中风险堤防长度为 143.9 km，占 30.03%；高风险堤防长度为 17.38 km，占 3.63%；极高风险堤防长度为 40.03 km，占 8.36%。风险较大前三名为浦东新区、宝山区和杨浦区。苏州河长度为 125.73 km：低风险堤防长度为 112.11 km，占 89.17%；中风险堤防长度为 1.47 km，占 1.17%；高风险堤防长度为 12.15 km，占 9.66%；不存在极高风险堤防。高风险区均在青浦区。主海塘长度为 496.84 km，其中低风险岸段长度为 424.85 km，占 85.50%；中风险岸段长度为 2.57 km，占 0.52%；高风险岸段长度为 40.22 km，占 8.10%；极高风险岸段长度为 29.20 km，占 5.88%。风险较大前三名为崇明区、奉贤区和宝山区。其他堤防长度为 1 160.60 km：低风险堤防长度为 1 116.01 km，占 96.16%；中风险堤防长度为 15.95 km，占 1.37%；高风险堤防长度为 28.64 km，占 2.47%；无极高风险堤防。中、高风险堤防均位于青浦区。

本次对 934 座水利片外围水闸做了隐患调查，其中低风险水闸有 727 座，占比为 77.84%；中风险水闸有 165 座，占比为 17.66%；高风险水闸有 35 座，占比为 3.75%，分布在浦东新区、杨浦区、闵行区、宝山区、嘉定区、金山区、松江区、青浦区、奉贤区和崇明区；极高风险水闸有 7 座，占比为 0.75%，分别为蕰藻浜西水利枢纽、油墩港水利枢纽、南竹港套闸、千步泾水闸、南竹港南水闸、三甲港水闸、真如泵闸。

本次对全市现状圩区 304 个进行除涝能力评估，其中 3 个圩区不属上海市管理，不需要评估除涝能力；18 个圩区边界不闭合，无法评估除涝能力，故本次评估 283 个圩区总面积为 1 400.6 km²。经评估，283 个圩区中 55.6% 的面积超过 15 年一遇，全市圩区平均除涝能力 15~20 年一遇。崇明三岛圩区除涝能力偏低，大部分在 5 年一遇以内。

本次对 12 个水利片现状除涝能力评估（浦南西片和商榻片为敞开片，无须开展水利分片除涝能力计算），总体评价上海市平均除涝能力约为 15 年一遇（60% 的面积超过 15 年一遇）。其中蕰南片达到 20 年一遇除涝标准，淀北片、浦东片、太南片、太北片、崇明岛片 5 片达到 15~20 年一遇除涝标准，嘉宝北片、淀南片、青松片、浦南东片 4 片达到 10~15 年一遇除涝标准，长兴岛片、横沙岛片 2 片达到 5~10 年一遇除涝标准。

本次对总长约 3 063.42 km 现状雨水排水管道进行检测，其中无隐患排水主干管道长约 3 130.61 km，占比约为 86.88%；存在一级隐患的雨水排水主干管道长约 183.57 km，占比约为 5.09%；存在二级及以上隐患的雨水排水主干管道长约 289.24 km，占比约为 8.03%。本次针对市管 176 座雨水排水泵站进行隐患调查，根据调查，27 座存在隐患风险：需特别紧急开展修缮的雨水排水泵站 6 座，需紧急开展修缮的雨水排水泵站 11 座，需较紧急开展修缮的雨水排水泵站 6 座，需一般开展修缮的雨水排水泵站 4 座。以现状强排系统和自排区域服务边界为基础，对 278 个排水单元进行评估。经评估，达到 5 年一遇排水能力的评估单元共有 22 个，达到 3 年一遇排水能力的评估单元共有 28 个，达到 1 年一遇排水能力的评估单元共有 228 个。

3）深刻认识上海地理及水旱灾害特点，构建了上海水旱灾害风险评估和区划的技术体系和方法

本次水旱灾害普查是中华人民共和国成立以来第一次全国自然灾害综合风险普查的重要组成部分，是我们面临的新任务、新挑战。这次普查是第一次实现自然灾害风险要素调查、风险评估、风险区划和综合防治区划等全链条式普查，第一次实现致灾部门数据和承灾体部门数据的有机融合，第一次实现在统一的技术体系下开展风险评估与区划工作。三个"第一次"决定了此项工作的艰巨性，加之上海水务部门增加内涝灾害风险普查，更加体现技术新、难度大、涉及面广、综合性强的特点。本次水旱灾害普查中不少技术规范是专门针对本次普查新制定的，如防汛专用站网评估、内涝隐患点分级评估体系、黄浦江苏州河堤防风险评价方法、海塘风险评价方法、水闸风险评估评价办法、内涝灾害风险评价指标体系均为本次根据上海灾害特点新增的技术标准，一些技术内容需要试点验证，多部门任务协同也需要不断磨合，能够充分体现上海水旱灾害特点，为构建科学、高效的防灾减灾救灾体系，为全面提升水旱灾害防御能力提供了理论与方法支撑。

4）自然属性和社会属性兼顾，定量定性相结合，制定了上海水旱灾害风险区划和防治区划，明确了上海风险区域

本次水旱灾害普查考虑各区、街镇的区域差异，依据评估结果将上海划分为黄浦江洪水风险区、中心城内涝风险区、郊区内涝风险区 3 个不同类型风险区和 250 个行政单元风险区（以街镇、社区为单位），通过风险区划和防治区划，为上海市制定灾害防治策略提供了科学技术支撑。

总体而言，上海整体处于洪水、内涝低风险区，内涝高、极高风险呈零星分布：其中黄浦江洪水风险区总面积为 661.66 $km^2$，低、中、高、极高风险区域面积占比分别为 92.55%、7.45%、0、0；中心城内涝风险区总面积为 664 $km^2$，低、中、高、极高风险区域面积占比分别为 87.82%、7.78%、3.51%、0.89%；郊区内涝风险区总面积为 6 087 $km^2$，低、中、高、极

# 第 6 章 结论与建议

高风险区域面积占比分别为 94.44%、1.80%、3.69%、0.07%。

根据危险性、历史灾情和综合评估结果：黄浦江洪水风险区均为一般防治区。

根据危险性、历史灾情和综合评估结果：中心城设置一级重点防治区 4 个，分别为杨浦区 1 个（延吉新村街道）、黄浦区 2 个（淮海中路街道、打浦桥街道）、徐汇区 1 个（徐家汇街道）；二级重点防治区 5 个，分别为黄浦区 1 个（老西门街道）、虹口区 1 个（四川北路街道）、长宁区 2 个（天山路街道、仙霞新村街道）、徐汇区 1 个（湖南路街道）；中等防治区 28 个，分别为虹口区 5 个（曲阳路街道、广中路街道、欧阳路街道、嘉兴路街道、北外滩街道）、杨浦区 3 个（控江路街道、江浦路街道、大桥街道）、静安区 7 个（彭浦新村街道、宝山路街道、北站街道、芷江西路街道、曹家渡街道、静安寺街道、南京西路街道）、黄浦区 2 个（南京东路街道、外滩街道）、长宁区 1 个（虹桥街道）、徐汇区 1 个（枫林路街道）、普陀区 4 个（甘泉街道、宜川路街道、真如镇街道、曹杨新村街道）、浦东新区 5 个（浦兴路街道、金杨新村街道、洋泾街道、陆家嘴街道、潍坊新村街道）；其余为一般防治区。

根据危险性、历史灾情和综合评估结果：郊区设置二级重点防治区 1 个，即嘉定区（外冈镇）；中等防治区 9 个，分别为嘉定区 2 个（江桥镇、菊园新区）、金山区 3 个（吕巷镇、亭林镇、张堰镇），闵行区 1 个（马桥镇）、浦东新区 1 个（康桥镇）、奉贤区 1 个（庄行镇）、崇明区 1 个（横沙乡）；其余为一般防治区。

## 6.2 建议

通过开展致灾、承灾体、历史灾害、行业减灾能力、隐患等五大调查与评估，建立健全分类型、分区域、分层级的全市水旱灾害风险与减灾能力数据库，客观认识当前全市和各区水旱灾害致灾风险水平、承灾体脆弱性水平及风险水平、防灾减灾救灾能力；通过风险评估与区划，科学预判今后一段时期水旱灾害风险变化趋势和特点，构建符合上海地区特色的水旱灾害风险评估指标体系，客观认识全市和各区水旱灾害风险区划，形成全市水旱灾害防治区划和防治建议。

1) **高度重视灾害风险评估和区划成果应用**

普查的目的在于成果的应用。本次普查全面客观地评估了上海水旱灾害风险状况，提出了防治区划，为科学规划和实施水旱灾害防治工作奠定了坚实的基础。下一步应充分利用好本次评估与区划成果，对普查提供的高、极高风险地区，以关键致灾因子和承灾体为重点开展隐患治理，加快监测站网等基础设施建设；针对洪水灾害和内涝灾害，研究制定防灾减灾救灾的信息发布、传递体系，提升基层防灾减灾能力；统筹救灾物资和装备，提升物资调配和利用水平,提升基层物资保障能力。推动普查成果在上海市重大战略、重大规划、重大工程中的应用,如应用于长三角一体化示范区、临港新片区、虹桥商务区、五大新城、崇明世界级生态岛、"十四五"规划中。加强科研计划、科研课题立项,推动水旱灾害防治关键技术研究。重视和加强人才培训和人才培养,提高防范水旱灾害的科学决策能力和应急水平,加大宣传,增强全民防范风险意识。

### 2) 牢固树立灾害风险管理观念,降低水旱灾害风险

这次普查工作是习近平总书记亲自出题、亲自部署、亲自推动的重点工程之一。总书记对普查工作的意义目的、要求都做了清晰阐述,将普查工作作为提高我国自然灾害防治体系和防治能力现代化的重要举措。我们要深刻认识总书记关于防灾减灾救灾重要论述,增强灾害风险意识,将降低灾害风险纳入各级水务工作主要议事日程,督察考察检查内容。

本次水旱和内涝风险评估与区划已经明确上海市高、极高风险区域,从降低风险暴露度的角度而言,本次普查数据可与规划资源部门共享,在重要产业、重大工程规划选址时避开高、极高风险区域;就提升设防水平而言,可适当研究提高设防标准,优化灾害预测预报系统,提升灾害治理能力;从增强适应能力角度,可以生态建设为抓手,落实"海绵城市"要求,增加城市防灾减灾的韧性。

水旱灾害防治的根本在于源头控制,目前上海市灾害防治主要在于水务部门及各级政府,社会组织和全民参与相对较少,建议可进一步推动市场机制和发挥社会力量的作用,如研究防灾保险等全面提升社会水旱灾害防治能力。

### 3) 加快推进灾害防治工程建设

习近平总书记提出了"创新、协调、绿色、开放、共享"的新发展理念,"节水优先、空间均衡、系统治理、两手发力"的治水思路,以及"山水林田湖草沙"是生命共同体的论断,为我们新时代的治水指明了方向。水旱灾害防治工作要坚持预防为主,从源头上减少灾害发生,防止不合理的灾害损失,因此需要加快工程建设,提升防御能力。

(1)推进黄浦江河口水闸建设

在黄浦江河口建闸,可以阻挡外潮入侵,减少"三碰头""四碰头"的概率,是减少涝灾发生的有效办法。据计算,在遇到特大风暴潮时,水闸每天启闭将黄浦江干流有进有出的往复流,变成只排不进的单向流,吴淞口每天可减少 1.16 亿~2.5 亿 $m^3$ 进潮量,如果连续操作两天,至少可多排 2.3 亿~5 亿 $m^3$,这是十分可观的。所以,黄浦江河口建闸不仅可以挡潮防洪,减轻市区防汛墙的风险和压力,而且可以减少暴雨期间黄浦江的进潮量,降低黄浦江水位,使黄浦江更好地为上海市浦东区、浦西区及太湖流域的杭嘉湖区、阳澄淀泖区除涝服务,建议加快建设。

# 第6章 结论与建议

（2）推进黄浦江中上游及海塘工程建设

黄浦江中上游局部岸段发生堤顶漫溢、堤顶越浪、墙身渗水等险情，部分海塘出现外坡结构塌陷、内坡冲刷、保滩结构损坏等险情，给防汛工作带来了较大压力，也暴露出防洪体系的薄弱环节，建议进一步推进实施对黄浦江中上游能力提标改造和新一轮海塘提标改造工程，发挥其应有的效益。

（3）推进已建工程隐患除险加固

加快消除本次普查发现的其他堤防、水闸、管网、泵站隐患，明确事权，按照轻重缓急有序推进，如已鉴定出的水利片外围病险水闸中，尚有部分涉及土地、动拆迁、资金等方面的因素，未采取有效的工程措施。对本次普查尚未进行安全鉴定，且设施连续使用时间较长存在安全隐患的，建议应及时采取相关鉴定，及早消除潜在风险，特别是本次普查因时间较紧，泵站风险评估工作未做，上海市多为小型泵站，且现有的水利泵站已陆续达到安全鉴定时限，亟须开展相关安全鉴定工作，建议下一步出台针对小型泵站的安全鉴定办法。

（4）推进骨干河网和外围泵闸等工程建设

全市规划骨干河湖226条中还有尚未打通的断点、尚未按规划拓宽的河段，外围水闸泵站也尚未达到规划规模，水务部门需要尽快根据相关水利专业规划，以及《国家水网建设规划纲要》和《关于加快推进省级水网建设的指导意见》的要求，抓住机遇，加大区域除涝工程投入和土地指标的政策支持，开挖、拓宽、沟通骨干河道，加快外围泵闸建设，尽早形成与国家水网相衔接的省级水网，充分发挥骨干河网的蓄排水作用。尤其是连通长江口、杭州湾、黄浦江的骨干河道，以及水面率低、河道稀少区域的骨干河道要优先建设。

（5）推进排水系统提标工作

根据评估，中心城范围内3～5年一遇排水能力区域占比与《上海市城镇雨水排水规划（2020—2035）》的要求有较大差距，特别是以杨盛东等19个排水系统风险相对较高，防汛安全保障能力亟待提高。建议各区按照规划要求，以防汛重点区域、道路积水点和易积水住宅小区所在排水系统为工作重点，加快推进排水系统提标项目建设与实施。

（6）推进建设数字赋能的现代化水务体系

当前以互联网、物联网、大数据、云计算、人工智能为代表的新兴技术迅猛发展，为提升城市运行效率，创新社会治理模式，提高城市管理和服务的科学化、精准化、智能化水平提供了重要的技术支持。我国正处于数字化转型的关键期，水利部发布了《关于大力推进智慧水利建设的指导意见》，要求"以数字化、网络化、智能化为主线，以数字化场景、智慧化模拟、精准化决策为路径，全面推进算据、算法、算力建设，构建数字孪生流域，建设具有预报、预警、预演、预案功能的智慧水利体系，为新阶段水利高质量发展提供有力支撑和强力驱动"。

本次开展的内涝风险区划，提供了基于各频率暴雨下的静态洪水风险分布，今后可结合项目成果搭建实时模型开展动态内涝风险图预警发布，引入气象预报的降雨数据进行滚动计算，更好地支撑上海市防汛"四预"工作。建设排水防涝数字信息化管控平台，提高排水防涝设施规划、建设、管理和应急水平。

### 4) 构建常态化水旱普查评估工作机制

本次普查由国家推动，建立了多部门、多行业联动协调机制，构建了系统的普查业务和技术体系，研发了共享共用的信息化平台，形成了国家、行业、地方一体化的风险基础数据库。建议水务部门应加快建立成果的周期更新机制，推动水旱灾害普查评估、区划体系建设，形成定期动态评估、区划机制。如随着全球增温背景和上海城市化进程等，上海地区暴雨逐渐向强、局部、短历时方向变化，对河道内水位的超警戒、超历史水位的出现造成直接影响，流域水位趋势性抬升，可能每5~10年就需要进行修订，特别重大水情应及时修订；现有堤防、海塘、泵闸、管网等设施基础资料也需要按照不同周期动态更新工程底数信息，定期发布相关设施报告，实现设施底数的动态更新；水利片、圩区、排水系统排水能力等也随着工程建设的开展，不断动态更新。在水务部门更新的同时，涉及承灾体的暴露度、政府、社会组织、社区的防灾减灾能力也应与水利部门共享，共同推动灾害防治体系和能力现代化建设。

# 后 记

　　实施水旱灾害风险普查是贯彻党的二十大精神、践行习近平总书记治水重要论述精神和"两个坚持、三个转变"防灾减灾救灾理念的具体举措，是应对全球气候变化和极端水旱灾害事件频繁出现新形势的必要途径，是推进数字孪生水利建设、提升"四预"能力的现实需要，是提升国家水安全保障能力、以水利高质量发展支撑经济社会高质量发展的内在要求。从2020年8月起至2022年12月底，上海市水务局按照水利部、上海市第一次全国自然灾害综合风险普查领导小组工作部署，组织市区水务部门及20余家技术单位克服新冠疫情等诸多不利因素影响，攻坚克难、砥砺奋进，扎实开展并按时完成水旱灾害风险普查各项任务，成果丰硕：一是高质量完成致灾调查与隐患调查任务，形成了上海水旱灾害风险普查调查成果；二是首次全面评估上海水旱灾害风险，完成水旱灾害风险与防治区划；三是基本建成水旱灾害风险普查数据库，实现成果数据查询展示、数据管理、共享服务、查询下载等功能，全面支撑数据使用、下载、共享等各方面需求。

　　本次普查时间截止日为2020年12月31日，按照"边普查、边应用、边见效"的原则，在2021—2022年期间，上海市持续推动本次普查成果在水旱灾害防御、水利雨水工程建设、防洪除涝工程体系完善等方面的应用。

　　全市河道、湖泊、水闸泵站、堤防海塘、供排水设施信息等普查成果更新入库上图，并通过对接城运平台实现共享，有力支撑"一网统管"，应用于2021—2022年洪水风险研判、防洪工程调度、抗旱调水、灾害复盘等。在《上海市防汛防台专项应急预案》《上海市水务局水旱灾害防御应急预案（试行）》《上海市风、暴、潮、洪"四碰头"极端灾害应急预案》《黄浦江中上游超标洪水防御预案》《超大城市防汛安全应对气候变化策略研究》等项目工作中，应用普查成果开展长江口省市边界水情要素监测网优化、长江口地区历史台风与风暴潮增水研究、上海防洪能力评估、防洪减灾工程体系现状评估、现状防洪能力复核和薄弱环节梳理等，开展了"梅花"台风期间黄浦江及苏州河高水位的反演分析，为完善防汛应急预案，确保上海超大城市运行安全等提供重要支撑。在应对2022年长江流域严重气象水文干旱过程中，上海市水务局应用干旱灾害普查成果修订编制预案方案，科学制定调水措施，指导旱情监测评估并预测灾害发展趋势，为保障供水安全和生态安全等提供有力支撑。

　　截至2022年年底，上海市完成104.5 km主海塘提标改造工程，包括53.2 km主海塘提标改造和崇明岛景观二期工程中额外完成海塘提标改造的 51.3 km；完成元荡岸线整治工程，加快推进淀山湖堤防达标工程；32 座存量病险水闸中，除 1 座计划报废外，已改造 7 座、在改 11 座、项目前期 13 座；开展了 26 座水闸安全鉴定；达标改造 32 个圩区；完成排水主管检测 8 160 km，完成排水主管修复或改造 767 km；完成雨水口改造 15.2 万个；完成 11 条道路积水改善工程和 42 个易积水居民小区改造。水务工程的实施进一步消除了隐患，提升了防汛安全保障能力。

　　本次普查时间紧、任务重、技术难度大，上海市水务局配合上海市推进自然灾害综合风险评估与区划、自然灾害综合风险基础数据库建设，为建立自然灾害综合风险普查技术体系、广泛深入应用普查数据成果、提升灾害防治能力打下坚实基础。后续上海市水务局将进一步加强普查成果总结宣传，进一步深化普查成果应用、支撑数字孪生水利建设、推进跨行业部门共享普查成果、完善普查技术标准，支撑完善上海防灾减灾抗灾救灾工程措施体系和非工程措施体系建设，推动普查成果服务于重大战略规划、灾害防御资源优化配置，推动构建多方参与的社会化水旱灾害防御格局。

　　最后，再次感谢相关部门和单位对此次水旱灾害风险普查作出的贡献！

# 附　录

## 1. 附表

附表1　各代表雨量站不同时段的设计暴雨值　　　　　　　　　　　　　　（单位：mm）

| 序号 | 雨量站 | 时段 | $P(5\%)$ | $P(2\%)$ | $P(1\%)$ | $P(0.5\%)$ | $P(0.2\%)$ |
|---|---|---|---|---|---|---|---|
| 1 | 崇明南门 | 1h | 71.77 | 84.48 | 93.87 | 108.48 | 115.18 |
| | | 3h | 105.86 | 123.71 | 136.85 | 157.24 | 166.57 |
| | | 6h | 130.04 | 151.42 | 167.12 | 191.46 | 202.59 |
| | | 12h | 156.79 | 181.22 | 199.11 | 226.74 | 239.35 |
| | | 24h | 208.7 | 248.31 | 277.71 | 323.62 | 344.74 |
| | | 1d | 171.75 | 202.17 | 224.64 | 259.59 | 275.62 |
| | | 3d | 242.23 | 285.13 | 316.82 | 366.11 | 388.73 |
| | | 7d | 290.82 | 336.13 | 369.31 | 420.57 | 443.97 |
| | | 15d | 391.62 | 450.95 | 494.33 | 561.23 | 591.74 |
| | | 30d | 539.43 | 625.78 | 689.13 | 787.14 | 831.91 |
| 2 | 大治河东闸 | 1h | 78.58 | 94.15 | 105.75 | 123.9 | 132.27 |
| | | 3h | 126.97 | 152.67 | 171.84 | 201.87 | 215.73 |
| | | 6h | 149.79 | 179.48 | 201.59 | 236.19 | 252.14 |
| | | 12h | 183.07 | 220.12 | 247.75 | 291.06 | 311.03 |
| | | 24h | 228.52 | 276.69 | 312.71 | 369.3 | 395.45 |
| | | 1d | 195.67 | 236.09 | 266.28 | 313.65 | 335.51 |
| | | 3d | 267.57 | 321.73 | 362.11 | 425.41 | 454.6 |
| | | 7d | 328.47 | 389.42 | 434.59 | 505.04 | 537.41 |
| | | 15d | 398.69 | 464.21 | 512.37 | 586.97 | 621.09 |
| | | 30d | 512.18 | 587.57 | 642.6 | 727.34 | 765.93 |
| 3 | 金汇港南闸 | 1h | 68.27 | 80.94 | 90.32 | 104.97 | 111.69 |
| | | 3h | 100.91 | 118.79 | 131.99 | 152.52 | 161.94 |
| | | 6h | 115.42 | 134.38 | 148.33 | 169.92 | 179.8 |
| | | 12h | 134.41 | 154.8 | 169.72 | 192.73 | 203.22 |
| | | 24h | 168.87 | 193.73 | 211.88 | 239.82 | 252.54 |
| | | 1d | 154.68 | 178.77 | 196.42 | 223.68 | 236.13 |
| | | 3d | 211.84 | 242.12 | 264.17 | 298.08 | 313.5 |
| | | 7d | 279.23 | 319.12 | 348.19 | 392.89 | 413.22 |
| | | 15d | 381.41 | 432.61 | 469.77 | 526.74 | 552.59 |
| | | 30d | 488.22 | 545.29 | 586.37 | 648.92 | 677.17 |

上海市水旱灾害风险普查总报告

(续表)

| 序号 | 雨量站 | 时段 | P(5%) | P(2%) | P(1%) | P(0.5%) | P(0.2%) |
|---|---|---|---|---|---|---|---|
| 4 | 金泽 | 1h | 58.15 | 67.21 | 73.84 | 84.09 | 88.77 |
| | | 3h | 92.48 | 108.09 | 119.59 | 137.43 | 145.6 |
| | | 6h | 111.47 | 129.78 | 143.25 | 164.11 | 173.65 |
| | | 12h | 129.65 | 149.32 | 163.71 | 185.9 | 196.02 |
| | | 24h | 161.15 | 185.57 | 203.42 | 230.95 | 243.5 |
| | | 1d | 143.32 | 165.03 | 180.91 | 205.39 | 216.56 |
| | | 3d | 211.22 | 246.83 | 273.05 | 313.72 | 332.34 |
| | | 7d | 263.75 | 304.84 | 334.93 | 381.42 | 402.64 |
| | | 15d | 342.78 | 391.76 | 427.44 | 482.31 | 507.27 |
| | | 30d | 478.83 | 547.25 | 597.09 | 673.74 | 708.61 |
| 5 | 罗店 | 1h | 66.5 | 77.2 | 85.03 | 97.13 | 102.65 |
| | | 3h | 100.7 | 117.17 | 129.29 | 148.11 | 156.72 |
| | | 6h | 120.7 | 138.46 | 151.43 | 171.4 | 180.49 |
| | | 12h | 152.64 | 174.08 | 189.61 | 213.38 | 224.15 |
| | | 24h | 199.25 | 230.29 | 253.02 | 288.14 | 304.17 |
| | | 1d | 172.62 | 199.51 | 219.2 | 249.63 | 263.51 |
| | | 3d | 250.83 | 292.06 | 322.35 | 369.29 | 390.76 |
| | | 7d | 319.68 | 370.85 | 408.39 | 466.47 | 493.01 |
| | | 15d | 411.17 | 468.93 | 510.77 | 574.8 | 603.82 |
| | | 30d | 571.34 | 655.44 | 716.82 | 811.35 | 854.4 |
| 6 | 南翔 | 1h | 74.5 | 87.7 | 97.45 | 112.61 | 119.56 |
| | | 3h | 113.04 | 133.06 | 147.85 | 170.85 | 181.4 |
| | | 6h | 132.8 | 155.75 | 172.68 | 198.98 | 211.03 |
| | | 12h | 166 | 193.28 | 213.34 | 244.4 | 258.6 |
| | | 24h | 214.59 | 253.51 | 282.3 | 327.15 | 347.74 |
| | | 1d | 195.25 | 232.31 | 259.81 | 302.76 | 322.52 |
| | | 3d | 259.89 | 305.92 | 339.92 | 392.81 | 417.07 |
| | | 7d | 304.32 | 350.43 | 384.13 | 436.13 | 459.83 |
| | | 15d | 378.38 | 429.17 | 466.04 | 522.55 | 548.2 |
| | | 30d | 544.23 | 624.35 | 682.81 | 772.86 | 813.87 |
| 7 | 沙港 | 1h | 70.96 | 83.54 | 92.84 | 107.31 | 113.94 |
| | | 3h | 117.46 | 140.74 | 158.07 | 185.21 | 197.71 |
| | | 6h | 140.36 | 167.63 | 187.9 | 219.61 | 234.21 |
| | | 12h | 160.61 | 189.73 | 211.28 | 244.84 | 260.25 |
| | | 24h | 188.54 | 221.13 | 245.17 | 282.5 | 299.61 |
| | | 1d | 172.09 | 202.57 | 225.09 | 260.11 | 276.17 |
| | | 3d | 230.9 | 269.83 | 298.49 | 342.95 | 363.31 |
| | | 7d | 315.84 | 367.74 | 405.89 | 464.99 | 492.02 |
| | | 15d | 398.58 | 460.67 | 506.15 | 576.4 | 608.47 |
| | | 30d | 521.22 | 595.7 | 649.96 | 733.39 | 771.34 |

# 附录

(续表)

| 序号 | 雨量站 | 时段 | P(5%) | P(2%) | P(1%) | P(0.5%) | P(0.2%) |
|---|---|---|---|---|---|---|---|
| 8 | 泗泾 | 1h | 76.88 | 92.12 | 103.47 | 121.23 | 129.42 |
| | | 3h | 116.33 | 138.41 | 154.8 | 180.39 | 192.16 |
| | | 6h | 140.03 | 165.42 | 184.21 | 213.47 | 226.91 |
| | | 12h | 166.94 | 197.96 | 220.96 | 256.83 | 273.32 |
| | | 24h | 194.19 | 231.05 | 258.4 | 301.12 | 320.77 |
| | | 1d | 176.58 | 210.84 | 236.31 | 276.12 | 294.46 |
| | | 3d | 230.63 | 271.47 | 301.64 | 348.57 | 370.1 |
| | | 7d | 301.3 | 354.66 | 394.08 | 455.4 | 483.52 |
| | | 15d | 390.36 | 454.51 | 501.66 | 574.7 | 608.11 |
| | | 30d | 517.85 | 594.08 | 649.71 | 735.39 | 774.41 |
| 9 | 望新 | 1h | 65.69 | 75.92 | 83.42 | 95 | 100.28 |
| | | 3h | 100.61 | 116.71 | 128.53 | 146.81 | 155.16 |
| | | 6h | 120.09 | 137.76 | 150.66 | 170.53 | 179.58 |
| | | 12h | 160.22 | 186.54 | 205.9 | 235.88 | 249.59 |
| | | 24h | 203.22 | 238.35 | 264.26 | 304.5 | 322.94 |
| | | 1d | 181.15 | 214 | 238.3 | 276.16 | 293.54 |
| | | 3d | 241.71 | 284.52 | 316.14 | 365.33 | 387.89 |
| | | 7d | 296.46 | 347.71 | 385.5 | 444.21 | 471.11 |
| | | 15d | 371.45 | 427.72 | 468.87 | 532.33 | 561.26 |
| | | 30d | 557.28 | 651.23 | 720.41 | 827.72 | 876.85 |
| 10 | 吴淞(蕰) | 1h | 67.41 | 77.62 | 85.09 | 96.61 | 101.86 |
| | | 3h | 100.93 | 117.09 | 128.94 | 147.28 | 155.66 |
| | | 6h | 121.2 | 140.08 | 153.91 | 175.27 | 185.02 |
| | | 12h | 162.33 | 189.7 | 209.85 | 241.11 | 255.42 |
| | | 24h | 208.41 | 243.55 | 269.42 | 309.55 | 327.93 |
| | | 1d | 181.4 | 211.98 | 234.5 | 269.43 | 285.42 |
| | | 3d | 252.61 | 296.28 | 328.48 | 378.51 | 401.43 |
| | | 7d | 303.67 | 350.98 | 385.63 | 439.15 | 463.58 |
| | | 15d | 373.61 | 422.15 | 457.32 | 511.12 | 535.51 |
| | | 30d | 533.67 | 609.93 | 665.49 | 750.91 | 789.77 |
| 11 | 五号沟闸 | 1h | 77.69 | 89.8 | 98.66 | 112.36 | 118.61 |
| | | 3h | 113.87 | 130.63 | 142.86 | 161.7 | 170.28 |
| | | 6h | 149.73 | 174.98 | 193.57 | 222.4 | 235.6 |
| | | 12h | 176.96 | 205.28 | 226.07 | 258.22 | 272.9 |
| | | 24h | 216.91 | 251.63 | 277.11 | 316.52 | 334.52 |
| | | 1d | 193.63 | 224.62 | 247.37 | 282.55 | 298.62 |
| | | 3d | 273.81 | 319.97 | 353.96 | 406.68 | 430.82 |
| | | 7d | 326.5 | 375.96 | 412.13 | 467.91 | 493.34 |
| | | 15d | 408.88 | 465.54 | 506.74 | 570 | 598.74 |
| | | 30d | 547.46 | 616.21 | 665.91 | 741.84 | 776.22 |

(续表)

| 序号 | 雨量站 | 时段 | P（5%） | P（2%） | P（1%） | P（0.5%） | P（0.2%） |
|---|---|---|---|---|---|---|---|
| 12 | 夏字圩 | 1h | 73.13 | 87.93 | 98.97 | 116.26 | 124.24 |
| | | 3h | 102.84 | 121.93 | 136.07 | 158.13 | 168.26 |
| | | 6h | 119.85 | 141.07 | 156.75 | 181.14 | 192.33 |
| | | 12h | 145.99 | 172.46 | 192.05 | 222.56 | 236.57 |
| | | 24h | 178.41 | 211.52 | 236.06 | 274.32 | 291.91 |
| | | 1d | 160.66 | 190.48 | 212.57 | 247.03 | 262.87 |
| | | 3d | 225.35 | 268.12 | 299.87 | 349.44 | 372.24 |
| | | 7d | 303.05 | 361.85 | 405.55 | 473.89 | 505.35 |
| | | 15d | 409.9 | 489.42 | 548.54 | 640.97 | 683.52 |
| | | 30d | 540.08 | 638.01 | 710.48 | 823.34 | 875.16 |
| 13 | 洋泾 | 1h | 86.52 | 101.85 | 113.17 | 130.77 | 138.85 |
| | | 3h | 119.65 | 139.82 | 154.68 | 177.72 | 188.27 |
| | | 6h | 136.48 | 157.74 | 173.32 | 197.37 | 208.35 |
| | | 12h | 166.11 | 191.28 | 209.68 | 238.06 | 251 |
| | | 24h | 210.97 | 244.74 | 269.52 | 307.85 | 325.36 |
| | | 1d | 183.65 | 211.47 | 231.81 | 263.18 | 277.49 |
| | | 3d | 260.22 | 301.88 | 332.44 | 379.72 | 401.32 |
| | | 7d | 307.44 | 350.05 | 381.02 | 428.59 | 450.2 |
| | | 15d | 388.05 | 438.47 | 474.98 | 530.87 | 556.2 |
| | | 30d | 543.66 | 611.93 | 661.29 | 736.69 | 770.83 |
| 14 | 蕰藻浜西闸 | 1h | 86.57 | 102.26 | 113.88 | 131.97 | 140.27 |
| | | 3h | 130.42 | 155.73 | 174.54 | 203.94 | 217.49 |
| | | 6h | 144.83 | 171.71 | 191.62 | 222.68 | 236.96 |
| | | 12h | 174.17 | 205.75 | 229.12 | 265.51 | 282.23 |
| | | 24h | 215.7 | 257.55 | 288.66 | 337.3 | 359.69 |
| | | 1d | 191.65 | 228.84 | 256.48 | 299.69 | 319.59 |
| | | 3d | 260.56 | 311.11 | 348.69 | 407.45 | 434.5 |
| | | 7d | 310.7 | 364.41 | 404.02 | 465.54 | 493.74 |
| | | 15d | 397.3 | 457.49 | 501.49 | 569.37 | 600.32 |
| | | 30d | 557.14 | 643.94 | 707.51 | 805.71 | 850.53 |
| 15 | 张堰 | 1h | 63.64 | 73.28 | 80.33 | 91.2 | 96.15 |
| | | 3h | 90.6 | 103.54 | 112.97 | 127.47 | 134.07 |
| | | 6h | 107.74 | 123.13 | 134.35 | 151.59 | 159.44 |
| | | 12h | 123.93 | 138.95 | 149.79 | 166.32 | 173.8 |
| | | 24h | 153.06 | 171.62 | 185.01 | 205.42 | 214.66 |
| | | 1d | 141.7 | 158.88 | 171.28 | 190.18 | 198.73 |
| | | 3d | 201.03 | 227.15 | 246.07 | 275.02 | 288.14 |
| | | 7d | 267.78 | 303.73 | 329.82 | 369.81 | 387.96 |
| | | 15d | 346.47 | 383.95 | 410.81 | 451.57 | 469.92 |
| | | 30d | 469.27 | 522.07 | 560.01 | 617.67 | 643.67 |

# 附录

(续表)

| 序号 | 雨量站 | 时段 | P（5%） | P（2%） | P（1%） | P（0.5%） | P（0.2%） |
|---|---|---|---|---|---|---|---|
| 16 | 中港 | 1h | 77.72 | 94.75 | 107.52 | 127.64 | 136.94 |
| | | 3h | 119.05 | 144.14 | 162.91 | 192.39 | 206.01 |
| | | 6h | 139.67 | 167.94 | 189.03 | 222.07 | 237.3 |
| | | 12h | 162.53 | 194.06 | 217.5 | 254.14 | 271.02 |
| | | 24h | 199.62 | 237.51 | 265.63 | 309.54 | 329.74 |
| | | 1d | 178.62 | 212.52 | 237.68 | 276.97 | 295.05 |
| | | 3d | 245.88 | 290.47 | 323.46 | 374.84 | 398.43 |
| | | 7d | 304.19 | 354.18 | 390.93 | 447.85 | 473.88 |
| | | 15d | 380.57 | 436.59 | 477.47 | 540.44 | 569.12 |
| | | 30d | 477.53 | 537.5 | 580.85 | 647.08 | 677.07 |

附表2 各站高潮位频率分析成果表 (单位：m)

| 序号 | 重现期 | 500年 | 200年 | 100年 | 50年 | 30年 | 20年 | 10年 | 5年 |
|---|---|---|---|---|---|---|---|---|---|
| | 设计频率 | 0.2% | 0.5% | 1% | 2% | 3.33% | 5% | 10% | 20% |
| 1 | 吴淞 | 6.41 | 6.17 | 6.00 | 5.82 | 5.68 | 5.57 | 5.38 | 5.19 |
| 2 | 黄浦公园 | 6.09 | 5.88 | 5.72 | 5.56 | 5.44 | 5.34 | 5.17 | 4.99 |
| 3 | 吴泾 | 5.31 | 5.17 | 5.06 | 4.94 | 4.86 | 4.78 | 4.66 | 4.51 |
| 4 | 米市渡 | 4.75 | 4.65 | 4.58 | 4.51 | 4.45 | 4.40 | 4.31 | 4.21 |
| 5 | 夏字圩 | 4.49 | 4.40 | 4.33 | 4.26 | 4.20 | 4.16 | 4.07 | 3.97 |
| 6 | 河祝 | 4.20 | 4.09 | 4.00 | 3.91 | 3.84 | 3.78 | 3.66 | 3.54 |
| 7 | 芦潮港 | 6.07 | 5.87 | 5.72 | 5.57 | 5.46 | 5.36 | 5.20 | 5.03 |
| 8 | 金山嘴 | 7.02 | 6.77 | 6.58 | 6.39 | 6.24 | 6.12 | 5.92 | 5.70 |
| 9 | 高桥 | 6.57 | 6.29 | 6.08 | 5.87 | 5.72 | 5.59 | 5.37 | 5.15 |
| 10 | 堡镇 | 6.57 | 6.30 | 6.09 | 5.88 | 5.73 | 5.60 | 5.39 | 5.17 |

附表3 不同干旱频率下的典型年、供水能力、农业干旱灾害/因旱人饮困难影响折算系数统计表

| 区级行政区 | 对应频率 | 典型年 | 计算水资源量（亿m³） | 可供水量/（亿m³） | 需水量/（亿m³） | 农业折算系数 | 人饮折算系数 |
|---|---|---|---|---|---|---|---|
| 浦东新区 | 5年一遇（75%） | 1958年 | 3.82 | 21.62 | 21.62 | 0.8122 | 0 |
| | 10年一遇（90%） | 1988年 | 2.77 | 23.05 | 23.05 | 0.7585 | 0 |
| | 20年一遇（95%） | 1979年 | 2.26 | 23.97 | 23.97 | 0.7188 | 0 |
| | 50年一遇（97%） | 1968年 | 2.02 | 24.45 | 24.45 | 0.6962 | 0 |
| | 100年一遇（99%） | 1978年 | 1.73 | 25.16 | 25.16 | 0.6615 | 0 |
| 黄浦区 | 5年一遇（75%） | 1958年 | 0.06 | 1.34 | 1.34 | 0.8122 | 0 |
| | 10年一遇（90%） | 1988年 | 0.05 | 1.43 | 1.43 | 0.7585 | 0 |
| | 20年一遇（95%） | 1979年 | 0.04 | 1.48 | 1.48 | 0.7188 | 0 |
| | 50年一遇（97%） | 1968年 | 0.03 | 1.51 | 1.51 | 0.6962 | 0 |
| | 100年一遇（99%） | 1978年 | 0.03 | 1.56 | 1.56 | 0.6615 | 0 |

(续表)

| 区级行政区 | 对应频率 | 典型年 | 计算水资源量（亿m³） | 可供水量/（亿m³） | 需水量/（亿m³） | 农业折算系数 | 人饮折算系数 |
|---|---|---|---|---|---|---|---|
| 徐汇区 | 5年一遇（75%） | 1958年 | 0.17 | 2.26 | 2.26 | 0.8122 | 0 |
| | 10年一遇（90%） | 1988年 | 0.13 | 2.41 | 2.41 | 0.7585 | 0 |
| | 20年一遇（95%） | 1979年 | 0.10 | 2.5 | 2.5 | 0.7188 | 0 |
| | 50年一遇（97%） | 1968年 | 0.09 | 2.55 | 2.55 | 0.6962 | 0 |
| | 100年一遇（99%） | 1978年 | 0.08 | 2.63 | 2.63 | 0.6615 | 0 |
| 长宁区 | 5年一遇（75%） | 1958年 | 0.12 | 1.4 | 1.4 | 0.8122 | 0 |
| | 10年一遇（90%） | 1988年 | 0.09 | 1.49 | 1.49 | 0.7585 | 0 |
| | 20年一遇（95%） | 1979年 | 0.07 | 1.55 | 1.55 | 0.7188 | 0 |
| | 50年一遇（97%） | 1968年 | 0.06 | 1.58 | 1.58 | 0.6962 | 0 |
| | 100年一遇（99%） | 1978年 | 0.05 | 1.63 | 1.63 | 0.6615 | 0 |
| 静安区 | 5年一遇（75%） | 1958年 | 0.12 | 2 | 2 | 0.8122 | 0 |
| | 10年一遇（90%） | 1988年 | 0.08 | 2.13 | 2.13 | 0.7585 | 0 |
| | 20年一遇（95%） | 1979年 | 0.07 | 2.21 | 2.21 | 0.7188 | 0 |
| | 50年一遇（97%） | 1968年 | 0.06 | 2.26 | 2.26 | 0.6962 | 0 |
| | 100年一遇（99%） | 1978年 | 0.05 | 2.32 | 2.32 | 0.6615 | 0 |
| 普陀区 | 5年一遇（75%） | 1958年 | 0.17 | 2 | 2 | 0.8122 | 0 |
| | 10年一遇（90%） | 1988年 | 0.13 | 2.13 | 2.13 | 0.7585 | 0 |
| | 20年一遇（95%） | 1979年 | 0.10 | 2.21 | 2.21 | 0.7188 | 0 |
| | 50年一遇（97%） | 1968年 | 0.09 | 2.26 | 2.26 | 0.6962 | 0 |
| | 100年一遇（99%） | 1978年 | 0.08 | 2.32 | 2.32 | 0.6615 | 0 |
| 虹口区 | 5年一遇（75%） | 1958年 | 0.07 | 1.54 | 1.54 | 0.8122 | 0 |
| | 10年一遇（90%） | 1988年 | 0.05 | 1.64 | 1.64 | 0.7585 | 0 |
| | 20年一遇（95%） | 1979年 | 0.04 | 1.7 | 1.7 | 0.7188 | 0 |
| | 50年一遇（97%） | 1968年 | 0.04 | 1.74 | 1.74 | 0.6962 | 0 |
| | 100年一遇（99%） | 1978年 | 0.03 | 1.79 | 1.79 | 0.6615 | 0 |
| 杨浦区 | 5年一遇（75%） | 1958年 | 0.19 | 2.14 | 2.14 | 0.8122 | 0 |
| | 10年一遇（90%） | 1988年 | 0.14 | 2.28 | 2.28 | 0.7585 | 0 |
| | 20年一遇（95%） | 1979年 | 0.11 | 2.37 | 2.37 | 0.7188 | 0 |
| | 50年一遇（97%） | 1968年 | 0.10 | 2.42 | 2.42 | 0.6962 | 0 |
| | 100年一遇（99%） | 1978年 | 0.09 | 2.49 | 2.49 | 0.6615 | 0 |
| 闵行区 | 5年一遇（75%） | 1958年 | 1.17 | 8.22 | 8.22 | 0.8122 | 0 |
| | 10年一遇（90%） | 1988年 | 0.85 | 8.76 | 8.76 | 0.7585 | 0 |
| | 20年一遇（95%） | 1979年 | 0.69 | 9.11 | 9.11 | 0.7188 | 0 |
| | 50年一遇（97%） | 1968年 | 0.62 | 9.3 | 9.3 | 0.6962 | 0 |
| | 100年一遇（99%） | 1978年 | 0.53 | 9.57 | 9.57 | 0.6615 | 0 |

## 附录

(续表)

| 区级行政区 | 对应频率 | 典型年 | 计算水资源量/（亿 m³） | 可供水量/（亿 m³） | 需水量/（亿 m³） | 农业折算系数 | 人饮折算系数 |
|---|---|---|---|---|---|---|---|
| 宝山区 | 5年一遇（75%） | 1958年 | 0.86 | 32.32 | 32.32 | 0.8122 | 0 |
| | 10年一遇（90%） | 1988年 | 0.62 | 34.45 | 34.45 | 0.7585 | 0 |
| | 20年一遇（95%） | 1979年 | 0.51 | 35.82 | 35.82 | 0.7188 | 0 |
| | 50年一遇（97%） | 1968年 | 0.45 | 36.55 | 36.55 | 0.6962 | 0 |
| | 100年一遇（99%） | 1978年 | 0.39 | 37.61 | 37.61 | 0.6615 | 0 |
| 嘉定区 | 5年一遇（75%） | 1958年 | 1.46 | 4.32 | 4.32 | 0.8122 | 0 |
| | 10年一遇（90%） | 1988年 | 1.06 | 4.6 | 4.6 | 0.7585 | 0 |
| | 20年一遇（95%） | 1979年 | 0.87 | 4.79 | 4.79 | 0.7188 | 0 |
| | 50年一遇（97%） | 1968年 | 0.78 | 4.88 | 4.88 | 0.6962 | 0 |
| | 100年一遇（99%） | 1978年 | 0.66 | 5.03 | 5.03 | 0.6615 | 0 |
| 金山区 | 5年一遇（75%） | 1958年 | 1.85 | 6.29 | 6.29 | 0.8122 | 0 |
| | 10年一遇（90%） | 1988年 | 1.34 | 6.7 | 6.7 | 0.7585 | 0 |
| | 20年一遇（95%） | 1979年 | 1.09 | 6.97 | 6.97 | 0.7188 | 0 |
| | 50年一遇（97%） | 1968年 | 0.98 | 7.11 | 7.11 | 0.6962 | 0 |
| | 100年一遇（99%） | 1978年 | 0.84 | 7.31 | 7.31 | 0.6615 | 0 |
| 松江区 | 5年一遇（75%） | 1958年 | 1.91 | 5.53 | 5.53 | 0.8122 | 0 |
| | 10年一遇（90%） | 1988年 | 1.39 | 5.9 | 5.9 | 0.7585 | 0 |
| | 20年一遇（95%） | 1979年 | 1.13 | 6.13 | 6.13 | 0.7188 | 0 |
| | 50年一遇（97%） | 1968年 | 1.01 | 6.26 | 6.26 | 0.6962 | 0 |
| | 100年一遇（99%） | 1978年 | 0.86 | 6.44 | 6.44 | 0.6615 | 0 |
| 青浦区 | 5年一遇（75%） | 1958年 | 2.11 | 5.09 | 5.09 | 0.8122 | 0 |
| | 10年一遇（90%） | 1988年 | 1.54 | 5.42 | 5.42 | 0.7585 | 0 |
| | 20年一遇（95%） | 1979年 | 1.25 | 5.64 | 5.64 | 0.7188 | 0 |
| | 50年一遇（97%） | 1968年 | 1.12 | 5.75 | 5.75 | 0.6962 | 0 |
| | 100年一遇（99%） | 1978年 | 0.96 | 5.92 | 5.92 | 0.6615 | 0 |
| 奉贤区 | 5年一遇（75%） | 1958年 | 2.17 | 5.66 | 5.66 | 0.8122 | 0 |
| | 10年一遇（90%） | 1988年 | 1.57 | 6.03 | 6.03 | 0.7585 | 0 |
| | 20年一遇（95%） | 1979年 | 1.28 | 6.27 | 6.27 | 0.7188 | 0 |
| | 50年一遇（97%） | 1968年 | 1.15 | 6.4 | 6.4 | 0.6962 | 0 |
| | 100年一遇（99%） | 1978年 | 0.98 | 6.58 | 6.58 | 0.6615 | 0 |
| 崇明区 | 5年一遇（75%） | 1958年 | 3.74 | 9.9 | 9.9 | 0.8122 | 0 |
| | 10年一遇（90%） | 1988年 | 2.72 | 10.55 | 10.55 | 0.7585 | 0 |
| | 20年一遇（95%） | 1979年 | 2.21 | 10.97 | 10.97 | 0.7188 | 0 |
| | 50年一遇（97%） | 1968年 | 1.98 | 11.19 | 11.19 | 0.6962 | 0 |
| | 100年一遇（99%） | 1978年 | 1.69 | 11.52 | 11.52 | 0.6615 | 0 |

附表4 中心城分排水系统单元不同等级风险面积占比表

| 所属区 | 序号 | 系统名称 | 排水模式 | 排水体制 | 排水能力 | 不同等级风险地区面积占比 | | | |
|---|---|---|---|---|---|---|---|---|---|
| | | | | | | 低风险 | 中风险 | 高风险 | 极高风险 |
| 宝山区 | 1 | 杨盛东 | 强排 | 分流制 | 1 | 69.0% | 11.3% | 10.3% | 9.4% |
| | 2 | 泰和 | 强排 | 分流制 | 1 | 79.3% | 11.6% | 4.9% | 4.2% |
| | 3 | 吴淞 | 强排 | 分流制 | 1 | 78.4% | 12.7% | 5.0% | 3.9% |
| | 4 | 锦秋加州 | 自排 | 分流制 | 1 | 87.3% | 5.0% | 2.9% | 4.8% |
| | 5 | 张华浜 | 强排 | 合流制 | 1 | 84.2% | 8.5% | 3.1% | 4.2% |
| | 6 | 高境 | 自排 | 分流制 | 1 | 85.8% | 7.4% | 3.4% | 3.4% |
| | 7 | 民主 | 强排 | 分流制 | 1 | 88.1% | 7.0% | 3.7% | 1.2% |
| | 8 | 淞南 | 强排 | 分流制 | 1 | 90.3% | 5.4% | 1.8% | 2.5% |
| | 9 | 张庙 | 强排 | 分流制 | 1 | 90.5% | 5.4% | 2.4% | 1.7% |
| | 10 | 国权北 | 强排 | 分流制 | 1 | 91.0% | 4.9% | 2.5% | 1.5% |
| | 11 | 长临 | 强排 | 分流制 | 1 | 91.7% | 4.4% | 2.0% | 1.9% |
| | 12 | 泗塘 | 强排 | 分流制 | 1 | 91.1% | 5.3% | 1.9% | 1.7% |
| | 13 | 江杨 | 强排 | 分流制 | 1 | 91.5% | 5.3% | 2.0% | 1.2% |
| | 14 | 杨盛 | 强排 | 分流制 | 1 | 85.5% | 11.4% | 2.2% | 0.8% |
| | 15 | 上海大学 | 强排 | 分流制 | 1 | 94.8% | 2.5% | 1.4% | 1.4% |
| | 16 | 祁连新村 | 强排 | 分流制 | 1 | 89.4% | 7.9% | 2.3% | 0.4% |
| | 17 | 庙行 | 强排 | 分流制 | 1 | 95.3% | 2.2% | 1.4% | 1.1% |
| | 18 | 荫村北 | 强排 | 分流制 | 1 | 98.0% | 0.5% | 0.6% | 0.9% |
| | 19 | 上钢一厂 | 强排 | 分流制 | 1 | 90.3% | 8.4% | 1.3% | 0% |
| | 20 | 宝山自排 | 自排 | 分流制 | 1 | 96.7% | 3.3% | 0% | 0% |
| | 21 | 荫村南 | 强排 | 分流制 | 1 | 98.3% | 1.7% | 0% | 0% |
| | 22 | 何家湾 | 强排 | 分流制 | 5 | 98.0% | 2.0% | 0% | 0% |
| | 23 | 虎林 | 强排 | 分流制 | 1 | 99.0% | 1.0% | 0% | 0% |
| | 24 | 南大北 | 强排 | 分流制 | 5 | 95.6% | 4.4% | 0% | 0% |
| | 25 | 乾溪新村 | 强排 | 分流制 | 5 | 99.2% | 0.8% | 0% | 0% |
| | 26 | 盛宅 | 强排/自排 | 分流制 | 5 | 99.4% | 0.6% | 0% | 0% |
| | 27 | 张华浜东 | 强排 | 分流制 | 5 | 98.9% | 1.1% | 0% | 0% |
| 宝山区 虹口区 | 28 | 三门 | 强排 | 合流制 | 1 | 90.3% | 6.3% | 2.4% | 1.0% |
| 宝山区 虹口区 静安区 | 29 | 临汾花园 | 强排 | 分流制 | 1 | 94.5% | 3.5% | 0.5% | 1.5% |
| 宝山区 静安区 | 30 | 大场老镇 | 强排 | 分流制 | 1 | 83.7% | 7.5% | 2.9% | 5.9% |
| | 31 | 彭浦新村 | 强排 | 分流制 | 1 | 84.1% | 9.7% | 4.9% | 1.3% |
| | 32 | 岚皋北 | 强排 | 分流制 | 1 | 90.3% | 6.1% | 2.5% | 1.2% |
| | 33 | 彭浦西 | 强排 | 分流制 | 1 | 89.7% | 6.7% | 2.2% | 1.4% |
| | 34 | 大场机场 | 强排 | 分流制 | 1 | 67.1% | 31.0% | 1.1% | 0.9% |
| | 35 | 庙彭 | 强排 | 分流制 | 5 | 98.9% | 1.1% | 0% | 0% |

# 附录

(续表)

| 所属区 | 序号 | 系统名称 | 排水模式 | 排水体制 | 排水能力 | 不同等级风险地区面积占比 | | | |
|---|---|---|---|---|---|---|---|---|---|
| | | | | | | 低风险 | 中风险 | 高风险 | 极高风险 |
| 宝山区 静安区 普陀区 | 36 | 真南—大场 | 强排 | 分流制 | 1 | 92.3% | 4.1% | 1.9% | 1.6% |
| 宝山区 普陀区 | 37 | 岚皋南 | 强排 | 分流制 | 1 | 91.7% | 5.4% | 1.9% | 1.0% |
| | 38 | 真南 | 强排 | 分流制 | 1 | 92.2% | 5.0% | 1.3% | 1.5% |
| | 39 | 真南北 | 强排 | 分流制 | 1 | 96.1% | 2.0% | 1.5% | 0.3% |
| | 40 | 南大路南块 | 自排 | 分流制 | 1 | 96.0% | 3.0% | 0.2% | 0.7% |
| | 41 | 交通北 | 强排 | 分流制 | 1 | 96.5% | 2.4% | 0.5% | 0.6% |
| 宝山区 杨浦区 | 42 | 大武川 | 强排 | 分流制 | 1 | 81.8% | 12.7% | 3.3% | 2.2% |
| 虹口区 | 43 | 汉阳 | 强排 | 合流制 | 1~5 | 66.4% | 20.1% | 4.9% | 8.6% |
| | 44 | 大名 | 强排 | 合流制 | 1~5 | 71.0% | 16.9% | 6.8% | 5.3% |
| | 45 | 武进 | 强排 | 合流制 | 1 | 76.4% | 13.4% | 5.3% | 4.9% |
| | 46 | 广中 | 强排 | 合流制 | 1 | 80.0% | 11.2% | 6.3% | 2.5% |
| | 47 | 大连 | 强排 | 合流制 | 1~5 | 78.2% | 14.9% | 2.9% | 4.0% |
| | 48 | 溧阳 | 强排 | 合流制 | 1 | 80.9% | 13.1% | 4.4% | 1.6% |
| | 49 | 江湾东 | 强排 | 分流制 | 1 | 90.6% | 4.9% | 1.9% | 2.5% |
| | 50 | 江湾西 | 强排 | 分流制 | 1 | 88.8% | 7.2% | 2.5% | 1.4% |
| 虹口区 静安区 | 51 | 福建北 | 强排 | 合流制 | 1 | 78.7% | 11.0% | 3.7% | 6.7% |
| | 52 | 民晏 | 强排 | 合流制 | 1 | 81.4% | 10.6% | 3.5% | 4.5% |
| | 53 | 华昌 | 强排 | 合流制 | 1 | 81.1% | 12.5% | 3.7% | 2.8% |
| | 54 | 和田 | 强排 | 合流制 | 1 | 89.0% | 8.1% | 2.1% | 0.8% |
| 虹口区 杨浦区 | 55 | 曲阳 | 强排 | 分流制 | 1 | 69.9% | 15.0% | 9.2% | 5.9% |
| | 56 | 大柏树 | 强排 | 合流制 | 1 | 73.8% | 13.9% | 5.1% | 7.3% |
| | 57 | 东体育 | 强排 | 分流制 | 1 | 78.5% | 13.3% | 4.5% | 3.7% |
| | 58 | 虹镇 | 强排 | 合流制 | 1 | 76.3% | 16.4% | 5.7% | 1.6% |
| 黄浦区 | 59 | 文庙 | 强排 | 合流制 | 1 | 86.8% | 7.8% | 2.0% | 3.4% |
| | 60 | 新延安东 | 强排 | 合流制 | 1 | 88.9% | 7.1% | 2.6% | 1.4% |
| | 61 | 复兴东 | 强排 | 合流制 | 1 | 90.8% | 6.1% | 1.9% | 1.2% |
| | 62 | 鲁班 | 强排 | 合流制 | 1 | 92.2% | 5.4% | 2.1% | 0.3% |
| | 63 | 陆家浜 | 强排 | 合流制 | 1 | 91.8% | 6.3% | 1.6% | 0.3% |
| | 64 | 中央商务区 | 强排 | 合流制 | 1 | 93.1% | 5.6% | 1.3% | 0% |
| | 65 | 世博蒙自 | 强排 | 合流制 | 5 | 99.9% | 0.1% | 0% | 0% |
| 黄浦区 静安区 | 66 | 成都 | 强排 | 合流制 | 1 | 90.9% | 5.6% | 2.1% | 1.5% |
| 黄浦区 徐汇区 静安区 | 67 | 肇嘉浜 | 强排 | 合流制 | 1 | 84.7% | 7.7% | 4.1% | 3.5% |

(续表)

| 所属区 | 序号 | 系统名称 | 排水模式 | 排水体制 | 排水能力 | 不同等级风险地区面积占比 | | | |
|---|---|---|---|---|---|---|---|---|---|
| | | | | | | 低风险 | 中风险 | 高风险 | 极高风险 |
| 静安区 | 68 | 普善 | 强排 | 合流制 | 1 | 81.1% | 12.8% | 3.8% | 2.3% |
| | 69 | 江场 | 强排 | 分流制 | 1 | 86.7% | 7.3% | 4.0% | 2.0% |
| | 70 | 灵石 | 强排 | 合流制 | 1 | 91.7% | 4.8% | 2.2% | 1.3% |
| | 71 | 老沪太 | 强排 | 合流制 | 1 | 91.0% | 5.7% | 2.2% | 1.0% |
| | 72 | 广肇 | 强排 | 合流制 | 1 | 88.7% | 8.2% | 2.1% | 1.0% |
| | 73 | 永和南 | 强排 | 分流制 | 1 | 92.1% | 4.9% | 1.2% | 1.7% |
| | 74 | 寿阳 | 强排 | 分流制 | 1 | 96.3% | 2.7% | 0.7% | 0.3% |
| | 75 | 永和北 | 强排 | 分流制 | 1 | 93.8% | 5.3% | 0.9% | 0% |
| | 76 | 大宁—灵石 | 强排 | 分流制 | 1 | 96.6% | 3.4% | 0% | 0% |
| 静安区 普陀区 | 77 | 宜川（东） | 强排 | 合流制 | 1 | 90.5% | 4.1% | 4.7% | 0.7% |
| | 78 | 志丹 | 强排 | 分流制 | 1 | 90.6% | 5.7% | 1.9% | 1.7% |
| | 79 | 叶家宅 | 强排 | 合流制 | 1 | 89.5% | 8.4% | 2.1% | 0% |
| | 80 | 新昌平 | 强排 | 合流制 | 1 | 88.8% | 9.5% | 1.6% | 0.1% |
| | 81 | 中华新 | 强排 | 合流制 | 1 | 97.2% | 2.8% | 0% | 0% |
| 静安区 长宁区 普陀区 | 82 | 万航 | 强排 | 合流制 | 1 | 91.1% | 6.8% | 2.0% | 0.1% |
| | 83 | 江苏 | 强排 | 合流制 | 1 | 93.3% | 4.6% | 1.4% | 0.7% |
| 闵行区 | 84 | 龙柏 | 强排 | 分流制 | 1 | 70.7% | 18.1% | 6.3% | 4.8% |
| | 85 | 行西居住区 | 强排 | 分流制 | 1 | 77.9% | 13.9% | 4.5% | 3.7% |
| | 86 | 莲花 | 强排 | 分流制 | 1 | 82.9% | 9.7% | 3.4% | 4.0% |
| | 87 | 平阳 | 强排 | 分流制 | 1 | 80.8% | 12.1% | 4.5% | 2.7% |
| | 88 | 平南 | 强排 | 分流制 | 1 | 86.1% | 8.4% | 2.9% | 2.7% |
| | 89 | 陇南 | 强排 | 分流制 | 1 | 86.4% | 10.0% | 2.5% | 1.0% |
| | 90 | 虹井 | 强排 | 分流制 | 1 | 94.3% | 3.5% | 1.6% | 0.6% |
| | 91 | 井亭 | 强排 | 分流制 | 1 | 91.3% | 6.9% | 1.2% | 0.6% |
| | 92 | 平吉 | 强排 | 分流制 | 1 | 91.4% | 7.4% | 1.1% | 0.2% |
| | 93 | 虹梅虹许 | 强排 | 分流制 | 5 | 97.6% | 2.4% | 0% | 0% |
| | 94 | 虹莘 | 强排 | 分流制 | 5 | 99.2% | 0.8% | 0% | 0% |
| | 95 | 陇西 | 强排 | 分流制 | 5 | 98.9% | 1.1% | 0% | 0% |
| 浦东新区 | 96 | 泾西 | 强排 | 分流制 | 1 | 71.5% | 12.2% | 7.9% | 8.5% |
| | 97 | 康桥自排 | 自排 | 分流制 | 1 | 71.3% | 13.8% | 7.4% | 7.5% |
| | 98 | 北蔡安建 | 自排 | 分流制 | 1 | 74.7% | 11.8% | 7.1% | 6.3% |
| | 99 | 前程 | 自排 | 分流制 | 1 | 80.7% | 5.9% | 5.9% | 7.5% |
| | 100 | 浦兴 | 强排 | 分流制 | 1 | 72.9% | 14.9% | 7.4% | 4.8% |
| | 101 | 沪东新村 | 强排 | 分流制 | 1 | 68.4% | 19.7% | 9.9% | 1.9% |
| | 102 | 长岛 | 强排 | 分流制 | 1 | 66.9% | 21.8% | 10.3% | 0.9% |
| | 103 | 北蔡东 | 强排 | 分流制 | 1 | 80.7% | 9.4% | 7.7% | 2.2% |

## 附录

(续表)

| 所属区 | 序号 | 系统名称 | 排水模式 | 排水体制 | 排水能力 | 不同等级风险地区面积占比 | | | |
|---|---|---|---|---|---|---|---|---|---|
| | | | | | | 低风险 | 中风险 | 高风险 | 极高风险 |
| 浦东新区 | 104 | 金桥1# | 强排 | 分流制 | 1 | 71.1% | 19.0% | 6.5% | 3.4% |
| | 105 | 张家浜 | 强排 | 分流制 | 1 | 76.6% | 13.6% | 7.1% | 2.6% |
| | 106 | 金桥3# | 强排 | 分流制 | 1 | 72.6% | 17.8% | 8.0% | 1.6% |
| | 107 | 新发展 | 强排 | 分流制 | 1 | 69.0% | 21.4% | 6.8% | 2.8% |
| | 108 | 金桥2# | 强排 | 分流制 | 1 | 78.4% | 12.1% | 5.9% | 3.6% |
| | 109 | 培花 | 强排 | 分流制 | 1 | 74.8% | 15.7% | 5.5% | 4.0% |
| | 110 | 北蔡 | 强排 | 分流制 | 1 | 53.0% | 37.6% | 7.7% | 1.7% |
| | 111 | 三联发 | 强排 | 分流制 | 1 | 70.2% | 20.4% | 4.7% | 4.7% |
| | 112 | 殷家浜 | 强排 | 分流制 | 1 | 80.9% | 9.7% | 4.8% | 4.6% |
| | 113 | ES6地区 | 强排 | 分流制 | 1 | 87.1% | 3.8% | 3.1% | 6.0% |
| | 114 | 高化（东） | 强排 | 分流制 | 1 | 79.0% | 12.1% | 3.7% | 5.2% |
| | 115 | 科教东块 | 强排 | 分流制 | 1 | 70.7% | 20.5% | 5.7% | 3.1% |
| | 116 | 金桥4# | 强排 | 分流制 | 1 | 70.2% | 21.2% | 6.5% | 2.1% |
| | 117 | 金穗 | 强排 | 分流制 | 1 | 83.7% | 8.1% | 5.1% | 3.2% |
| | 118 | 朱家浜 | 强排 | 分流制 | 1 | 84.9% | 6.7% | 4.4% | 3.9% |
| | 119 | 高西（东） | 自排 | 分流制 | 1 | 74.8% | 17.2% | 4.8% | 3.3% |
| | 120 | 六里桥 | 强排 | 分流制 | 1 | 68.5% | 23.7% | 7.8% | 0% |
| | 121 | 唐镇自排 | 自排 | 分流制 | 1 | 84.9% | 7.4% | 3.7% | 4.0% |
| | 122 | 高行（金京） | 强排/自排 | 分流制 | 1 | 81.6% | 10.9% | 4.1% | 3.5% |
| | 123 | 六里 | 强排 | 分流制 | 1 | 78.0% | 14.3% | 4.9% | 2.7% |
| | 124 | 金桥5# | 强排 | 分流制 | 1 | 75.2% | 17.3% | 5.1% | 2.4% |
| | 125 | 云莲 | 强排 | 分流制 | 1 | 71.7% | 21.0% | 5.8% | 1.6% |
| | 126 | 保税 | 强排 | 分流制 | 1 | 74.1% | 18.8% | 5.4% | 1.7% |
| | 127 | 孙桥 | 强排 | 分流制 | 1 | 81.2% | 11.6% | 4.2% | 2.9% |
| | 128 | 张江集镇 | 强排 | 分流制 | 1 | 76.9% | 16.1% | 3.8% | 3.3% |
| | 129 | 三林 | 强排 | 分流制 | 1 | 71.3% | 21.9% | 5.6% | 1.1% |
| | 130 | 杨东 | 强排 | 分流制 | 1 | 81.2% | 12.2% | 4.2% | 2.4% |
| | 131 | 金杨 | 强排 | 分流制 | 1 | 62.3% | 31.3% | 3.7% | 2.7% |
| | 132 | 周家渡 | 强排 | 分流制 | 1 | 56.8% | 36.7% | 6.4% | 0% |
| | 133 | 新希望 | 自排 | 分流制 | 1 | 87.4% | 6.5% | 1.5% | 4.6% |
| | 134 | 杨高南 | 强排 | 分流制 | 1 | 81.2% | 12.9% | 5.1% | 0.8% |
| | 135 | 由由 | 强排 | 分流制 | 1 | 79.7% | 14.5% | 5.8% | 0% |
| | 136 | 御山 | 强排 | 分流制 | 1 | 81.5% | 12.7% | 4.9% | 0.9% |
| | 137 | 双江 | 自排 | 分流制 | 1 | 88.2% | 6.4% | 2.5% | 3.0% |
| | 138 | 港二 | 强排 | 分流制 | 1 | 72.6% | 22.0% | 4.4% | 1.0% |
| | 139 | 东沟 | 强排 | 分流制 | 1 | 88.5% | 6.1% | 4.3% | 1.1% |

(续表)

| 所属区 | 序号 | 系统名称 | 排水模式 | 排水体制 | 排水能力 | 不同等级风险地区面积占比 | | | |
|---|---|---|---|---|---|---|---|---|---|
| | | | | | | 低风险 | 中风险 | 高风险 | 极高风险 |
| 浦东新区 | 140 | 杨思 | 强排 | 分流制 | 1 | 83.7% | 11.0% | 4.4% | 0.9% |
| | 141 | 黄山 | 强排 | 分流制 | 1 | 88.0% | 7.0% | 3.4% | 1.6% |
| | 142 | 东沟楔形绿地 | 自排 | 分流制 | 1 | 84.1% | 10.9% | 3.5% | 1.4% |
| | 143 | 华夏中 | 自排 | 分流制 | 1 | 86.8% | 8.3% | 3.4% | 1.5% |
| | 144 | 泾东 | 强排 | 分流制 | 1 | 84.7% | 10.5% | 2.5% | 2.4% |
| | 145 | 横沔 | 自排 | 分流制 | 1 | 90.6% | 4.5% | 2.2% | 2.6% |
| | 146 | 卫行 | 自排 | 分流制 | 1 | 85.8% | 9.4% | 2.2% | 2.6% |
| | 147 | 泾牛 | 强排 | 分流制 | 1 | 83.3% | 12.0% | 2.6% | 2.1% |
| | 148 | 楔形绿地 | 自排 | 分流制 | 1 | 81.7% | 13.6% | 3.4% | 1.3% |
| | 149 | 丹桂 | 强排 | 分流制 | 1 | 81.6% | 13.8% | 3.8% | 0.8% |
| | 150 | 云台 | 强排 | 分流制 | 1 | 91.6% | 3.7% | 2.5% | 2.1% |
| | 151 | 香楠 | 强排 | 分流制 | 1 | 83.2% | 12.3% | 3.4% | 1.0% |
| | 152 | 前进 | 强排 | 分流制 | 1 | 92.8% | 2.7% | 2.0% | 2.4% |
| | 153 | 东沟 | 自排 | 分流制 | 1 | 93.6% | 2.2% | 2.4% | 1.8% |
| | 154 | 张东 | 强排 | 分流制 | 1 | 84.3% | 11.5% | 2.8% | 1.3% |
| | 155 | 高东1 | 自排 | 分流制 | 1 | 89.3% | 6.8% | 2.1% | 1.8% |
| | 156 | 凌兆 | 强排 | 分流制 | 1 | 82.7% | 13.5% | 3.0% | 0.9% |
| | 157 | 龙阳车站 | 强排 | 分流制 | 1 | 88.1% | 8.1% | 2.0% | 1.8% |
| | 158 | 居家桥 | 强排 | 分流制 | 1 | 74.0% | 22.4% | 2.9% | 0.8% |
| | 159 | 鹏海 | 强排 | 分流制 | 1 | 73.5% | 23.0% | 0.5% | 3.0% |
| | 160 | 北蔡自排 | 自排 | 分流制 | 1 | 87.2% | 9.5% | 2.8% | 0.5% |
| | 161 | 科苑 | 强排 | 分流制 | 1 | 87.0% | 9.8% | 2.2% | 1.0% |
| | 162 | 高东2 | 自排 | 分流制 | 1 | 90.6% | 6.3% | 2.1% | 1.0% |
| | 163 | 高桥化工厂 | 强排 | 分流制 | 1 | 90.0% | 6.9% | 3.1% | 0% |
| | 164 | 顾高 | 强排 | 分流制 | 1 | 88.4% | 8.5% | 1.7% | 1.4% |
| | 165 | 浦三 | 强排 | 分流制 | 1 | 89.2% | 7.8% | 1.7% | 1.3% |
| | 166 | 东陆 | 强排 | 分流制 | 1 | 74.4% | 22.7% | 2.5% | 0.4% |
| | 167 | 华高 | 强排 | 分流制 | 1 | 91.5% | 5.7% | 1.7% | 1.2% |
| | 168 | 新世纪—凌桥社区 | 自排 | 分流制 | 1 | 94.4% | 2.6% | 1.3% | 1.6% |
| | 169 | 金张 | 自排 | 分流制 | 1 | 91.9% | 5.2% | 1.9% | 0.9% |
| | 170 | 海关学校 | 自排 | 分流制 | 1 | 93.5% | 3.8% | 1.6% | 1.1% |
| | 171 | 朋大 | 自排 | 分流制 | 1 | 94.6% | 2.9% | 0.5% | 2.0% |
| | 172 | 中科 | 强排 | 分流制 | 1 | 90.5% | 7.3% | 1.1% | 1.1% |
| | 173 | 凌桥 | 强排 | 分流制 | 1 | 96.3% | 1.8% | 1.4% | 0.5% |
| | 174 | 张江自排 | 强排 | 分流制 | 1 | 90.9% | 7.2% | 1.5% | 0.4% |

# 附录

(续表)

| 所属区 | 序号 | 系统名称 | 排水模式 | 排水体制 | 排水能力 | 不同等级风险地区面积占比 | | | |
|---|---|---|---|---|---|---|---|---|---|
| | | | | | | 低风险 | 中风险 | 高风险 | 极高风险 |
| 浦东新区 | 175 | 高石化 | 强排 | 分流制 | 1 | 96.8% | 1.4% | 1.2% | 0.6% |
| | 176 | 孙农 | 强排 | 分流制 | 5 | 96.4% | 2.0% | 0.7% | 0.9% |
| | 177 | 高西（西） | 强排 | 分流制 | 1 | 94.5% | 4.0% | 1.3% | 0.1% |
| | 178 | 高化（西） | 强排 | 分流制 | 1 | 94.4% | 4.6% | 0.7% | 0.3% |
| | 179 | 荷兰新城 | 自排 | 分流制 | 1 | 83.3% | 15.8% | 0.3% | 0.6% |
| | 180 | 沪东厂 | 强排 | 分流制 | 1 | 99.7% | 0% | 0.3% | 0% |
| | 181 | 通用地块 | 强排 | 分流制 | 1 | 94.5% | 5.2% | 0.1% | 0.1% |
| | 182 | 高桥热电厂 | 强排 | 分流制 | 1 | 100.0% | 0% | 0% | 0% |
| | 183 | 花木北 | 强排 | 分流制 | 5 | 97.9% | 2.1% | 0% | 0% |
| | 184 | 花木南东 | 强排 | 分流制 | 5 | 98.5% | 1.5% | 0% | 0% |
| | 185 | 花木南西 | 强排 | 分流制 | 5 | 96.5% | 3.5% | 0% | 0% |
| | 186 | 金珠 | 强排 | 分流制 | 1 | 100.0% | 0% | 0% | 0% |
| | 187 | 龙东花园 | 强排 | 分流制 | 1 | 79.1% | 20.9% | 0% | 0% |
| | 188 | 陆家渡 | 强排 | 分流制 | 5 | 92.9% | 7.1% | 0% | 0% |
| | 189 | 陆家嘴 | 强排 | 分流制 | 5 | 94.9% | 5.1% | 0% | 0% |
| | 190 | 绿川 | 强排 | 分流制 | 5 | 95.9% | 4.1% | 0% | 0% |
| | 191 | 浦东煤气厂 | 强排 | 分流制 | 1 | 100.0% | 0% | 0% | 0% |
| | 192 | 前滩地区 | 强排 | 分流制 | 5 | 97.2% | 2.8% | 0% | 0% |
| | 193 | 上海船厂 | 强排 | 分流制 | 5 | 92.4% | 7.6% | 0% | 0% |
| | 194 | 世博后滩 | 强排 | 分流制 | 5 | 98.4% | 1.6% | 0% | 0% |
| | 195 | 世博南码头 | 强排 | 分流制 | 5 | 98.4% | 1.6% | 0% | 0% |
| | 196 | 世博浦明 | 强排 | 分流制 | 5 | 96.7% | 3.3% | 0% | 0% |
| | 197 | 世纪公园 | 自排 | 分流制 | 1 | 99.4% | 0.6% | 0% | 0% |
| | 198 | 汤臣 | 自排 | 分流制 | 1 | 99.1% | 0.9% | 0% | 0% |
| | 199 | 新塘桥 | 强排 | 分流制 | 1 | 98.1% | 1.9% | 0% | 0% |
| | 200 | 耀华 | 强排 | 分流制 | 5 | 97.7% | 2.3% | 0% | 0% |
| | 201 | 御桥 | 强排 | 分流制 | 5 | 97.9% | 2.1% | 0% | 0% |
| 普陀区 | 202 | 真光 | 强排 | 分流制 | 1 | 64.2% | 25.2% | 4.6% | 5.9% |
| | 203 | 宜川（西） | 强排 | 合流制 | 1 | 80.3% | 11.0% | 5.3% | 3.4% |
| | 204 | 新师大 | 强排 | 合流制 | 1 | 85.8% | 6.0% | 2.2% | 6.0% |
| | 205 | 木渎 | 强排 | 合流制 | 1 | 82.0% | 10.9% | 5.0% | 2.1% |
| | 206 | 曹杨 | 强排 | 分流制 | 1 | 86.9% | 7.3% | 3.2% | 2.5% |
| | 207 | 林家巷 | 强排 | 合流制 | 1 | 85.7% | 9.5% | 2.4% | 2.4% |
| | 208 | 真如 | 强排 | 分流制 | 1 | 87.8% | 7.8% | 2.2% | 2.2% |
| | 209 | 宜昌 | 强排 | 合流制 | 1 | 89.7% | 6.1% | 1.3% | 2.9% |
| | 210 | 武宁 | 强排 | 合流制 | 1 | 87.3% | 9.1% | 2.2% | 1.4% |

(续表)

| 所属区 | 序号 | 系统名称 | 排水模式 | 排水体制 | 排水能力 | 不同等级风险地区面积占比 | | | |
|---|---|---|---|---|---|---|---|---|---|
| | | | | | | 低风险 | 中风险 | 高风险 | 极高风险 |
| | 211 | 交通南 | 强排 | 分流制 | 1 | 94.4% | 3.6% | 1.2% | 0.8% |
| | 212 | 新光复 | 强排 | 合流制 | 1 | 91.9% | 6.2% | 1.5% | 0.3% |
| | 213 | 桃浦科技智慧核心区 | 强排 | 分流制 | 1 | 94.0% | 4.6% | 0.7% | 0.7% |
| | 214 | 铜川 | 强排 | 分流制 | 1 | 94.5% | 5.1% | 0.4% | 0% |
| | 215 | 云岭西 | 强排 | 分流制 | 1 | 95.3% | 4.7% | 0% | 0% |
| | 216 | 中槎浦 | 自排 | 分流制 | 1 | 97.5% | 0.7% | 0.7% | 1.1% |
| | 217 | 新杨 | 自排 | 分流制 | 1 | 96.6% | 1.5% | 0.7% | 1.2% |
| | 218 | 桃浦新村 | 强排 | 分流制 | 1 | 93.8% | 6.2% | 0% | 0% |
| | 219 | 西北物流 | 强排/自排 | 分流制 | 1 | 97.0% | 1.4% | 1.0% | 0.6% |
| 普陀区嘉定区 | 220 | 曹丰 | 强排 | 分流制 | 1 | 89.5% | 7.0% | 1.6% | 2.0% |
| | 221 | 真江 | 强排 | 分流制 | 1 | 91.0% | 5.6% | 1.8% | 1.6% |
| 徐汇区 | 222 | 龙华机场 | 强排 | 分流制 | 1 | 78.1% | 12.9% | 4.2% | 4.8% |
| | 223 | 徐浦大桥 | 强排 | 分流制 | 1 | 78.4% | 14.4% | 6.0% | 1.2% |
| | 224 | 漕河泾 | 强排 | 分流制 | 1 | 84.3% | 9.0% | 4.4% | 2.3% |
| | 225 | 桂平 | 强排 | 分流制 | 1 | 87.3% | 7.6% | 3.2% | 1.8% |
| | 226 | 华泾北 | 强排 | 分流制 | 1 | 88.2% | 7.5% | 2.7% | 1.6% |
| | 227 | 小木桥 | 强排 | 合流制 | 1 | 85.2% | 10.7% | 3.3% | 0.8% |
| | 228 | 新宛平 | 强排 | 合流制 | 1 | 89.6% | 6.8% | 1.7% | 1.9% |
| | 229 | 长桥 | 强排 | 分流制 | 1 | 91.3% | 5.4% | 1.2% | 2.1% |
| | 230 | 漕溪 | 强排 | 分流制 | 1 | 91.8% | 5.1% | 2.3% | 0.8% |
| | 231 | 龙华镇 | 强排 | 合流制 | 1 | 90.4% | 7.1% | 1.5% | 1.0% |
| | 232 | 石龙及二客站 | 强排 | 分流制 | 1 | 94.8% | 2.8% | 0.9% | 1.5% |
| | 233 | 罗秀 | 强排 | 分流制 | 1 | 96.1% | 1.9% | 1.0% | 1.0% |
| | 234 | 梅陇 | 强排 | 分流制 | 1 | 93.9% | 4.8% | 1.2% | 0.1% |
| | 235 | 康健 | 强排 | 分流制 | 1 | 93.4% | 5.5% | 0.8% | 0.3% |
| | 236 | 华东理工大学 | 自排 | 分流制 | 1 | 95.3% | 4.7% | 0% | 0% |
| | 237 | 龙水南路 | 强排 | 分流制 | 5 | 99.2% | 0.8% | 0% | 0% |
| | 238 | 植物园 | 自排 | 分流制 | 1 | 97.0% | 3.0% | 0% | 0% |
| | 239 | 关港 | 自排 | 分流制 | 1 | 95.3% | 2.2% | 0.8% | 1.8% |
| 徐汇区闵行区 | 240 | 华泾西 | 强排 | 分流制 | 1~3 | 81.5% | 6.8% | 3.8% | 7.9% |
| | 241 | 合川 | 强排 | 分流制 | 1 | 75.0% | 15.6% | 3.8% | 5.6% |
| | 242 | 吴中 | 强排 | 分流制 | 1 | 87.3% | 6.7% | 1.9% | 4.1% |
| | 243 | 虹南 | 强排 | 分流制 | 1 | 85.2% | 9.5% | 4.1% | 1.2% |
| | 244 | 华泾南 | 强排 | 分流制 | 1 | 94.1% | 3.5% | 1.3% | 1.1% |
| 徐汇区长宁区 | 245 | 蒲汇塘 | 强排 | 合流制 | 1 | 77.9% | 10.5% | 4.4% | 7.2% |

# 附录

(续表)

| 所属区 | 序号 | 系统名称 | 排水模式 | 排水体制 | 排水能力 | 不同等级风险地区面积占比 | | | |
|---|---|---|---|---|---|---|---|---|---|
| | | | | | | 低风险 | 中风险 | 高风险 | 极高风险 |
| 杨浦区 | 246 | 鞍山 | 强排 | 合流制 | 1 | 79.0% | 11.7% | 4.5% | 4.7% |
| | 247 | 控江 | 强排 | 分流制 | 1 | 65.1% | 25.7% | 4.1% | 5.1% |
| | 248 | 松潘 | 强排 | 合流制 | 1 | 79.7% | 11.1% | 5.4% | 3.8% |
| | 249 | 复兴岛 | 强排 | 合流制 | 1 | 76.7% | 15.4% | 2.3% | 5.6% |
| | 250 | 二军大 | 强排 | 分流制 | 1 | 78.4% | 14.2% | 2.2% | 5.2% |
| | 251 | 五角场 | 强排 | 合流制 | 1 | 74.4% | 18.3% | 4.7% | 2.5% |
| | 252 | 周塘浜 | 强排 | 合流制 | 1 | 71.5% | 21.5% | 3.5% | 3.5% |
| | 253 | 嫩江 | 强排 | 分流制 | 1 | 73.8% | 19.9% | 4.3% | 2.1% |
| | 254 | 四平 | 强排 | 合流制 | 1 | 77.8% | 15.8% | 3.1% | 3.3% |
| | 255 | 同济大学 | 强排 | 分流制 | 1 | 71.2% | 22.5% | 4.4% | 1.8% |
| | 256 | 昆明 | 强排 | 合流制 | 1 | 81.2% | 12.9% | 3.3% | 2.7% |
| | 257 | 周家嘴 | 强排 | 合流制 | 1 | 71.3% | 22.7% | 4.7% | 1.3% |
| | 258 | 国和 | 强排 | 合流制 | 1 | 74.5% | 19.6% | 3.9% | 2.0% |
| | 259 | 营口 | 强排 | 分流制 | 1 | 87.0% | 7.1% | 2.9% | 3.0% |
| | 260 | 复旦大学 | 强排 | 合流制 | 1 | 68.8% | 25.7% | 3.5% | 2.1% |
| | 261 | 丹东 | 强排 | 合流制 | 1 | 81.1% | 13.3% | 2.4% | 3.1% |
| | 262 | 长白 | 强排 | 分流制 | 1 | 68.2% | 26.3% | 3.2% | 2.3% |
| | 263 | 惠民 | 强排 | 合流制 | 1 | 75.1% | 19.5% | 4.4% | 1.1% |
| | 264 | 民星北块 | 强排 | 分流制 | 1 | 87.0% | 8.5% | 2.1% | 2.5% |
| | 265 | 霍山 | 强排 | 合流制 | 1 | 80.5% | 15.2% | 1.6% | 2.7% |
| | 266 | 大定海 | 强排 | 合流制 | 1 | 87.4% | 8.5% | 2.3% | 1.8% |
| | 267 | 凤城 | 强排 | 合流制 | 1 | 89.0% | 8.4% | 1.1% | 1.5% |
| | 268 | 民星南 | 强排 | 分流制 | 5 | 92.6% | 7.4% | 0% | 0% |
| | 269 | 森林公园 | 自排 | 分流制 | 1 | 92.5% | 7.5% | 0% | 0% |
| | 270 | 新江湾 | 自排 | 分流制 | 5 | 98.0% | 2.0% | 0% | 0% |
| | 271 | 新江湾东 | 强排 | 分流制 | 5 | 99.3% | 0.7% | 0% | 0% |
| 长宁区 | 272 | 芙蓉江 | 强排 | 分流制 | 1 | 77.3% | 12.1% | 5.2% | 5.4% |
| | 273 | 虹延 | 强排 | 分流制 | 1 | 84.7% | 6.6% | 2.6% | 6.1% |
| | 274 | 北新泾南 | 强排 | 分流制 | 1 | 81.3% | 11.5% | 5.3% | 1.9% |
| | 275 | 北虹北 | 强排 | 分流制 | 1 | 85.0% | 8.0% | 3.4% | 3.6% |
| | 276 | 北新泾北 | 强排 | 分流制 | 1 | 80.8% | 14.0% | 2.9% | 2.2% |
| | 277 | 中山西 | 强排 | 合流制 | 1 | 86.8% | 8.4% | 2.3% | 2.5% |
| | 278 | 花园广场 | 强排 | 分流制 | 1 | 83.7% | 11.8% | 1.1% | 3.4% |
| | 279 | 苗圃西 | 强排 | 分流制 | 1 | 88.1% | 7.8% | 2.4% | 1.8% |
| | 280 | 北虹南 | 强排 | 分流制 | 1 | 88.4% | 7.5% | 2.7% | 1.3% |
| | 281 | 古北 | 强排 | 合流制 | 1 | 86.5% | 9.6% | 1.9% | 1.9% |
| | 282 | 凯旋 | 强排 | 合流制 | 1 | 95.8% | 3.1% | 0.7% | 0.4% |
| | 283 | 华阳 | 强排 | 合流制 | 1 | 98.9% | 1.1% | 0% | 0% |
| | 284 | 上海动物园 | 自排 | 分流制 | 1 | 84.3% | 15.7% | 0% | 0% |

# 上海市水旱灾害风险普查总报告

(续表)

| 所属区 | 序号 | 系统名称 | 排水模式 | 排水体制 | 排水能力 | 不同等级风险地区面积占比 | | | |
|---|---|---|---|---|---|---|---|---|---|
| | | | | | | 低风险 | 中风险 | 高风险 | 极高风险 |
| 长宁区闵行区 | 285 | 虹桥商务区东片区1片区 | 强排 | 分流制 | 5 | 100% | 0% | 0% | 0% |
| | 286 | 虹桥商务区东片区2片区 | 强排 | 分流制 | 5 | 96.6% | 3.4% | 0% | 0% |
| | 287 | 虹桥商务区东片区3片区 | 强排 | 分流制 | 5 | 87.1% | 12.9% | 0% | 0% |
| | 288 | 北翟路车辆段 | 强排 | 分流制 | 5 | 99.7% | 0.3% | 0% | 0% |
| | 289 | 虹桥机场独立排水区 | 强排 | 分流制 | 5 | 95.8% | 3.6% | 0.2% | 0.4% |

附表5 中心城各街镇综合风险等级面积占比统计表

| 行政区 | 序号 | 街镇名称 | 低风险 | 中风险 | 高风险 | 极高风险 |
|---|---|---|---|---|---|---|
| 浦东新区 | 1 | 潍坊新村街道 | 70.61% | 14.34% | 7.89% | 7.17% |
| | 2 | 陆家嘴街道 | 68.84% | 29.59% | 0.99% | 0.59% |
| | 3 | 周家渡街道 | 74.88% | 21.26% | 2.66% | 1.21% |
| | 4 | 塘桥街道 | 98.23% | 0.35% | 1.42% | 0.00% |
| | 5 | 上钢新村街道 | 94.10% | 4.65% | 1.25% | 0.00% |
| | 6 | 南码头路街道 | 81.01% | 9.81% | 8.86% | 0.32% |
| | 7 | 沪东新村街道 | 82.91% | 8.79% | 7.79% | 0.50% |
| | 8 | 金杨新村街道 | 78.36% | 9.20% | 11.58% | 0.85% |
| | 9 | 洋泾街道 | 78.66% | 8.14% | 11.03% | 2.17% |
| | 10 | 浦兴路街道 | 66.67% | 16.03% | 16.88% | 0.43% |
| | 11 | 东明路街道 | 79.51% | 11.48% | 8.20% | 0.82% |
| | 12 | 花木街道 | 94.12% | 4.51% | 1.37% | 0.00% |
| | 13 | 高桥镇 | 93.62% | 4.97% | 1.41% | 0.00% |
| | 14 | 北蔡镇 | 86.97% | 10.80% | 2.23% | 0.00% |
| | 15 | 唐镇 | 98.64% | 1.36% | 0.00% | 0.00% |
| | 16 | 曹路镇 | 95.79% | 4.21% | 0.00% | 0.00% |
| | 17 | 金桥镇 | 91.74% | 7.83% | 0.43% | 0.00% |
| | 18 | 高行镇 | 92.25% | 6.55% | 1.20% | 0.00% |
| | 19 | 高东镇 | 85.45% | 12.94% | 1.62% | 0.00% |
| | 20 | 张江镇 | 92.14% | 7.17% | 0.69% | 0.00% |
| | 21 | 三林镇 | 92.10% | 6.00% | 1.78% | 0.12% |
| | 22 | 康桥镇 | 88.93% | 9.69% | 1.38% | 0.00% |
| 黄浦区 | 23 | 南京东路街道 | 63.28% | 35.03% | 0.56% | 1.13% |
| | 24 | 外滩街道 | 64.56% | 27.22% | 3.16% | 5.06% |
| | 25 | 半淞园路街道 | 90.57% | 6.13% | 3.30% | 0.00% |
| | 26 | 小东门街道 | 99.49% | 0.00% | 0.51% | 0.00% |
| | 27 | 豫园街道 | 94.32% | 0.00% | 5.68% | 0.00% |
| | 28 | 老西门街道 | 65.56% | 11.11% | 12.22% | 11.11% |

# 附录

(续表)

| 行政区 | 序号 | 街镇名称 | 低风险 | 中风险 | 高风险 | 极高风险 |
|---|---|---|---|---|---|---|
| | 29 | 五里桥街道 | 84.21% | 14.91% | 0.88% | 0.00% |
| | 30 | 打浦桥街道 | 30.77% | 58.97% | 5.13% | 5.13% |
| | 31 | 淮海中路街道 | 25.49% | 60.78% | 2.94% | 10.78% |
| | 32 | 瑞金二路街道 | 84.77% | 10.60% | 1.99% | 2.65% |
| 徐汇区 | 33 | 枫林路街道 | 79.19% | 5.08% | 12.69% | 3.05% |
| | 34 | 徐家汇街道 | 45.03% | 38.74% | 9.60% | 6.62% |
| | 35 | 天平路街道 | 84.92% | 7.54% | 6.53% | 1.01% |
| | 36 | 湖南路街道 | 67.44% | 6.98% | 19.38% | 6.20% |
| | 37 | 斜土路街道 | 85.11% | 11.49% | 3.40% | 0.00% |
| | 38 | 长桥街道 | 93.82% | 2.75% | 2.97% | 0.46% |
| | 39 | 田林街道 | 90.20% | 4.25% | 5.23% | 0.33% |
| | 40 | 虹梅路街道 | 78.98% | 12.31% | 7.51% | 1.20% |
| | 41 | 康健新村街道 | 92.67% | 4.67% | 2.00% | 0.67% |
| | 42 | 凌云路街道 | 96.63% | 1.12% | 2.25% | 0.00% |
| | 43 | 龙华街道 | 83.52% | 14.29% | 2.20% | 0.00% |
| | 44 | 漕河泾街道 | 93.38% | 2.04% | 3.82% | 0.76% |
| | 45 | 华泾镇 | 84.98% | 10.27% | 3.23% | 1.52% |
| 长宁区 | 46 | 华阳路街道 | 97.99% | 0.00% | 2.01% | 0.00% |
| | 47 | 周家桥街道 | 96.64% | 2.01% | 1.34% | 0.00% |
| | 48 | 天山路街道 | 50.35% | 30.50% | 12.77% | 6.38% |
| | 49 | 江苏路街道 | 99.11% | 0.00% | 0.89% | 0.00% |
| | 50 | 新华路街道 | 92.07% | 0.61% | 5.49% | 1.83% |
| | 51 | 仙霞新村街道 | 73.96% | 5.33% | 15.98% | 4.73% |
| | 52 | 虹桥街道 | 76.74% | 11.96% | 8.64% | 2.66% |
| | 53 | 程家桥街道 | 97.22% | 2.78% | 0.00% | 0.00% |
| | 54 | 北新泾街道 | 94.55% | 2.73% | 0.91% | 1.82% |
| | 55 | 新泾镇 | 87.34% | 6.12% | 4.85% | 1.69% |
| | 56 | 临空园区 | 95.62% | 4.12% | 0.26% | 0.00% |
| 静安区 | 57 | 江宁路街道 | 87.05% | 7.19% | 5.76% | 0.00% |
| | 58 | 石门二路街道 | 95.00% | 0.00% | 3.75% | 1.25% |
| | 59 | 南京西路街道 | 77.19% | 3.51% | 14.91% | 4.39% |
| | 60 | 静安寺街道 | 61.02% | 27.97% | 9.32% | 1.69% |
| | 61 | 曹家渡街道 | 75.93% | 12.96% | 7.41% | 3.70% |
| | 62 | 彭浦新村街道 | 67.50% | 23.75% | 7.08% | 1.67% |
| | 63 | 天目西路街道 | 89.58% | 2.08% | 4.86% | 3.47% |
| | 64 | 北站街道 | 78.20% | 9.77% | 6.02% | 6.02% |
| | 65 | 宝山路街道 | 77.69% | 2.48% | 10.74% | 9.09% |
| | 66 | 共和新路街道 | 94.06% | 4.46% | 1.49% | 0.00% |
| | 67 | 大宁路街道 | 89.57% | 7.23% | 2.98% | 0.21% |
| | 68 | 临汾路街道 | 91.82% | 4.40% | 3.14% | 0.63% |
| | 69 | 芷江西路街道 | 77.12% | 3.39% | 13.56% | 5.93% |
| | 70 | 彭浦镇 | 94.30% | 4.32% | 1.21% | 0.17% |

(续表)

| 行政区 | 序号 | 街镇名称 | 低风险 | 中风险 | 高风险 | 极高风险 |
|---|---|---|---|---|---|---|
| 普陀区 | 71 | 曹杨新村街道 | 85.81% | 1.94% | 9.03% | 3.23% |
| | 72 | 长寿路街道 | 89.15% | 5.08% | 4.41% | 1.36% |
| | 73 | 石泉路街道 | 88.37% | 4.26% | 6.59% | 0.78% |
| | 74 | 宜川路街道 | 66.07% | 24.40% | 7.14% | 2.38% |
| | 75 | 长风新村街道 | 87.50% | 5.66% | 4.01% | 2.83% |
| | 76 | 甘泉路街道 | 78.74% | 3.45% | 11.49% | 6.32% |
| | 77 | 万里街道 | 95.22% | 3.48% | 1.30% | 0.00% |
| | 78 | 真如镇街道 | 80.81% | 4.06% | 9.93% | 5.19% |
| | 79 | 长征镇 | 87.92% | 4.62% | 5.86% | 1.60% |
| | 80 | 桃浦镇 | 95.22% | 3.26% | 1.38% | 0.14% |
| 虹口区 | 81 | 欧阳路街道 | 79.84% | 8.87% | 5.65% | 5.65% |
| | 82 | 广中路街道 | 63.81% | 24.76% | 8.10% | 3.33% |
| | 83 | 嘉兴路街道 | 74.48% | 8.33% | 14.06% | 3.13% |
| | 84 | 四川北路街道 | 78.20% | 1.50% | 17.29% | 3.01% |
| | 85 | 曲阳路街道 | 75.22% | 12.39% | 7.96% | 4.42% |
| | 86 | 凉城新村街道 | 88.84% | 3.72% | 6.20% | 1.24% |
| | 87 | 北外滩街道 | 70.75% | 15.99% | 9.18% | 4.08% |
| | 88 | 江湾镇街道 | 84.69% | 6.51% | 4.89% | 3.91% |
| 杨浦区 | 89 | 定海路街道 | 92.47% | 5.59% | 1.72% | 0.22% |
| | 90 | 平凉路街道 | 83.68% | 9.21% | 5.86% | 1.26% |
| | 91 | 江浦路街道 | 80.70% | 3.51% | 9.94% | 5.85% |
| | 92 | 四平路街道 | 71.65% | 18.56% | 7.73% | 2.06% |
| | 93 | 控江路街道 | 82.91% | 3.80% | 10.76% | 2.53% |
| | 94 | 长白新村街道 | 81.25% | 17.41% | 1.34% | 0.00% |
| | 95 | 延吉新村街道 | 58.22% | 9.59% | 20.55% | 11.64% |
| | 96 | 殷行街道 | 88.28% | 5.72% | 5.30% | 0.70% |
| | 97 | 大桥街道 | 84.55% | 5.45% | 7.88% | 2.12% |
| | 98 | 五角场街道 | 81.47% | 11.93% | 6.06% | 0.55% |
| | 99 | 新江湾城街道 | 99.23% | 0.77% | 0.00% | 0.00% |
| | 100 | 长海路街道 | 84.77% | 11.23% | 4.00% | 0.00% |
| 闵行区 | 101 | 古美街道 | 85.65% | 7.39% | 6.30% | 0.65% |
| | 102 | 莘庄镇 | 93.81% | 6.19% | 0.00% | 0.00% |
| | 103 | 七宝镇 | 94.14% | 4.30% | 1.56% | 0.00% |
| | 104 | 虹桥镇 | 89.05% | 6.93% | 3.16% | 0.85% |
| | 105 | 梅陇镇 | 89.13% | 6.81% | 3.68% | 0.37% |

# 附录

(续表)

| 行政区 | 序号 | 街镇名称 | 低风险 | 中风险 | 高风险 | 极高风险 |
|---|---|---|---|---|---|---|
| 宝山区 | 106 | 张庙街道 | 80.68% | 14.49% | 3.41% | 1.42% |
| | 107 | 吴淞街道 | 95.08% | 2.30% | 1.97% | 0.66% |
| | 108 | 大场镇 | 95.33% | 3.41% | 1.05% | 0.22% |
| | 109 | 杨行镇 | 95.50% | 3.90% | 0.60% | 0.00% |
| | 110 | 顾村镇 | 97.10% | 2.29% | 0.61% | 0.00% |
| | 111 | 高境镇 | 91.73% | 5.08% | 3.20% | 0.00% |
| | 112 | 庙行镇 | 95.54% | 2.46% | 1.34% | 0.67% |
| | 113 | 淞南镇 | 96.09% | 3.62% | 0.29% | 0.00% |
| 嘉定区 | 114 | 真新街道 | 92.59% | 3.42% | 3.99% | 0.00% |
| | 115 | 江桥镇 | 100.00% | 0.00% | 0.00% | 0.00% |

附表6 郊区各街镇/乡及重要园区综合风险等级面积占比统计表

| 序号 | 行政区 | 街镇/乡及重要园区 | 低风险 | 中风险 | 高风险 | 极高风险 |
|---|---|---|---|---|---|---|
| 1 | 浦东新区 | 川沙新镇 | 94.64% | 0.78% | 4.58% | 0% |
| 2 | | 高桥镇 | 99.67% | 0.33% | 0.00% | 0% |
| 3 | | 合庆镇 | 90.78% | 0.14% | 9.08% | 0% |
| 4 | | 唐镇 | 99.48% | 0.02% | 0.50% | 0% |
| 5 | | 曹路镇 | 99.51% | 0% | 0.49% | 0% |
| 6 | | 高东镇 | 99.96% | 0.01% | 0.03% | 0% |
| 7 | | 张江镇 | 92.83% | 5.59% | 1.49% | 0.09% |
| 8 | | 三林镇 | 97.23% | 0% | 2.45% | 0.32% |
| 9 | | 惠南镇 | 99.20% | 0.03% | 0.77% | 0% |
| 10 | | 周浦镇 | 93.50% | 0.72% | 4.99% | 0.79% |
| 11 | | 新场镇 | 98.94% | 0.49% | 0.57% | 0% |
| 12 | | 大团镇 | 99.65% | 0.02% | 0.34% | 0% |
| 13 | | 康桥镇 | 88.27% | 1.38% | 10.05% | 0.31% |
| 14 | | 航头镇 | 98.45% | 1.31% | 0.24% | 0% |
| 15 | | 祝桥镇 | 93.74% | 1.36% | 4.84% | 0.05% |
| 16 | | 泥城镇 | 99.66% | 0.07% | 0.27% | 0% |
| 17 | | 宣桥镇 | 99.53% | 0.17% | 0.30% | 0% |
| 18 | | 书院镇 | 97.13% | 1.49% | 1.38% | 0% |
| 19 | | 万祥镇 | 99.89% | 0.01% | 0.10% | 0% |
| 20 | | 老港镇 | 87.89% | 4.26% | 7.84% | 0% |
| 21 | | 南汇新城 | 99.11% | 0.45% | 0.44% | 0% |

(续表)

| 序号 | 行政区 | 街镇/乡及重要园区 | 低风险 | 中风险 | 高风险 | 极高风险 |
| --- | --- | --- | --- | --- | --- | --- |
| 22 | 闵行区 | 江川路街 | 99.91% | 0% | 0% | 0.09% |
| 23 | | 新虹街道 | 99.24% | 0% | 0.74% | 0.03% |
| 24 | | 浦锦街道 | 100.00% | 0% | 0% | 0% |
| 25 | | 莘庄镇 | 99.97% | 0% | 0% | 0.03% |
| 26 | | 七宝镇 | 99.61% | 0% | 0% | 0.39% |
| 27 | | 颛桥镇 | 99.96% | 0% | 0% | 0.04% |
| 28 | | 华漕镇 | 98.66% | 0.03% | 1.15% | 0.16% |
| 29 | | 梅陇镇 | 99.76% | 0% | 0.02% | 0.22% |
| 30 | | 吴泾镇 | 100.00% | 0% | 0% | 0% |
| 31 | | 马桥镇 | 81.03% | 4.01% | 14.96% | 0% |
| 32 | | 浦江镇 | 100.00% | 0% | 0% | 0% |
| 33 | | 莘庄工业 | 100.00% | 0% | 0% | 0% |
| 34 | 宝山区 | 友谊路街 | 97.99% | 0% | 2.01% | 0% |
| 35 | | 吴淞街道 | 91.43% | 0% | 5.93% | 2.64% |
| 36 | | 罗店镇 | 97.26% | 0.17% | 2.57% | 0% |
| 37 | | 杨行镇 | 97.65% | 0% | 1.97% | 0.38% |
| 38 | | 月浦镇 | 96.92% | 0% | 3.02% | 0.06% |
| 39 | | 罗泾镇 | 98.43% | 0.50% | 1.07% | 0% |
| 40 | | 顾村镇 | 99.43% | 0% | 0.55% | 0.02% |
| 41 | | 宝山城市 | 93.23% | 0% | 6.07% | 0.71% |
| 42 | 嘉定区 | 外冈镇 | 57.50% | 22.60% | 19.24% | 0.66% |
| 43 | | 菊园新区 | 66.80% | 18.80% | 14.08% | 0.32% |
| 44 | | 江桥镇 | 69.00% | 20.00% | 9.36% | 1.64% |
| 45 | | 徐行镇 | 70.30% | 22.20% | 7.10% | 0.40% |
| 46 | | 华亭镇 | 70.60% | 22.10% | 7.30% | 0% |
| 47 | | 嘉定工业区 | 73.70% | 20.20% | 5.68% | 0.42% |
| 48 | | 南翔镇 | 76.80% | 18.20% | 4.57% | 0.43% |
| 49 | | 马陆镇 | 81.00% | 16.90% | 2.02% | 0.08% |
| 50 | | 嘉定镇街 | 93.50% | 4.80% | 1.70% | 0% |
| 51 | | 新成路街 | 94.10% | 5.60% | 0.25% | 0.05% |
| 52 | | 安亭镇 | 97.59% | 1.90% | 0% | 0.51% |

附录

(续表)

| 序号 | 行政区 | 街镇/乡及重要园区 | 低风险 | 中风险 | 高风险 | 极高风险 |
|---|---|---|---|---|---|---|
| 53 | 金山区 | 石化街道 | 99.99% | 0% | 0.01% | 0% |
| 54 | | 朱泾镇 | 99.53% | 0.08% | 0.37% | 0.02% |
| 55 | | 枫泾镇 | 99.06% | 0.44% | 0.50% | 0% |
| 56 | | 张堰镇 | 79.12% | 1.52% | 19.05% | 0.31% |
| 57 | | 亭林镇 | 85.51% | 1.63% | 12.63% | 0.22% |
| 58 | | 吕巷镇 | 78.43% | 3.54% | 18.04% | 0% |
| 59 | | 廊下镇 | 83.25% | 8.70% | 8.00% | 0.05% |
| 60 | | 金山卫镇 | 95.48% | 0.75% | 3.77% | 0% |
| 61 | | 漕泾镇 | 98.07% | 0.80% | 1.13% | 0% |
| 62 | | 山阳镇 | 99.77% | 0% | 0.23% | 0.01% |
| 63 | | 金山工业 | 89.10% | 5.65% | 5.25% | 0% |
| 64 | 松江区 | 岳阳街道 | 86.51% | 13.17% | 0.31% | 0% |
| 65 | | 永丰街道 | 97.38% | 1.92% | 0.69% | 0.01% |
| 66 | | 方松街道 | 99.86% | 0.14% | 0% | 0% |
| 67 | | 中山街道 | 99.01% | 0.91% | 0.08% | 0% |
| 68 | | 广富林街道 | 99.29% | 0.68% | 0.03% | 0% |
| 69 | | 九里亭街道 | 98.35% | 1.65% | 0% | 0% |
| 70 | | 泗泾镇 | 98.24% | 1.34% | 0.42% | 0% |
| 71 | | 佘山镇 | 97.28% | 1.64% | 0.99% | 0.09% |
| 72 | | 车墩镇 | 96.58% | 2.22% | 1.03% | 0.18% |
| 73 | | 新桥镇 | 98.98% | 0.87% | 0.15% | 0% |
| 74 | | 洞泾镇 | 98.99% | 0.92% | 0.08% | 0% |
| 75 | | 九亭镇 | 89.33% | 9.42% | 1.23% | 0.02% |
| 76 | | 泖港镇 | 97.28% | 1.97% | 0.72% | 0.03% |
| 77 | | 石湖荡镇 | 99.10% | 0.67% | 0.23% | 0% |
| 78 | | 新浜镇 | 97.30% | 1.80% | 0.89% | 0% |
| 79 | | 叶榭镇 | 98.41% | 0.68% | 0.91% | 0% |
| 80 | | 小昆山镇 | 99.42% | 0.55% | 0.03% | 0% |
| 81 | | 松江工业区 | 91.25% | 6.64% | 2.11% | 0.01% |
| 82 | 青浦区 | 夏阳街道 | 98.29% | 0.74% | 0.94% | 0.03% |
| 83 | | 盈浦街道 | 99.09% | 0% | 0.73% | 0.18% |
| 84 | | 香花桥街 | 99.18% | 0.14% | 0.65% | 0.04% |
| 85 | | 朱家角镇 | 97.60% | 0.62% | 1.72% | 0.06% |
| 86 | | 练塘镇 | 95.62% | 2.26% | 2.04% | 0.08% |
| 87 | | 金泽镇 | 97.89% | 0.88% | 1.22% | 0% |
| 88 | | 赵巷镇 | 98.36% | 0.31% | 1.26% | 0.07% |
| 89 | | 徐泾镇 | 98.11% | 0% | 1.89% | 0% |
| 90 | | 华新镇 | 93.33% | 0.26% | 6.40% | 0.01% |
| 91 | | 重固镇 | 94.38% | 1.43% | 4.20% | 0% |
| 92 | | 白鹤镇 | 97.57% | 0.52% | 1.91% | 0% |

上海市水旱灾害风险普查总报告

(续表)

| 序号 | 行政区 | 街镇/乡及重要园区 | 低风险 | 中风险 | 高风险 | 极高风险 |
|---|---|---|---|---|---|---|
| 93 | 奉贤区 | 西渡街道 | 99.94% | 0.06% | 0% | 0% |
| 94 | | 奉浦街道 | 99.87% | 0% | 0.13% | 0% |
| 95 | | 金海街道 | 99.89% | 0% | 0.11% | 0% |
| 96 | | 南桥镇 | 98.76% | 0.24% | 1.00% | 0% |
| 97 | | 奉城镇 | 98.18% | 1.31% | 0.51% | 0% |
| 98 | | 庄行镇 | 81.85% | 6.01% | 12.14% | 0% |
| 99 | | 金汇镇 | 97.97% | 1.25% | 0.78% | 0% |
| 100 | | 四团镇 | 96.96% | 0.79% | 2.24% | 0% |
| 101 | | 青村镇 | 99.86% | 0.07% | 0.08% | 0% |
| 102 | | 柘林镇 | 91.78% | 5.37% | 2.85% | 0% |
| 103 | | 海湾镇 | 98.64% | 1.13% | 0.23% | 0% |
| 104 | | 海湾旅游区 | 99.86% | 0% | 0.14% | 0% |
| 105 | 崇明区 | 城桥镇 | 92.26% | 0.68% | 7.06% | 0% |
| 106 | | 堡镇 | 92.44% | 2.54% | 5.02% | 0% |
| 107 | | 新河镇 | 91.96% | 4.85% | 3.19% | 0% |
| 108 | | 庙镇 | 90.14% | 7.62% | 2.24% | 0% |
| 109 | | 竖新镇 | 93.06% | 4.43% | 2.51% | 0% |
| 110 | | 向化镇 | 89.82% | 5.57% | 4.60% | 0.01% |
| 111 | | 三星镇 | 90.50% | 7.58% | 1.93% | 0% |
| 112 | | 港沿镇 | 92.00% | 5.18% | 2.82% | 0% |
| 113 | | 中兴镇 | 93.71% | 4.24% | 2.05% | 0% |
| 114 | | 陈家镇 | 96.24% | 2.24% | 1.52% | 0% |
| 115 | | 绿华镇 | 94.24% | 5.22% | 0.54% | 0% |
| 116 | | 港西镇 | 92.10% | 7.04% | 0.86% | 0% |
| 117 | | 建设镇 | 93.64% | 4.96% | 1.40% | 0% |
| 118 | | 新海镇 | 97.22% | 2.35% | 0.43% | 0% |
| 119 | | 东平镇 | 97.17% | 2.18% | 0.64% | 0% |
| 120 | | 长兴镇 | 99.13% | 0.32% | 0.55% | 0% |
| 121 | | 新村乡 | 95.82% | 2.18% | 2.00% | 0% |
| 122 | | 横沙乡 | 76.25% | 7.25% | 16.51% | 0% |

附表7 中心城各街镇中等以上防治区划统计表

| 行政区 | 序号 | 街镇名称 | $P_1$ | $P_2$ | 防治区划 |
|---|---|---|---|---|---|
| 浦东新区 | 1 | 潍坊新村街道 | 15.06% | 29.40% | 中等防治区 |
| | 2 | 陆家嘴街道 | 1.58% | 31.17% | 中等防治区 |
| | 3 | 金杨新村街道 | 12.43% | 21.63% | 中等防治区 |
| | 4 | 洋泾街道 | 13.20% | 21.34% | 中等防治区 |
| | 5 | 浦兴路街道 | 17.31% | 33.34% | 中等防治区 |

# 附录

(续表)

| 行政区 | 序号 | 街镇名称 | $P_1$ | $P_2$ | 防治区划 |
|---|---|---|---|---|---|
| 黄浦区 | 6 | 打浦桥街道 | 10.26% | 69.23% | 一级重点防治区 |
| | 7 | 淮海中路街道 | 13.72% | 74.50% | 一级重点防治区 |
| | 8 | 老西门街道 | 23.33% | 34.44% | 二级重点防治区 |
| | 9 | 南京东路街道 | 1.69% | 36.72% | 中等防治区 |
| | 10 | 外滩街道 | 8.22% | 35.44% | 中等防治区 |
| 徐汇区 | 11 | 徐家汇街道 | 16.22% | 54.96% | 一级重点防治区 |
| | 12 | 湖南路街道 | 25.58% | 32.56% | 二级重点防治区 |
| | 13 | 枫林路街道 | 15.74% | 20.82% | 中等防治区 |
| 长宁区 | 14 | 天山路街道 | 19.15% | 49.65% | 二级重点防治区 |
| | 15 | 仙霞新村街道 | 20.71% | 26.04% | 二级重点防治区 |
| | 16 | 虹桥街道 | 11.30% | 23.26% | 中等防治区 |
| 静安区 | 17 | 南京西路街道 | 19.30% | 22.81% | 中等防治区 |
| | 18 | 静安寺街道 | 11.01% | 38.98% | 中等防治区 |
| | 19 | 曹家渡街道 | 11.11% | 24.07% | 中等防治区 |
| | 20 | 彭浦新村街道 | 8.75% | 32.50% | 中等防治区 |
| | 21 | 北站街道 | 12.04% | 21.81% | 中等防治区 |
| | 22 | 宝山路街道 | 19.83% | 22.31% | 中等防治区 |
| | 23 | 芷江西路街道 | 19.49% | 22.88% | 中等防治区 |
| 普陀区 | 24 | 曹杨新村街道 | 12.26% | 14.20% | 中等防治区 |
| | 25 | 宜川路街道 | 9.52% | 33.92% | 中等防治区 |
| | 26 | 甘泉路街道 | 17.81% | 21.26% | 中等防治区 |
| | 27 | 真如镇街道 | 15.12% | 19.18% | 中等防治区 |
| 虹口区 | 28 | 四川北路街道 | 20.30% | 21.80% | 二级重点防治区 |
| | 29 | 欧阳路街道 | 11.30% | 20.17% | 中等防治区 |
| | 30 | 广中路街道 | 11.43% | 36.19% | 中等防治区 |
| | 33 | 嘉兴路街道 | 17.19% | 25.52% | 中等防治区 |
| | 31 | 曲阳路街道 | 12.38% | 24.77% | 中等防治区 |
| | 32 | 北外滩街道 | 13.26% | 29.25% | 中等防治区 |
| 杨浦区 | 34 | 延吉新村街道 | 32.19% | 41.78% | 一级重点防治区 |
| | 35 | 江浦路街道 | 15.79% | 19.30% | 中等防治区 |
| | 36 | 控江路街道 | 13.29% | 17.09% | 中等防治区 |
| | 37 | 大桥街道 | 10.00% | 15.45% | 中等防治区 |

附表8 郊区各街镇/乡及重要园区中等以上防治区划统计表

| 序号 | 行政区 | 街镇/乡及重要园区 | $P_1$ | $P_2$ | 防治区划 |
|---|---|---|---|---|---|
| 1 | 浦东新区 | 康桥镇 | 10.4% | 11.7% | 中等防治 |
| 2 | 闵行区 | 马桥镇 | 15% | 19% | 中等防治 |
| 3 | 嘉定区 | 外冈镇 | 19.9% | 42.5% | 二级重点防治区 |
| 4 | | 菊园新区 | 14.4% | 33.2% | 中等防治 |
| 5 | | 江桥镇 | 11%% | 31.0% | 中等防治 |

(续表)

| 序号 | 行政区 | 街镇/乡及重要园区 | $P_1$ | $P_2$ | 防治区划 |
|---|---|---|---|---|---|
| 6 | 金山区 | 张堰镇 | 19.4% | 20.9% | 中等防治 |
| 7 | | 吕巷镇 | 18% | 21.6% | 中等防治 |
| 8 | | 亭林镇 | 12.9% | 14.5% | 中等防治 |
| 9 | 奉贤区 | 庄行镇 | 12.1% | 18.2% | 中等防治 |
| 10 | 崇明区 | 横沙乡 | 16.5% | 23.8% | 中等防治 |

## 2. 附图

附图1 上海市雨量点分布示意图

# 附录

附图2 上海市水位潮位点分布示意图

上海市水旱灾害风险普查总报告

附图3 上海市内涝隐患分类分级示意图

# 附录

附图4　上海市堤防隐患分级分类示意图

上海市水旱灾害风险普查总报告

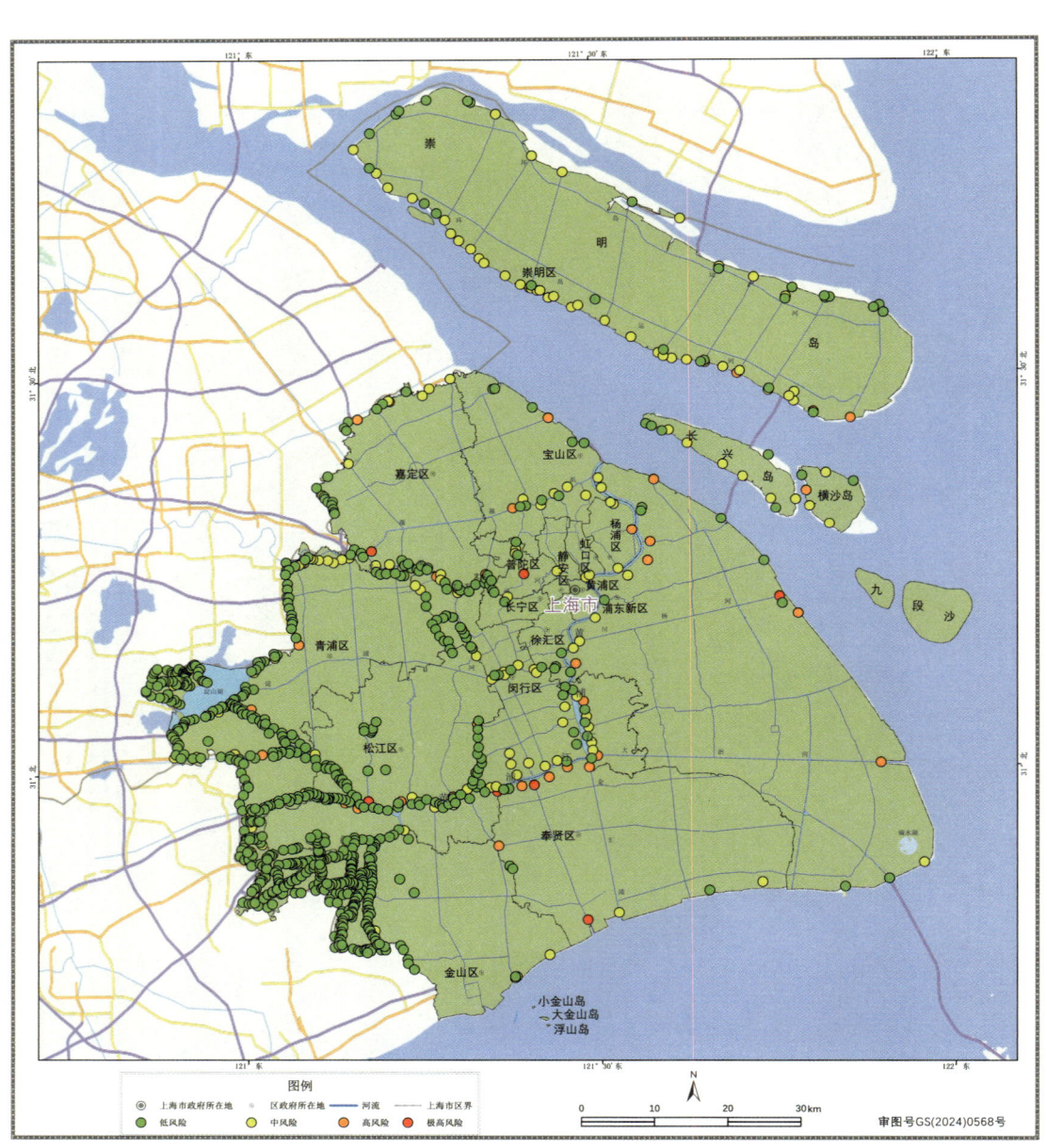

附图5　上海市水闸隐患分级分类示意图

# 附录

附图6　上海市黄浦江中上游洪潮风险区划图

附图7 上海市干旱灾害综合风险区划图

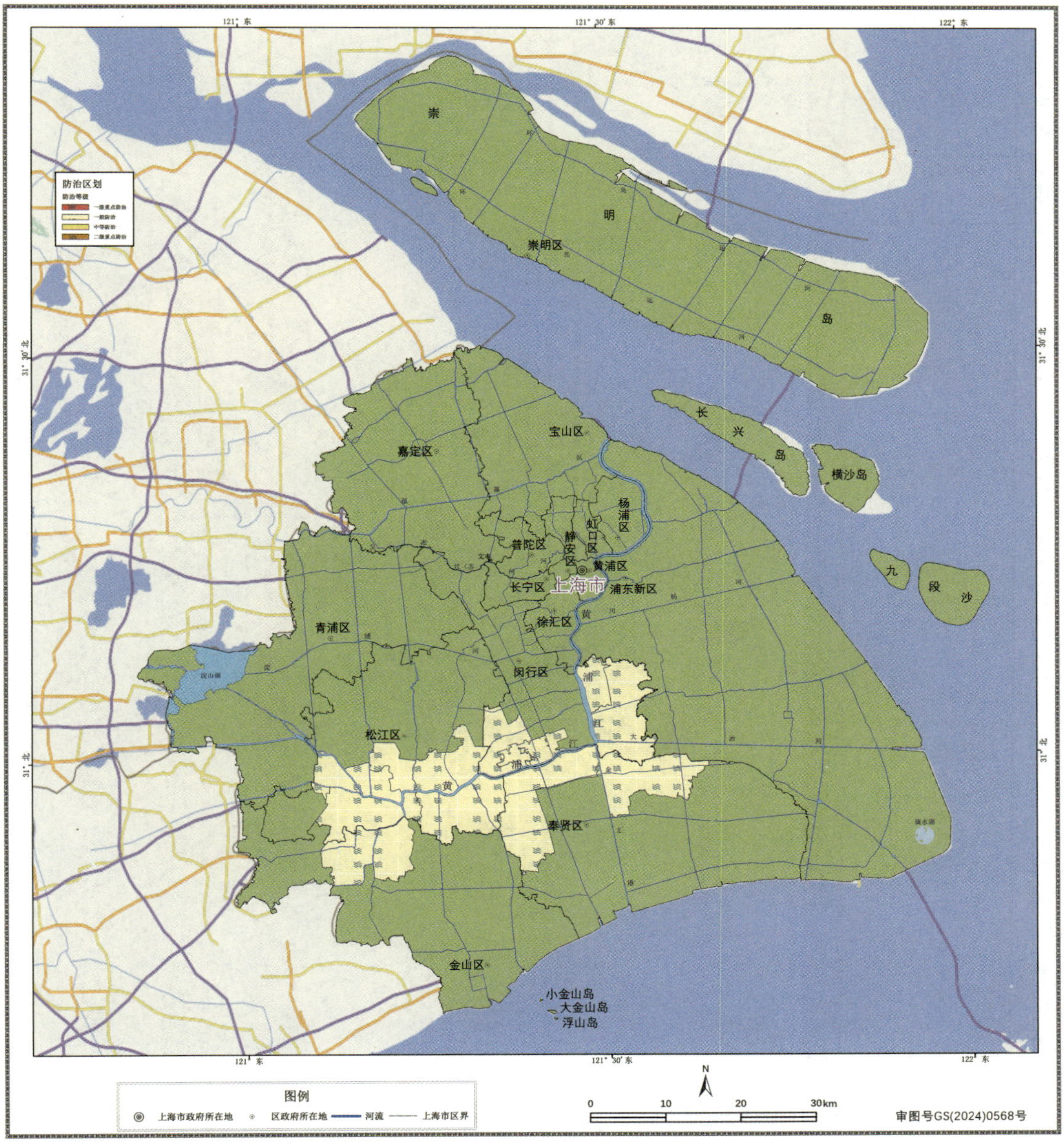

# 附录

附图8 上海市黄浦江中上游洪潮灾害防治区划图

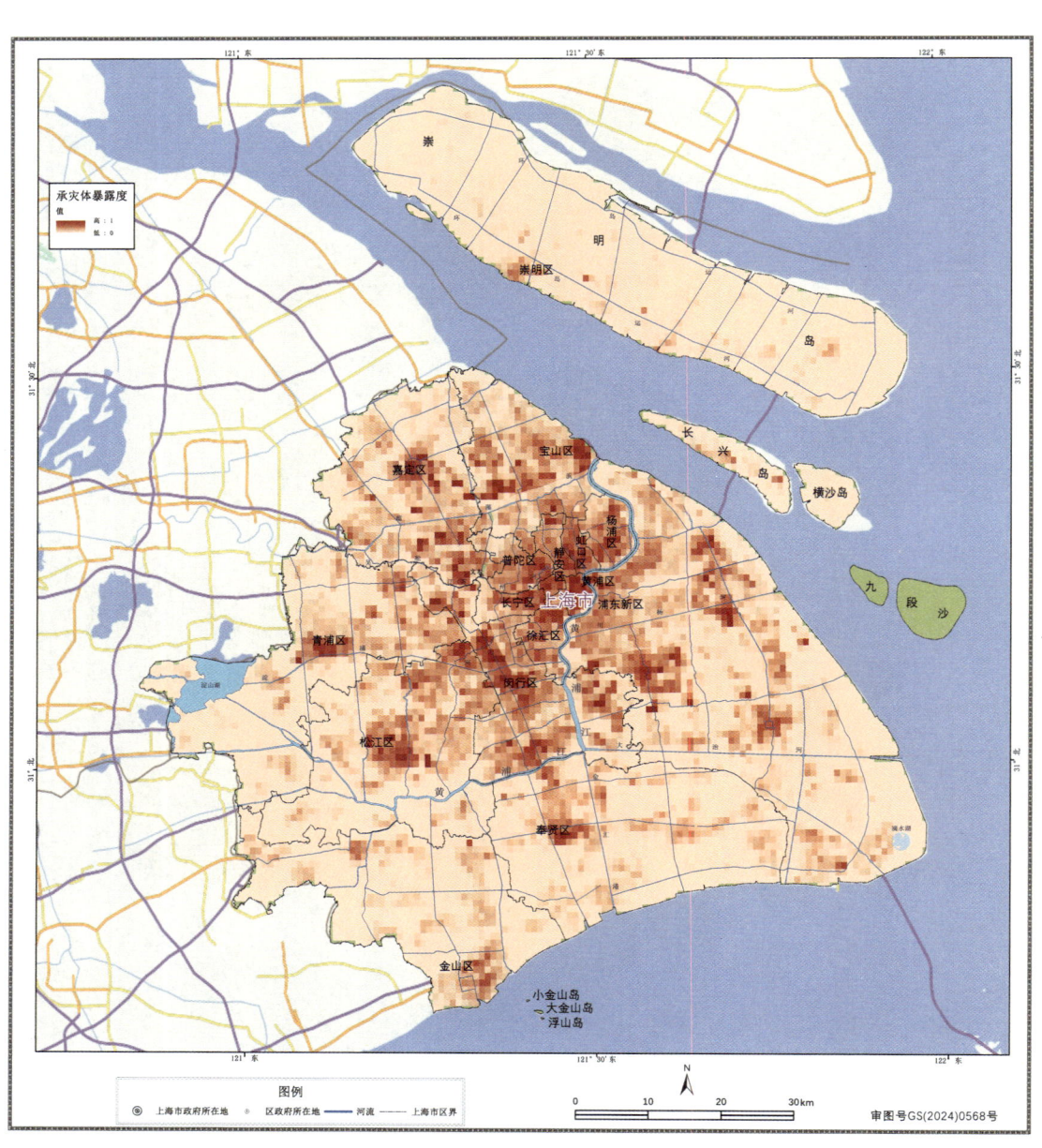

附图9　上海市承灾体暴露度格网图

# 附录

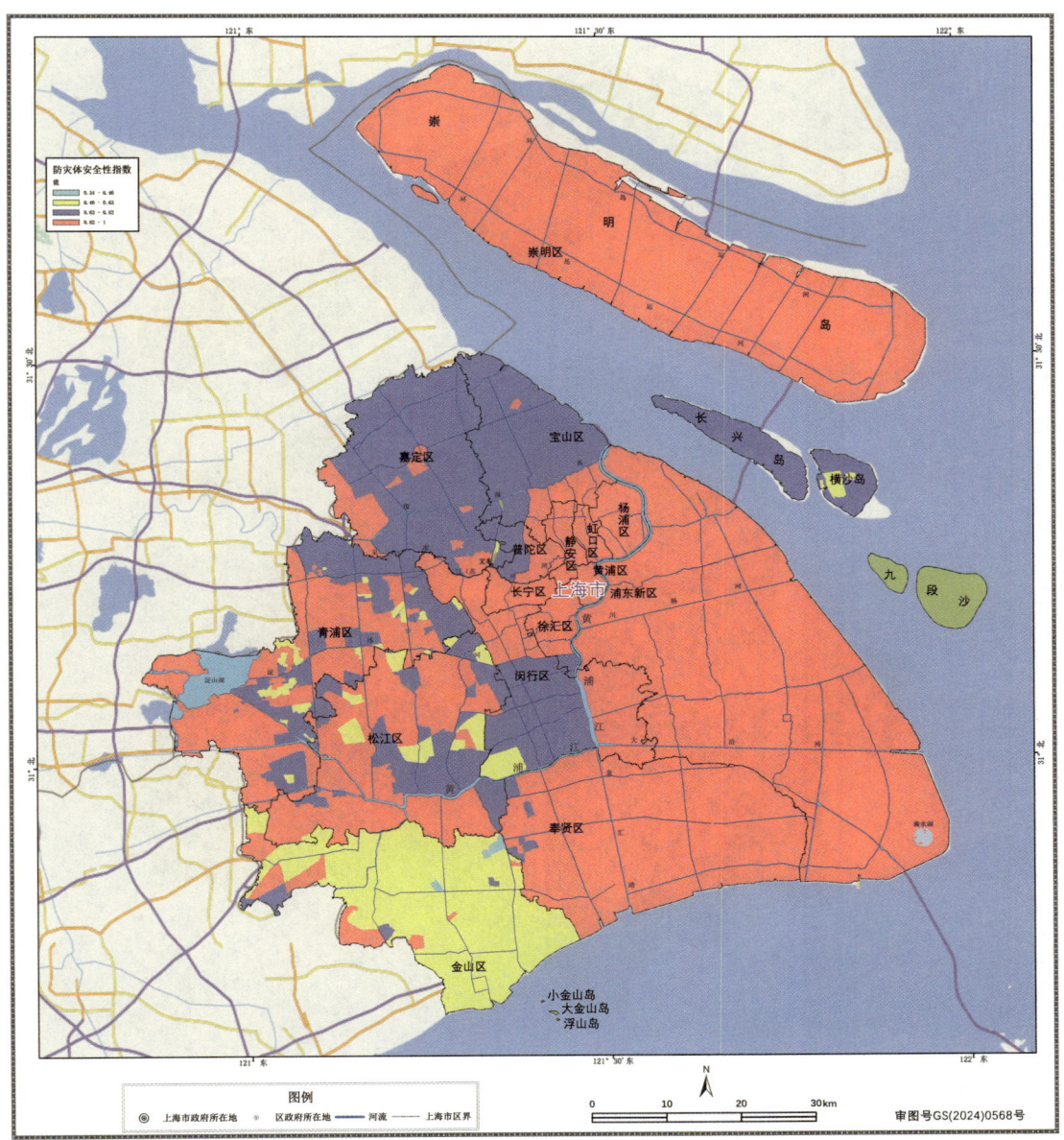

附图10 上海市防灾减灾安全性分布图

上海市水旱灾害风险普查总报告

附图 11 上海市内涝灾害综合风险分布图

# 附录

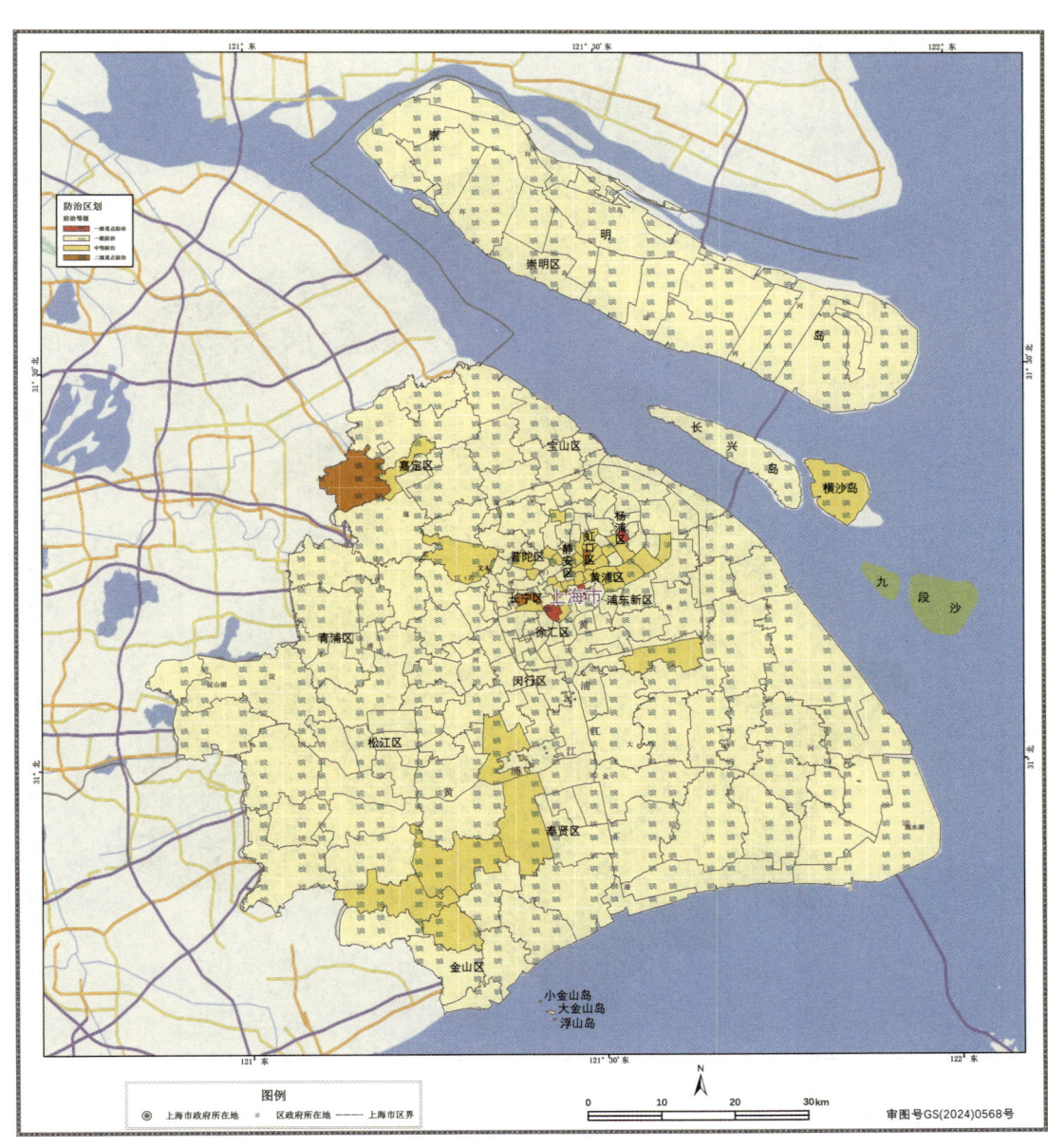

附图12　上海市内涝灾害综合风险防治区划图

附图13  上海市干旱灾害防治一级区划图

# 附录

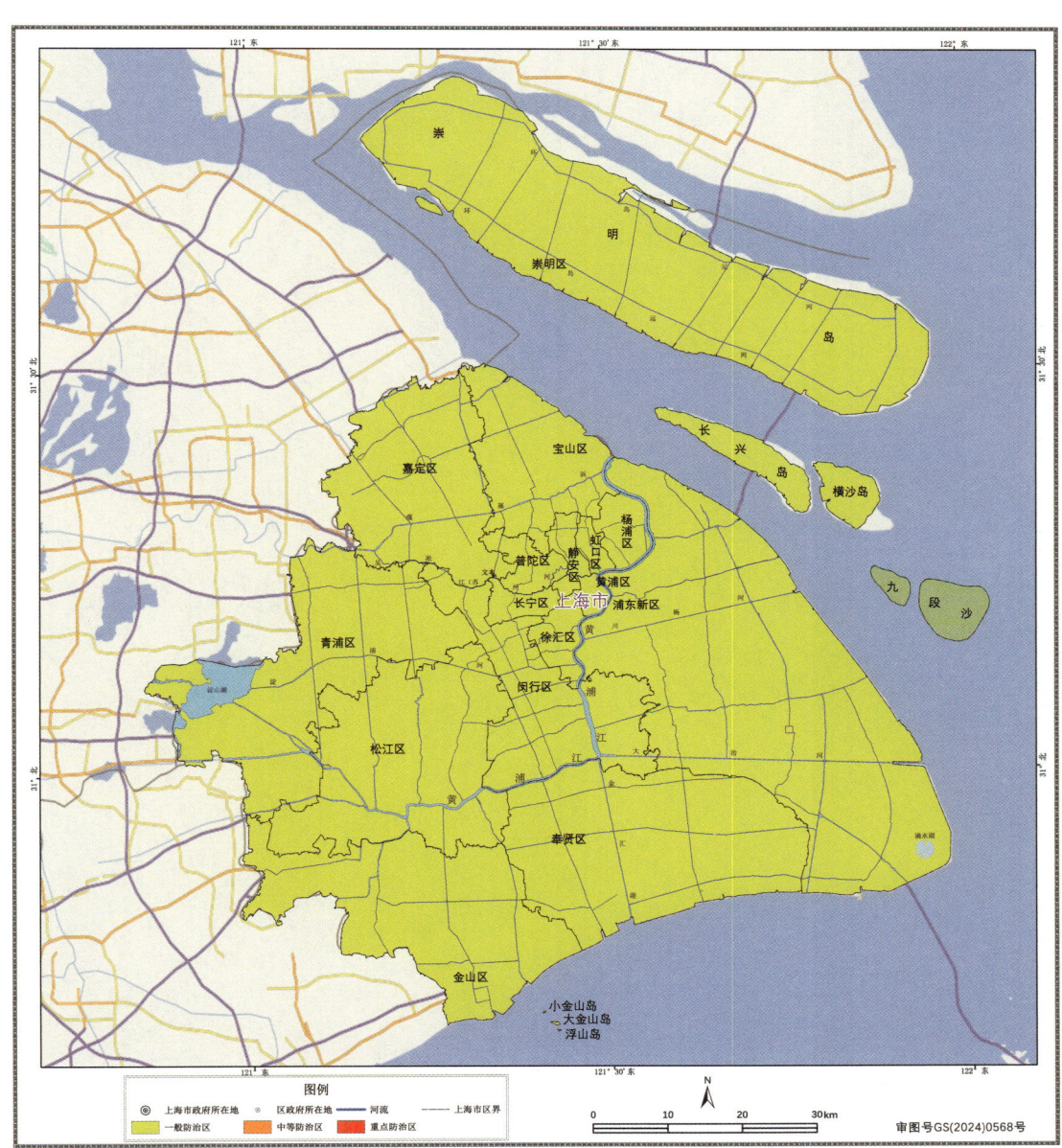

附图 14　上海市干旱灾害防治二级区划图